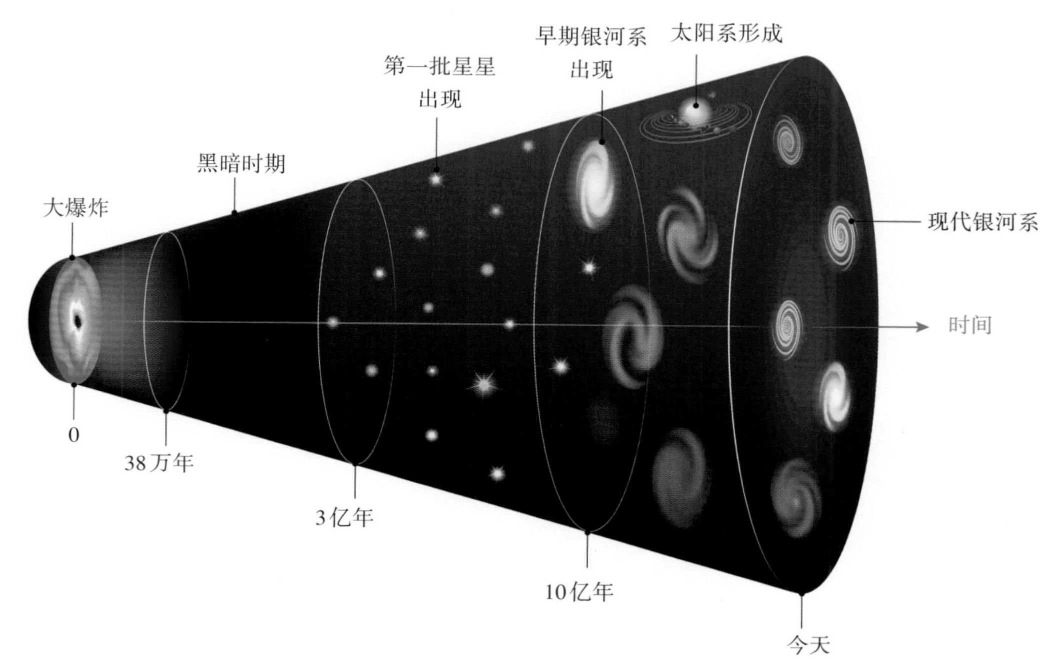

彩图1 爱因斯坦宇宙模型

彩图2 球状星团

彩图3 猎户座星云

彩图4 漩涡星系

彩图5　椭圆星系(仙女座星系)

彩图6　星系团(室女座)

彩图7　极光

彩图8　太阳系行星

彩图9　土星光环

彩图10　月球

彩图11　日全食

彩图12　日偏食

彩图13　日环食

彩图14　月偏食

彩图15　重庆四面山

彩图16　广东坪石丹霞山

彩图17　单面山

彩图18　四川海螺沟冰川

高等院校科学教育专业系列教材

总主编　林长春　蒋永贵　黄　晓

地球与宇宙科学基础

主　编　魏兴萍　杨　越
副主编　陈　莉　冯忠江　王亚敏　陈　艇
编　委　刘连中　胡忠行　代肖遥　江萌春
熊　晓　冉宁静　陶真真　肖成芳
谭　熙　陈　放

西南大学出版社
SWUP　国家一级出版社　全国百佳图书出版单位

图书在版编目（CIP）数据

地球与宇宙科学基础 / 魏兴萍, 杨越主编. -- 重庆 : 西南大学出版社, 2024. 6. -- ISBN 978-7-5697-1892-8

Ⅰ. P

中国国家版本馆CIP数据核字第2024BW8175号

地球与宇宙科学基础

DIQIU YU YUZHOU KEXUE JICHU

魏兴萍　杨　越　主编

总 策 划：杨　毅　杨景罡　曾　文

执行策划：翟腾飞　尹清强

责任编辑：路兰香　尹清强

责任校对：翟腾飞

装帧设计：起源

排　　版：吴秀琴

出版发行：西南大学出版社

地址：重庆市北碚区天生路2号　邮编：400715

市场营销部电话：023-68868624

印　　刷：重庆市涪陵区夏氏印务有限公司

成品尺寸：185 mm×260 mm

插　　页：4

印　　张：24

字　　数：585千字

版　　次：2024年6月　第1版

印　　次：2024年6月　第1次印刷

书　　号：ISBN 978-7-5697-1892-8

定　　价：68.00元（共2册）

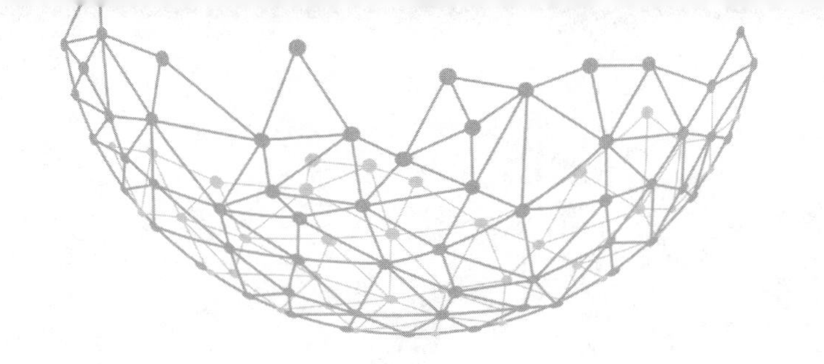

编委会

序

科技是国家强盛之基。根据国家战略部署，我国要推进科技自立自强，到二○三五年，科技自立自强能力显著提升，科技实力大幅跃升，建成科技强国。党的二十大报告明确提出“教育、科技、人才是全面建设社会主义现代化国家的基础性、战略性支撑”。习近平总书记指出：“要在教育‘双减’中做好科学教育加法，激发青少年好奇心、想象力、探求欲，培育具备科学家潜质、愿意献身科学研究事业的青少年群体。”

世界科技强国都十分重视中小学科学教育。我国自2017年以来，从小学一年级开始全面开设科学课，把培养学生的科学素养纳入科学课程目标。这标志着我国小学科学教育事业步入了新的发展阶段。

高素质科学教师是高质量中小学科学教育开展的中坚力量。为建设高质量科学教育、发挥科学教育的育人功能，需要培养和发展一大批高素质的专业科学教师。2022年教育部办公厅印发的《关于加强小学科学教师培养的通知》提出“从源头上加强本科及以上层次高素质专业化小学科学教师供给，提高科学教育水平，夯实创新人才培养基础”。围绕这一建设目标，进行高质量科学教师培养具有重要的现实意义。而培养高素质的科学教师，需要高质量的教材作为依托。

为此，西南大学出版社响应国家号召，以培养高素质中小学科学教师为目标，组织国内相关领域专家精心编写了这套“高等院校科学教育专业系列教材”。这套教材内容紧密对接科学前沿与社会发展需求，紧跟科技发展趋势，及时更新知识体系，反映学科专业新成果、新思想、新方法。同时，这套教材充分考虑教学实践环节的设计，通过实验指导、案例分析、项目研讨等形式，使学生在“做中学”，在实践中深化理论认识，提升科研技能。另外，这套教材秉持科学精神内核，将严谨的科研方法、科学发展的历史脉络、科学家的创新故事等融入各章节之中，培养学生的专业知识与技能、科学实践能力、科学观念、科学思维、科学方法、科学态度等。

该套教材走在了时代前沿，以培养高素质科学教育师资为宗旨，融思想性、科学性、时代性、创新性、系统性、可读性为一体，可供高等院校科学教育专业、小学教育（科学方向）的大学生学习使用，也可以作为在职科学教师系统提升专业素养的继续教育教材和参考读物。

我相信，通过对这套教材的系统学习，大学生和科学教师们将能够领略到科学的魅力，感受到科学的力量，成为具备科学素养和创新精神的新时代高素质中小学科学教师，为加强我国中小学科学教育，推进我国科技强国建设做出应有的贡献。

周忠和

中国科学院院士，中国科学院古脊椎动物与古人类研究所研究员

2024年5月

编者的话

进入21世纪，我国于2001年开启了第八次基础教育课程改革。本次课程改革的亮点之一是在小学和初中首次开设综合性课程——科学。科学课程涉及物质科学、生命科学、地球与宇宙科学等自然科学领域，这给承担科学课程教学任务的教师提出了严峻的挑战。谁来教科学课？这对以培养中小学教师为己任的高等师范院校提出了新的时代要求，同时也为其创造了发展机遇。时代呼唤高校设置科学教育专业以培养专业化的高素质综合科学师资。在这一时代背景下，重庆师范大学在全国率先申报科学教育本科专业，并于2001年获得教育部批准，2002年正式招生。此后，全国先后有不少高等院校设置了科学教育专业。截至2024年4月，教育部批准设置科学教育本科专业的高等院校达到99所，覆盖全国31个省(区、市)。20余年来，高校对科学教育专业人才培养进行了不少的探索与实践，为基础教育科学课程改革培养了大批高素质专业化的师资队伍，为推进科学课程的有效实施作出了应有的贡献。但长期以来，科学教育专业人才培养存在一个非常大的困境，就是科学教育专业使用的教材均为物理、化学、生物、地理等专业本科课程教材，缺乏完整系统的科学教育专业教材，导致科学教育专业人才培养的教材缺乏针对性、实用性。

教材是课程实施的重要载体，是高等院校专业建设最基本和最重要的资源之一。2022年1月16日，由重庆师范大学科技教育与传播研究中心主办、西南大学出版社承办的“新文科背景下融合STEM教育理念的科学教育专业课程体系及教材建设研讨会”在西南大学出版社召开。来自西南大学、重庆师范大学、浙江师范大学、河北师范大学、杭州师范大学、湖南第一师范学院等近30所高等院校80余名科学教育专业的专家、学者，以及西南大学出版社领导和编辑参加了线上线下研讨。与会者基于高等教育内涵式发展、新文科建设、科学教育专业发展需求，共同探讨了科学教育专业课程体系，专业教材建设规划，教材编写的指导思想、理念、原则和要求等问题。在此基础上，成立系列教材编委会。在教材编写过程中，我们力求体现以下特点：

第一，科学性与思想性结合。科学性要求教材内容的层次性、系统性符合学科逻辑；内容准确无误、图表规范、表述清晰、文字简练、资料可靠、案例典型。思想性着力体现“课程思政”，在传授科学理论知识的同时，注意科学思想、科学精神、科学态度的渗透。

第二，时代性与创新性结合。教材尽可能反映21世纪国内外科技最新发展、高等教育改革趋势、科学教育改革发展、科学教师教育发展趋势，以及我国新文科建设的新理念、新成果。力求教材体系结构创新、内容选取创新、呈现方式创新。体现跨学科融合，充分体现STEM教育理念，实现跨学科学习。

第三，基础性与发展性结合。关注科学教育专业学生的专业核心素养形成和科学教学技能训练，包括专业知识与技能、科学实践能力、跨学科整合能力、科学观念、科学思维、科学方法等。同时，关注该专业大学生的可持续发展，激发其好奇心和求知欲，为其将来进一步学习深造奠定基础。

本系列教材编写期间，恰逢我国为推进科学教育改革发展和加强科学教师培养先后出台了系列文件。比如，2021年6月国务院印发的《全民科学素质行动规划纲要（2021—2035年）》在“青少年科学素质提升行动”中强调，实施教师科学素质提升工程，将科学教育和创新人才培养作为重要内容，推动高等师范院校和综合性大学开设科学教育本科专业，扩大招生规模。2022年4月，教育部颁布《义务教育科学课程标准（2022年版）》，科学课程目标、课程理念和课程内容的改革对中小学科学教师的专业素质提出了新的挑战。2022年5月，教育部办公厅发布《关于加强小学科学教师培养的通知》，要求建强一批培养小学科学教师的师范类专业，建强科学教育专业，扩大招生规模，从源头上加强本科及以上层次高素质专业化小学科学教师供给，提高科学教育水平，夯实创新人才培养基础。2023年5月，教育部等十八部门发布《关于加强新时代中小学科学教育工作的意见》，强调加强师资队伍建设，增加并建强一批培养中小学科学类课程教师的师范类专业，从源头上加强高素质专业化科学类课程教师供给。

当今世界科学技术日新月异，同时也正经历百年未有之大变局。党的二十大报告明确提出“教育、科技、人才是全面建设社会主义现代化国家的基础性、战略性支撑”。2023年2月，习近平总书记在二十届中共中央政治局第三次集体学习时指出“要在教育‘双减’中做好科学教育加法”，为加强我国新时代科学教育提出了根本遵循。世界发达国家的经验表明，科学教育是提升国家竞争力、培养创新人才、提高全民科学素质的重要基础。高素质、专业化的中小学科学教师是推动科学教育高质量发展的关键。当前，高等院校应该把培养高素质中小学科学教师作为重要的使命担当，加强在中小学科学教育师资职前培养和职后培训方面的能力建设，保障中小学科学教师高质量供给。没有高质量的教材就没有高质量的科学教师培养。因此，编写出版高等院校科学教育专业教材是解决当前我国科学教育专业人才培养问题的紧迫需要，是科学教育专业发展的根本要求，具有重要的现实意义。

该套教材在编写过程中得到了我国古生物学家、中国科学院周忠和院士的关心与鼓励，在此表示衷心的感谢和崇高的敬意！同时对西南大学领导和西南大学出版社的高度重视和支持表示诚挚的感谢！对编写过程中我们引用过的相关著述的作者表示真诚的谢意！由于系列教材编写的工作量巨大，编写的时间紧，加之编者的水平有限，教材难免存在一些不足，敬请广大的读者朋友批评指正。

林长春

于重庆师范大学师大苑

2024年5月20日

前言

地球与宇宙科学是我国高等院校科学教育专业的主干课程之一，其涵盖的内容十分广泛。从时间尺度来看，上到百亿年，下到时分秒；从空间尺度来看，宇宙遥远的距离以光年为单位，而地球微生物小到几微米。宇宙时空所发生的各种神奇的自然现象，都是宇宙与地球科学所关注的内容。

为了响应国家“充分发挥高水平大学和科研院所作用，构建一批重点突出、体系完善、能力导向的基础学科核心课程、教材和实验”的号召，针对目前科学教育专业没有一套完整的教材体系情况，我们联合全国众多高校的教授专家们一起编写了高等院校科学教育专业系列教材之一的《地球与宇宙科学基础》。教材编写是认真贯彻落实习近平总书记重要指示批示精神、全面落实党的教育方针、共同推动科学教育深度融入各级各类教育的具体举措。

针对科学教育专业特点，并结合编者的教学经验，教材内容主要围绕地球所处的宇宙环境和地球各大圈层主要的特点、形成与发展变化过程及其相互作用，以及人类活动与环境之间的相互关系进行安排。第一章和第二章介绍了宇宙、太阳系和地月系的构成、形成及其运动变化规律。第三章详细阐述了地球的特点、运动及其圈层结构。第四章到第七章分别介绍了岩石圈、大气圈、水圈、土壤圈和生物圈的特点、形成与变化。第八章主要介绍人类对自然资源环境的利用以及面临的自然灾害和环境问题。

本教材在内容选定、版面编排等工作中主要贯穿了以下几方面的理念：

(1)注重基础与经典。针对科学教育专业特点，选取关于宇宙和地球各大圈层最基础、最重要的知识点以及最经典的理论，便于读者对宇宙、太阳系、地月系、地球、岩石圈、大气圈、水圈、土壤圈和生物圈以及自然资源与环境的特点、形成、运动变化及其机理，形成简单清晰、结构完整、逻辑缜密的认识。

(2)吸纳前沿研究成果。宇宙与地球科学处于快速发展中，新的研究结果一方面使我们对宇宙和地球的认识更加深入，另一方面也提出了许多新的关于宇宙与地球的理论与模型。在教材编排过程中，除了注重经典的、基础的知识与理论的介绍，还特意安排了前沿研究领域部分，以便读者更新已有知识，意识到宇宙和地球科学还处于快速向前发展的过程中，保持不断了解和探索宇宙与地球的热忱。

(3)强调实践应用。教材在每个章节设置与理论内容紧密结合的实验教程与操作指导。实验类型涉及基础性、综合性、探索性以及项目式实验等,以便读者加深对各部分内容的认识与理解,掌握宇宙与地球科学研究的前沿技术与方法,提高实践应用能力。

(4)融入跨学科理念。跨学科素养是解决多元真实科学问题过程中表现出来的综合性品质,作为一种高阶思维能力,它关乎读者如何应对生活中的复杂科学议题和日后的非常规工作。教材中融入了跨学科理念,以便读者跨学科素养的培育与发展,解决素养视域下科学教育改革面临的关键问题。

(5)注重价值观引领。教材注重爱护地球、人地和谐、良性循环、全面发展等地球观与社会观的培养。第八章着重阐述了地球资源环境及其对人类的影响,以便读者对地球与人类的关系有更深入的认识,形成保护地球环境、实现可持续发展的观念。此外,每个章节摘选了与章节内容相关的名人名言,培养读者形成积极向上、热爱科学的良好品质。

(6)力求简洁和统一。教材各章节均安排了学习目标、主要内容、实验指导、拓展阅读、课后思考以及思维导图等内容,各部分清晰明朗,具有较强的可读性和实用性,方便读者学习。

《地球与宇宙科学基础》作为高等院校科学教育专业系列教材之一,由重庆师范大学魏兴萍教授、河北民族师范学院杨越教授担任主编。第一章到第八章分别由湖南第一师范学院陈莉,长沙师范学院王亚敏,浙江师范大学胡忠行,重庆师范大学魏兴萍、陈艇、陈放,重庆师范大学刘连中、陈艇,重庆师范大学魏兴萍,河北民族师范学院杨越,河北师范大学冯忠江编写。教材部分图片由代肖遥绘制,魏兴萍、杨越、陈艇参与了全书的修改和校核工作,陈莉、冯忠江参与了部分章节的校核工作,谭熙、肖成芳参与了部分实验章节的撰写和全书的校核,江萌春、熊晓、冉宁静和陶真真参与了第四章、第五章、第六章的编写和全书的校核工作。曾春芬对本书提出了很多宝贵的意见,在此表示感谢。

教材编写过程中,针对全国科学教育专业目前的培养方案和教学要求以及宇宙与地球科学学科特点,在内容的科学性、知识性、前沿性、实践性以及教材形式的新颖性、便捷性、经济性等方面都做了很大的努力。由于编者知识领域和能力水平有限,本书还存在一些缺点和不足,敬请广大读者批评指正,提出宝贵意见。

CONTENTS

目 录

第一章

宇宙探索

日月之行，若出其中；星汉灿烂，若出其里。

——曹操《观沧海》

☆ 学习目标

1. 回忆人类对宇宙的探索历史，复述各个阶段的宇宙观，运用理论和事实双重证据解释现象，培养科学思维能力。

2. 回忆人类航天历史，复述我国航空航天事业进展，树立正确价值观和社会责任感，涵养社会主义崇高情感。

3. 说出宇宙基本物质组成及结构，回忆宇宙及恒星的演化简史，建立空间想象能力。

4. 复述星空变化规律，运用工具观察星空及其变化，培养探究实践能力。

第一节　人类认识宇宙的历史

宇宙有两种含义：一种是哲学的宇宙，另一种是自然科学的宇宙。哲学宇宙概念所反映的是无限多样、永恒发展的物质世界；自然科学宇宙概念所涉及的则是人类在一定时期观测所及的最大天体系统。两种宇宙概念是一般和个别的关系。本教材的宇宙属于自然科学概念。

一、从原始宇宙观到托勒密体系的建立

从远古时代起，人们就对浩瀚深邃的天穹具有浓厚的兴趣。古代人们观察天象，主要集中在对亮星的出没、月亮和行星的遮掩、恒星以及日月食等的观测。他们将显见的自然现象加以简单的解释，例如看到地平线的形状，便认为地球是平的。他们从实用的或者神秘的观点出发，描述观测现象，并用神话予以解释。经过长期的观察测量和思考，各文明古国积累了丰富的天象记录，并且发现天象与昼夜和四季更替有着紧密的联系，最终形成了最朴素的宇宙观。

(一)中国古代“天圆地方”宇宙观

春秋战国时期的诸子百家中，阴阳家对宇宙图式有朴素的认识，尝试利用“阴阳五行”来解释自然现象的成因及其变化法则。在战国时期已出现宇宙的概念。“上下四方曰宇，往古来今曰宙。”其中“宇”代表空间，“宙”代表时间，宇宙即一切时间与空间的总和，“天地万物”都包括在宇宙之中。

1. 盖天说

从直观的角度来看，天空中的太阳、月亮和星星每天都东升西落，因而“天动地静”。古代的黄河流域的中下游，人们目之所及是广袤而平坦的大地，故而感觉大地的形状是“平”的。“天圆如张盖，地方如棋局。”中国古人认为天是圆形的，像把张开的大伞覆盖在地上，地是方形的，像棋盘铺在天穹下面，日月星辰随着天穹旋转而东升西落。受“阴阳”思想的影响，就有了“天圆地方”的观点。人们对天和地的这些认识，被总结为“盖天说”（图1-1）。“天圆地方”的观点符合封建统治阶级的要求，因而成为千百年来中华大地正统的宇宙观，故古代天坛的建筑基本是圆形的，而地坛的建筑是方形的。

图1-1　盖天说

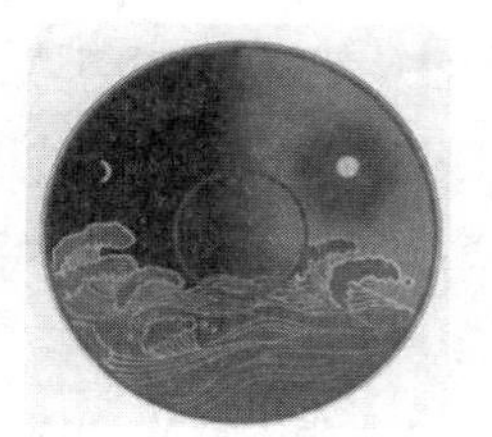

图1-2　浑天说

2. 浑天说

除了“天圆地方”的正统思想，“地圆”的观点在中国古代也存在。东汉天文学家张衡在《浑天仪注》中说：“浑天如鸡子，天体圆如弹丸，地如鸡子中黄，孤居于天内，天大而地小。天表里有水，天之包地，犹壳之裹黄。天地各乘气而立，载水而浮。”张衡用鸡蛋的结构演绎出天地的结构，认为天和地都是球形（图1-2）。但是他的“地是球形”的观点仅仅用于天文观测，并没有成为主流的观点得以流传。

（二）古地中海地区宇宙观的发展

古希腊人在公元前4世纪以后，率先使用科学方法来研究天体的现象与运动，试图给天象一个理性解释。他们在不同时期成立了各种哲学学派，在天文学方面有了不断的积累。

1. 爱奥尼亚学派（前6—前5世纪）

主要代表人物是泰勒斯，该学派的主要贡献有：(1)探讨日月食成因及推算日食周期。认为月食是因为月亮运行到了地影里，日食有18年的“沙罗周期”。(2)提出地平说。认为地是薄薄的圆片飘浮在空气的漩涡里，孤立在球状宇宙的中心，日、月与行星在它的周围做圆周运动。(3)认为月亮、行星都和地球一样是岩石的结构，月亮因反射太阳的光而明亮。

2. 毕达哥拉斯学派（前6—前4世纪）

该学派认为数即万物，圆是最完美的图形，故主张大地是球形的，运动的天体一定做匀速圆周运动。

3. 柏拉图学派(前4—前3世纪)

该学派主张球形的地球固定在宇宙的中心,天体围绕地球做匀速圆周运动。该学派的亚里士多德(前384—前322)在公元前340年,完成了天文学著作——《论天》,书中把过去学者们的证据进行了归纳,对“地圆说”进行了系统的解释。具体的证据如下:

(1)航船归来

古希腊人在观望航船归来时发现远处的船总是先露出船帆,然后才是船身。而非逐渐变大变清晰。由此推导出大地不是平坦的,而是弧形的(图1-3)。根据当时的几何学成就,进而推导出大地是球形的。

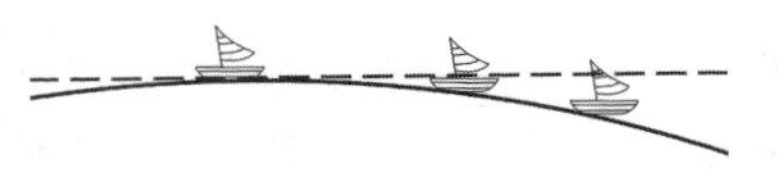

图1-3 观察航船归来示意图

(2)星空变化

来往于尼罗河流域和希腊的旅行者早就发现:在南方埃及能看到的某些星星,在北方的希腊就看不见;而在希腊永不落的某些星星,在埃及则落入了地平线以下。以北极星为例(图1-4),在南方B处看到的北极星地平高度比在南方A处看到的北极星地平高度小,原因是A、B两处看向北极星的光线平行,两处的地平线不一样(在二维平面中,地平线是圆或者曲线的切线,切点为观察者所在的位置),地平线的这种变化只有在“地是圆”的基础上才会出现。

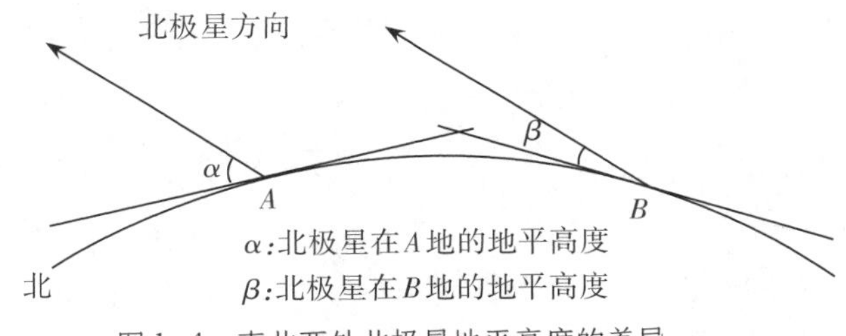

图1-4 南北两处北极星地平高度的差异

(3)月食

在“月食是大地的影子遮蔽了月亮”的认知基础上,亚里士多德经过多年的观察发现:月食时大地的影子边缘总是弧形的。“总是弧形”用数学归纳就说明“大地是球形的”。

知识拓展

最早测量地球的大小①

由于亚里士多德的影响,在古希腊和古罗马时期,“地圆说”得到了普及。在此基础上,古希腊学者埃拉托斯特尼(前276—前195)还利用数学和地理学知识测量出了地球的大小。

① 刘南.地球与空间科学[M].北京:高等教育出版社,2018:23.

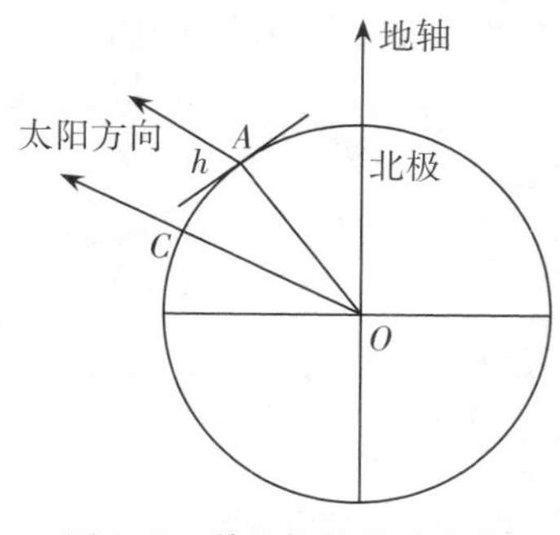

图1-5　首次推算地球大小

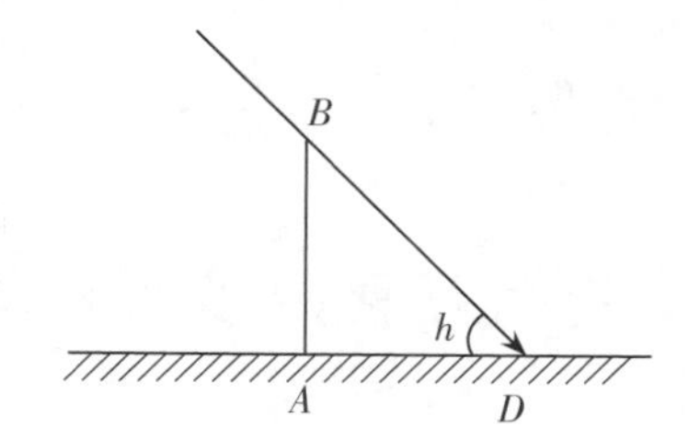

图1-6　利用灯塔测正午太阳高度角

图1-5中时间为夏至日，A点为亚历山大城，C点为塞恩（今阿斯旺）。夏至这天的正午，阳光直射塞恩城的一口水井，说明太阳直射在C点。根据数学图形得出地球的周长：

$$L = AC \times (360^\circ \div \angle AOC)$$

要得到地球的周长，需要知道$\angle AOC$的大小。埃拉托斯特尼利用亚历山大城的航海指示灯塔（图1-6），测出了夏至当天的正午太阳高度角h，计算公式如下：

$$\tan h = AB \div AD$$

算出$h=82^\circ 58'$。

根据三角函数算出亚历山大城夏至日的正午太阳高度角h，得到

$$\angle AOC = 90^\circ - h = 7^\circ 2'$$

最后埃拉托斯特尼算出亚历山大城和塞恩之间的弧长相当于圆周角360°的1／50。由于亚历山大城和赛恩城之间经常有驼队来往贸易，AC的距离已经测量出来，大约是5 000希腊里，所以地球的周长约为25万希腊里，结果修正后换算为现代的公制，得到地球圆周长约为39 360千米，与地球实际周长（约4万千米）极为相近。

4. 亚历山大学派

亚历山大学派的克罗狄斯·托勒密（约90—168）继承了前人的衣钵，完成了西方古典天文学的百科全书——《天文学大成》（又叫《至大论》）。书中描绘了宇宙学模型，后人称之为“地心说”（图1-7）。地心说认为，地球处于宇宙中心静止不动。月球、水星、金星、太阳、火星、木星和土星依次在各自的轨道上绕地球做自东向西的匀速圆周运动。托勒密的宇宙模型开创了用数学方法系统解释宇宙结构的先河。

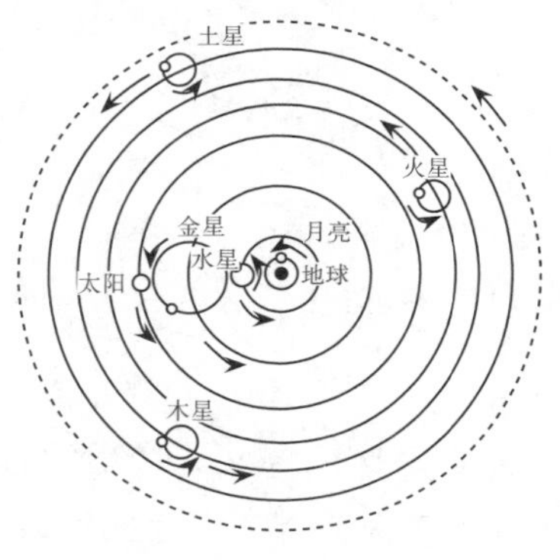

图1-7　地心说模型

托勒密的地心说模型在当时能够很好地解释和预测各种天文现象，因而得到了广泛认可。后来基督教兴起，托勒密的“地心说”因为符合基督教的利益，到16世纪成为独霸欧洲天文学界的“圣经”。

二、近代宇宙观及哥白尼体系的完善

近代科学以哥白尼(1473—1543)创建“日心说”为开端。最早提出日心说的并不是哥白尼。古希腊的亚里斯塔克(约前315—前230)就曾指出：恒星与太阳是不动的，地球围绕太阳做圆周运动。与亚里斯塔克相比，哥白尼在其著作《天体运行论》中，给出了定量化的日心说体系，此体系不仅能够解释托勒密理论里所能解释的一切现象，更重要的是它更加简洁、协调，说明现象更加自然，预测天象更加准确。

哥白尼“日心说”得到了后世学者的丰富和推广，布鲁诺(1548—1600)热情地宣传哥白尼的“日心说”并进一步认为“宇宙是无限的，太阳也不是宇宙的中心”。伽利略发现了“日心说”的事实证据并对“日心说”进行了科普；开普勒总结出了行星运行规律，解决了多年来圆周匀速运动轨道解决不了的困惑；牛顿发现了万有引力，解密了天体运行的动力。在科学家们的不断完善下，最终哥白尼学说揭开了宇宙运行的奥秘。

(一)哥白尼的“日心说”

经历了十几个世纪的观察，“地心说”中“本轮”的个数越来越多且越来越无法预测，因而导致“地心说”模型变得越来越复杂。15世纪的哥白尼受文艺复兴思想的影响，开始考虑建立一个更简单的宇宙模型。经过了三十多年的实践研究、观测和核校，1543年，哥白尼的《天体运行论》出版，书中指出：只有月球绕地球公转，而地球一边自转，一边和别的行星一样围绕太阳运行，太阳固定在这个体系的中心(图1-8)。

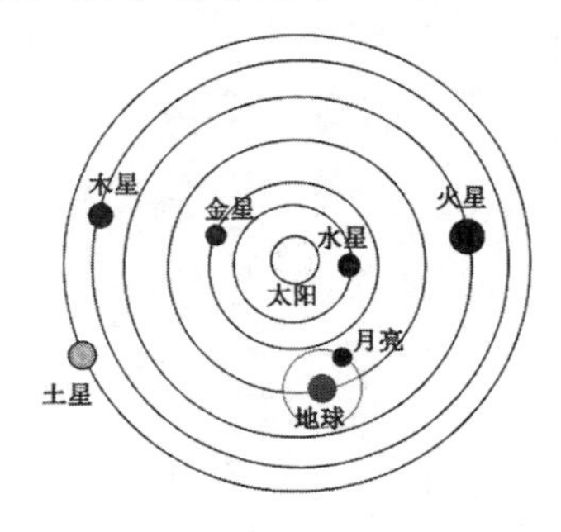

图1-8 “日心说”模型

哥白尼的“日心说”相对于托勒密的“地心说”显然更为科学合理，且能够更精确地解释和预测各种天文现象，但是有几个问题哥白尼也未能很好地解决。一是缺乏更多的天文观察数据，二是行星运行依然是匀速圆周运动。1610年，伽利略(1564—1642)利用自制的可以放大30多倍的望远镜发现了木星的四颗主要卫星，直接证明了“并不是所有的天体都围绕地球转”，从而有力地支持了“太阳中心说”。后来他又用九年时间写成了《关于托勒密和哥白尼两大世界的对话》，支持了哥白尼体系。

（二）开普勒行星运动三定律

关于行星的运行轨道问题，德国的开普勒（1571—1630）在丹麦天文学家第谷（1546—1601）的观察数据基础上，最终给出了数学的解释。

知识拓展

第谷[①]

第谷是望远镜发明以前最伟大的肉眼天文观测家，以观测精密而著称。他坚信准确地掌握星体的位置是了解宇宙运行规律的先决条件。在观测中，第谷发现前人留下的行星观测数据不够准确，编写出的星表也存在很大的误差。他立志编写出一个更加精确完善的星表。很快，第谷得到了丹麦国王腓特烈二世的支持，建立了当时世界上最先进的天文台。第谷在此经过20年的夜夜观察，留下了大量精确的恒星和行星观测数据。但是，第谷一直未能对行星位置的数据进行有效的处理。其一是因为他更多的兴趣是在恒星观测上面。其二是这些数据的处理总是不能如他所愿。作为一个伟大的天文观测家，而不是理论学家，第谷在内心深处应该是支持“地心说”的，但是观察数据又使他觉得哥白尼的学说更有道理，所以他就创建了一个介于“地心说”和“日心说”之间的理论。他同意哥白尼说的火星与其他行星绕太阳旋转，但坚持认为太阳绕着地球转。1599年，第谷找到了数学天才开普勒做他的助手，着手处理行星数据。和第谷不同，作为数学家的开普勒是支持哥白尼体系的，因为哥白尼体系相对于托勒密或者是第谷的理论，具有更大的数学简单性和和谐性。开普勒说：“我从灵魂的最深处证明它是真实的，我以难以相信的欢乐心情去欣赏它的美。”

与哥白尼一样，开普勒最初认为行星运行轨道应该是圆形的，但是通过对第谷记录的海量观测数据长达8年的演算，开普勒得出了行星运行的面积定律和轨道定律。1609年，开普勒在《新天文学》一书中发表了自己的研究成果，提出了后来被称作开普勒行星运动三大定律中的前两个定律。后来，开普勒又着手行星距太阳的距离与行星环绕太阳一圈所需时间之间的关系研究。1619年，他在《世界的和谐》一书中发表了第三定律，至此，开普勒三定律完成。

1. 轨道定律

行星运动第一定律认为：每个行星都在一个椭圆形的轨道上绕太阳运转，太阳位于椭圆形轨道的一个焦点上（图1-9）。

---

① 赵玉萍，邢红军，王玉婷．物理学史视野下“行星的运动”深度备课研究［J］．教学与管理，2021(9)：115-118.

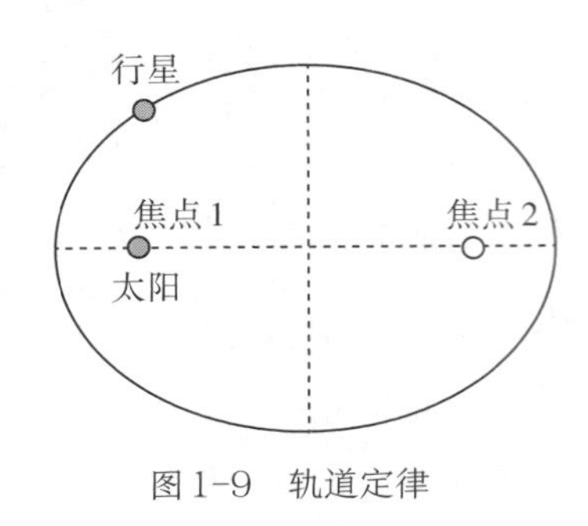

图1-9　轨道定律

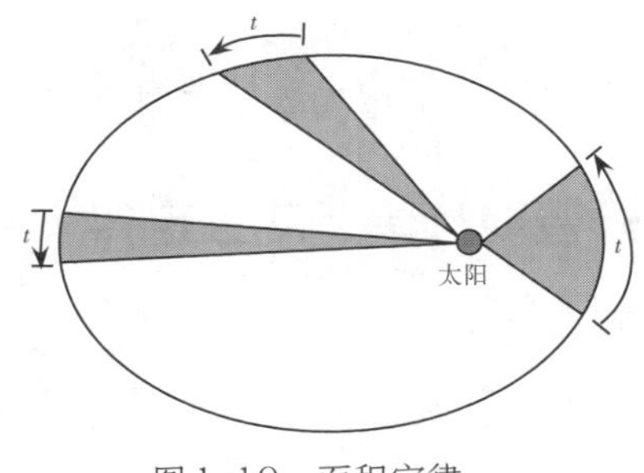

图1-10　面积定律

2. 面积定律

行星运动第二定律认为：行星与太阳之间的连线在相等时间内扫过的面积相等。因此，行星离太阳越近其运行线速度就越快。轨道定律和面积定律很好地解释了观测中地球公转线速度的变化，即近日点地球公转线速度快，远日点地球公转线速度慢（图1-10）。

3. 周期定律

行星运动第三定律认为：任意行星围绕太阳旋转的周期的二次方，与其轨道长半径的三次方成正比。用公式表示为

$$\frac{T_1^{\ 2}}{T_2^{\ 2}}=\frac{a_1^{\ 3}}{a_2^{\ 3}}$$

其中T代表行星的周期，a是行星轨道长半径。

开普勒三定律同样适用于天空中其他星系的行星运行。因此，开普勒被尊称为“天空立法者”。有了开普勒三定律，人类预测行星运动规律的精度大大提高。

（三）牛顿万有引力定律

开普勒的三大定律说明了行星如何运动，对于行星为何绕太阳运动，则是科学家牛顿给我们找到答案的。1687年，牛顿在《自然哲学的数学原理》中提出了万有引力，即具有质量的物体彼此之间会产生一种相互作用，它的大小与物体的质量以及两个物体之间的距离有关。公式为

$$F=\frac{GMm}{R^2}$$

其中F是两个物体之间的引力，G是万有引力常数，M和m是两个物体的质量，R是两个物体之间的距离。

物体的质量越大，它们之间的万有引力就越大；物体之间的距离越远，它们之间的万有引力就越小。由于太阳系中太阳的质量巨大，所以其他天体在太阳强大的引力下绕着太阳旋转。根据万有引力定律，牛顿还进一步算出天体公转的轨道不仅有椭圆，还有可能是双曲线或抛物线。万有引力定律同时也推翻了太阳是宇宙中心的思想，原来的宇宙边界的思想被打破。牛顿也明白，按照他的引力理论，恒星势必相互吸引，因此它们不可能基本保持不动。静态宇宙的观点受到冲击，从此揭开了人类对宇宙认识的新篇章。

三、现代天文学与宇宙大爆炸理论的形成

19世纪以来,随着现代物理学和现代技术的发展,人们对宇宙的认识达到了空前的深度和广度。经典的天体力学和天体测量学的新进展、19世纪中叶诞生的天体物理学成为天文学主流、20世纪射电天文学和航天时代的到来等等,都宣示着天文学进入了全新时代。

(一)宇宙大爆炸学说的建立

现代宇宙学包括密切联系的两个方面,即观测宇宙学和理论宇宙学。前者侧重于发现大尺度的观测特征,比如说微波背景辐射、引力波和黑洞等的寻找和测量。后者侧重于宇宙模型的建立。

在20世纪之前,在牛顿力学支撑下的宇宙模型中,宇宙被认为是上帝创造的、先验的"静态"宇宙。自爱因斯坦创立了相对论,"静态"宇宙观开始被动摇。

1. 静态宇宙模型

1917年,爱因斯坦基于自己的相对论理论,建立了现代宇宙学说的第一个宇宙模型。此模型是第一个自洽统一的动力学宇宙模型,它克服了牛顿理论和无限宇宙的矛盾,主张宇宙是一体积有限无边的静态弯曲封闭体。爱因斯坦给出了引力场方程。但是由于爱因斯坦最初认为宇宙是静止的,因此它在引力场方程前加入宇宙常数来使宇宙保持静止。这一模型也叫爱因斯坦静态宇宙模型。

2. 宇宙大爆炸理论

1922年,苏联数学家亚历山大洛维奇·弗里德曼在求解爱因斯坦的引力场方程时,求出了不含宇宙常数引力方程的通解,得到一个均匀的、各向同性的、膨胀的有限无界的动态宇宙模型。

1924年,美国天文学家哈勃观察到星系光谱红移和距离的线性关系,即哈勃定律。哈勃定律说明:所有的恒星都在离我们远去,即宇宙在不断膨胀。这为动态宇宙理论提供了事实证据。

1932年,比利时天文学家勒梅特基于动态宇宙模型,并根据哈勃发现的河外星系光谱线红移的观测事实,提出了大爆炸宇宙学说。他认为我们今天的宇宙是在一场无与伦比的、一个极端高温极端压缩状态的"原始原子"(奇点)的爆炸中诞生的。

1948年,苏联物理学家乔治·伽莫夫继承和发展了大爆炸宇宙学说,并预言了微波背景辐射的存在。1964年,美国的阿诺·彭齐亚斯和罗伯特·威尔逊发现了3K微波背景辐射,至此,宇宙大爆炸学说为科学家广为接受。(彩图1)

知识拓展

多普勒效应①

1842年的一天，奥地利物理学家多普勒路过一条铁路的交叉处，恰逢一列火车从他身旁驰过，他发现火车从远而近时汽笛声变大，但波长变短，而火车从近而远时汽笛声变小，但波长变长。他对此物理现象产生了极大兴趣，并进行了研究。他发现这是由于波源与观察者之间存在着相对运动，观察者听到声音的波长不同于波源的波长。这就是波长移动现象：当波源离观测者而去时，波长增加，频率减小，出现红移；当波源接近观测者时，波长减小，频率增大，出现蓝移。这就是多普勒效应。即波源与观察者靠近，观察者接收的频率比波源高；波源与观察者远离，则低于波源频率。根据多普勒效应，哈勃发现了恒星的红移现象，故而推导出恒星在离我们远去。

交流与讨论

在人类探索宇宙的历史中，有哪些著名的天文学家？他们对宇宙探索做出了什么贡献？

(二)宇宙的演化

根据宇宙大爆炸学说，宇宙起源于一个体积无限小、密度无限大、温度无限高、时空曲率无限大的点，称为奇点。这个致密炽热的奇点约于150亿年前一次大爆炸后膨胀，形成现在的宇宙。

爆发初始，宇宙的一切物质全部以基本粒子的形式被挤压在一个很小的体积中，温度在千亿K(开尔文)以上。大爆炸引起宇宙迅猛膨胀，导致宇宙的温度和密度迅速降低。爆炸3分钟后，宇宙中有比例约为87∶13的质子和中子、相应数量的自由电子以及大量与电子共处于热平衡之中的光子。由于这时宇宙已冷却到10亿K以下，中子不能自由存在，便在几十秒内全部与质子结合，形成占宇宙总质量约26%的氦原子核。剩余的质子，即氢原子核，占宇宙总质量的约74%。此过程大约在3亿K时结束。

宇宙继续膨胀冷却。从3亿K降至80万K期间，氢、氦和某些较轻的原子核可能发生核聚变反应，因而还会有某些新原子核形成。80万K以下各种热核反应原则上不会发生。因此宇宙温度降至80万K，标志着宇宙早期的元素形成过程结束，不过，宇宙从3亿K降至80万K的时间非常短，包括氢聚变为氦等在内的各种核聚变反应几乎来不及发生。所以除氢、氦以外，宇宙早期形成的其他轻原子核是极少的，这就是宇宙大约占总质量1/4的氦原子核和3/4的氢原子核的由来。

宇宙爆炸几十万年后，随着宇宙的继续膨胀，宇宙温度降至3 000 K以下。这时各种原子核与电子结合起来形成原子，于是宇宙中出现以氢、氦原子为主的气体。在更低的温度下，它们还结合成分子。此时自由电子突然消失，中断了光子和物质之间的热接触，宇宙辐射便开始自由膨胀。光子间的平均距离不断拉大的结果是辐射向长波方向蜕化，最

① 高赢.高中物理课堂的有效性——以《多普勒效应》为例[J].学苑教育，2022(1)：24-26.

后给现今的宇宙留下一个相当于3 K的宇宙背景辐射。

正是在这一时期，万有引力登上宇宙演化的历史舞台。在万有引力作用下，气体相对密集的区域会聚合成一个个巨大的原始星云，且巨星云的整体和内部都不可避免地会发生收缩。巨星云整体收缩演化的结果就是一个个星系。它们整体上仍然保留着大爆炸赋予的膨胀速度，巨星云内大量局部云团在收缩过程中，瓦解成许多小云，形成了大批恒星。

宇宙大爆炸学说除了能解释宇宙膨胀、氢和氦等元素形成以及3 K微波背景辐射等大尺度特征外，也得到其他观测事实的证明，例如按照大爆炸学说，现今所有的天体都是大爆炸后形成的，事实上，现代天文学至今所研究的所有天体的年龄的确没有超出100亿～200亿年。

知识拓展

暴胀理论①

宇宙是匀速膨胀的吗？宇宙膨胀的速度是不是在不断降低？宇宙中为什么不存在磁单极子？为了解决这些问题，麻省理工学院的科学家阿兰·古斯(Guth)于1981年1月在*Physical Review D*(《物理评论》)上发表了一篇划时代的文章，提出暴胀宇宙学模型。暴胀是发生在宇宙最初约10～32秒甚至更早的一段宇宙尺度因子近指数膨胀过程。在这么短的时间里，宇宙至少膨胀了1 026倍，正因如此，这个过程被称为暴胀。1981年10月，在莫斯科召开了一次以暴胀为主题的国际会议。安得列·林德公布了一份叫作“新暴胀”的改进版本，几个月后，宾夕法尼亚大学的安德里亚斯·亚布勒希特和保罗·斯坦哈特发表了他们的新暴胀理论。到1982年底，暴胀理论已经稳固地确立了它的地位。该理论指出：早期宇宙的空间是以指数倍的形式在膨胀，这种快速膨胀过程叫作“暴胀”。暴胀过程发生在宇宙大爆炸之后的10^{-36}～10^{-32}秒之间，宇宙在远远不到一秒钟的时间内，将现在已成为可观测宇宙的东西，从一个比质子还小很多的体积，炸开到大约柚子那么大。这个过程理论上可以抹平时空而使宇宙平坦，也能解决视界问题。在暴胀结束后，宇宙继续膨胀，但是膨胀速度则小得多。暴胀理论可以很好地解释宇宙的非均匀性、各向异性和平滑空间的弯曲程度等问题。

四、人类利用探测器探索太空的历史

20世纪以来，科学技术得到了飞速发展。人类已经不满足于用眼、望远镜和光谱等手段远距离探索宇宙，而是渴望利用航天器近距离地去探索太阳系的天体。

(一)地球高空探索

1957年10月4日，苏联发射了世界第一颗人造卫星——卫星1号，人类的飞行器第一

① 黄庆国，朴云松．宇宙如何起源？[J]．科学通报，2018，63(24)：2509-2517.

次到达距离地表215～947 km的高度，开创了人类太空探索的新纪元（图1-11）。

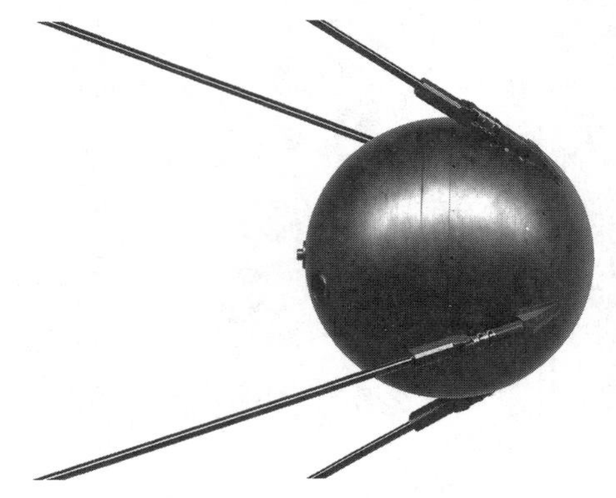

图1-11　卫星1号模型

此后，美国、法国、日本也相继发射了人造卫星。中国于1970年4月24日发射了自己的第一颗人造卫星东方红一号。目前，俄、美、法、日、中、英、印等国家均具有独立发射卫星的能力。

人造卫星由“卫星本体”及“酬载”两部分组成。“酬载”是卫星用来做实验或服务的仪器，“卫星本体”是维持酬载运作的载具。人造卫星的用途依其所携带的酬载而定，根据其用途，人造卫星大致可分为下列几类：

科学卫星：送入太空轨道进行大气物理、天文物理、地球物理等实验或测试的卫星，如墨子号、哈勃等。

通信卫星：作为电信中继站的卫星。

军事卫星：作为军事照相、侦察之用的卫星。

气象卫星：摄取云层图和有关气象资料的卫星，如“风云”系列气象卫星。

资源卫星：摄取地表或深层组成之图像，作为地球资源探勘之用的卫星。

（二）行星探索

多年以来，人类隔着大气远距离观测行星，不能对行星进行深入研究。行星和行星际探测器为行星研究打开了新的局面。行星探测从20世纪50年代末就开始了，80年代后期90年代初各国又陆续发射了各种行星探测器。探测的方式有：

（1）在行星近旁飞过拍摄照片，测定其辐射和磁场。如水手4号拍摄了火星第一批照片。

（2）在行星表面硬着陆，直接探测行星大气温度、气压等数据。如金星4号探测器。

（3）绕行星飞行，成为行星的人造卫星，从而对行星进行较长时间的探测。如水手9号火星探测器，火星2、3、5号探测器和先驱者-金星1号探测器。

（4）在行星上软着陆，对行星表面进行细致分析与探测。如海盗1、2号火星探测器，金星7～16号探测器。这些观测，加深了人类对行星地质、地貌、磁场、辐射带、大气成分等的认识，证实火星和金星上并无地球上生命形式的存在。

知识拓展

天问一号

2020年7月23日，长征五号运载火箭将天问一号火星探测器送入预定轨道，揭开了中国行星探索的序幕。天问一号执行中国首次火星探测，一次性完成了“绕、落、巡”三大任务，中国成为世界上第二个独立掌握火星着陆巡视探测技术的国家。

天问一号肩负五个科学任务：(1)探究火星形貌与地质构造特征；(2)探明火星表面土壤特征与水冰分布；(3)分析火星表面物质组成；(4)探究火星大气电离层及表面气候与环境特征；(5)探索火星物理场与内部结构。

(三)月球探索

航天器对月球的探索始于1958年，苏联的月球3号成功飞掠月球背面，人类第一次看到了月球背面模样。1961—1972年间，美国组织实施了系列载人登月飞行任务——阿波罗计划。1969年7月，阿波罗11号飞船成功将宇航员尼尔·阿姆斯特朗和巴兹·奥尔德林送上了月球。从1969年7月到1972年12月，先后有12名美国宇航员乘坐阿波罗号太空船，登上过月球。

2004年，中国正式开展月球探测工程——嫦娥工程。嫦娥工程分为“无人月球探测”“载人登月”和“建立月球基地”三个阶段。2007年10月24日，“嫦娥一号”成功发射升空，在圆满完成各项使命后，于2009年按预定计划受控撞月。2010年10月1日“嫦娥二号”顺利发射，在完成探月任务后，于2011年6月9日正式飞离月球，前往日地拉格朗日L2点，开启中国深空探测的新征程。2013年12月2日发射的由着陆器和巡视器(“玉兔号”月球车)组成的“嫦娥三号”，首次实现了中国地外天体软着陆和巡视探测任务。发射于2018年12月8日的“嫦娥四号”是人类第一个软着陆月球背面的探测器。2020年11月24日，“嫦娥五号”发射，12月17日凌晨“嫦娥五号”返回器携带月球样品着陆地球，成为中国首个实施无人月面取样返回的月球探测器。2024年5月3日，“嫦娥六号”发射，6月25日返回地球，从月球背面采集月壤1935.3克。

知识拓展

太空资源

随着人类对探索和开发外层空间的能力日益增强，太空已经成为各国竞争和合作的新的地缘政治空间。太空资源主要包括相对于地面的高远位置资源、高真空和超洁净环境资源、微重力环境资源、太阳能资源、月球资源、行星资源等。从太阳系范围来说，在月球、火星和小行星等天体上，有丰富的矿产资源；在类木行星和彗星上，有丰富的氢能资源；在行星空间和行星际空间，有真空资源、辐射资源、大温差资源等。

第二节 星系和恒星

经过历代科学家的不停探索,天文界对宇宙的构成有了较为清晰的认识。目前能够观察到的宇宙基本细胞是恒星。太阳是距离地球最近的恒星,太阳系是我们生活的家园,太阳系位于银河系中,银河系以外有很多河外星系,它们是宇宙的重要组成部分。

一、宇宙物质形态的总体特征

(一)宇宙是物质的

从元素组成看,宇宙中大部分是氢元素(约占3/4),其次是氦元素(约占1/4),其他化学元素加起来,总量很小。宇宙物质以多种形式存在:一部分物质以电磁波、星际物质(也称星系际物质,主要是气体、尘埃和粒子)和暗物质等形式弥散在广漠的空间;另一部分物质则积聚、堆积成团,表现为各种堆积形态的积聚态天体,如地球、月球、行星、恒星和星云等。天体,首先是指各具形态的自然天体,其次还可以包括星际物质和航天时代的人造天体等,但是一般不包括电磁波。换言之,宇宙是由各种形态的天体和电磁波等物质构成的。

(二)宇宙是运动的

宇宙中天体常常聚集成群,组成一个个天体群或集团。在这些群或集团中,运动着的天体成员由于相互吸引而不断地相互绕转,形成天体系统。所有天体系统和天体都在永恒的运动、变化之中,都有着产生、发展和衰亡的历程。

(三)天体系统有不同的级别

例如,卫星绕着行星转,形成较低层次的天体系统,地月系就是这一级天体系统中的一个;行星等天体绕恒星转,形成高一级的天体系统,太阳系就是其中之一;大量恒星、星际物质等进而组成更高级的天体系统——银河系或其他星系;众多的星系、类星体和星际物质等,则组成目前已知最高级别的天体系统——总星系(也称宇宙)。

(四)宇宙极其空旷

宇宙质量主要集中在积聚态天体和天体系统中。积聚态天体和天体系统,彼此都相距很远，通常它们的大小要比它们相互之间的距离小得不可比拟。例如，离太阳最近的恒星比邻星，距离太阳4.2光年。积聚态天体就像是宇宙间相距很远的小岛，天体系统则类似于相距很远的岛群。在这些宇宙“小岛”和“岛群”之间，是极其稀薄、广漠的空间。

（五）宇宙的基本力是引力和斥力

从宏观上看，宇宙最重要的作用力是万有引力。正是由于万有引力的作用，宇宙中的物质或天体趋向于积聚或聚集在广漠空间的一个个分离的小局部。万有引力使相对接近的物质或天体逐渐积聚或聚集（下面统称为“收缩”），收缩又会使积聚态物质或相近天体之间的内部吸引力（自引力）逐渐加强；而自引力愈强，愈有利于进一步收缩。如此循环不已，导致宇宙间形成一个个彼此相距很远的积聚态天体或天体系统。不过，天体或天体系统也不会无限收缩，因为宇宙间除存在自引力、外界压力等导致收缩的因素外，还存在着反收缩的斥力，如自转或绕转运动所产生的离心力、向外的辐射压力、原子和分子间抵抗压缩的作用力或热膨胀力、向外的重量以及引潮力等。这些斥力都会因天体收缩到一定尺度而逐渐显著起来。斥力和收缩力是我们宇宙演化中的一对普遍性矛盾。天体或天体系统，当其斥力和收缩力达到平衡时，处于稳定期；当斥力弱于收缩力时，会发生收缩；当斥力强于收缩力时，会膨胀，甚至瓦解、爆发。

二、银河系和星系

大量恒星和星际物质组成巨大天体系统——星系。由于银河系以外的星系离我们很远，一般呈云雾状，只有极少数较近星系的边缘能被大望远镜“分解”为一颗颗恒星。因此，人类直接观测到的几乎所有恒星，包括太阳在内，都属于银河系。

（一）银河系中的恒星和星际物质

银河系的主要成员是恒星，90%的质量集中在恒星上。银河系所包含的恒星总数，估计达一两千亿颗之多。我们平日在星空上所看到的环天光带——银河，就是由银河系内大量恒星在天球上密集而形成的表象。

银河系内的恒星不少是单个存在的，但也有相当部分的恒星聚集成群，组成银河系内的各级恒星子系统。两个相互靠近，相互绕转的恒星组成的系统，称为双星。由3～10颗恒星组成的称为聚星系统。在太阳系附近空间，估计结成双星、聚星的恒星达半数或半数以上。由10颗以上恒星组成的恒星系统，称为星团。星团又分为两种，一种是规模较小的疏散星团；另一种是由数千至数十万颗恒星密集成球状的大型星团，称为球状星团（彩图2）。两种星团在银河系内的分布明显不同：疏散星团分布于银盘内，而球状星团散布于银晕之中。银河系极其广漠，恒星虽多，但分布非常稀疏。恒星平均间距约3～4光年，大约是一般恒星直径的1 000万倍，即使在恒星“密集”的球状星云和银河系核球中，恒星间的平均距离也比其直径大若干万倍或以上。所以双星、聚星和星团都不是由相遇的恒星事后集聚而成的。再配以其他证据,人们确信:一个星团(或双星)的各成员有共同的起源和大致相同的年龄。其中松散的疏散星团,很易被银河系中心的引潮力瓦解,必定才形成不久,因而年轻。而球状星团的自引力大,不易被瓦解,经多方面研究确认它们是老年的恒星集团。

除恒星外,银河系还包含着大量的星际物质和星云。星际物质是弥散在恒星之间的星际气体和星际尘埃。星际气体指气态分子、电子和离子。星际尘埃是直径约5~10 cm的冰物质和岩石物质的固体质点,包括冰状物、石墨、硅酸盐等,弥散在星际气体当中,质量大约占星际气体的10%。星际物质分布不均匀,当它们相对密度高出一至几个数量级时,就表现为一种可观测到其轮廓的聚集态天体——星云。所以星云可以说是星际物质的密集形态(彩图3)。

(二)银河系的结构和运动

1. 银河系的结构

银河系主要由银盘、核球和银晕三个部分组成(图1-12)。

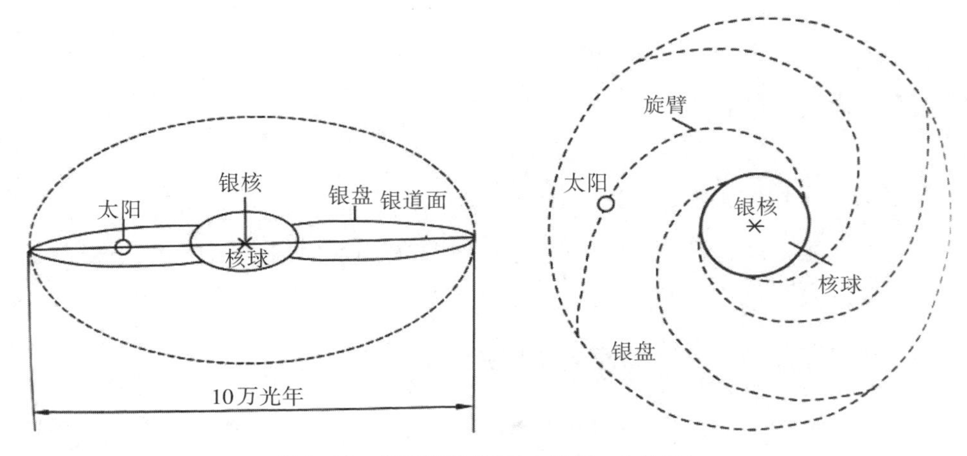

图1-12 银河系结构图(左侧视 右俯视)

(1)银盘。银盘是银河系的主要部分,银盘成铁饼状,直径约10万光年,厚度从内向外递减,最厚处约6 000多光年,银盘中心平面称为银道面。太阳位于银道面上,距银核3.3万光年。银盘内分布的四条旋臂,分别是猎户臂、英仙臂、人马臂和天鹅臂。其中太阳系位于猎户臂上,在人马座旋臂和英仙座旋臂之间。

(2)核球。核球是银河系内恒星较密集、近球状的中心区域,其直径约1万多光年。核球中心还有一个很小的高密高能的核心——银核。

(3)银晕。核球和银盘外,直径约十万光年的近球状区域,称为银晕。总体上看,银晕的恒星和星际物质都相当稀疏。在银晕外,还包围着范围更大,物质更稀薄的区域——银冕。

2. 银河系的运动

旋涡结构是银河系的一个重要特征，由银河系天体围绕银心旋转形成。通过银心并垂直银道面的线称银轴，银河系在不停地绕银轴自转，这种运动称为银河系自转（自旋）。银河系各部分乃至银盘内各部分的旋转情况不尽相同。太阳系绕银心的线速度约为250 km/s，周期约为2.5亿年。

银河系除了自旋外，同时又以约211 km/s的速度向武仙座方向做定向运行。所以，银河系一边旋转，一边飞行，就像一个沿复杂线路在太空飞行的"飞盘"。

（三）星系和总星系

1. 河外星系

银河系外，还有极多像银河系这样规模的天体系统，统称河外星系，简称星系。星系平均间距约为千万光年的数量级。在星系际广漠空间，还有星际物质。

星系由数以亿计的恒星和星际物质等组成。同银河系一样，星系主要成员是恒星，星际物质等只占少数或极少数。星系质量多为几十亿至几千亿个太阳质量，其直径多为几千至几十万光年。在星系内部，恒星分布一般愈靠近星系中心愈密集。但是不同星系的结构形态不尽相同。约有半数星系具有同银河系类似的旋臂结构，这些星系称为旋涡星系（彩图4）；还有一些星系表现为椭圆等形态（彩图5）。现今观测到的星系大多是旋涡星系和椭圆星系，其余是不规则星系。

2. 星系集团

星系在空间的分布也并不均匀，表现出结群现象，它们常组成不同级别的星系系统。银河系和附近30多个星系，如大小麦哲伦星云和仙女座大星云等一起组成了本星系群，范围大约是300万光年。比星系群更大的星系集团称为星系团（彩图6）。星系团一般由上百到几千个星系组成，银河系所属的星系团叫本星系团，目前发现的星系团有数千个。星系团还可以进一步组成超星系团，本星系团和室女星系团，以及其他大约50个星系团和星系群构成本超星系团，直径约1亿～2.5亿光年，总质量约为太阳的千万亿倍。

人类现今观测到的所有星系、星系团、超星系团和星际物质，以及它们所占据的巨大空间，组成了至今所知的最高层次的天体系统——总星系，其范围大约150亿光年，所包含的星系总数在10亿个以上。总星系的组成可以归纳如下（图1-13）。

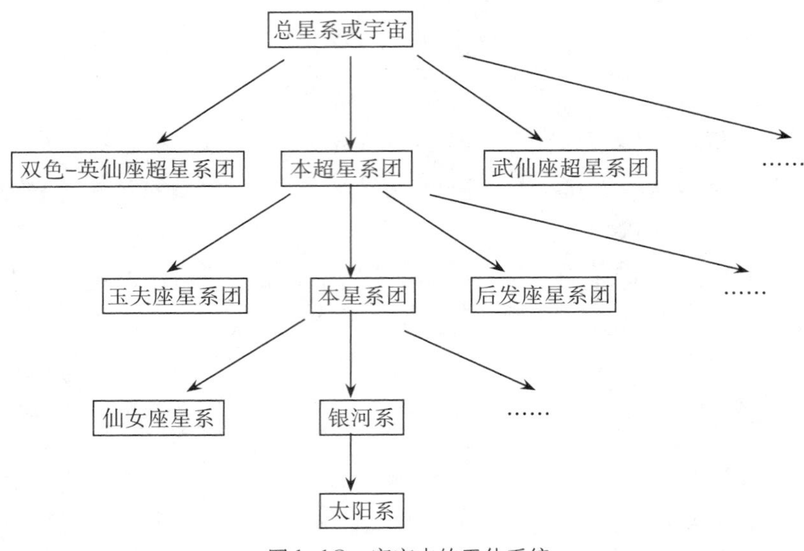

图1-13　宇宙中的天体系统

宇宙在整体上是均匀的、各向同性的。宇宙没有中心，站在每个星系的观测者，向任何方向看都会看到相同的宇宙景象。

三、恒星

恒星是由炽热气体所组成的自身发光的球形或类似球形的天体。晴朗无月的星空中，正常视力的人在确定的地点用肉眼大约可以看到3 000多颗星星，其中除少数几颗是太阳系的行星外，绝大部分都是恒星。恒星并非恒定不动，它不仅有诞生、衰老、死亡的自然演化史，而且以较快速度在宇宙空间运动，但由于离地球十分遥远，短时间内很难看到它们的视位置有变化，古人认为它们是“固定不动的星体”，因而称其为恒星。

（一）恒星的特征

1. 化学组成

恒星的化学组成以氢和氦为主。一般情况下，氢约占恒星总质量的3/4，氦约占1/4，其他元素总量加起来占比很小。但这些其他元素绝非无足轻重，特别是金属元素含量的差异是银河系形成时的第一代恒星（目前尚未找到，金属含量少）区别于后形成的新一代恒星的重要标志（具体解释见恒星的形成和演化）。

2. 质量

质量是恒星的一个重要物理量，它不仅从一个侧面彰显恒星的物理特性，还决定恒星的寿命长短和演化进程。恒星质量都很大，通常以太阳质量（$M_{\odot}$）作单位来表示恒星的质量。绝大部分恒星的质量是太阳质量的几十分之一到上百倍，但其体积相差悬殊，可达数千亿倍以上,可以推论,恒星的密度差异也十分惊人。如中子星密度可达1亿吨每立方厘米,而红超巨星的平均密度仅为水的百万分之一甚至亿分之一。

3. 光度和温度

恒星的光度和温度可以用赫罗图(图1-14)来表示。赫罗图的初衷是探究恒星的表面温度(颜色)与光度的关系,但后来大量研究表明,它涵盖的信息要丰富得多。其中恒星在赫罗图上几个区域的集中分布具有重要的恒星演化意义。

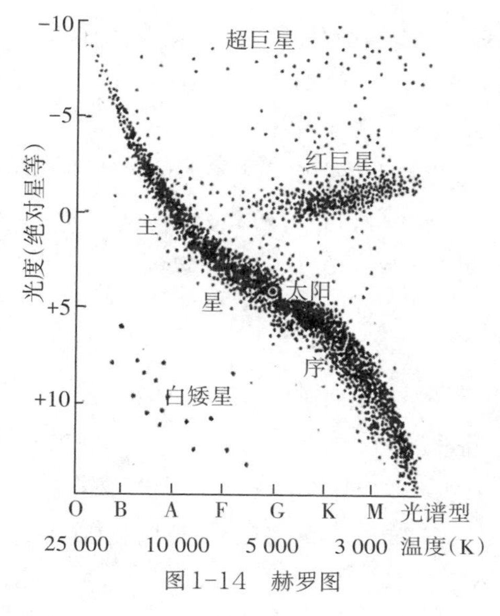

图1-14　赫罗图

赫罗图是埃纳·赫茨普龙和诺利斯·罗素在1910年代创建的,是以恒星的光度相对于光谱类型或温度绘制的散布图,也称为颜色/光度图。图中横坐标的上、下方分别标注恒星颜色和温度(恒星表面温度与恒星颜色密切相关)。首先,恒星的光度与恒星的质量成正比,恒星质量越大,其光度越强。这意味着赫罗图下方的恒星一般质量较小,而分布于上方的“巨星”质量较大。其次,赫罗图右上方的红巨星或超巨星的温度较低,但光度却较高或很高。按辐射理论,温度低的恒星,单位表面积的辐射量应当较小。因此,红巨星或超巨星光度高,表明其表面积异常偏大。赫罗图中下方的白矮星与红巨星不同:它们温度不低,单位表面积的辐射量不小,但光度却很低。这表明它们体积异常的小。研究表明,红巨星和白矮星的体积差异巨大;而恒星在质量上差异却不是很大(大小仅相差数千倍)。因此,红巨星和白矮星在密度上差异也非常大。红巨星密度仅10^{-6} g/cm^{3}或更小,而白矮星的密度却高达$10^5 \sim 10^8$ g/cm^3,即1 cm^{3}物质可达数十吨。最后,赫罗图中间的对角线上分布着大量可见的恒星,此区域为主星序,位于主星序的恒星为主序星。赫罗图不仅可以分析恒星光度、亮度(视星等)、体积、温度等之间的关系,可以为恒星分类,并反映了恒星的演化过程。

知识拓展

恒星光谱

每一种元素都有自己独有的光谱,并且都能吸收它能够发射的谱线[基尔霍夫(Kirchhoff)定律]。光谱一般分三类:一类是连续光谱,它是从红光到紫光各色光连续分布的光谱,炽热的固体、液体和高压下的气体所发射的光谱都是连续光谱。无论什么成分的物质,其连续光谱的式样都是相同的,因此不能用连续光谱来确定恒星的化学组成。另一类是明线光谱,也叫发射光谱,它是金属蒸气和稀薄气体发射的、由黑暗背景上的亮线组成的光谱,这些亮线叫作谱线。还有一类是暗线光谱,也叫吸收光谱,它是高温物体发出的连续光谱通过低压环境下的稀薄气体或蒸气时，其中某些波长的光就会被物质吸收，而在连续光谱的背景中出现一些暗线，这就形成了暗线光谱或吸收光谱。这些暗线也叫谱线。在获得恒星的光谱后，可以根据光谱中谱线的位置、相对强度或轮廓，推知恒星的化学元素组成及元素的丰度(即元素的相对含量)。例如，钠蒸气的发射光谱由很亮的黄色双线组成，波长是固定的5 890埃和5 896埃；氢的光谱有7条，氦的光谱有12条。而钠蒸气的吸收光谱则是在连续光谱中有2条靠得很近的暗线。用光谱分析已在恒星光谱中证认出元素周期表里90%左右的天然元素，并且已知绝大多数主序星的元素丰度基本相同。

分析恒星光谱除了上面所述的可以知晓恒星的组成元素和温度外，还可以获得恒星的其他一些信息：恒星的压力、恒星的磁场、恒星是否在自转及自转方向、恒星的视向速度、恒星的距离以及恒星所处的演化阶段。

4. 运动

恒星在不断运动。恒星的空间运动速度可分解为视向速度和切向速度(图1-15)。视向速度是指沿着观测者视线方向恒星在单位时间内移动的距离，单位是km/s，目前已测过数万颗恒星的视向速度，大多数在±20 km/s(“+”号表示恒星远离观察者，“-”号表示恒星接近观察者)之间，极少数超出±100 km/s。切向速度是指恒星在垂直视线方向上单位时间内移动的距离，单位是km/s。如巴纳德星(在蛇夫座)的空间速度为140 km/s，视向速度为-108 km/s，切向速度为90 km/s。视线方向的运动及速度，可以通过测定恒星光谱是红移还是蓝移以及红移量或蓝移量的大小来确定，从而判断恒星是远离还是接近观察者，以及远离或接近观察者的速度。切向速度可由恒星的距离和自行求得。

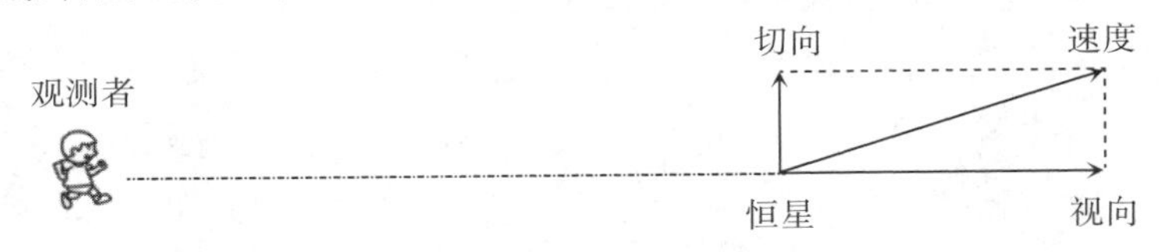

图1-15　恒星的视向速度和切向速度

(1)恒星自行。恒星的自行是指单位时间内(一年)恒星在垂直视线方向上走过的距离对观测者所张的角度，单位是角秒/年。恒星自行普遍很小，一般都小于0.1角秒/年，只有四百多颗恒星的自行等于或大于1角秒/年。其中，巴纳德星自行最大，为10.31角秒/年。

显然自行大小与两个因素有关：一是恒星的切向速度，二是恒星的距离。切向速度相同，距离愈远，自行愈小，反之愈大；恒星的距离相同，切向速度愈大，自行愈大，反之愈小。巴纳德星之所以有较大的自行，是因为它离地球较近。它距地球只有5.9光年，是除太阳和南门二丙星(即半人马座比邻星)外离地球最近的恒星，同时也有较大的切向速度。

由上可见，恒星自行太小，人眼已无法察觉，短期内恒星间的相对位置看上去是“固定”的。各恒星的空间运动方向速度各不相同，距离亦千差万别，因此，恒星的自行是不同步的，即不仅方向不同，速度也不同。经过长时期自行值的累积，恒星间的相对位置会有明显的变化，如北斗七星的位置在10万年前和10万年后都不是“勺子状”(图1-16)。

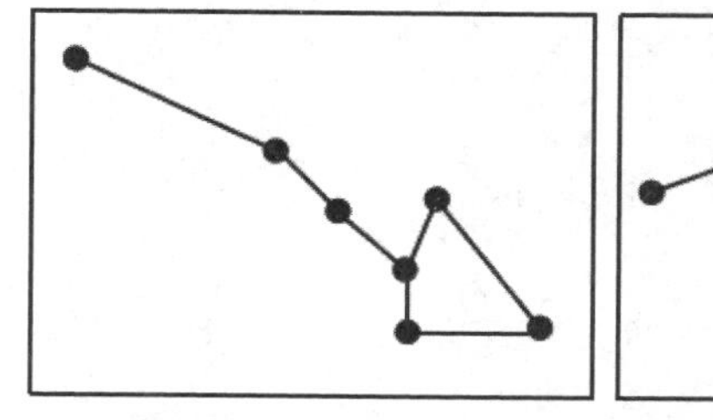

(A)10万年前的北斗七星

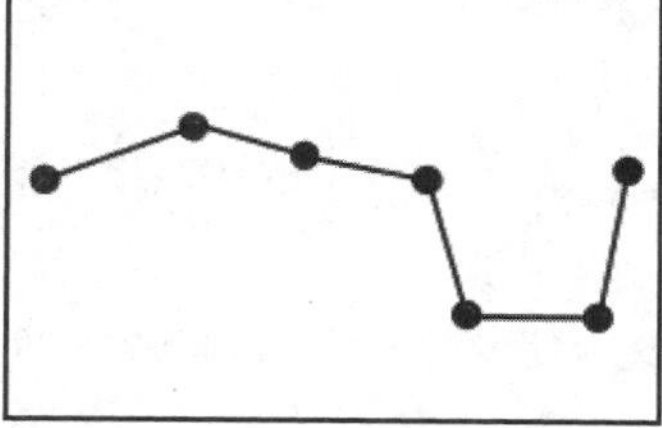

(B)现在的北斗七星

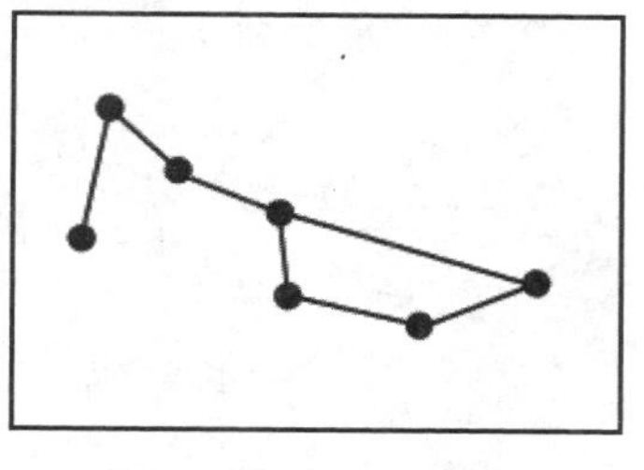

(C)10万年后的北斗七星

图1-16　北斗七星形状的变化

(2)恒星自转。恒星绕自身的轴转动称为恒星的自转。长期天文观测和研究证实,恒星的自转运动是普遍存在的,但各类恒星的自转速度却各不相同,如主序星的早型星(B型、A型)自转速度较大,晚型星(C型、K型、M型)自转速度较小。通过对太阳黑子的长期观测和对太阳光谱的研究,发现太阳也有自转,其自转方向为自西向东,自转轴与黄轴成7°15′的倾角。另外,其赤道到两极间各纬度的自转速度是不同的,称为较差自转。在赤道区,自转速度平均为2 km/s,自转一周大约26天;在两极区,自转速度较小,自转一周大约37天。其他恒星也有类似于太阳的较差自转。

(二)恒星的内部结构与能源机制

恒星离地球都很遥远,人类只能观测到它们的外部,不能直接观测到它们的内部,但是恒星的外部形态和特征与其内部结构有着密切的联系,后者是因,前者是果。因此,人们可以观测恒星并获得其质量、化学成分及组成恒星各元素的丰度、演化阶段等,间接推知恒星的内部结构及能源机制。

1. 同心圈层结构

恒星是相当稳定的炽热气体球结构,处于流体静力学平衡状态。恒星内部大体呈球对称结构,或称同心圈层结构,物理化学量仅随深度而变化,在相同圈层或相同深度上,物理化学性质相同。球对称形态是在万有引力作用下,物质积聚、调整,最终形成的天体平衡稳定形状。在这种形态下,天体的重力或自引力与表面垂直,即使表面已出现高低起伏,物质也会因各种原因,逐渐由高处向低处调整,朝球对称形态回归。同心圈层结构是宇宙中一种有普遍意义的天体形态,不仅恒星,包括地球在内的很多行星、卫星等,也大体呈球对称形态。

2. 能源机制

恒星(如太阳)发光的能量来源于其内部的核聚变反应。恒星内部具有高压和高密度特点,并由此而产生高温。在此“三高”条件下,物质的原子结构遭到破坏,原子核因“三高”而克服原子核之间的电斥力并聚合成一种新的较重的原子核,同时释放出大量能量,这就是核聚变反应。以太阳的氢聚变成氦为例,4个氢核聚变为1个氦核后,其质量损失

了0.028 62原子质量单位。根据爱因斯坦质能方程

$$E=mc^2$$

可计算由4个氢核聚变为1个氦核后，因质量损失0.028 62原子质量单位而产生的能量为：

$$E=2.8\times10^{11}\ \text{J}$$

由此可见，核聚变反应的效率很高，足以维持太阳（以及恒星）长时间大量的能量损失。

（三）恒星的形成和演化

宇宙万物都有一个诞生、成长、衰老、死亡的演变过程，恒星也不例外。概括地说，恒星的一生大体上经历以下过程：星际物质→星云→星胚→原恒星→年轻恒星→中年恒星→老年恒星→衰老和死亡。在这一过程中，伴随着宇宙的一对矛盾力——引力和斥力的抗衡，但是总的来说，恒星在引力作用下“诞生”，也在引力作用下“死亡”。

研究恒星的演化过程，赫罗图是最重要的研究工具。由赫罗图推导，恒星一生绝大部分的时间都在主星序阶段。

1. 恒星的形成阶段

根据弥漫星云说的理论，恒星的形成可分为两个阶段：先由极其稀薄的星际物质凝聚成星云、星胚，并进一步收缩成原恒星；然后原恒星再发展成为恒星。可以把从星际物质到原恒星的过程分为引力干扰阶段、引力塌缩阶段、快收缩阶段和慢收缩阶段。其中，从原恒星到恒星的过程称为慢收缩阶段。

（1）引力干扰阶段。宇宙中由气体及尘埃等细小粒子所组成的星际物质密度很低，成分主要是氢。星际物质可以极度庞大和拥有极大质量，直径可达1 000光年，质量相当于10个至1 000个太阳质量不等。在不受干扰的情况下，这些星际物质可以千载不变。但是，在偶然的引力干扰（如：星系碰撞所产生的密度波，超新星爆发产生的冲击波等）以后，它们会塌缩成为密度更大的星云。

（2）引力塌缩阶段。星云发生塌缩的尺度与密度的平方根成反比。密度越大，各自塌缩的小团块尺度越小。当母体大星云的密度变大时，它就会碎裂成为许多块尺度较小的小星云。小星云密度增大后又会分裂成更小的下一代小星云，这一过程可能会延续几代，直到每个小星云的质量均在0.05～120 $M_{\odot}$（$M_{\odot}$表示1个太阳质量）时，小星云就不再分裂，反而朝各自中心聚拢。这些小星云称为星胚或者星卵。

（3）快收缩阶段。收缩继续进行，刚开始时星云的温度和密度都很低。由于引力聚集作用，物质开始向中心区降落，密度不再均匀，而是越靠近中心越大。塌缩过程中，星云的体积不断减小而温度不断升高，气体压力也不断增大。当中心区温度升至2 000 K，温度产生的气体压力（斥力）逐渐能与引力抗衡，星云塌缩速度大为减缓，成为一颗相对稳定的原恒星。

（4）慢收缩阶段。由于原恒星的核心尚未发生核聚变，所以仍不能称为真正的恒星。

原恒星并不是完全停止塌缩，在重力作用下，它继续向中心缓慢塌缩，因此温度逐渐升高，最后温度足以令中心产生核聚变，这时原恒星便成为主序星。

不同质量的原恒星到达主星序所需要的时间不一样。质量越大，演化速度越快。大质量恒星只需要几万年就到达主星序，而小质量恒星则需要3 000万年。不同质量的原恒星到达主星序的位置也不一样。相当于十至二十个太阳质量的大质量星云，会变为O或B型星（位于赫罗图的左上侧）。较小质量恒星会演化为G、K或M型恒星，位于赫罗图的右下侧。

2. 恒星的主星序阶段

在原恒星阶段，星体的能量主要来自星际云引力塌缩时所释放的势能。星体进入主序星阶段，能量主要来自氢-氦热核反应，即4个氢原子核结合为1个氦原子核。由于恒星里氢极为丰富，而且氢聚变为氦的核反应相对比较平缓，恒星在主星序上可以停留很长时间。事实上，主星序阶段是恒星一生中最长的一个阶段。但质量不同的恒星在主星序停留的时间不同，由于恒星质量越大，核心越热、密度越高，氢聚变的速度就越快，所以生命反而较短。太阳在主星序可以停留100亿年（从现在算起至少50亿年内太阳还是稳定的），15$M_{\odot}$的恒星只能停留1 000万年，0.2$M_{\odot}$的恒星则停留1万亿年（表1-1）。

表1-1 主序星的表面温度、光度、主序星阶段的寿命与其质量的关系

恒星质量（太阳质量为1）	表面温度（K）	光度（太阳光度为1）	主序星阶段寿命（百万年）
25	35 000	80 000	3
15	30 000	10 000	15
3	11 000	60	500
1.5	7 000	5	3 000
1.0	6 000	1	10 000
0.75	5 000	0.5	15 000
0.5	4 000	0.03	200 000

3. 恒星的晚期阶段[①]

经过相对漫长的主星序阶段，恒星将走向绚丽多彩的晚年。不同质量的恒星，其度过晚年的方式大相径庭。

（1）低质量恒星。低质量恒星的演化终点目前还没有直接观察到。宇宙的年龄被认为是一百多亿年，不足以使这些恒星耗尽核心的氢。当前的理论均基于计算机模型。一颗质量小于0.4$M_{\odot}$的恒星，它的一生是非常平静的。它会稳定地把氢转化为氦，当核心部分的氢“燃烧”（即核聚变反应）殆尽，恒星开始塌缩。但由于质量太小，没有能力使核心的

① 邵华木，汪青. 基础天文学教程[M]. 芜湖：安徽师范大学出版社，2017：147-149.

氦"燃烧"起来，恒星在引力的作用下收缩得越来越厉害，氦原子和氦原子之间的距离愈来愈近，当接近到某个程度时，两个原子的电子会互相排斥，这种力称为电子简并气体压力。电子简并气体压力使质量小于$0.4M_{\odot}$的恒星不再塌缩，但这时又不能产生核聚变，因此引力与电子简并气体压力处于平衡状态并一直维持下去，它便成为一颗白矮星。一颗典型的白矮星比地球略小，但质量却和太阳差不多，密度是岩石的30万倍。当白矮星把所有能量辐射完毕，它便会成为黑矮星。此过程所需时间比宇宙现在的年龄更长，宇宙仍没有黑矮星的存在。

（2）中等质量恒星。和太阳质量相仿的恒星在核心的氢"燃烧"尽之后，只剩下"炉渣"氦。失去了抵抗引力的核反应能量之后，恒星的外壳开始塌缩，核心的温度和压力升高，斥力将核心外围的物质推开，造成核心收缩、外壳膨胀的局面。紧邻核心的氢外壳会被加热而开始有热核反应，核心的氦在温度达到了1亿K时就开始进行氦聚变，重新通过核聚变产生能量来抵抗引力。这双层"燃烧"所产生的能量使恒星大气愈发地膨胀起来。由于总表面面积增加，恒星会变得极为光亮，称为巨星。因为膨胀令表面温度下降，结果星光变红，所以大部分的巨星叫作红巨星。红巨星的体积很大，其半径一般比太阳大100倍。当太阳演化为一颗红巨星的时候，它会很快膨胀到地球现在的位置，把地球吞噬掉。

氦聚变成碳所产生的能量，暂时缓解了恒星的死亡过程。对于太阳大小的恒星，此过程大约持续10亿年。当红巨星核心中的氦"燃烧"完以后，剩下"炉渣"碳和氧，核心在引力作用下急剧收缩。由于质量不够大，产生的引力不能使得核心的温度升高到碳和氧"燃烧"的程度。此时只有邻近核心的氦和更外层的氢在"燃烧"。当核心的氦用完后，残留下来的碳核没有发生核聚变反应时，星核开始塌缩。塌缩导致压力增大和温度升高，星核外层的氦又可以发生核聚变反应，所得的能量使星体的外壳膨胀，膨胀使氦层的温度降低，之后氦的核聚变反应停止。星核又开始塌缩—引发核聚变反应—星体的外壳膨胀—氦层温度降低—核聚变反应停止……周而复始，不断循环。星体在变化中不断脉动，因此所有红巨星都是变星。脉动愈来愈快，愈来愈猛烈，最后在一次剧烈膨胀之后，星体的外壳脱离了星核，形成行星状星云。残留下的核心成为小而致密的白矮星。

（3）大质量恒星。如果一颗恒星的质量在$3\sim9M_{\odot}$，在核心部分的氢"燃烧"完后，进入平稳的氦燃烧阶段。当中心氦"燃烧"完后，剩下的碳氧"炉渣"将继续收缩。由于质量较大，引力产生的温度和密度高到足以引发碳"燃烧"，使核心区温度急剧升高，核聚变反应以惊人的速度进行。来不及以核心区膨胀的方式使温度下降，碳就已经全部"燃烧"殆尽了。这种使碳"燃烧"的热核反应迅速进行的过程称为"碳闪"，它在短时间内释放出来的巨大能量，也许足以导致整个恒星的爆炸。爆炸以后，所有构成恒星的物质全部被抛散到星际空间。这就是超新星爆发的第一种类型，称为I型超新星。

如果恒星质量大于$9M_{\odot}$，由于质量巨大，碳"燃烧"得以平稳进行，不致发生"碳闪"。核心的碳在"燃烧"的同时，外层的氢和氦也在"燃烧"着。当核心部分的碳"燃烧"殆尽时，温度上升到10亿K，氧也开始"燃烧"，氧"燃烧"的"炉渣"是硅、磷和硫。如果温度高到

20亿K,这些“炉渣”又变成了新的燃料,直到生成铁为止。铁是恒星内部热核反应的终点站。这时的恒星由一个已经停止热核反应的等离子态铁质核心和仍在分层燃烧的多层外壳组成,体积膨胀,成为红超巨星。肉眼可见的红超巨星有心宿二(天蝎座α)和参宿四(猎户座α)。红超巨星的结构好像一只“洋葱头”,包含着许多由不同化学元素组成的正在“燃烧”着的同心层。重元素“燃烧”的时间短于轻元素。对于一个质量为$25M_{\odot}$的恒星,氢“燃烧”持续的时间是700万年,氦“燃烧”持续的时间是50万年,碳“燃烧”持续的时间是600年,氧“燃烧”持续的时间是1个月,硅“燃烧”持续的时间只有1天。这类超新星爆发称为Ⅱ型超新星。

当核心温度超过40亿K,光子以很高的能量击碎铁原子核,经过一系列反应后产生中子和中微子。中子在恒星核心富集,中微子逃逸出去。这些反应不仅不产生能量,反而消耗很多能量,中微子逃逸又带走了大量能量。能量丧失意味着压力减小,巨大的引力使得核心以10 000 km/s的速度塌缩,这种“暴缩”将中心区物质压缩到原子核互相挨在一起的程度。原子核的天然密度会成为巨大的阻力,防止核心进一步收缩,这时核心会猛烈反弹。如果外层热核反应都因“燃烧”耗尽而停止,压力消失,引力就像泄闸洪水一样,使外层物质以超过40 000 km/s的速度向中心区塌陷。以极高速塌缩的大量物质会和反弹中的核心碰撞,产生强烈的冲击波,把恒星外壳炸毁,这便是Ⅲ型超新星。爆炸使大部分外层物质变为向外膨胀扩散的气体和尘埃星云,核心部分留下一颗高度致密的天体。如果这颗致密天体的质量在$1.44M_{\odot}$至$3M_{\odot}$,便成为中子星。若超过$3M_{\odot}$,则成为黑洞。

知识拓展

太阳的诞生及其对地球起源的意义

一般认为,在膨胀冷却的宇宙中,形成的巨大原星云呈球状,在星云整体收缩的同时,内部也较快地形成了第一代恒星。但由于初始条件不同,新形成的星系的扁度和形态也各不相同。椭圆星系的原星云可能因初始密度大,或速度杂乱程度较大(利于碰撞收缩),恒星形成率高,气体几乎全部形成恒星,且形成后的恒星,无碰撞地、大体按一定轨道绕星系中心运动,最后形成椭圆球形态的恒星、相对密集的椭圆星系。而旋涡星系和其他星系则不同,第一代恒星的形成率并不高,相当部分的气体被保留下来。其中包括银河系在内的旋涡星系的原始星云,可能原本就有较大的转动速度,以致在第一代恒星形成后,保留下来的星际气体在继续收缩加速自转的过程中,物质逐渐缩成圆盘状,形成星系盘及其内部的旋臂结构。由于盘内气体物质相对密集,且又连续收缩,形成第二、第三等新生代恒星。特别是盘内星云物质富集的旋臂,成为新一代恒星的摇篮。太阳是第二代恒星。大约在50亿年前,银盘内一条旋臂中的一块较大星云,很可能是在附近一颗超新星爆发的激波冲击下开始收缩,并瓦解成很多小云。其中一块大约1至2个$M_{\odot}$的小云成为太阳的前身,且太阳最终未能与其他恒星结合成双星或聚星。

太阳诞生的时间和环境,对现今地球和人类的起源具有重要的意义。

首先,作为一颗第二代恒星,太阳诞生时,银河系第一代恒星中的大质量恒星业已将内部各级核聚变反应生成的元素或金属元素抛向星际空间，得以形成太阳系各类天体，特别是地球和其他以岩石物质为主的行星。如果太阳系像第一代恒星那样，除氢氦以外的元素极少，就没有后来的地球及人类。

其次，太阳是一颗单星，这也是地球和人类的幸运，因为双星、聚星由于相互绕转，相互影响，在其周围难以形成具有稳定轨道运动的、易于养育生命绿洲的行星系统。

交流与讨论

以太阳为例，复述恒星的形成经历哪些阶段，太阳目前在哪个阶段，未来会如何演化。

第三节　观察星空

当人类仰望星空时，感觉所看到的星星距离我们是一样远的。实际上，宇宙极其广阔，天体非常遥远，人眼根本分不出天体的远近，所有的天体看上去都分布在一个半圆形的天穹上。人们把自己所站立的平面叫作地平面，以自己为中心、与自己等距的球面，称为天球。

一、观察星空的原理和方法

（一）星星的视位置

星星距地球的实际位置有远有近，人类看到的星星并非是其在宇宙中的实际位置，而是星星在天穹上的投影，也就是星星的视位置（图1-17）。天体沿视线方向在天球上的投影称为天体在天球上的位置。如图1-17右图所示，立体分布的天体A、B、C、D、E、F在天球上的位置分别是A'、B'、C'、D'、E'、F'。在星空观察中，星星和星星之间的距离用角度来表示。如A、B两颗星的距离是A、B的弧度（角度$\angle AOB$），两颗星星的角度小，说明距离小，反之则大。

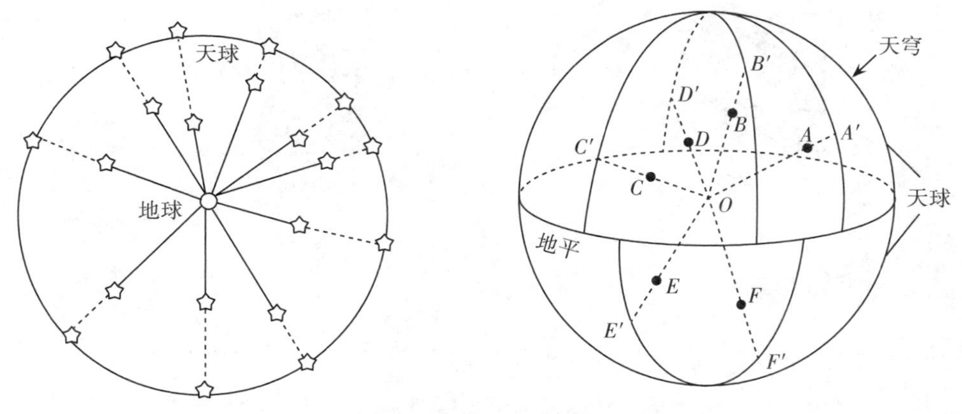

图1-17天球(左为平面图,右为立体图)

由于地球自西向东转导致星空自东向西做周日运动。所以同一纬度不同时刻所观察到的星空不同。由于大地是球形,同一时刻不同纬度的地方看到的星空也存在差异。赤道地区的人们一夜之间可以看到全天的星空。两极地区的观察者,只能看到半个天空的星星。南极的观察者永远看不到北极星。

(二)视星等和星等

人类观察星空,可以分辨出星星的明亮程度。表示星星的明亮程度叫视星等,也叫相对星等或者亮度。影响视星等的主要因素有:(1)恒星本身的发光能力,称为绝对星等或光度。(2)恒星到地球的距离。全天可见的星星大约有3 000多颗,古希腊天文学家根据星星的亮度将其分为六等,肉眼所见最亮的为一等星,刚好能看见的为六等星。星等数越小,恒星越亮,反之越暗。一等星亮度约是六等星的100倍。全球有21个一等星,见二维码。

(三)星座

晴朗的夜晚,人们仰望天空,可以看到位置相对不变的恒星和在天空中快速移动的行星等。为了便于认识和研究恒星,人们把星空分成若干个区域,这些区域称为星座。古代各地区的人划分星座的标准是不一样的。为了便于统一,1922年国际天文学会在古希腊星座的基础上,确定了全天共88个星座。其中天赤道以北有29个,天赤道以南有47个,横跨赤道两侧的有12个。星座的命名分三类:一类是用古希腊神话人物的名字命名,共22个;一类是用仪器用具命名,共22个;另一类是用动物名称命名,共44个。星座中恒星的名称,一般采由星座名称加希腊字母或数字构成,如大熊座α星、大熊座80星。著名的星座有:北斗星所在的大熊星座、北极星所在的小熊星座、织女星所在的天琴星座、牛郎星所在的天鹰星座、天津四所在的天鹅星座、天狼星所在的大犬星座等。全天88个星座及其观看时间和半球位置见二维码。

21个一等星

88个星座及其出现时间、位置

知识拓展

中国古代的星官[①]

星座是人们为了便于认识星星而人为划定的。世界各地的人们有不同的划分方法。中国古代将可以看到的星空分为“三垣二十八宿”。二十八宿位于黄道附近，古人观察发现月亮在黄道附近运行，大概的周期是接近28天，所以就把黄道附近的星空分成28份，每一份叫一“宿”，月亮每天走一“宿”。

二十八宿又被均分为四组，各用一动物名字来统称，称“四象”，分别是东方的苍龙（包括角、亢、氐、房、心、尾、箕等七宿）、北方的玄武（包括斗、牛、女、虚、危、室、壁等七宿）、西方的白虎（包括奎、娄、胃、昴、毕、觜、参等七宿）、南方的朱雀（包括井、鬼、柳、星、张、翼、轸等七宿）。

二十八宿包围“墙”的里面，又分为三大块，即“三垣”。“三垣”呈三点状分布，为正三角形的三个顶点的位置。以北极为中心的叫“紫微垣”，另外两个是“太微垣”和“天市垣”。中国人认为天上的星星和地上的人事是相通的，所以将帝王宫殿和朝廷百官等都“搬”到了天上。

二、星空的变化

星空的变化有日变化和季节变化。星空的日变化是由于地球自转引起的周日运动。星空季节变化也是星空的年变化，是由地球公转引起的。具体地说是人们所观测到的某相同时辰的星空，随季节的迁移而变化。由于人们多在黄昏后观察星空，星空季节变化的“星空”，常常指黄昏后某时辰的星空。

（一）星空的周日运动

通过观测很容易发现恒星星空始终不停地围绕一条过天球中心并与地平面固定的轴迅速地每日转动一周，在星空上非常缓慢移行的日月星辰也跟随着星空周日旋转，这种周日旋转也称为天体的周日运动。

星空之周日运动是地球自转导致的视觉效果，周日运动的日就是地球自转周期，而且天轴倾斜角度等于当地地理纬度。天体周日运动轨迹是一个个相互平行的、以天极为中心的圆。周日运动的所有天体，每天都从东方升起、从西方落下，天体的周日运动也就是天体的东升西落运动。并非所有天体都能出没于地平线。除赤道地区，其他地区就有一

① 关增建．中国古代星官命名与社会[J]．自然辩证法通讯，1992，6(14)：53-61.

定范围的天体夜晚永不落下地平线(称为恒显天体),相应的,也有位于另一半球的一定范围的天体永不会升起(称为恒隐天体)。

(二)星空的周年运动

太阳有在黄道上的周年视运动,其他恒星也有,这都是地球公转的反映。行星也在星空中穿行,但它们相对星空的运动比太阳复杂,由行星绕日与地球绕日综合决定。

下面给出了大约北纬35°处有代表性的四季星空图。图中表示恒星的圆点越大,恒星就越亮。星空图的方位是上北下南、左东右西。图中左侧东方是升起的星座,右侧是落山的星座,东升西落的路线大体是围绕北极星的弧线。

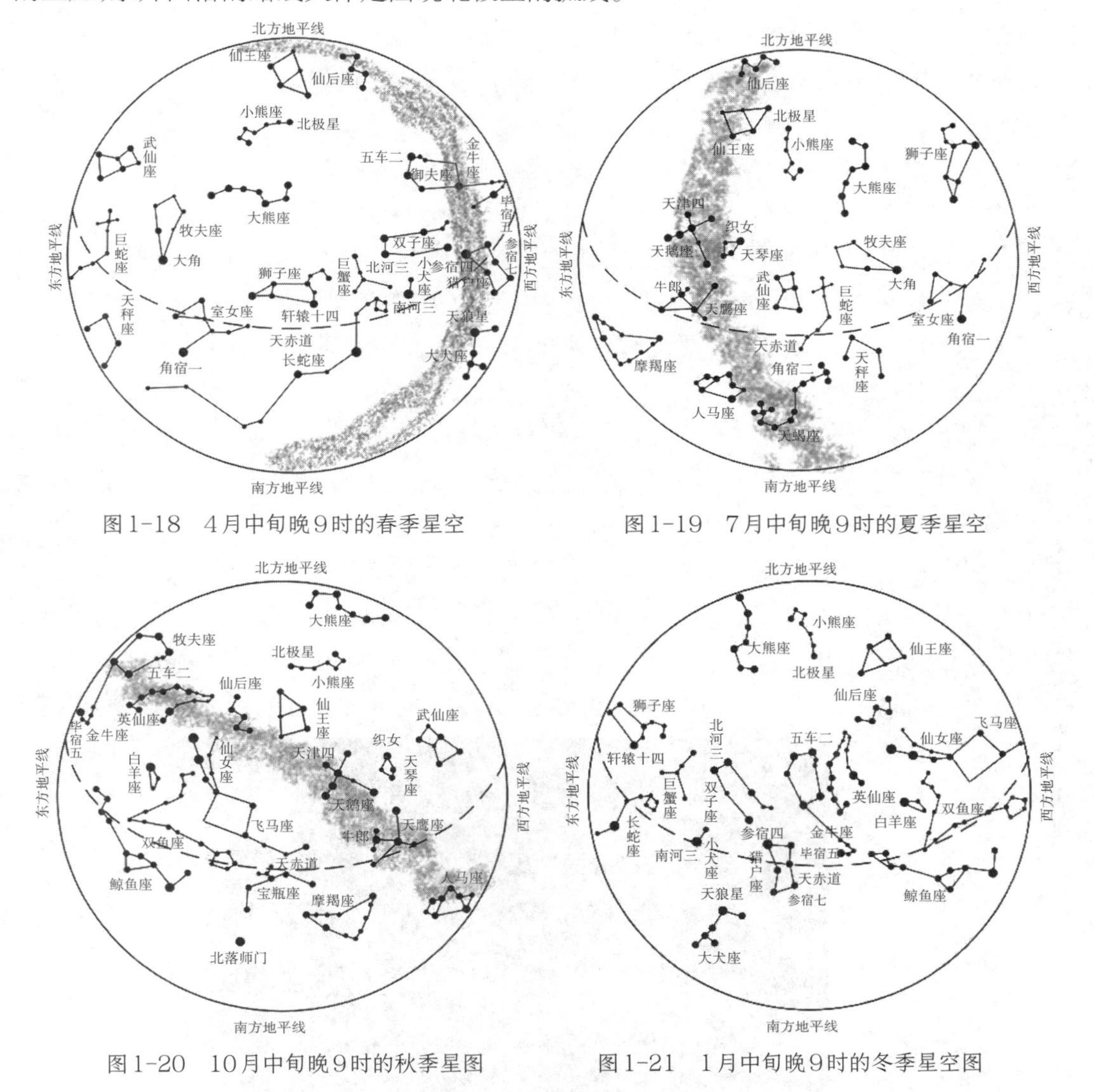

图1-18　4月中旬晚9时的春季星空　　图1-19　7月中旬晚9时的夏季星空

图1-20　10月中旬晚9时的秋季星图　　图1-21　1月中旬晚9时的冬季星空图

四季的星空中,夏季和冬季的星空(图1-19,图1-21)相对璀璨,因为在这两个季节天空中的亮星比较多。不远的西天还有大角星(牧夫座α)和角宿一(室女座α)两个亮星相称,东方和南方的天空更是热闹,著名的牛郎星(天鹰座α)、织女星(天琴座α)和天津四

(天鹅座α),组成醒目的亮三角。多亮星的天蝎座和东侧的人马座,也在东南低空构成亮丽的长长星链。

在冬季星空(图1-21),高悬于中天和东南天空的御夫、金牛、猎户、大犬、小犬和双子等星座引人注目,这些星座中汇聚的一等星,达7颗之多,它们是五车二(御夫座α)、毕宿五(金牛座α)、参宿四(猎户座α)、参宿七(猎户座β)、天狼星(大犬座α)、南河三(小犬座α)和北河三(双子座α)。银河在夏秋季横跨天空,比较醒目。星空鲜明的季节变化很早就引起了人们的注意,古人曾利用星空的季节变化来测报季节,判断农时。

在春季星空(图1-18),北斗七星斗柄指向东方。北斗七星南方的是狮子座。它的头部朝西,由几颗较亮的星组成弯弯镰刀形,其中最亮的星叫轩辕十四。狮子座的东南是室女座,室女座的角宿一下面是横贯东西的长蛇座。

从北斗七星的斗柄自然延伸出去,会看到一颗亮星,它就是牧夫座里的亮星——大角星。大角星是一等星,也是北半天球最亮的恒星。狮子的尾巴在东,主要由三颗星组成一个三角形。狮子座的西边是巨蟹座。

在秋夜的星空(图1-20)亮星不多,主要是仙后、仙王、仙女、英仙与飞马座。仙后座形状像一个M或W字,找到仙后座就可找到北极星;仙王座位于仙后的西北方,由五颗暗星组成一支短铅笔的形状;仙女座位于仙后座南方,主要由三颗亮星α星毕宿二、β星奎宿九、γ星天大将军一组成并连成阿拉伯数字的"1"字型,指向东北方。在仙女座南方,可找到由三颗星组成的小星座——三角座,白羊座位于三角座南方,为黄道星座之首,白羊座的β星被称为"记号星",是两千年前春分点所在。

秋季星空的另一个大指标是靠近头顶的秋季四边形。秋季四边形是由仙女座的毕宿二和飞马座的α星室宿一、β星室宿二、γ星毕宿一共同组成。

从四季星空图可以清楚地看到"斗转星移"(图1-22)的现象:"斗柄东指,天下皆春;斗柄南指,天下皆夏;斗柄西指,天下皆秋;斗柄北指,天下皆冬。"也就是说:初昏时期(现在大约是晚上9点)当北斗七星的斗柄指向东方的时候,正是地球上春天;北斗七星的斗柄指向南方的时候,正是地球上夏天;依次类推,北斗七星在一年的过程中,绕着北极星转了一个圈儿。

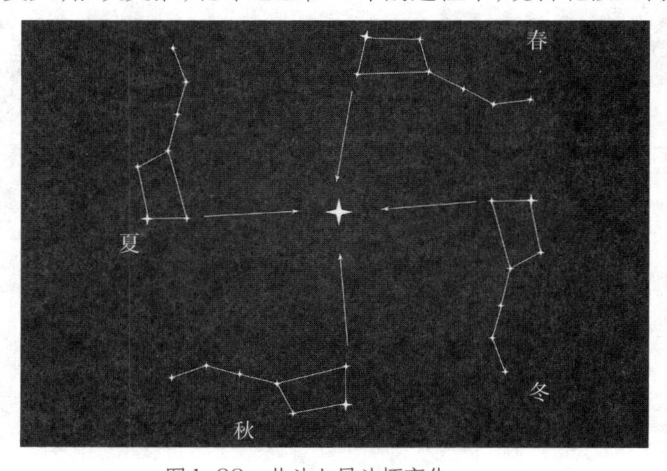

图1-22　北斗七星斗柄变化

本章小结

本章从人类探索宇宙的历史、宇宙的组成和演化、观察星空等三方面介绍了宇宙学知识及其观察技能。首先回顾了人类探索宇宙的历程，了解了各个时代人类的宇宙观及其发展变化，然后系统地介绍了宇宙的组成、结构和恒星的演化，最后是人类在地球上对星空的观察和了解。总的来说，本章既从时间角度介绍了宇宙探索历史，也从空间角度总结了人类探索历史的成果，另外还科普了星空观察的知识和技能。

思维导图

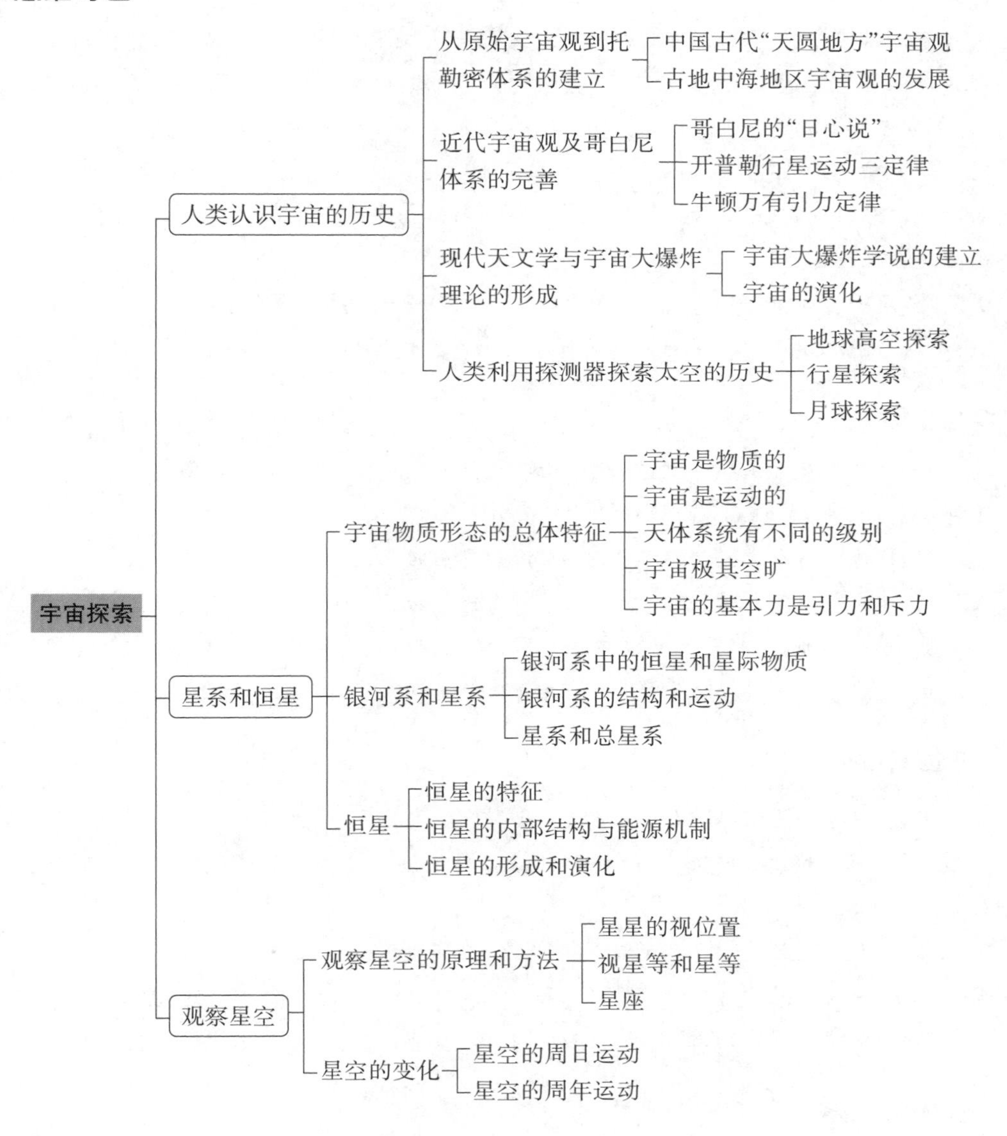

思维与实践

1. 人类很早就观察到金木水火土五大行星距离地球（太阳）时远时近，其运动线速度也时快时慢，托勒密和哥白尼是如何解释这一现象的？开普勒又是如何解释的？

2. 支持宇宙大爆炸理论的证据有哪些？

3. 随着人类对探索和开发外层空间的能力日益增强，太空已经成为各国竞争和合作的新的地缘政治空间，太空资源成为争夺的对象。然而，人类探索太空的意义仅在于此吗？请分组辩论。

4. 什么叫恒星？如何理解恒星的“恒”与“不恒”？

5. 恒星的形成和演化经历了哪些阶段？

6. 赫罗图上的各类恒星各有什么特点？

7. 银河是银河系在天球上的投影或表象。试基于太阳在银河系中的位置理解：银核为什么表现为与恒星星空固定的，大致将天球等分为两半的环天光带？为什么银核一部分较宽较亮，另一部分银核则相对暗弱？

8. 叙述太阳的一生(不能泛泛而谈，要求有针对太阳的具体内容，如每阶段多少年变成红巨星时的地球命运，以及最后的具体归宿等)。在赫罗图中找出太阳的位置，并在该图上指出太阳未来的演化轨迹。

9. 解释“同一地点，不同时间看到的星空不同”，“同一时间，不同地点看到的星空不同”。

10. 利用星图演示北斗七星的斗柄的日变化和年变化规律。

参考文献

1. 戴文赛. 恒星天文学[M]. 北京：科学出版社，1965.

2. 邵华木，汪青. 基础天文学教程[M]. 芜湖：安徽师范大学出版社，2017.

3. 赵旭阳. 地球与科学概论[M]. 北京：人民教育出版社，2008.

4. 刘南. 地球与空间科学[M]. 北京：高等教育出版社，2010.

5. 蒂莫西·费瑞斯. 银河系简史[M]. 张宪润，译. 长沙：湖南科学技术出版社，2009.

6. 沙润. 地球科学精要[M]. 北京：高等教育出版社，2003.

推荐阅读

1. 吴国盛. 科学的历程[M]. 4版. 长沙：湖南科学技术出版社，2018.

2. 雷·斯潘根贝格，戴安娜·莫泽. 科学的旅程[M]. 郭奕玲，陈蓉霞，沈慧君，译. 北京：北京大学出版社，2008.

3. 哥白尼. 天体运行论[M]. 叶式辉，译. 北京：北京大学出版社，2006.

4. G. 伏古勒尔. 天文学简史[M]. 李珩，译. 北京：中国人民大学出版社，2010.

5. 蒂莫西·费瑞斯. 银河系简史[M]. 张宪润，译. 长沙：湖南科学技术出版社，2009.

实验内容

实验一、活动星图的制作和使用。

实验二、望远镜的原理和使用。

第二章 太阳系和地月系

月体无光，待日照而光生，半照即为弦，全照乃成望。

——《左传》

☆ 学习目标

1. 描述太阳圈层结构，阐明太阳辐射和太阳活动对地球的影响，概述太阳系中行星及其他天体的特征，树立科学的宇宙观和自然观。

2. 理解地球、太阳和月球的运动及其在宇宙空间中的位置关系，提升空间想象与分析能力。

3. 掌握月相观测基本方法，能够应用月球运动规律分析月相及日月食成因，培养探究实践能力。

第一节　太阳和太阳系

太阳系是以太阳为中心并受其引力维持运转的天体系统。太阳系包含地球在内的八大行星、一些矮行星、彗星和其他无数的太阳系小天体，它们都在太阳强大引力作用下环绕太阳运行。太阳是太阳系的中心天体，也是地球上光和热的主要来源，是地球上生命的源泉。地球上许多现象与太阳的变化过程有着紧密联系。太阳是银河系中的一颗普通恒星。在不计其数的恒星中，太阳是离我们最近的一颗。研究太阳及其圈层结构等，对认识恒星普遍特征具有典型意义。例如，通过对太阳表层及其光谱的详细研究，人类认识了太阳内部圈层结构及相应的活动机制，从而推导出其他恒星也具有圈层结构和类似的活动机制。

一、太阳结构

太阳是一个炽热的发光球，其表面温度高达6 000 K，中心温度更高达$1\ 500\times10^4$ K。在已知宇宙中，太阳是一个中等大小的恒星，直径约为140×10^4 km，相当于地球直径的109倍；表面积为6.09×10^{12} km^2，约为地球的1.2×10^4倍；体积约为1.157×10^8 km^3，约是地球的130×10^4倍。但太阳大部分区域几乎是“空无一物”。太阳外层密度约为水密度的1/1 000 000，平均密度则为1.4 g/cm^3，约相当于地球密度的1/4。太阳质量约1.989×10^{27} t，相当于地球的3.3×10^4倍，占整个太阳系质量的99.86%。太阳巨大质量产生的巨大引力，制约与维持着太阳系其他天体的公转运动。

通过对太阳光谱分析得知，太阳光球组成物质73.46%是氢元素，24.85%是氦元素，此外还含有其他元素，分别为氧、碳、铁、氖、氮、硅、硫，这些元素占1.69%（如图2-1所示）。一般来说，太阳上轻元素（如碳、氮、氧）含量比地球丰富，而各种金属元素的比例与地壳内情况相似。

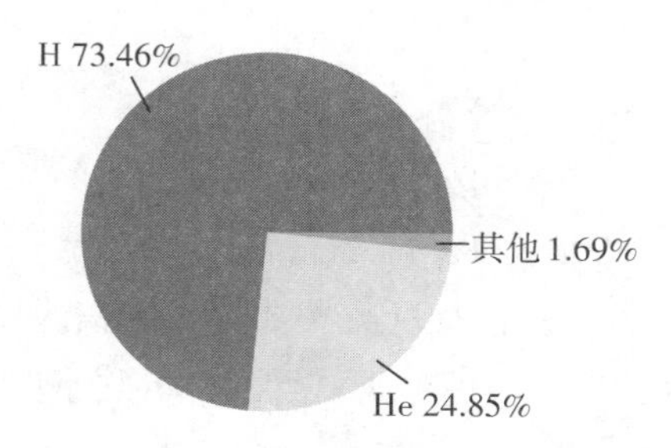

图2-1　太阳光球的组成元素

在高温高压条件下，太阳物质处于高度电离状态。因为正、负离子所带电荷总量相等，故称太阳为炽热的等离子气态球体。其分层无明显的界线，为了研究方便，将太阳大致分成内三层（太阳核心、辐射层和对流层）和外三层（光球层、色球层和日冕层）。

（一）太阳内部圈层结构

太阳质量很大，在自身的重力作用下，太阳物质向核心集中，中心的密度可达160 g/cm^3，中心温度高达1.5×10^7 K，这样的条件使其中心区可以发生氢核聚变，这是目前所知的太阳的能量来源。太阳产生的能量以辐射的形式向空间发射。目前，就整体而言，由于能量的产生和发射基本上达到平衡，太阳处于稳定平衡状态。太阳内层无法直接观测，只是一种理论模型（图2-2），包括太阳核心、辐射层和对流层。

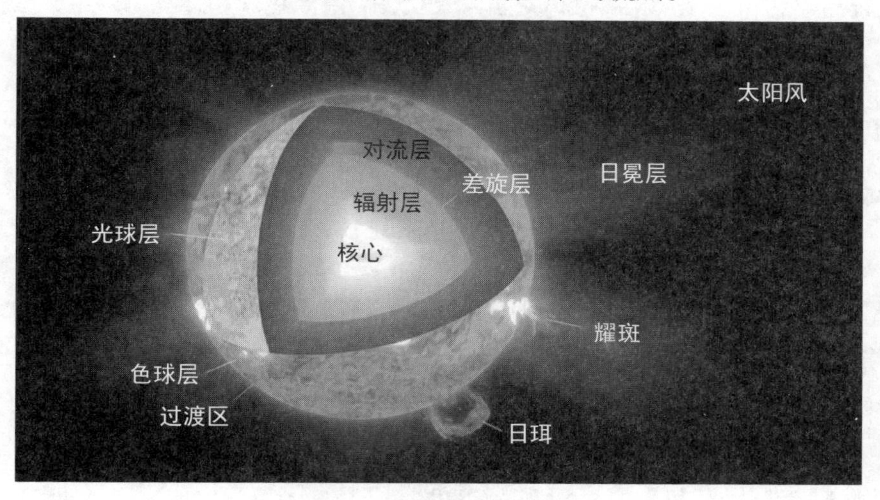

图2-2　太阳的圈层结构

1. 太阳核心

太阳核心区指从太阳的中心到大约1/4太阳半径之间的区域，集中了太阳物质质量的一半以上。核心区中心温度高达1 500×10^4 K，压力高达2 500亿个标准大气压。太阳核心产生的巨大能量，经过核心区外的辐射层和对流层，分别以特定的传输机制向外传送。

2. 辐射层

紧邻核心区的辐射层，范围约1/4到4/5太阳半径。辐射层底部的平均温度约为800×10^4 K，顶部的平均温度约为50×10^4 K。粒子在辐射层频繁碰撞，能量向外传输经历气体原子反复吸收、发射、再吸收、再发射的过程，导致太阳能在这层向外传输速度相对缓慢。热核反应层产生的能量以X射线和γ射线形式经由辐射层向外传送。太阳辐射层内部与外部温度变化必须保证各层次的辐射压强和重力平衡，以维持太阳整体平衡和稳定。

3. 对流层

辐射层外的对流层，厚度约0.2个太阳半径。对流层的温度相对辐射层有所降低，对流层是能量向外传输的主要形式。对流机制通过炽热气体上下翻腾，能量外传速度较快。对流现象在地球大气中也经常发生，雷雨前尤其明显。当然，太阳对流层的温度比地球高得多，对流的剧烈程度是地球上不可比拟的。

来自核反应的巨大能量，经内部圈层传送，最后表现为从太阳表层向外发射的能流和粒子流。对流层以外就是人类能直接观测到的太阳表层。

（二）太阳外部圈层结构

太阳外部圈层即太阳表层，也称太阳大气层，由光球、色球和日冕三层组成（图2-2）。

1. 光球层

太阳大气最内层称为光球层，是人们平时肉眼所见的太阳圆盘。它实际是一个非常薄的发光球层，其厚度约为500 km。光球平均温度5 770 K，向内部或外部的温度梯度变化很大。由于温度分布非常不均衡，故人们观测到的太阳表面各部分亮度是不均匀的。光球中央部分大气较厚，温度高，边缘部分大气较薄，温度低，所以光球中心部分较边缘部分更明亮，这叫“临边昏暗”现象。

光球表面分布有米粒组织、黑子和光斑。米粒组织是太阳内部对流气团冲击光球产生的图样，这些“米粒”实际是太阳内部对流层里上升热气团冲击太阳表面形成的。米粒组织平均直径约1 000 km，超米粒组织直径可达30 000 km。米粒组织平均温度比光球高出300~400 K，平均寿命为7~8 min。太阳黑子（图2-3）是指太阳光球表面有时会出现的一些暗的区域，它是磁场聚集的地方。黑子看起来是暗黑的，这是明亮光球反射的结果。光斑是在太阳光球层边缘出现的明亮斑点。光斑比光球温度高100 K，平均寿命约15天，个别可长达3个月。

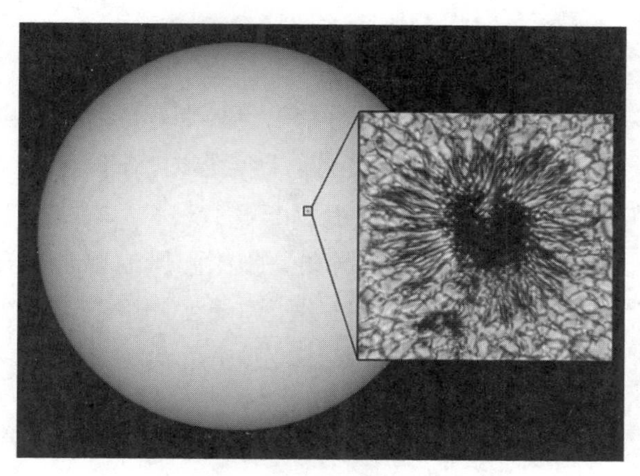

图2-3　太阳黑子

2. 色球层

位于光球层之上的色球层，厚度约2 000~10 000 km，肉眼不可见，需要通过色球仪观测。日全食时，当耀眼的光球被月球全部遮住，在日轮边缘上呈现出犬齿状玫瑰色环状物，即为色球。色球温度变化剧烈，在100 km低层处，温度从4 600 K降至4 200 K；在400 km处，温度上升到5 500 K；色球中层，温度继续上升到8 000 K，色球高层处，温度达到$5×10^4$ K；在色球—日冕过渡区，温度上升到最高$100×10^4$ K。

色球层上有日珥、耀斑和谱斑等。色球上火舌状物（又叫针状体）为日珥，日珥是太阳大气层里的巨大气体云，比其环绕物浓厚且冷，一般用分光镜可观察到。日珥是一种非常强烈的太阳活动，喷发高度有3 000 km至10 000 km。色球层最引人注目的是耀斑活动，耀斑是色球突然爆发的结果，表现为特别明亮的斑块。它来势猛、能量大，在100~1 000 s时间内，释放出相当于太阳在一般情况下1 s辐射的总能量（图2-4）。从耀斑中发出的有可见光、紫外线、X射线、红外线、射电辐射、高能粒子流和宇宙线等。至于谱斑，它是色球层大块斑区，有些较亮、有些较暗，在色球面上都可以观测到。谱斑也多出现在黑子群四周，寿命比黑子长。

图2-4　太阳耀斑

3. 日冕层

太阳大气最外层为日冕。日冕是极其稀薄的气体层，亮度比色球更暗，必须用特殊仪器（日冕仪）进行观测或在日全食时才能看见。日全食时，在日轮周围呈现的乳白色光辉环状物就是日冕。在可见光照片上，日冕亮度比较均匀。在太空拍摄到的X射线照片上，日冕中有大片长条形暗区域，称为冕洞。冕洞是强太阳风的源泉，是太阳磁场开放区域。冕洞磁力线向行星张开，大量带电质点在日冕压力梯度作用下，反抗太阳中心引力，顺着太阳磁力线向外运动，形成太阳风。携带高能粒子流的太阳风，一直吹向海王星以外，充满整个太阳系。

二、太阳辐射及其对地理环境的影响

（一）太阳辐射

太阳是太阳系光热的主要源泉，是地球能量的主要供给者。太阳辐射可分为电磁波辐射和粒子辐射，太阳光球层波长300~3 000 nm的电磁波辐射占总辐射量的97%，主要是可见光（45%~50%）和少量红外线、紫外线。色球和日冕是紫外线和X射线的辐射源。粒子辐射主要表现为太阳风，主要成分是质子（氢原子核）、电子和α粒子（氦原子核），大部分是从日冕中的“冕洞”里吹出的。粒子辐射只占太阳辐射总能量很小的一部分，其变化幅度大，且极不稳定，但可以迅速传递太阳表面微波和无线电波等各种物理过程的信息。

1. 太阳核聚变

太阳不断释放的巨大能量来源于太阳内部热核聚变反应。因为太阳有巨大的引力，使氢原子向内核压缩，从而产生足够的高温和高压。高温提高原子速度，高压提高原子在空间中的密度，所以原子之间发生剧烈撞击，随之发生持续不断的聚变反应。在太阳核心部位发生核聚变的反应物是氢核，产物是氦核。由于生成的氦核质量小于聚变前两个氢核质量之和，因此，在聚变过程中有部分质量损失。按照爱因斯坦狭义相对论，质量与能量是守恒的。太阳核聚变反应过程中损失的质量就转变成了能量。质量和能量的关系可用$E=mc^2$来表示，其中E代表能量，单位焦耳（J）；m是转化成能量的物质质量，单位千克（kg）；c为光速，单位米每秒（m/s），故太阳核聚变损失极小的质量，便可释放极大的能量。以目前太阳内部氢含量及聚变速率来看，太阳正处于壮年期，还能继续“燃烧”50亿年左右。

2. 太阳温度变化

从光球向中心区，太阳温度从5 770 K增高到1.5×10^7 K。但从光球向外，却随大气层高度的升高而增高，到光球上空2 000 km处增至几万开尔文，色球层顶面达到几十万开尔文，到日冕层高达几百万开尔文。这种反常增温的情况是太阳物理学中长期无法解释的问题。目前有学者认为，此现象是太阳对流层中气体对流产生的各种波（如声波和重力波等）在传播到太阳高层大气过程中，因能量耗散而产热使物质粒子升温，类似微波炉加热食物原理，因为高层大气密度极低，很少的能量可加热到很高的温度。因为很高的温度，可以把太阳看作黑体向外辐射能量。

3. 太阳常数

太阳辐射的总能量可以通过太阳常数计算。在地球大气层外、距离太阳一个AU（天文学上把日地平均距离定义为一个天文单位，约为 1.496×10^8 km）、太阳直射的单位面积上、单位时间内接收到的所有波长的太阳辐射能量，为太阳常数 I_0，具体为1 367 W/m^2。太阳每分钟向宇宙空间辐射的总能量，相当于以日地距离为半径的球面上所获得的能量，其值为 $I_0\times4\pi a^2=3.8\times10^{26}$ J/s。地球所接收到的太阳辐射能量仅为太阳向宇宙空间放射的总辐射能量的二十二亿分之一，却是地球大气运动的主要能量源泉，也是地球光热能的主要来源。

（二）太阳辐射对地理环境的影响

1. 对地理环境的影响

太阳以电磁波和高能粒子流形式，向外放射巨大的能量和大量的物质。太阳的能量流和物质流对地球产生深刻影响，它是维持地表温度，地球水圈、大气圈、生物圈和地表外力作用的主要能源，对自然地理环境的形成、发展及演化具有决定性作用。

太阳辐射对地理环境的形成和变化，既有直接作用，如由于地球表面接收太阳辐射的差异，导致了行星风带的产生、季风的形成、水汽的运移、洋流的产生以及风化作用的进行；又有间接作用，如绿色植物利用太阳辐射进行光合作用，生产出有机质，并通过生物链引起地球表层环境中的物质小循环。因此，太阳辐射作为一种由自然环境外部输入的能量，驱动了地球表面的大气循环、水循环和地质循环等无机界的物质循环，是地球上大气、水、生物等地理环境要素发展和变化的驱动力。

2. 为人类生产、生活提供能源

人类能够利用的很多能源归根结底来自太阳辐射能，包括储存在大气、水、生物体以及煤、石油等中的太阳能。人类既可以通过太阳灶、太阳能热水器、太阳能电站等，实现对太阳能的直接利用，也可以对储存在煤、石油、水等生物体中的太阳能进行转化，实现对太阳能的间接利用。

三、太阳活动及其对地球的影响

(一)太阳活动

太阳活动是指发生在太阳大气层局部区域、在有限时间间隔内各种物理过程的总称,主要表现为太阳黑子、光斑、谱斑、耀斑、日珥和太阳射电等现象。其中,在光球层出没的太阳黑子是太阳活动的明显标志,黑子的多少代表太阳活动的激烈程度,耀斑是太阳活动最激烈的形式。黑子峰值年前后,黑子、耀斑等现象异常活跃,是研究太阳的好时机。

1. 太阳黑子

我国古代典籍最早记录了太阳黑子,如《汉书·五行志》中有“黑气大如钱,居日中央”。《周易·五十五卦》“日中见斗”“日中见沫”和传说中的“日中乌”可能就是指太阳黑子。古人可在日出或日落时直接用肉眼见到太阳黑子,也常用“盆油观日斑”,即在水盆表面泼一层油(现在可以用墨水代替)的办法来观察太阳黑子。太阳黑子(图2-3)是指出现在光球层上的黑斑点,是太阳强磁场聚集而形成的旋涡,多成对或成群出现。太阳黑子温度约4 500 K,在明亮的光球背景下显得黯黑。黑子大小、形状不一,其长度小的仅1 000 km,大的可达20×10^4 km。一般太阳黑子愈大、磁场愈强、寿命愈长,而小太阳黑子几小时内可能消失。

太阳黑子的数量会呈现有规律的变化,平均每11.2年达到一个极大值。黑子活动是太阳活动的主要标志,黑子周期就是整个太阳活动周期。因此,科学家推断太阳活动周期为11.2年。不过,如果考虑到太阳磁场极性的变化,活动周期的长度可加倍到22.4年。黑子活动周期由德国药剂师施瓦布1843年发现。国际上统一约定,从黑子数最少的1755年开始至1766年为第1个太阳活动周期,延续到现在,太阳活动已经逐渐进入第25个太阳活动周期(预计2025年是峰年)。一个太阳活动周期内,日面上南北半球黑子呈对称分布,成双出现的黑子具有相反的磁性,磁力线从一个黑子表面出来,又进入另一个黑子。因此,一个完整的黑子磁性周期约22年,等于两个太阳黑子周期。

2. 耀斑

耀斑出现在色球层,是太阳活动明显标志之一,其中涉及的物理过程较复杂,当用单色光(氢的H_α线和电离钙的H、K线最突出)观测太阳时,有时会看到一个亮斑点突然出现,太阳色球层这些局部亮的区域称为谱斑。有时谱斑几分钟或几秒钟内面积和亮度急剧增大,这种现象常叫作“耀斑”,然后缓慢减弱,以至消失,整个过程也称为“色球爆发”。耀斑很少在白光中看到,其强度常增至正常值10倍以上,最大发亮面积可达太阳圆面的千分之五。当耀斑近于消失时,在其上或附近常出现暗黑的纤维状物,以很高的速度上升(300 km/s),当达到一定的高度(可达10万千米)之后,又快速地落回太阳,这种现象就是“日浪”,也叫“回归日珥”。耀斑出现的概率与黑子有很大的关系,在黑子的极大年代,耀斑活动最为强烈，绝大多数耀斑出现在黑子群周围。耀斑爆发时抛射出粒子流的速度达1 000 km/s，到达地面时，常引起磁暴和极光。耀斑发出的强紫外辐射和X射线，会对地球产生很大的影响。

3. 日珥

日珥也是太阳活动活跃的特征，其形状多变，呈圆环、拱桥、火舌、篱笆等形状。日珥大小不等，一般说来长约20×10^4 km，高约3×10^4 km，厚约5×10^4 km。日珥主要存在于日冕中，但其下部常与色球相连。根据形态和运动特征，日珥可分为若干类型。投影在日面上的日珥称为“暗条”，在日面高纬度区和低纬度区都会出现日珥，最亮的日珥常出现在低纬度区，两极地区日珥周期不明显。与耀斑一样，日珥也与太阳黑子有关，随着太阳活动周期而变化。

4. 太阳风

太阳日冕层会不断地向星际空间高速流出气体，形成太阳风。在一个日地距离处，太阳风流速约为400 km/s。带电粒子流运动到地球附近时，会在地球磁场作用下发生偏转，并被捕获到地球磁场中两个巨大环状带（范·艾伦带）里。在这两个环状带中，高能粒子与地球大气发生碰撞，使地球大气发出光芒，这就是地球上的极光现象（彩图7）。日冕照片上显示它可以延伸到大约4~5个太阳半径的距离，但是实际上它可以延伸超过日地距离，一直到太阳系边缘。

（二）太阳活动对地球的影响

太阳以电磁波和高能粒子流的形式，向外放射着巨大的能量和物质。太阳的能量流和物质流对地球发生着深刻的影响，它对自然地理环境的形成、发展及演化具有决定性的作用。

1. 对气候的影响

太阳辐射是地球气候形成的重要因素。太阳活动引起太阳辐射改变，会导致气候相应变化。例如，科学家发现，地球气候会按11年的间隔发生微弱的周期性变化。另据史料记载，17世纪下半叶地球气候发生了剧烈变化，在长达60年的时间里，欧洲和北美的气候非常寒冷，因而人们称此时期为“小冰期”。研究表明，在此期间，太阳活动停止了，有近60年的时间没有太阳黑子发生。但迄今为止，没有人知道太阳黑子活动周期为什么会停止。我国关于太阳活动与天气、气候的关系，早在20世纪二三十年代就有老一辈科学家进行了开拓性的研究。1926年，竺可桢探讨了中国降水与太阳黑子的关系，得出长江流域雨量与太阳黑子数量成正相关，即太阳黑子多时雨量多，少时则雨量少；而黄河流域则相反，太阳黑子多时雨量少，太阳黑子少时则雨量多。当然，限于当时有限的技术和匮乏的资料，他们仅做了初步研究。直到20世纪60年代初，我国对此才有较多的探讨。但影响气候和天气变化的因素很多，要从中筛选出仅由太阳活动引起的变化并找出其中的规律是很困难的，还有待于深入研究。

2. 对电离层的影响

距离地面80~500 km大气层内有若干个电离层，这里空气分子由于受到太阳辐射高温作用，瓦解成带电荷的原子从而被电离，该层大气处于电离状态。最常见被电离的分子是氧气分子和氮气分子，被电离成带正电荷的氧离子和氮离子。因为电离层是带电荷的，所以电离层能够反射中波和短波，服务于地面通信。低空电离层反射短波，高空电离层反射中波，位于电离层之上的卫星则用可以穿越电离层的超短波来传递信息。太阳黑子和耀斑增多时，其发射的电磁波进入地球，会干扰电离层，此时经电离层反射的短波无线电信号会被部分或全部吸收，使地球上无线电通信受到影响，从而导致通信信号衰减或中断。

3. 对地球磁场的影响

地球本身是巨大磁体，一般情况下，地球表层磁场分布比较稳定。随着耀斑出现和太阳风影响，大量高能带电粒子流闯入地球磁场后会因磁场作用发生运动方向偏离，同时它们也会反作用于地球磁场，使地球磁场发生剧烈扰动，产生“磁暴”现象（图2-5），使磁针剧烈颤动，不能正确指示方向，造成地球磁性仪器设备失灵，对军事战斗，以及飞机和船舶的定向、定位带来巨大影响。磁暴发生时，带电离子在地球磁场中运动产生强大的感应电流，进而影响高纬度地区的供电设备、输油管道和通信系统。

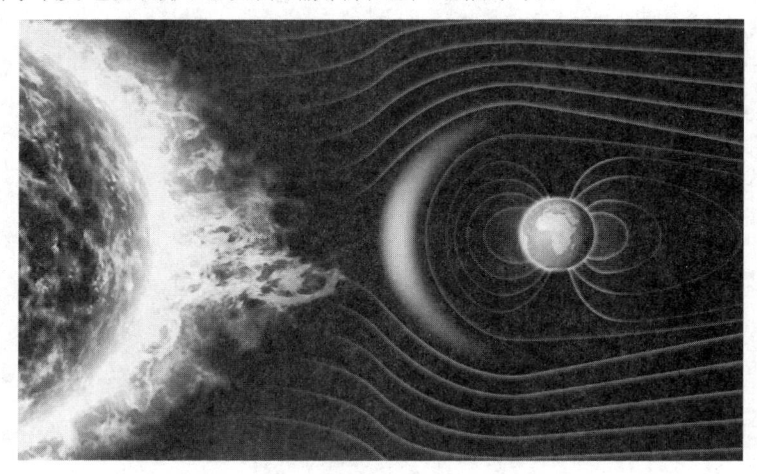

图2-5　太阳活动对地球磁场的影响

4. 对宇宙探测和宇航事业的影响

耀斑爆发抛射出高能带电粒子会直接损害在地球大气层之外运动的卫星、轨道空间站等宇航探测设施。辐射会对卫星的材料、元器件造成辐射损伤，同时会使卫星运行程序发生混乱，产生虚假指令；另外，会使卫星表面及内部产生很高的静电，静电放电会损坏器材或材料。如1998年5月的一起高能电子增强事件，使美国一颗通信卫星和德国的一颗科学卫星失效，多颗卫星失常。

太阳风暴会危及在星际空间中飞行的宇航员的安全。由于远离地球，没有大气层保护，太阳发出穿透力极强的高能带电粒子流会直接损害宇航员健康，甚至会危及生命。

5. 对地球灾害的影响

太阳活动对地球上一些灾害性事件的影响，是许多科学家长期以来所关心的研究课题。资料显示，太阳活动周期与地球上水旱灾害和寒暖变化、地震有一定的关系。例如，研究表明水旱寒暖的年份和地震发生的次数都和太阳活动的11年和22年的周期相关。

6. 对人类健康的影响

20世纪70年代以来，科学家开始了对太阳活动与人类健康相关问题的研究。天文因素与人类健康和行为的统计研究发现，在太阳活动引起地球磁暴期间，人的神经系统对太阳活动变化非常敏感，某些疾病、血液系统、神经系统的变化和太阳黑子活动呈现出明显的相关性。目前这类课题还处于研究阶段。

四、太阳系的组成

同很多恒星一样，太阳拥有以自己为中心的天体系统。太阳的“大家庭”——太阳系，由八大行星及其卫星、矮行星、众多小行星、彗星和其他小天体组成。太阳虽然在恒星世界极其普通，但在太阳系却拥有绝对权威地位：一方面，太阳质量占整个太阳系质量的99.86%，因而能稳坐太阳系中心，并以其强大引力约束其他天体按确定的轨道绕其运转；另一方面，作为太阳系唯一恒星，太阳是太阳系主要能量源泉。太阳以其强大的太阳能以及太阳粒子流，通过长期稳定发射和间歇性突发两种方式，温暖、影响着整个太阳系。太阳系内部极其空旷，行星乃至太阳本身，在太阳系广阔空间中都显得非常微小，这也是行星分布的一个特点。因此，很多描绘太阳系的图片都不得不夸大太阳和行星的尺度。

（一）行星及其环绕天体

1. 行星

行星是绕太阳运动、自身不发光却能反射太阳光的天体。国际天文学联合会定义行星为：（1）在轨道上环绕着太阳转；（2）有足够的质量，能以自身引力克服刚体应力，因此能呈现流体静力平衡的形状（接近圆球体）；（3）将邻近轨道上的天体清除；（4）未能发生核聚变。长期以来，太阳系的行星被认为共有9颗，合称为“九大行星”。2006年8月，国际天文学会将九大行星中最外面的，质量较小且运动特征与其他行星有较明显差异的冥王星，从行星中除名，而转归于一种新定义的“矮行星”类别。因此，现在不再有“九大行星”，只有八大行星。按运动轨道从里到外的顺序，八大行星分别是水星、金星、地球、火星、木星、土星、天王星和海王星。八大行星的大小和质量相差很大,但都比太阳小得多。它们的总质量是太阳的1/718,总体积只有太阳的1/600,行星一般不发射可见光,但因表面反射太阳光而显得明亮,人们才能够看到它们的外貌。行星作为较大质量的太阳系天体,其存在和运动长期稳定,它们的运动和分布体现着通常观念中的太阳系基本结构和景象(彩图8)。

2. 行星运动

行星运动包括自转、公转两种。在太阳引力作用下,行星沿椭圆轨道绕太阳公转,太阳位于诸椭圆轨道的共同焦点上。各行星椭圆轨道运动部分主要数据如表2-1所示。

表2-1　八大行星椭圆轨道运动的部分主要数据

要素	水星	金星	地球	火星	木星	土星	天王星	海王星
i	7.0°	3.4°	0°	1.9°	1.3°	2.5°	0.8°	1.8°
a	0.387	0.723	1.0	1.524	5.203	9.576	19.28	30.13
b/a	0.978 6	1.000 0	0.999 9	0.995 7	0.998 8	0.998 5	0.998 7	1.000 0
T	0.240	0.615	1.000	1.880	11.860	29.460	84.01	164.8
n	$-\infty$	0	1	2	4	5	6	7

注:表2-1中,i为行星公转轨道平面对地球轨道平面的倾角。人们规定,当行星或其他太阳系天体公转方向从北天极看为逆时针(即与地球公转相同)时,倾角i取正值,否则i取负值。表中a为行星椭圆轨道长半径(单位:日地平均距离,即AU);b/a为椭圆短半径与长半径之比。表中T则为行星绕日公转的周期(单位:年)。n是离太阳由近及远的次序(水星$n=-\infty$)。

基于表2-1数据,行星轨道运动有三个基本特性:

同向性:行星公转的方向相同,即从北极上空看,皆沿逆时针方向公转。

共面性:行星公转的轨道平面相互接近。

近圆性:行星公转的椭圆轨道都接近圆形。

行星运动这三个特性也适用于大多数矮行星、小行星和卫星群体。此外,同向性还适用于太阳和大多数行星自转。

3. 行星分布

行星以近圆轨道绕太阳公转,其分布的大势可以用它们与太阳的距离来表达。行星与太阳的平均距离通常用行星椭圆轨道的长半径a来表达。行星分布的总特点是:里密外疏。里面4颗行星(水、金、地、火)分布在太阳附近很小范围内,而外面几个行星占据了大部分太阳系范围。这个分布还可以归纳成提丢斯-波得定则公式:

$$a_n=0.4+0.3\times2^n\text{(天文单位)}$$

式中,n的取值见表2-1最下面一行。可进行验证:按提丢斯-波得定则公式计算的各行星距太阳之值a_n,与实际距离值符合或基本符合,只有海王星有一定的偏离。

4. 行星物理化学特征和分类

行星物理化学特征如表2-2所示。按物理化学特征，行星可分为不同类别。天文学中常用分类之一，是将行星分为类地行星（水、金、地、火）、巨行星（木、土）和远日行星（天王、海王）；巨行星和远日行星又常合称为类木行星。

表2-2　行星有关特征数据表

<table>
<tr><th></th><th>水星</th><th>金星</th><th>地球</th><th>火星</th><th>木星</th><th>土星</th><th>天王星</th><th>海王星</th></tr>
<tr><td>质量（地球为1）</td><td>0.055</td><td>0.815</td><td>1.000</td><td>0.107</td><td>317.83</td><td>95.16</td><td>14.50</td><td>17.20</td></tr>
<tr><td>体积（地球为1）</td><td>0.056</td><td>0.856</td><td>1.000</td><td>0.150</td><td>1316</td><td>745</td><td>65.2</td><td>57.1</td></tr>
<tr><td>密度/（g/cm³）</td><td>5.43</td><td>5.24</td><td>5.52</td><td>3.94</td><td>1.33</td><td>0.70</td><td>1.30</td><td>1.76</td></tr>
<tr><td>表面温度/K</td><td>600</td><td>750</td><td>300</td><td>230</td><td>128</td><td>105</td><td>70</td><td>57</td></tr>
<tr><td>卫星</td><td>0</td><td>0</td><td>1</td><td>2</td><td>92</td><td>145</td><td>27</td><td>14</td></tr>
<tr><td>行星环</td><td>无</td><td>无</td><td>无</td><td>无</td><td>有</td><td>有</td><td>有</td><td>有</td></tr>
<tr><td rowspan="2">主要化学组成</td><td colspan="4" rowspan="2">重物质（岩石）</td><td colspan="2">气物质</td><td colspan="2">冰物质</td></tr>
<tr><td colspan="4">轻物质</td></tr>
<tr><td>大气状况</td><td>无</td><td>浓密 CO_2 大气</td><td>较浓密氮氧大气</td><td>稀薄 CO_2 大气</td><td colspan="4">十分浓密的氢、氦大气</td></tr>
</table>

从表2-2可以看出，类地行星和类木行星明显不同。类地行星主要由岩石和金属物质组成，密度较大，但体积小、质量小。其中，质量较小的水星、火星同月球很类似，外部无大气或大气很稀薄；它们形成时内部积能少、热量散失相对较快，逐渐发展为内部相对僵化的星球，内外营力作用长期微弱，致使其表面很多叠加着环形山的古老地貌得以保留至今。地球和金星质量较大、积热多、散热相对较慢，较强内部活动持续至今并拥有较浓密的、较重分子的大气。

类木行星由轻物质组成，密度小、体积大、质量大，都保持着以氢、氮为主的浓密大气，并有着岩石物质和冰物质的内层。其中巨行星大气下，还有厚重的液态氢层。

5. 卫星和行星环

行星可能拥有环绕其运转的天体，形成以行星为中心的小型天体系统。行星环绕物主要有两类：卫星和行星环（这里讨论的卫星指天然卫星，不涉及人造卫星）。行星环是由绕行星运转的小石块或冰块密集而成的环状集合，例如鲜明美丽的土星光环（彩图9）。卫星长期以来被简单地定义为“绕行星运转的天体”，但此概念不严格，因为行星环及其内部的石块、冰块都符合此定义，但人们并未将它们称为卫星。目前，卫星与行星环中的固体块之间还缺乏严格的界定，以致卫星没有严格而准确的定义。这里暂时将卫星笼统定义为“绕行星运行、相对较大且相对独立的天体”。

行星拥有卫星或行星环情况如表2-2所示。除水星、金星外，行星都有绕自己运转的卫星，其中木星、土星的卫星较多。卫星的大小差异显著，最大的一些卫星，如木卫三、海卫一和土卫六等，可与水星相伯仲，其中土卫六上还可能存在生命。而更多较小卫星，实际上只是一些巨石块或其他固体块。

从表2-2中还可得出，类木行星都拥有自己的行星环。不过木星、天王星和海王星的行星环没有土星环鲜明，要利用比较强大的观测工具才能观察到。

（二）太阳系中的小天体

太阳系的小天体指所有围绕太阳运转，但不符合行星和矮行星条件的物体，包括小行星、彗星、流星和行星际物质等。小天体的存在和运动具有不稳定性。这是因为它们质量小，其轨道运动可能受行星等天体的引力或太阳辐射压力影响而发生变化；而改变轨道的小天体，又可能与大天体相撞而被吞灭。在太阳系历史上，尤其在早期，大量小天体因此而被逐渐清除。现代幸存的小天体与大天体相撞的概率虽然较小，但这种灾难性事件仍时有发生。

1. 小行星

小行星是大多分布于火星、木星之间绕太阳运行的小天体，主要由岩石物质、冰物质组成。在已经发现并经估计过大小的小行星中，有三十余个直径超过100 km。最大的几颗是谷神星、智神星、婚神星、灶神星。有200个直径在50~100 km之间，670个直径在20~50 km之间。将来发现的小行星大多数都可能是小石块，大的直径几千米，小的直径不过几百米。由于质量不大，一般小行星在早期收缩形成时，内部热能不足以使物质熔融或充分地分异、调整，形状一般不规则。例如小行星爱神星（Ida），宽约56.3 km，实际上就是一个形状不规则的巨型石块。谷神星是最大的小行星，是具有完全椭球体的小行星，内部还可能具有圈层结构：外层可能富含水冰；里面是岩石、金属物质的内核。

根据巡天观测估计，小行星总数在50万颗以上，组成了一个主要分布于火星、木星之间的小行星带，其总质量约为地球质量的万分之四。小行星与太阳的平均距离为2.8 AU。这恰好是提丢斯-波得定则公式$n=3$的位置。

知识拓展

太阳边缘最神秘的“柯伊伯带”①

柯伊伯带是太阳系中已知行星以外的一个圆形星盘，位于海王星轨道之外，到太阳的距离大约是55 AU。它的结构与小行星带相似，但要比小行星带大得多——宽度约是小行星带的20倍、质量是小行星带的20到200倍。与小行星带相似，它主要由小天体或太阳系形成之初的残留物组成，区别只是小行星带的天体主要是由岩石和金属构成的，而柯伊伯带的天体主要是冻结的低沸点混合物，主要成分是水、氨和甲烷。太阳系的大多数彗星都来源于这里。柯伊伯

① 施韡.走近天文之四太阳系——熟悉又陌生的家园[J].物理,2020,49(6):414-417.

带天体直径从几千米到2 000多千米不等，天文学家预测其中直径超过100 km的天体可能多达10万个。柯伊伯带中最著名的天体有冥王星、妊神星和鸟神星。此外，天文学家认为海王星的卫星海卫一是一个被俘获的柯伊伯带天体。柯伊伯带范围虽大，然而它们的总质量还不到地球的1/10。天文学家还提出，这些天体就像行星一样，是由星子（也称为微行星，被认为是存在于原行星盘和残骸盘内的固态物体）组成的，但是因为离太阳很远地方的星子数量太少，所以它们的个头就比行星小得多。

柯伊伯带是太阳系的边缘吗？并不是。根据目前的发现，太阳系最远处的奥尔特云，距离太阳有5万至10万AU，最远处超过了1光年。奥尔特云中存在很多彗星。可以说，这些物质是50亿年前太阳和行星形成之后残留下来的。科学家认为，太阳系内行星间的引力作用，把许多柯伊伯带天体弹射到太阳系引力范围的最远端，形成了遥远的奥尔特云。

2. 彗星

彗星是大多沿扁长轨道（抛物线、扁长椭圆或双曲线轨道）绕日运行的小天体。在远离太阳时，它们是水、冰等冰物质和岩石物质的分子、尘粒或碎块的固结体，像一个脏雪球。当它们从远方趋向太阳时，通常在木星轨道内，“雪球”表面冰物质升华、挥发，在“雪球”周围形成发亮的气体尘埃光壳，即彗发。彗发分布于彗核四周，呈球形云雾状，半径可达数十万千米，由气体和尘埃组成。彗云包围在彗发外面，主要由氢原子组成。彗核、彗发和彗云合称彗头。当继续趋近太阳时，一般在接近火星轨道处，光壳中气体分子、离子和尘埃被太阳辐射和太阳风推向反太阳方向，形成一条或数条尾巴，即彗尾。彗星绕过太阳后离去时，在相应的距离上，彗尾和彗发相继消失（图2-6）。

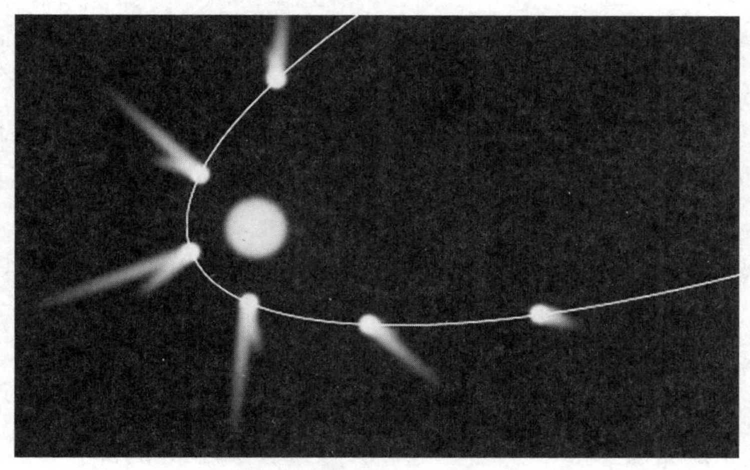

图2-6　彗星运动及彗尾形成

一个发育完全的彗星至少包括三个部分：彗星本体彗核、彗发和彗尾。彗发的尺寸多为数万千米；彗尾一般长数千万千米。彗发和彗尾都非常稀薄，彗云更为稀薄。彗星质量的95%～99%集中在直径通常仅几百米至几十千米、密度约1 g/cm³的彗核里。所以，彗星本质上就是彗核，是平均质量比小行星低一层次的小天体。

依据彗星远日点的距离，可将彗星分为四个族，即木星族、土星族、天王星族和海王星族。木星族彗星回归周期为3~10年,已知有61颗;土星族周期为10~20年,已知有8颗;天王星族周期为20~40年,已知有3颗;海王星族周期为40~100年,已知有9颗。目前共发现1 600余颗彗星,其中600余颗被准确计算出运行轨道,但这只是彗星的极小部分。据计算,在海王星轨道以内,至少应有170×10^4颗彗星。回归周期为4×10^4年的彗星,则至少应有$1\ 000\times10^8$颗。

3. 流星和陨石

(1)流星。在行星际空间,游荡着无数的尘粒和固体块,称为流星体。流星体来源于原始星云的残存颗粒、小行星互相撞碰的产物、彗星瓦解碎片、行星和大卫星的喷发物等。当流星体穿过地球大气时,具有很大的速度,因摩擦而发热发光,人们可看到一条亮光划破夜空,这就是流星现象。流星一般在离地面80~120 km高空才开始发光。特别明亮并伴随闷雷般的响声的流星,又称“火流星”。通常所见的流星体是单个的,叫“偶发流星”,它们是单个天体碎片,像行星一样绕日运行,在接近地球时被吸引落进大气层而形成。另一类流星体成群出现且具有周期性,叫“周期流星”。这种成群出现的流星体叫“流星群”。流星群与彗星有关,当彗星破碎后,其碎片散布在它们的轨道上,在地球穿过其轨道时,成群的碎片进入大气层而形成流星雨。地球每年与流星群相遇时,就会在天空的某一点看到较多的流星向外射出。流星集中射出的点称为辐射点。流星群以辐射点所在的星座命名。例如狮子座流星群,出现在每年的11月,极盛之时,可形成壮观的“流星暴”。

(2)陨石。大块流星体穿过地球大气层后尚未燃尽,其剩余部分落到地面上成为陨石。通常陨石以降落处的地名命名。陨石按其化学组成可分为石陨石、铁陨石和石铁陨石三大类。石陨石占陨石总数的94.8%,主要由硅酸盐组成。1976年3月8日降落在我国吉林的“吉林一号”石陨石,重达1 770 kg,是目前世界上最大的石陨石。铁陨石占陨石总数的4.60%,主要由铁镍组成,含有少量的硫化物、磷化物和碳化物。目前最大的铁陨石是非洲纳米比亚的戈巴陨铁,重达60 t,我国新疆青河大陨铁重30 t,居世界第三位。石铁陨石由硅酸盐和铁镍组成,仅占陨石总数的0.6%。此外,还有一种由天然玻璃物质组成的“玻璃陨石”,多分布在赤道附近低纬度地区。早在1 000多年前,我国雷州半岛就有发现,称为“雷公墨”。玻璃陨石一般仅几厘米大小,颜色为深褐、墨黑或绿色。

小行星、彗星、陨石等小天体,被认为是太阳系的“考古”标本。这些地球的天外来客,保存了太阳系天体物质的最原始、最直接和最丰富的信息,对研究太阳系的起源和演化、生命早期的化学演变过程及促进空间技术的发展,均具有重大的科学价值。尤其值得一提的是,陨石物质对自然地理环境有重大影响。据资料分析,发现陨石撞击地球有10个相对集中的时期,这些时期与地球造陆运动、造山运动相吻合,每个集中撞击时期延续几百万年。例如,距今7 000万年前,相当于白垩纪末的燕山运动时期和距今200万~300万年,相当于第三纪末的喜马拉雅运动时期,都是陨石集中撞击地球的时期。由此可见,大规模的陨石撞击是自然地理环境沧桑巨变的外因之一。

交流与讨论

被除名的"行星"——冥王星

冥王星曾是第九颗大行星,2006年降级为矮行星。它是在1930年2月18日由汤博从美国亚利桑那洛厄尔(Lowell)天文台拍摄的大量星象中发现的,当时天文界把它命名为"冥王星",冥王星质量是地球的0.0024倍,密度为1.8~2 g/cm³。由于冥王星的特征比较特殊,发现后它就是一颗最有争议的行星。请查阅资料,根据冥王星的特征分析它降为矮行星的原因。它与其他矮行星(谷神星、妊神星、鸟神星、阋神星)相比有何不同。

知识拓展

中国空间站的建设历程

中国空间站(天宫空间站,英文名称 China Space Station),2022年完成空间站在轨建造。空间站轨道高度为400~450千米,倾角42°~43°,设计寿命为10年,长期驻留3人,总重量可达180吨。中国空间站计划是继1992年中国正式提出载人航天"三步走"计划后提出来的空间发展计划。"三步走"简而言之便是:第一步,能上天;第二步,能出舱;第三步,建立小型空间站。

在建设空间站的路上,也分为三步走。第一步,2008年9月,"神七"升空,实现航天员太空行走。第二步,从2010年开始到2016年,我国完成了以下任务:2011年9月天宫一号空间实验室发射升空。2011年11月神舟八号发射升空,实现无人对接。2012年6月神舟九号发射成功,实现中国首次载人交会对接。2013年6月神舟十号发射成功,完成再一次载人交会对接任务。2016年9月天宫二号空间实验室发射升空。2016年10月神舟十一号载人舱发射升空,与天宫二号对接。这意味着,我国在发射大质量太空舱及太空中组建空间站的技术已经趋于成熟,待空间站的组件制造完成后,便能够发射各组件,完成中国空间站的建造。第三步:2021年中国发射空间站核心舱,2022年11月建成了包括一个核心舱和两个实验舱、多个交会对接口、能实现多飞行器同时对接的天宫空间站:核心舱命名为"天和",实验舱Ⅰ命名为"问天",实验舱Ⅱ命名为"梦天",货运飞船命名为"天舟"。天宫空间站基本构型为T字形,核心舱居中,实验舱Ⅰ和实验舱Ⅱ分别连接于两侧。

2022年是中国载人航天空间站工程的攻坚阶段,完成了问天实验舱、梦天实验舱、神舟载人飞船和天舟货运飞船等6次重大任务,实现了首次6个航天器组合体飞行,首次航天员驻留达到6个月,首次两个乘组6名航天员同时在轨。中国空间站在空间生命科学与人体研究、微重力物理科学、空间天文与地球科学、空间新技术与应用等4个重要领域进行了长期、系统的规划,研制了一大批科学研究设施,支持在轨开展1 000多项研究项目。例如,开展国际前沿的量子调控与光传输研究将有力促进世界量子通信技术的发展,甚至引发通信革命。空间生物学研究应用方面,可以为培育优良物种、探索疾病机理、研发生物药物、改善人类健康而服务。微重力流体与燃烧研究应用方面,可以促进新型清洁能源开发、改善地球环境。空间材料研究应用方面,开展空间材料加工、先进材料制备等研究,探索和揭示材料物理和化学过程规律,可以改进地面材料加工与生产工艺,研发与生产先进材料,推动工业技术进步。中国空间站未来还将单独发射一个十几吨的光学舱,与空间站保持共轨飞行状态,并计划在光学舱里架设一套口径两米的巡天望远镜,分辨率与哈勃空间望远镜相当,视场角是哈勃的300多倍。在轨10年,可以对40%以上的天区,约17 500平方度天区进行观测。

第二节　月球和地月系

月球与地球相邻且距离最近,然而对于它的起源和性质,人类却知之甚少。直到近100年来,人类才通过望远镜和宇宙飞船揭开月球的一些奥秘。

一、月球

(一)月球概况

月球是地球唯一的天然卫星,同类地行星中其他天体一样,月球主要由重物质(岩石、金属等)组成,这与木星、土星、天王星、海王星等类木行星的卫星都由冰体组成形成鲜明对比。

月球的半径为1 738.2 km,约为地球半径的27%;月球质量7.35×10^{22} t,约为地球质量的1/81.3。月球表面积约是地球表面积的1/14。月球体积只相当于地球体积的约1/49。月球物质的平均密度为3.34 g/cm^3,只相当于地球密度的约3/5。月面上自由落体的重力加速度为1.62 m/s^2,为地球上表面重力加速度的约1/6。

1. 运动轨道

月球的公转轨道与众不同。如果从卫星运动的轨道半径来看,地月平均距离约3.8×10^5 km。用宇宙尺度来衡量的话,可以说月球是类地行星中最大的卫星,其他的大多数卫星相对于它们公转的轨道半径而言,都显得非常渺小。另外与太阳系中大多数行星的卫星相比,月球的轨道离地球要相对远些。月球绕地球公转的轨道是一个椭圆(地球位于椭圆的焦点之一),偏心率约为0.0549,近地点为3.6×10^5 km,远地点为4.1×10^5 km,二者相差4.2×10^4 km,由于这种距离上的变化在地球上的人看月球的视半径变化在16′46"~14′41",近地点时月轮较大,远地点时月轮较小。月球虽然实际比太阳小很多,但由于离地球很近,因此看上去与太阳差不多大小。

2. 圈层结构

月球内部大体分为三层：从外至里，0～60 km为月壳，60～1 600 km为月幔，月幔之下1 600～1 738 km为月核。

月幔和月壳全部为冷而硬的岩石圈，月壳主要由斜长岩和玄武岩组成，不同区域月壳厚度不同，一般情况下，正面月壳的厚度平均约50 km，背面月壳厚度平均约74 km。月幔主要由辉石和橄榄石组成。根据天然月震和陨石撞击事件的记录，月幔的范围至少可以延续至1 000 km的深度，穿过此深度后，月震波速很快衰减，表明其内部物质是不均一的，有可能存在熔融层，因此月幔被分为上月幔、下月幔和衰减带。上月幔主要由辉石组成，橄榄石为次发矿物（辉石/橄榄石>1）；下月幔的矿物组成相同，但橄榄石比辉石多（辉石/橄榄石<1）。在约1 000 km的深度，岩石发生了部分熔融，是深月震的发源地。月核则主要表现为软流层状态，据推测月核由熔融状态的铁－镍－硫和榴辉岩物质构成。

（二）月球表面环境

月球表面看上去明暗相间，绰约多姿（彩图10），亮区是高地，暗区是平原或盆地等低陷地带。研究表明，二者明暗差别的主要原因是岩石成分的不同。高地上主要分布着颜色较白、反射率较大的富铝斜长岩；低地上广泛铺着厚厚的灰黑玄武岩，致使低地形区较灰暗，看上去似水域。因此，低地形区被统称为月海带（其内局部地形也一般以洋海、湖、湾等水域名称来命名）；对应地，月球高地统称为月陆。

1. 月陆和月海

月陆和月海是月球一级地形构造单元，正如地球一级构造单元是陆地和海洋，只是月海并没有水。月陆和月海的平均高差为2～3 km，绝对高差达9 km。这种高差对一个体积仅为地球1/49的星球来说，已不算小。总体来看，月面上褶皱形态不太发达，但断裂体系，如峡谷和峭壁等，发育得比较广泛。

月球海陆分布大势是陆多海少，且陆包围海，这与地球上陆少海多，且海包围陆的情形正好相反；另一方面，同地球一样，月球海陆分布也不均匀：月海富集在面向地球的半个月面上，使一轮满月明暗相间；月球背面大多是月陆。直到苏联宇宙飞船1959年抵达月球背面拍摄并传回照片，得知月球背面的形象后，人们才发现，月球呈现给人类的是它较为美丽的一面。

2. 月坑

月面最引人注目的次一级地貌形态是月坑或环形山。这是一种圆形低洼地形，多被环形隆起所包围，其中一部分还带有像是四下“溅”出的辐射纹。月坑多是中小尺度的，直径大于1 km的月坑就多达33 000余个。研究表明，月坑主要是陨星撞击产物，其次由古老火山爆发所形成。月坑到处叠加在月陆和月海上，致使整个月球呈现出千疮百孔之貌，这也说明导致月坑形成的彗星撞击事件是在月陆和月海形成之后才发生的。

3. 月面环境

月面重力加速度仅及地面重力加速度的1/6，在这种弱重力条件下，月面上包括水汽分子在内的气体分子，容易挣脱月球引力场束缚而逃逸到宇宙空间。因此，月球上没有大气圈和水圈。由于没有大气圈和水圈调节，加上月球上一昼夜达一个月之久，月面温差很大：白天可高达127 ℃，夜间可降至-183 ℃。月面磁场很弱，不及地球十分之一。由于无大气和磁场保护，来自太阳或宇宙的高能辐射、粒子流和流星体等都可以长驱直入地冲击月面。可见，月面环境对生命来说是相当严酷的。因此月球无生物圈，至今为止，月球上没有发现任何形态的生命。

月球的表面非常荒凉，除了岩石及其碎屑——月壤外，几乎什么都没有。月球上不见蓝天，即使在白天，天空背景也是暗黑的。月面环境虽然残酷，但无大气、无污染、弱重力等自然条件，反过来又对人类有特殊的价值，使月球开发的前景十分诱人，月球本身还可能成为未来人类宇宙探测的前沿跳板。

知识拓展

月球探测新动向

你能想到吗？也许月球一直在地球的“怀抱”中。在一项研究中，研究人员分析了1996年至1998年期间在日地第一拉格朗日点3次收集的地球大气散逸层数据，确认了地冕(地球大气的最外层)观测结果：地球大气层一直延伸到约63万千米高度，相当于100个地球半径。这就意味着，月球也被包裹在地球大气层中。这一结论颠覆了以往人们对于地冕范围的认知：此前科学家估计地冕层约有9～10个地球半径高，月球距地球大气的最外层32万～34万千米。近年的空间观测发现，地冕层的高度最远可以延伸到100个地球半径，连月亮也不能置身其外。这一研究结论的关键依据是美国国家航空航天局(NASA)和欧洲航天局(ESA)联合研制的太阳和日光层天文台SOHO搭载的太阳风各向异性探测器SWAN载荷记录的太阳风和地冕氢气的互动数据，这些数据表明，在距离地表63万千米高度，依然存在太阳风与地球等离子体相互作用。大范围包裹地球的地冕，阻挡了吹向地球的太阳风，防止远紫外辐射直接到达地面，保护了地球这颗湛蓝星球的水圈和生物圈。换言之，这种带有磁场的类地行星的冕，为保护行星表面可能存在的生命环境和生命自身提供了支持。

美国国家航空航天局(NASA)研究团队在《自然·地球科学》杂志上发表论文论证了月球里面充满水。2013年NASA就特地往月球送了一个绕月飞行探测器，专门检测月球大气的状况，名为“月球大气与粉尘环境探测器(LADEE)”。探测器搭载了一个对水分有超高灵敏度的仪器，可以检测稀薄月球大气中的水分。探测器2013年10月至2014年4月之间一直绕月飞行，收集数据。收集到的素材数据由NASA科学家团队进行分析。分析的结果发现月球大气中确实有水存在，而且在月球的不同地方，含水量有时候会突然升高。对比了含水量升高的数据和陨石撞击的数据，发现含水量升高的29次，每次的时间和地点，与陨石撞击29次的时间和地点重合。说明含水量升高与陨石撞击相关。进一步的分析认为，月球土壤8 cm之下，均匀分布着水，且含量高达0.05%。一旦陨石撞击月球，冲击月壤，月壤下的水就会被释放出来。月球就是这样，每年会流失掉200吨水。研究人员认为，月球上的水，是远古一直留下来的。其实早在很久之前，月球上就已经发现了水，就是月球两极的冰。但是由于月球两极温度很低，月球被认为只会有固态水，不会有液态水。所以此次发现也可以说是完全改变了科学家对月球的看法。甚至有人认为月球可以作为人类去火星的太空补给站，可以在月球补给水等重要物资。

二、月球的运动

月球的运动主要包括三种形式，即月球自转、月地相互绕转、月地共同绕日公转。

（一）月球的自转

与地球一样，月球也存在自转，并且同太阳系大多数行星和卫星一样，月球自转也符合同向性，即从地球北极上空看，月球逆时针自转。

月球自转时间为27.32日，恰好等于地月系绕转的周期。月球自转与它绕转地球的公转，有相同的方向（向东）和周期（恒星月），这样的自转称为同步自转（图2-7）。正是由于这个原因，地球上人们所见到的月球，大体上是相同的半个球面。

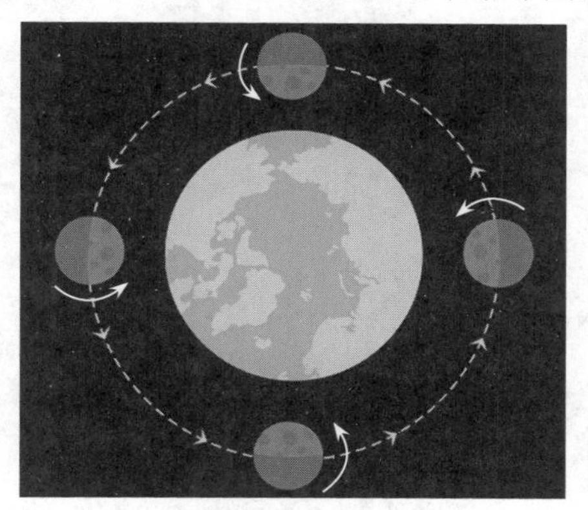

图2-7　同步自转示意图

（二）月球的公转

1. 地月系绕转

人们通常说“月球绕地球转动”。其实，这只是一种近似说法，确切提法是“地月相互绕转”。这是因为，根据牛顿运动定律，月球和地球间的引力大小相等、方向相反；它们施加给对方的引力，都会作为向心力使对方沿形状相同的椭圆轨道，反位相地围绕地月系质心（即地、月公共质量中心）绕转。这就是地月系的绕转运动。只不过同样大小的引力作用在质量相差80余倍的地球和月球上，引起运转幅度也会相差相应倍数。因此地球绕地月系质心运转轨道的大小，仅为月球轨道的1/81.3。换句话说，地月系的绕转运动，是地球围绕地月系质心转小圈圈，而月球沿80余倍的大圈圈绕转。这种绕转形象如图2-8所示。地月系绕转的总体形象还是月球绕着“中心天体”地球转。

同太阳系大多数行星和卫星一样，地月系绕转符合近圆性、同向性和共面性特点。首先，地月系绕转的近圆轨道相当圆，其长、短半径之比为0.998 5。其次，地月系绕转的方向从北极上空看，也是逆时针运转。再次，地月系绕转轨道运动平面也与地球公转轨道面(黄道面)比较接近，倾角为5°9′。

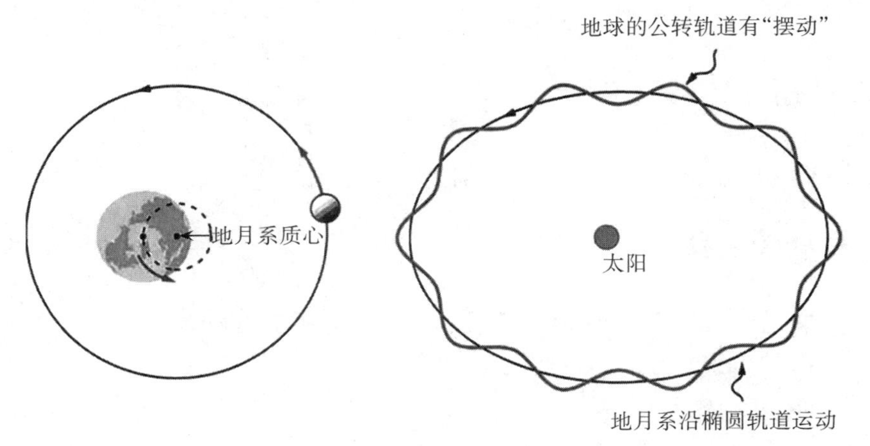

图2-8　地月系椭圆轨道运动示意图

地月系绕转的周期为27.32日(恒星月)。根据恒星月的长度，可以计算出月球绕转地球的平均角速度为每日13°10′，或每小时33′。月球每小时在天空中移动的距离约等于月轮的视圆面。但由于地球自转，天体在天球上有周日视运动，所以月球以每小时15°的速度向西随天球做周日视运动，又以每小时33′的速度向东运动。其合运动的结果导致月球在天球上有每日东移的现象。

2. 地月系绕太阳公转

地月系在绕转同时，又作为一个整体绕太阳公转。根据牛顿运动定律，真正在“地球公转椭圆轨道”上的，是地月系质心。由于地、月绕质心转动和地月系质心绕日公转同时进行，地、月在太阳系空间运行的轨迹，实际上是绕日公转椭圆轨道两侧的波动线。不过，地球对地月系质心的偏离，不到绕日公转轨道半径的三万分之一。因此，在本课程中可以忽略地球公转轨迹的微小波动，即把“地月系质心的绕日公转轨道”与“地球绕日公转轨道”等同对待。这样，地月系绕日公转运动可以简单地看成地绕日公转的同时，月球绕地球转动；月球在太阳系中的运行，等于“地绕日”和“月绕地”叠加。

图2-9描绘了这种“地绕日”和“月绕地”叠加情形。图中，月球逆时针绕地球运转了一周以上，这样，月球在太阳系中自然地留下一条在绕日公转轨道两侧起伏的运行轨迹。注意，图2-8大大夸张了地球、月球的大小和月球轨迹波动的幅度。如果按真实比例绘制，月球轨迹在图中公转轨道两侧波动的幅度，应为毫米级；而地球和月球本身要用放大镜才能看见。

图2-9　月球在太阳系中运行轨迹(地球北极朝上公转和自转均为逆时针)

交流与讨论

九天揽月——中国对月球的探索

“可上九天揽月，可下五洋捉鳖。”从探月出发，探索浩瀚宇宙是中国人长久以来的伟大梦想和不懈追求。月球是离地球最近的星体，是地球的亲密伙伴，也是人类探索太空的第一站。2020年12月17日嫦娥五号返回器携带月球样品着陆地球。2020年12月19日，重1 731 g的月球样品正式交接，标志着中国首次地外天体样品储存、分析和研究工作拉开序幕。2024年6月25日，嫦娥六号返回地球，从月球背面采集月壤1 935.3克。请查阅资料，讨论我国对月球的探索历程。我国月壤研究的新进展和新成果有哪些？

第三节　月相和日月食

“人有悲欢离合，月有阴晴圆缺，此事古难全。”除了日出日落昼夜更替之外，在所有天象中最频繁出现也最引人注目的莫过于圆缺变化的月相了。

一、月相

(一)月相变化及成因

由于月球、地球自身是不发光的天体，只能靠反射太阳光而发亮。在太阳照射下它们被分为明亮和黑暗的两部分。月球绕地球公转，地球上的人会看到月亮在星空背景中，一个月转一圈，每天运行约13°；地球绕太阳公转，地球上的人会看到太阳在星空背景中，一年转一圈，每天运行约1°。从地球上看月球，明暗两部分的对比时刻发生变化，导致人们所观察到的月表面积发生连续性的变化，人们所看到的月表的这种变化称为月相。月球绕着地球公转一周，就会经历一个完整的月相变化过程。这种变化视日、月、地三者的相对位置而定，主要是天空中日、月两个天体之间角距（角度距离）的变化。

图2-10表达了月相和日月地相对位置的对应关系，图中太阳位于图的右侧远方。首先看农历月初一，即“朔”日时，月球和太阳位于地球同侧，日月同向，或日月在天球上会合，此时月球昼半球背向地球，地球观测者看不见月亮。到初二、初三，日月角距增加到十几度或以上，从地球可以观察到月球昼半球的一侧边缘。因此，月相表现为一弯蛾眉月。到月初八，日月角距增长到90°，正对地球的月球表面昼夜平分，地球观测者可看到半个月亮（上弦月）。接着，月相继续变丰盈（凸月），直到农历月十五或十六的“望”时，月球昼半球正对地球，一轮明月呈现在人们面前。同理，从“望”到“朔”，则是月相逐渐消瘦，直到看不见的过程。月相变化的周期就是日月会合运动的周期——朔望月，即29.5306日；这个周期也正是我国农历月的平均长度。

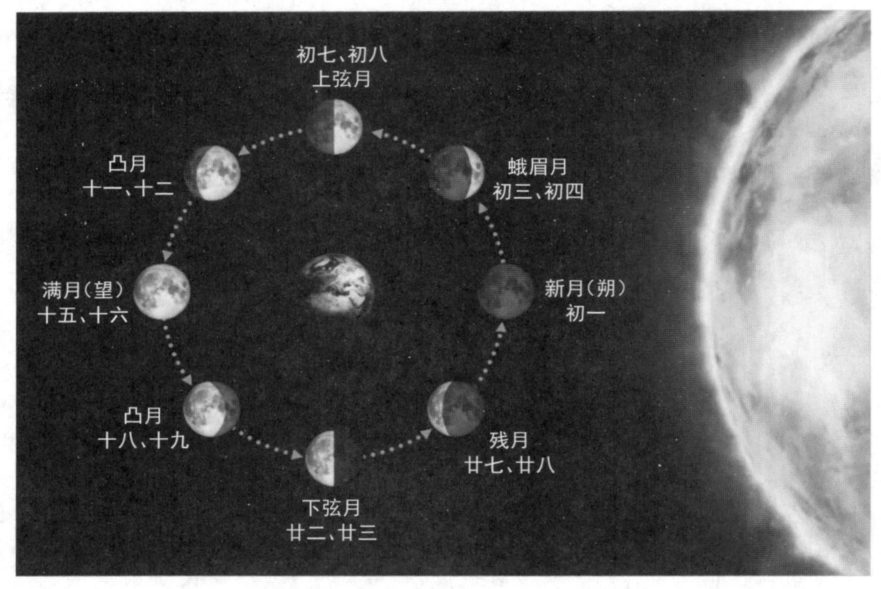

图2-10　月相成因图（从地球北极上空观测）

（二）不同月相所对应的月球观测时段

月相、农历日期、观月时间和月亮方位之间有相对确定的关系。农历日期由月相决定，而时间与太阳方位相关。知道太阳方位和月亮方位，就知道了日月角距。在北半球中纬度地区，太阳和月亮总在南半个天空中东升西落，面向南方时，左手是东右手是西。一日之内，日出现在白天，月出现在夜晚，都是从左到右，不断西行，每天一圈。同时，月球相对于太阳，从右到左，不断东行，每月一圈，每天东行约13°。

由于月相正好对应着天球上不同的日、月距离，因而也就对应着月球观测的不同条件或时段。月相与月球观测时段的对应关系如表2-3所示。

表2-3　不同月相的观测时段(不考虑白昼偶见月球的情况)

月相	新月	蛾眉月	上弦月	上半月 凸月	满月	下半月 凸月	下弦月	残月
可观测时段	不可见	黄昏后短时间	约整个上半夜	黄昏到下半夜某时	整夜	上半夜某时到黎明	约整个下半夜	黎明前短时间

从表2-3可见,新月和残月因为在天球上离太阳很近,可观测时段都很短。但是,新月和残月接近太阳的方位不同,导致二者的可见观测时段不同。如图2-10所示,新月在天球上位于太阳的逆时针方向一侧;而星空东升西落的周日旋转是顺时针(皆从地球北极上空观察,下同)。因此,新月在东升西落中小幅度地落后于太阳,因而只能在太阳落山后天色转暗,而新月尚未落山的短时间可见。残月位于太阳的顺时针方向一边,因而在东升西落中小幅度地领先于太阳,只能拂晓见。

同理,上弦月和下弦月在天球上皆距太阳90°,都有半个夜晚的可观测期。上弦月在天球上位于太阳逆时针方向的90°,其东升西落滞后太阳90°,太阳落山时它正当空,因而一般整个上半夜可见。而下弦月位于太阳顺时针一边的90°,在东升西落中领先太阳90°,当它从地平线升起时,太阳还在“地下”正中(子夜时分),因此,下弦月下半夜可见,直到黎明后被“淹没”在明亮天空中。

望月(满月)时月球朝向地球的一面整个被太阳照亮。在天球上与太阳位于两对面,东升西落与太阳反位相,日落彼升日升彼落,因而通宵可见。其余月相观测时段的分析可依此类推。

二、日月食

地球和月球自身不发可见光,但会遮蔽日光,导致阴影。在阳光照耀下,它们都拖着一条细长的影子在空间运行。日月食的直接成因,就是地球和月球同对方的影子相触及。在朔或望时,日、月和地球三者在宇宙空间近成一条直线;当三者共线的程度较高时,就可能发生日轮或满月被掩蔽的现象,即日食或月食。由于月球绕地球运行的轨道相对于地球绕太阳运行的轨道稍有倾斜(图2-11),所以,在大多数月份里,月球是不会进入地球的影子中的,月球影子也不会落在地球上。但在一些特殊的时间里,月球影子会落在地球上,或地球影子落在月球上,这时就会发生日月食的现象。

(一)日月食发生的条件

若日、月、地三个天体在宇宙中大致运动到一条线的位置,就有可能发生日月食。如果要发生日月食,应具备以下的朔望条件和交点条件等。

1. 朔望条件

在朔日，月球运行到日、地之间，且日、月、地三者大致成一直线，只有在这时候，月影才有可能落到地球上。在望日，月球运行到太阳和地球的同一侧，且日、地、月三者也大致成一直线，此时月球才会进入地影。所以，日、月食发生的前提条件是朔望。然而，朔日和望日，每个月都有，但日食和月食并非每个月都发生，原因是黄道平面（地球公转轨道）与白道平面（月亮公转轨道）不重合，因此，月球的影子不一定能扫到地球上。同理，当日、月相冲（望）时，月球不一定能进入地影，如图2-11所示。由此可知，要发生日月食，必定还需要更严格的条件。

2. 交点条件

黄道与白道有两个交点，其中一个称为升交点（即月球在白道上运行过此交点后便升到黄道平面之上），另一个则称为降交点（即月球过此交点后便降到黄道平面之下）。太阳在黄道上运行，一个食年经过升、降交点各一次；月球在白道上运行，一个朔望月经过升降交点各一次。当太阳和月球不在黄白交点及其附近时，无论从哪个角度上看，日、月、地三者都不会成一直线。只有当太阳和月球同时运行到黄白交点或附近时，才有可能日月地三者无论从什么方向看都成一直线或基本成一条直线，地影或月影才有可能落到对方的身上，从而构成交食。

日食只能发生在月相朔的时候（农历初一），月食只能发生在月相望的时候（农历十五左右），且由于白道与黄道不在一个平面上，朔望时日、月通常只在同一方位而不一定在一条直线上，所以不一定发生日食或月食。只有月球运动到黄道与白道交点附近又逢朔或望的时候，才会发生日食或月食。

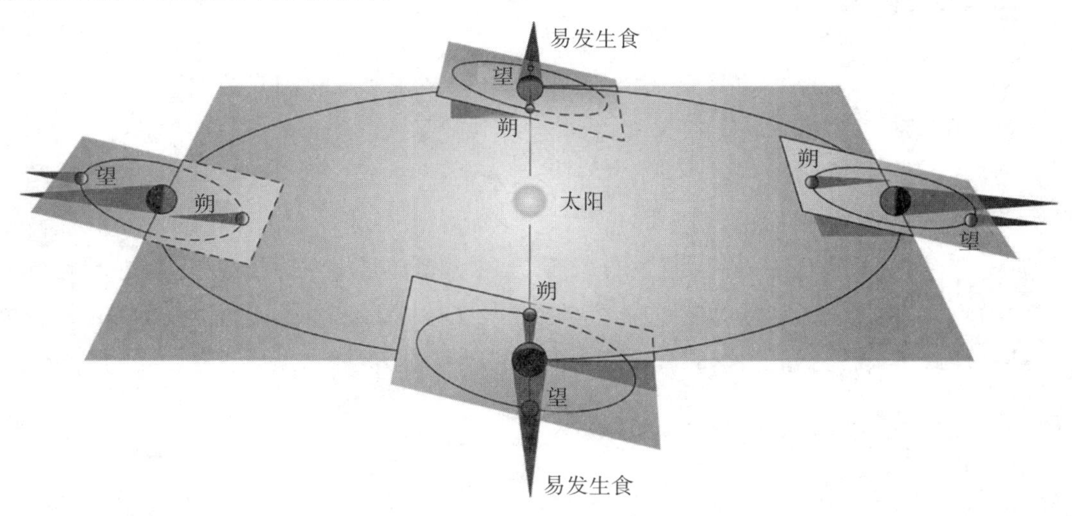

图2-11　日月食形成原理示意图

(二)日月食的成因及类型

1. 日月食成因

朔或望时究竟会发生哪种类型日月食呢？这就要涉及阴影结构的分析。当阳光照射到地球或月球上时，其后会有一个投影，影子的结构可分为三部分，顶端背向太阳的会聚圆锥是投影的主体，称为本影；与本影同轴但方向相反的发射圆锥是本影的延伸，称为伪本影；在本影和伪本影的周围是一个发散圆锥，称为半影。在本影里，阳光全部被遮；在伪本影里，太阳中间部分光辉被遮；在半影里，部分阳光被遮。如图2-12所示。

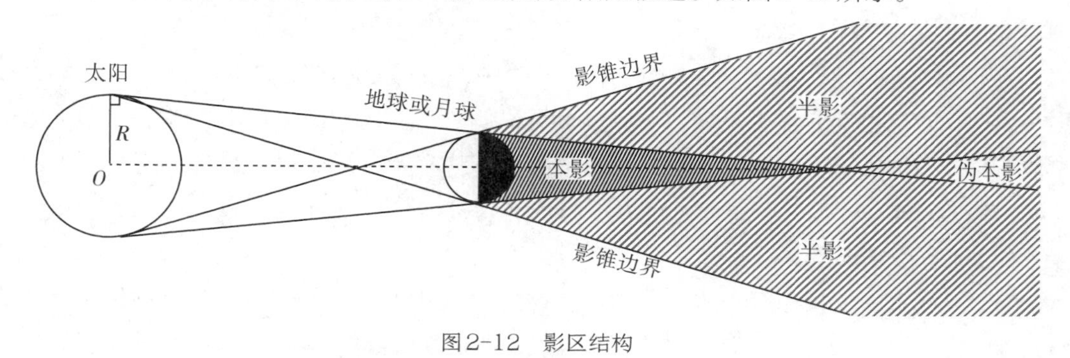

图2-12　影区结构

朔时，月球阴影掠过地球，若月球离地球相对较近，月球本影可能触及地球，月本影掠过之处的观测者会看到太阳被全部掩蔽，即看到日全食；若月球离地球较远，则月球伪本影可能触及地球，伪本影掠过之处的观测者会看到露出周边的太阳，即看到日环食。日全食或日环食发生时，外围的月球半影也会掠过地球，使那里的观测者看到日偏食。当然，月球半影(侧部)也可能单独触及地球，这时，地球上仅发生日偏食。

月食情形有所不同。首先，地球的影锥长得多，月球不可能触及地球的伪本影；其次，月球进入地球半影区，虽亮度有所减弱，但月面仍然完整，人眼不见食。因此，月食仅与地球本影有关：当月球掠过地球本影时，若能全部进入本影，地球上观测到月全食；若仅能部分地埋入地球本影，地球上观测到月偏食。

2. 日月食的类型

(1)日全食

月球的本影在地球上扫过的地带称全食带，宽度约10～300 km。当地球远日和月球近地时，全食带最宽。在全食带内可见整个日轮被月轮遮掩，发生日全食，如彩图11所示。一次日全食所经历的时间仅2~7 min。这是因为月影在地球上扫过的速度很快。

当月轮与日轮大小相当且月、日重叠时，月轮边缘的缺口(实为月表的山谷和“月海”)露出日光，会形成一圈断断续续的光点，像珍珠项链，奇妙绝伦。天文界将之称为“贝利珠”现象，因英国天文学家贝利首先科学地解释了这一现象而得名。

日全食发生时，也是进行科学探测的良好时机，可很好地观测太阳的色球和日冕，并进一步了解太阳大气结构、成分和活动情况及日地间的物理状态；可以搜寻近日的彗星和其他天体。

(2)日偏食

地球上被月球的半影所扫过的地带称偏食带，偏食带一般比全食带宽。在偏食带内，可见日轮的一部分被月轮遮掩，发生日偏食，如彩图12所示。在全食带的旁边，必有偏食带。在日偏食时，各地所见的食分(食甚时日轮直径被挡部分所占的比值)不一样。在偏食带内的人可以从不同的角度看到太阳的不同部位。

(3)日环食

地球上被月球的伪本影扫过的地带称环食带，当地球近日和月球远地时，环食带最宽。在环食带内，可见较小的月轮遮掩了日轮中间部分，而日轮的边缘仍可见到(彩图13)。在环食带之旁，也有偏食带，在那里可见日偏食。有时，月球的本影锥与伪本影锥的交点正好落在地球上，如果日、地、月三者之间的距离稍有变动，使掩食带中心线上的有些地方可以观测到全食，另一些地方可以观测到环食，这叫日全环食。

(4)月全食

月球进入地球本影，此时地球上向月半球上的人几乎都可见到月轮整个被地影遮掩，为月全食。月全食时，由于地球大气对太阳光的散射和折射作用，月面尚能接收到一点光，呈古铜色。由于地影大，月球又是以其公转速度在地影中穿行，所以一次月全食所经历的时间较长。月食发生的机会比日食少，但因为可见月食的地区范围广大，所以同一地方居民看到月食机会比日食多。

(5)月偏食

月球部分进入地球本影，可见月轮的一部分被遮，为月偏食(彩图14)。在发生月偏食时，地球上不同地方的人所见到的食分是相同的，因为月食各个阶段对地球上任一地区的居民都是同时发生的。只要能看得见月亮的地方，都能同时进行观赏。若月球进入地球的半影，但部分阳光仍可照到整个月面，仅是月色稍暗，因月色本来就有明有暗，故不为人所注意，所以不把它看成真正的月食。

(三)日月食的过程

在日、月食的过程中，日全食和月全食的演化过程最为完整。一次全食，包括初亏、食既、食甚、生光和复圆5个阶段。

1. 日全食过程

太阳在黄道上自西向东运行，每天运行约59′；月球在白道上也自西向东运行，每天运行13°10′。它们运行的方向基本一致(黄白交角约5°9′)，但月球运行的速度快得多，因此，日食总是以月轮的东缘遮掩日轮的西缘开始，被遮部分总是逐渐向东推移。所以，日全食的5个环节是在日轮上自西向东出现的，如图2-13所示。初亏为月轮东缘与日轮西缘相外切，即日食开始。食既为月轮东缘与日轮东缘相内切，即日全食开始。食甚为月轮中心与日轮中心最接近或重合。生光为月轮西缘与日轮西缘相内切,即日全食结束。复圆为月轮西缘与日轮东缘相外切,日食结束。

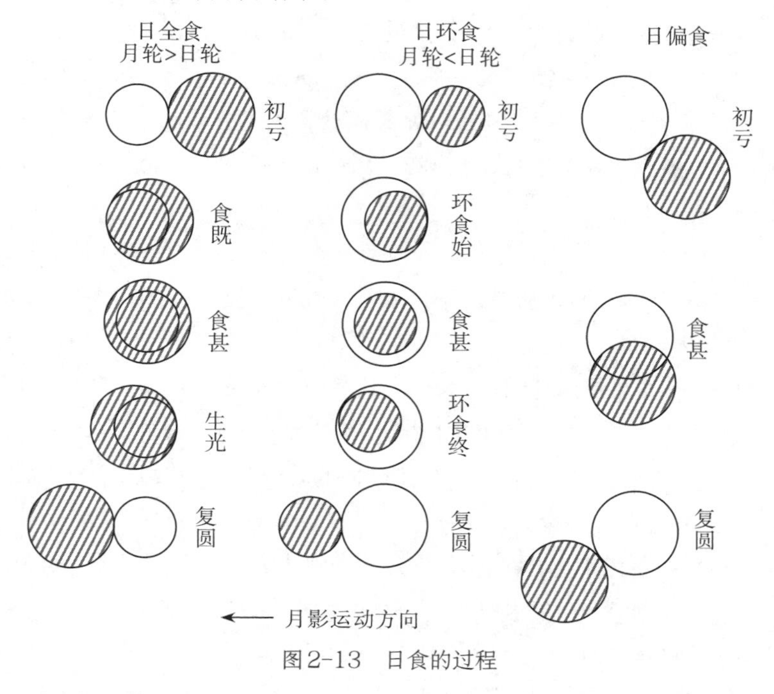

图2-13　日食的过程

2. 月全食过程

由于月球是自西向东进地影,所以月全食总是从月轮的东缘开始,在月轮的西缘结束。因此,月全食的五个环节是在月轮上自东向西出现的,图2-14是月全食过程示意图。初亏为月轮东缘与地球本影截面西缘相外切,即月偏食开始。食既为月轮西缘与地球本影截面西缘相内切,即月全食开始。食甚为月轮中心与地球本影截面中心最接近或重合。生光为月轮东缘与地球本影截面东缘相内切,即月全食结束。复圆为月轮西缘与地球本影东缘相外切,月食结束。

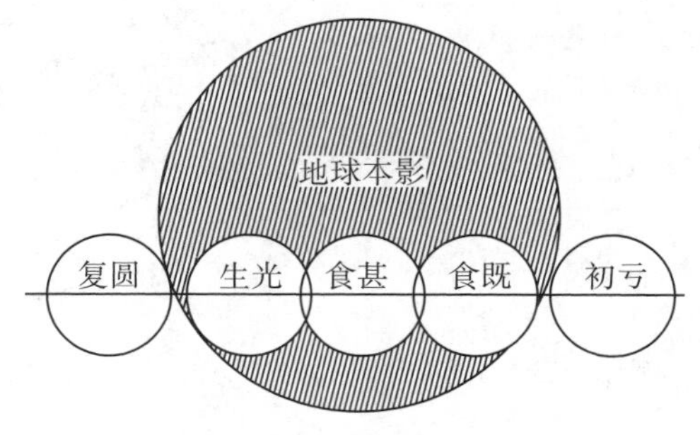

图2-14　月全食的过程

日、月食的成因只与日、地、月3个天体的几何位置有关。只要精确掌握了这3个天体的运动规律,日、月食是可以准确加以计算和预报的。中国古代从汉武帝《太初历》开始,即对日、月食做出预报。历代都用日、月食发生的时刻检验历法的疏密。当代中国有关日月食的预报数据,由中国科学院紫金山天文台负责计算与发布。

知识拓展

日食的观测

1997年3月9日的日全食是20世纪中国能见到的最后一次日全食。刚好赶上一颗亮彗星海尔–波普在近日点附近，与日全食同时，在黑太阳旁边同时显示了一颗彗星的风采。这种特殊天象有史以来只发生过4次，前3次是：1882年5月17日在埃及，1947年5月20日在巴西，1948年11月1日在肯尼亚。

21世纪的前20年内，在中国境内最有价值的日食有5次。2008年8月1日的日全食。新疆、甘肃、内蒙古、宁夏、陕西、山西和河南等部分地区可看到全食。2009年7月22日的日全食。西藏、云南、四川、重庆、湖北、湖南、江西、安徽、江苏、浙江和上海等部分地区可看到全食，全食过程长达6 min，而且经过数座人口稠密、文化发达的特大型城市以及长江流域广大地区，应是一次最有观测价值的日全食。2010年1月15日的日环食。云南、四川、贵州、湖北、湖南、河南、安徽、山东和江苏等部分地区可看到环食，环食时间长达7~8 min。2012年5月21日的日环食。广西、广东、江西、福建、台湾、浙江、香港和澳门等部分地区可看到环食，环食时间长达4 min。这次日环食的独特之处是，在我国所有能见到环食的地方都是在黎明时刻，太阳带食而出。

2021—2100年全球可见的，中国境内可以看到的有：2030年6月1日环食，2034年3月20日全食，2035年9月2日全食，2041年10月25日环食，2057年7月1日环食，2060年4月30日全食，2063年8月24日全食，2064年2月17日环食，2074年1月27日环食，2085年6月22日环食，2088年4月21日全食，2089年10月4日全食，2095年11月27日环食。其中重要的几次是：2035年9月2日，全食带经过西北、华北地区和北京城区，这是北京城400年来才有的机遇；2060年4月30日，全食带经过西北地区；2074年1月27日，环食带经过西南、西北、东北地区；2089年10月4日，全食带经过西南、华东地区。

本章小结

本章从太阳和太阳系、月球和地月系、月相和日月食三方面介绍太阳系和地月系。在太阳和太阳系部分，介绍了太阳及其对地球的影响，太阳圈层结构和太阳活动对地球的影响，及组成太阳系的天体。月球及地月系部分，介绍了月球概况、月球的运动及人类对月球的探索。最后，在介绍月相变化及形成原因的基础上，进一步分析了日月食发生的条件、成因、类型及形成过程。

思维导图

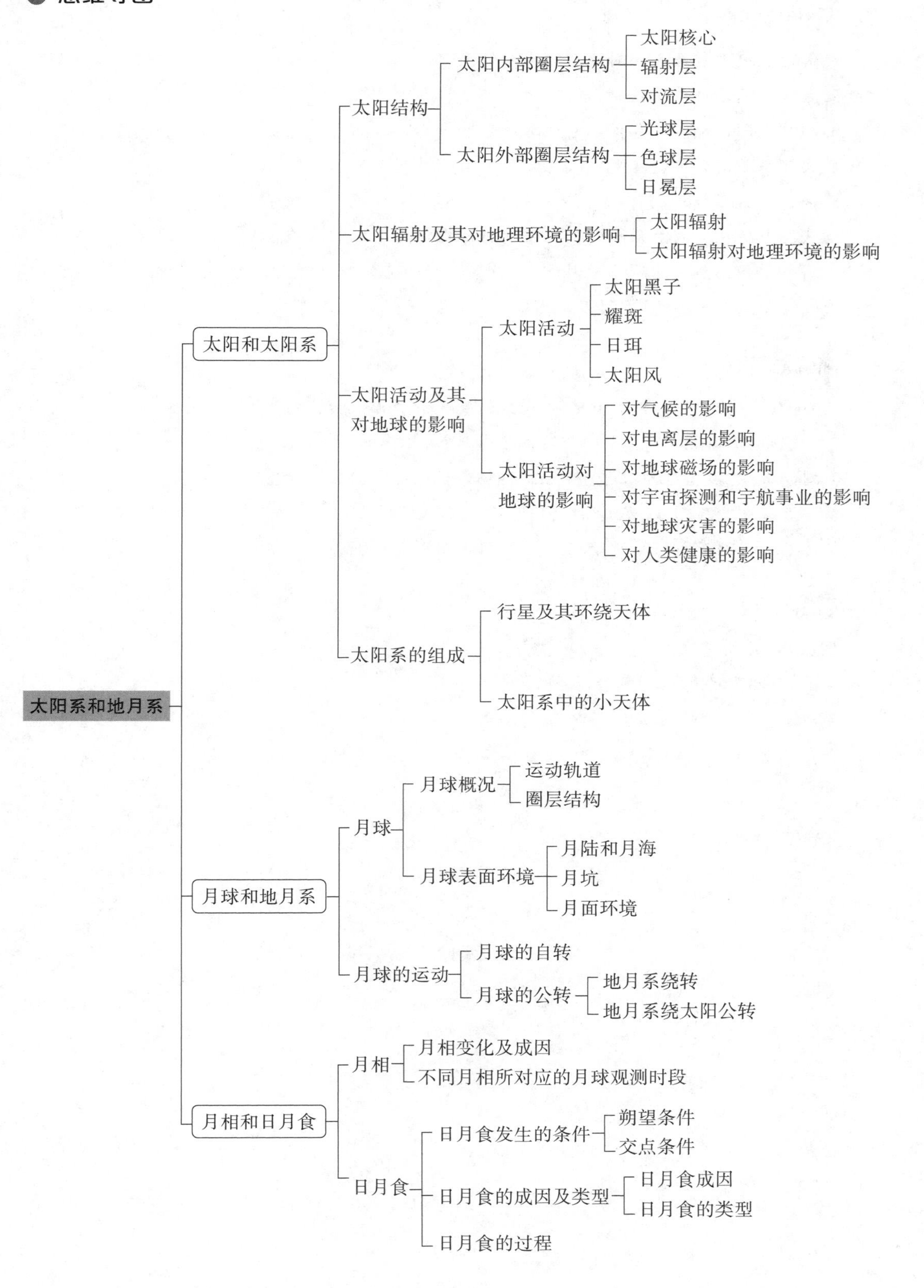
太阳系和地月系
太阳和太阳系
太阳结构
太阳内部圈层结构
太阳核心
辐射层
对流层
太阳外部圈层结构
光球层
色球层
日冕层
太阳辐射及其对地理环境的影响
太阳辐射
太阳辐射对地理环境的影响
太阳活动及其对地球的影响
太阳活动
太阳黑子
耀斑
日珥
太阳风
太阳活动对地球的影响
对气候的影响
对电离层的影响
对地球磁场的影响
对宇宙探测和宇航事业的影响
对地球灾害的影响
对人类健康的影响
太阳系的组成
行星及其环绕天体
太阳系中的小天体
月球和地月系
月球
月球概况
运动轨道
圈层结构
月球表面环境
月陆和月海
月坑
月面环境
月球的运动
月球的自转
月球的公转
地月系绕转
地月系绕太阳公转
月相和日月食
月相
月相变化及成因
不同月相所对应的月球观测时段
日月食
日月食发生的条件
朔望条件
交点条件
日月食的成因及类型
日月食成因
日月食的类型
日月食的过程

思维与实践

1. 简述日地系统及太阳对地球的重要性。
2. 太阳各圈层结构有何特征?
3. 何谓太阳活动?太阳活动对地球有哪些影响?
4. 太阳系中的天体包括哪些?它们分别有何特征?
5. 简述地月系绕转的特征。
6. 我国月球探索发展历程如何?目前月球探测发展有哪些趋势?
7. 月相如何形成?出现不同月相时,月球东升西没和中天时刻有何不同?
8. 简述日月食的成因、种类及过程。

推荐阅读

1. 刘南. 地球与空间科学[M].3版. 北京:高等教育出版社,2013.
2. 余明. 地球概论[M].2版. 北京:科学出版社,2016.
3. 刘南威. 自然地理学[M].3版. 北京:科学出版社,2014.
4. C. 弗拉马里翁. 大众天文学[M]. 北京:北京大学出版社,2013.
5. 苏宜. 天文学新概论[M].5版. 北京:科学出版社,2019.

实验内容】

实验三、月相变化。

实验四、太阳系的比例模型。

实验五、日月食的演示。

第三章

地球与地球运动

坐地日行八万里，巡天遥看一千河。

——毛泽东

☆ 学习目标

1. 了解地球的大小、形态及其特征，培养空间想象能力；通过了解人类认识地球形状的过程，培养勇于探索、追求真理的精神。

2. 了解经纬度坐标及地图构成，实现从平面思维向空间思维的转变。

3. 理解地球自转、公转及其地理意义。

4. 认识并理解地球的内部圈层构造及划分，归纳圈层之间的联系，培养学生的读图能力和综合思维能力。

第一节　地球与地图

地球是人类赖以生存的家园。自古以来，人类就在不断地探索自己生存的地球环境。中国早在战国时期就出现了“地理”一词，《周易·系辞》中即有“仰以观于天文，俯以察于地理”的文字。但人类的视野终究有限，仅仅依靠“俯察”，我们难以全面地认识地球。地球自身究竟是什么样子？它如何影响我们的生活？我们又该如何记录、描绘和探究它，以便更好地在地球上生活？

一、地球

由于已发现地球上最老的地层同位素年龄值约46亿年左右。因此，一般以46亿年为界限，将地球演化分为两个时期，46亿年以前称为“天文时期”，46亿年以后称为“地质时期”。进入地质时期后，地球内部热量大量聚积，导致地球物质熔融，喷溢大量岩浆、气体和水蒸气，慢慢形成了原始的岩石圈、水圈和大气圈。地球的形状与大小也逐渐趋于稳定。

（一）地球的形状与大小

1. 地球的形状

人类对地球形状和大小的认识经历了漫长的考察和研究。直到17世纪以后，才逐渐认识到地球不是一个正球体。通过现代天文大地测量、地球重力测量、卫星大地测量等精密测度，确认地球是一个极半径略短、赤道半径略长，北极略突出、南极略扁平的椭球体。据测量，地球半长轴为6 378.140 km，半短轴为6 356.755 km，扁率为1∶298.257（扁率是指

椭球体半长轴与半短轴之差与半长轴之比)。由于地球扁率很小,在某些情况下,可以把地球当作正球体看待。(图3-1)

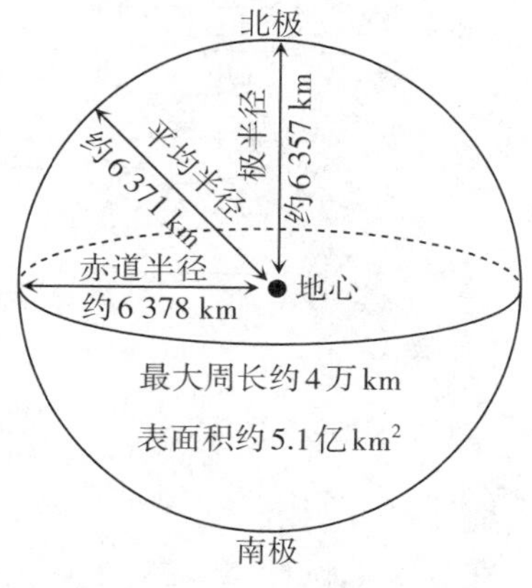

图3-1　地球的形状与大小

由于地球的自然表面凹凸不平,形态复杂,显然不能作为测量与制图的基准面。因此,寻求了一种与地球自然表面非常接近的规则曲面,来代替这种不规则的自然表面。这种规则曲面指的就是大地水准面,它是一种假想的、用平均海平面表示的、平滑的封闭曲面。

设想一个十分迫近大地水准面形状的参考椭球体,进而通过研究大地水准面对参考椭球体的偏离程度探求地球的真实形状。在0°～45°N地区,大地水准面相对于参考椭球体而凹陷;在0°～60°S区域,大地水准面相对于参考椭球体而隆起,其偏差约为几米;在北极,大地水准面相对于参考椭球体凸出,其偏差约10 m;在南极,大地水准面相对于参考椭球体凹进28 m;北半球极半径比南半球极半径长约40 m。

2. 地球的大小

地球赤道半径为6 378.140 km,地球极半径为6 356.755 km。通常把与地球椭球体体积相等的正球体半径作为地球的平均半径。由此可以得出:地球的平均半径为6 371.110 km,赤道周长为40 076.604 km,经线周长为40 008.548 km,表面积为5.100 7×10^8 km^2,体积为1.083 2×10^{12} km^3,质量为5. 976×10^{24} kg,平均密度为5.518 g/cm^3。

3. 地球形状及大小的地理意义

由于地球和太阳之间的遥远距离,可以将投射到地面上的太阳光线视为平行光线。当平行光线照射到地球表面时,不同纬度地区将拥有不同的正午太阳高度角。黄赤交角的存在,决定了正午太阳高度角有规律地从地球直射点向两极减小(图3-2)。正午太阳高度角愈大,太阳辐射强度愈大;反之则小。因此,太阳辐射使地表增暖的程度也从低纬度向高纬度逐渐减弱,引起地表热力分布不均衡。这种不均衡性对地球气候的形成以及自然地理环境中的一切过程产生极大影响,从而造成地球上热量的带状分布和所有与热量状况有关的自然现象(如气候、植被和土壤等)的地带性分布。

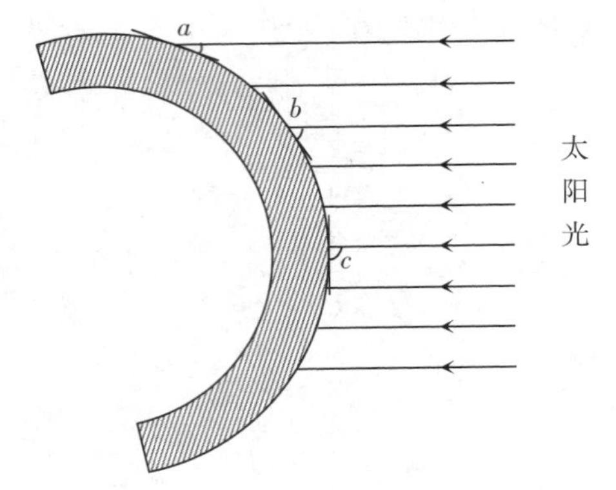

图3-2　不同纬度的正午太阳高度角（∠c>∠b>∠a）

地球的巨大体积和质量，使它具有强大的地心引力吸引周围的气体，保持一个具有一定质量和厚度的大气圈。因为地球上的物体至少需要11.2 km/s的速度才能脱离地球，而大气中气体微粒的运动速度只有上述速度的1/7。这就保证了地球大气不致逸散。大气圈圈层的存在，改变了到达地表的太阳辐射，保存了地表的水分，并通过气流调节着地表热量和水分的分布状况，保护着生物有机体免受紫外线的有害影响。没有大气层的保护作用，地球表面的平均温度将比现在低得多，温度日较差和年较差也将比现在大得多。另外，地球的巨大表面积也为人类活动提供了广阔的空间场所。总之，如果地球没有这样大，地球将是另外一种景象，不会形成现在的自然地理环境。

（二）地球的表面结构

1. 海陆分布

水圈的主要部分“海洋”和地壳露出水面的部分“陆地”，构成地球表面的基本轮廓。也就是说海陆分布是地球表面结构的基本形态。

在5.1×10^8 km^{2}的地球表面积中，海洋面积为3.61×10^8 km^2，约占70.8%；陆地面积为1.49×10^8 km^2，约占29.2%。海洋和陆地的面积比约为2.42∶1。海陆之别，以海为主，这是地表形态的最大特点，因此，地球也被称为“水球”。

地表的海陆分布是极不均匀的。首先，海陆在不同经度上分布不均匀，如果以南纬38°、经度180°这一点与北纬38°、经度0°这一点为两极，可以把地球分为水半球和陆半球两个半球。前者是海洋面积最大的半球，海洋面积占该半球总面积的89%，陆地面积仅占11%。后者是陆地最为集中的半球，但在陆半球中，海洋面积仍然多于陆地，占该半球总面积的53%，陆地占47%。以传统的南北半球来看，陆地的2/3集中于北半球，占该半球面积的39.3%。在南半球，陆地只占总面积的19.1%。以东西半球来看，每个半球的海洋面积也都超过陆地面积。

海陆按纬度的分布也是极不均匀的，北纬40°～70°范围陆地面积占该纬度范围总面积的一半以上，是全球陆地分布最集中的纬度带。南纬50°～60°范围陆地面积只有

$2×10^5$ km²,而海洋面积达$2.51×10^6$ km²,成为按纬度划分陆地面积最小的区域。

海洋不仅在面积上超过陆地,而且其深度远超陆地的高度。根据陆地等高线和海洋等深线,计算陆地高度和海洋深度占全球总面积的百分比,绘出海陆起伏曲线(图3-3)。从图中可以看出,大部分海洋(约75%)深度超过3 000 m,平均深度达3 729 m;而大部分陆地(约71%)海拔在1 000 m以下,平均高度仅875 m。在$5.1×10^8$ km²的地球表面上,这样的垂直起伏是微不足道的,但它与地球表面的地域分异密切相关。

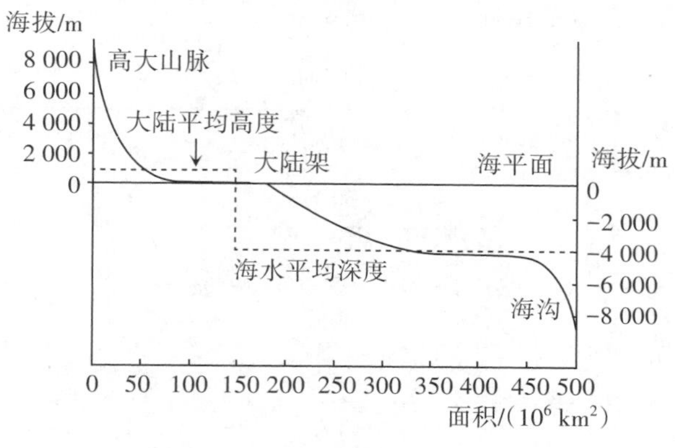

图3-3　海陆起伏曲线

2. 世界大洋

地球上的海洋彼此沟通成为一个整体,称为世界大洋。根据地理位置和自然条件的差异,可把世界大洋划分为四大洋,即太平洋、大西洋、印度洋和北冰洋。

世界大洋的边缘部分通常称为海。海的性质既受大洋影响,也受邻近大陆的影响。根据其位置特征,海又分为边缘海、地中海和内海。边缘海位于大陆边缘,中间或间隔着一些岛屿,如日本海、黄海等;地中海又叫陆间海,它位于大陆之间,有狭窄的海峡与大洋相通,如地中海、加勒比海等;内海是深入大陆内部的海,以狭窄的水道与大洋相通,如渤海、黑海等。

大洋底部形态有大陆架、大陆坡、海盆、海沟、大洋中脊等。

3. 世界陆地

地球上的陆地,被海洋包围、分割。按面积大小,可分为大陆和岛屿:大块的陆地叫大陆,小块的陆地叫岛屿。

全球共有6块大陆:亚欧大陆、非洲大陆、澳大利亚大陆、北美大陆、南美大陆和南极大陆。亚洲和欧洲虽以乌拉尔山脉、乌拉尔河、里海、高加索山脉、博斯普鲁斯海峡、达达尼尔海峡为分界,但实际上它们是连在一起的整体,合称亚欧大陆。亚欧大陆与非洲大陆的分界线是苏伊士运河。北美大陆与南美大陆以巴拿马运河为界。澳大利亚大陆和南极大陆各以自己的海岸线为界。

岛屿按成因可分为大陆岛和海洋岛两类。大陆岛原是大陆的一部分,经过地壳运动,一部分陆地下沉被海水淹没,形成与大陆脱离的岛屿,但其基础仍固定在大陆架或大陆坡上，例如我国的台湾岛和海南岛。许多大陆岛常成列分布在大陆外围，形成弧形列岛，亚洲大陆东岸的弧形列岛是最典型的例子。海洋岛面积比大陆岛小，与大陆在地质构造上没有直接联系，也不是大陆的一部分。海洋岛又可按成因分为火山岛和珊瑚岛两类。火山岛由海底火山喷发形成，夏威夷岛是最著名的火山岛。珊瑚岛是由珊瑚礁构成的岩岛。我国南海诸岛，如东沙群岛、中沙群岛、西沙群岛和南沙群岛都是珊瑚岛。

陆地总面积为 1.489×10^8 km²。其中各大陆总面积为 1.391×10^8 km²，岛屿总面积为 0.098×10^8 km²。各大陆的面积和最大高度见表3-1。

表3-1　各大陆的面积和最大高度

名称	面积（10^6 km²）	最大高度（m）
亚欧大陆	50.7	8 848
非洲大陆	29.2	6 010
北美大陆	20.2	6 187
南美大陆	17.6	7 035
澳大利亚大陆	7.6	2 234
南极大陆	14.0	约6 000
所有岛屿	9.8	—
合计	148.9	—

地球表面形态的基本特征有：

（1）除南极大陆外，所有大陆都是成对出现的，如北美和南美，欧洲和非洲，亚洲和澳大利亚大陆。每对大陆分别组成一个大陆瓣，大陆瓣在北极汇合，形成大陆星。

（2）除南极洲外，每个大陆的轮廓都是北宽南尖，像一个底边朝北的三角形。

（3）某些大陆的东部边缘被一连串花彩状的岛屿所环绕，形成向东突出的岛弧。而在大陆西缘没有这种岛弧。

（4）南半球除南极大陆外，每个大陆的西部有凹曲，东部有突出。非洲西海岸和南美洲东海岸在形态上有明显相似性。

（5）每对大陆之间被地壳断裂带所分开。这种断裂带所在海区深度比较大，岛屿众多，并常有强烈地震和火山活动。如加勒比海和墨西哥湾、地中海，以及亚洲和大洋洲之间的海洋与群岛。

（6）各大陆表面中央部分比大陆边缘低，反之，海洋中的中央部分都高于边缘的高地。因此，整个岩石圈由南北向的高地带和低地带交替组成。

（7）北极地区的海域（北冰洋）恰好与南极大陆的面积相抵消。

造成上述特征的原因，尚待进一步探索。

二、地理坐标

(一)地球的模型——地球仪

地球仪,即地球的模型。为了便于认识地球,人们仿造地球的形状,按照一定的比例缩小,制作了地球的模型——地球仪。地球是一个球体,地球的中心称为地心。地球环绕地轴旋转称为自转,自转方向自西向东。地轴通过地心与地表相交于两个交点,称作地极。地极指向北极星附近的为北极(N),另一极为南极(S),是地理坐标的两极(图3-4)。

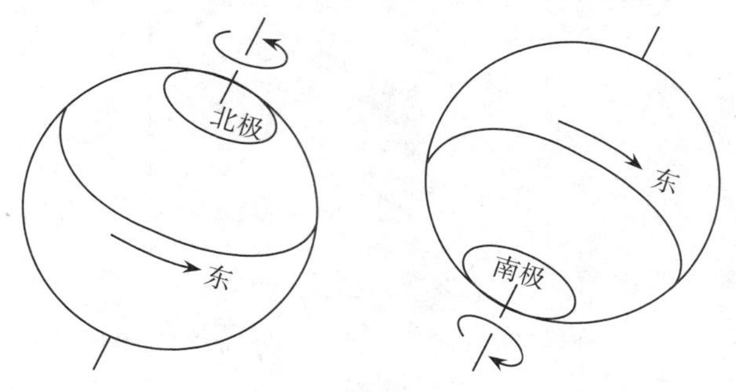

图3-4　地球自转方向

地球并非正球体,赤道半径比极半径约长0.336%。人们在解决一些实际应用问题时,常常把地球当作正球体来处理。制作直径为40 cm的地球仪,极半径与赤道半径大约相差只有1.3 mm,所以制作地球仪时都是按照正球体处理的。

绝大部分地球仪都可以绕着一根转轴转动。此轴代表地轴。地球仪的转轴与水平面成66.5°夹角,反映地球自转轴面与黄道面(地球公转轨道的假想面)成约23.5°夹角的事实。

(二)经线与纬线

经线和纬线都是人们为了实际的应用(如确定地理事物的位置或判断方向等)而假设出来的线。经线和纬线依据地球自转来确定,即一切通过地极并交会于地极的圆圈就是经线(经圈),而一切与地球自转方向相平行的圆圈就是纬线(纬圈)。

通过地轴的平面可以有无数个,它们都通过地心。所有通过地轴的平面,与地球表面相割成的圆圈,都称为经圈(图3-5)。经圈都是地球上的大圆,所有经圈都在两极相交,这样,以两极为界所有经圈都被等分为两个正相对的半圆,称为经线(子午线)。经线是有端点的线段,两端都在两极相交,以极点为中心呈放射状分布,呈南北方向;所有经线平面都通过地轴与赤道垂直相交;所有经线都等长。

同地轴相垂直的平面有无数个,其中通过地心与地球表面相割成的大圆,称为赤道。赤道把地球分为南、北半球。除了赤道平面以外,其他所有与地轴相垂直的平面,同地球表面相交成的圆圈,都是地球上的小圆,都称为纬圈(图3-5)。所有的纬圈都互相平行,大小不相等。赤道是最大的纬圈,从赤道向两极,纬圈越来越小,到极点缩小成了点。除赤道之外,其他所有纬圈都成对分布于赤道两侧,南北半球相对应的两个纬圈大小相等。纬圈也叫作纬线。所有纬线都是没有端点的圆圈,它们都与经线垂直相交。

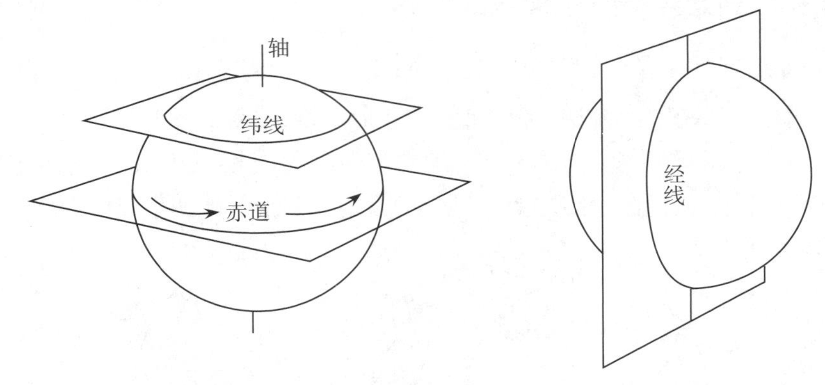

图3-5 纬线(左)与经线(右)

经线和纬线是相互垂直的,因而必然相交,这是因为它们所在的平面与地轴的关系,即经线平面通过地轴,而纬线平面垂直于地轴。任何一条经线与任何一条纬线都相交,而且都只有一个交点。

(三)经度与纬度

1. 经度的划分

地球上某地的经度,就是本地相对于本初子午线的东西方向和角距离。即某地的经度就是通过该地点的经线(本地子午线)与本初子午线在赤道上所截的弧(或弧所对应的球心角)。本初子午线是指英国伦敦格林尼治天文台原址埃里子午仪中心所在的子午线。它是全球统一共用的本初子午线。经度通常用 λ 表示,单位为度(°)、分(′)、秒(″)。

经度通常沿赤道(或其他纬圈)从原点(或本初子午线)开始,向东和向西度量,各有0°~180°,分别为东经、西经(图3-6)。东经和西经分别用英文字母E、W表示。与地球自转方向相同,经度数值越来越大,属于东经。反之,与地球自转方向相同,经度数值越来越小,属于西经。经圈上两经线度数互补。本初子午线的经度是0°,无所谓东经西经。东、西经180°是同一条经线,它同本初子午线共同构成一个经圈。为了照顾欧洲和非洲在半球图上的完整,习惯上用西经20°和东经160°经线划分东、西半球。

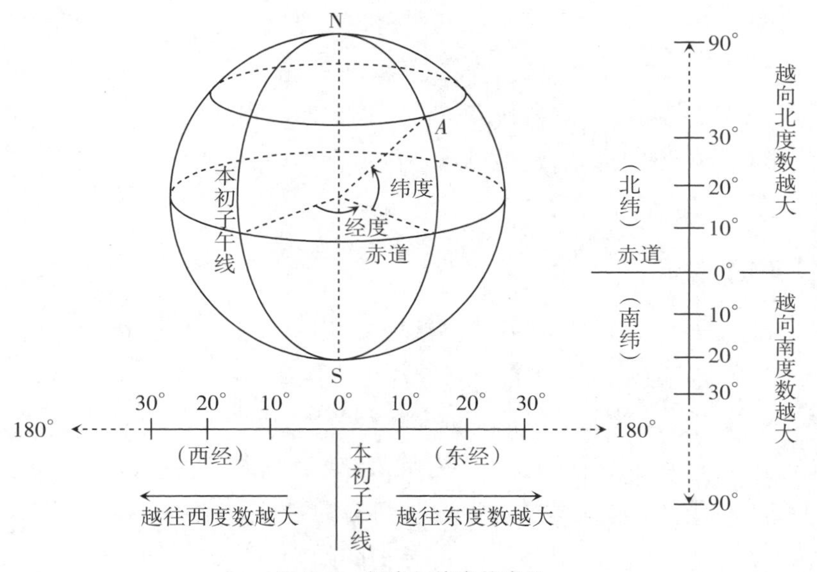

图3-6　经度与纬度的度量

2. 纬度的划分

地表任何一个地点的地理纬度，就是该地点地面法线（或铅垂线）同赤道面之间的夹角。实际上就是从该地点到赤道之间的经线对应的弧度，也是该地相对于赤道的南北方向和角距离（图3-6）。地理纬度常用φ表示，单位为度（°）、分（′）、秒（″）。

纬度在本地经线上度量，南北纬各分90°。赤道以北称作北纬，赤道以南称作南纬，南、北纬分别用英文字母S、N表示。赤道的纬度为0°，无所谓南纬北纬，北极点为90°N，南极点为90°S。赤道是南、北半球的分界线。通常，人们把南、北纬0°～30°、30°～60°、60°～90°分别叫作低、中、高纬度。

（四）经纬网

经线与纬线交织，构成经纬网。经纬网有定位、判定方向以及计算距离等作用。

1. 定位

地球上任一点的位置都可以用相应的经纬度来表示。在读取和书写地理坐标时，总是纬度在先，经度在后；数字在先，符号在后。例如，某地的地理坐标是：39°57′N，116°19′E。它表示，该地的地理位置在北纬39°57′的那条纬线与东经116°19′的那条经线的交会处。经纬度位置表示地理事物的绝对位置。

2. 判定方向

人们常用的方向，主要有上、下、东、西、南、北。在地球上，上与下都是垂直方向，顺地心的方向为下，逆地心的方向为上。地球上的方向，通常是指地平方向，东（正东）、西（正西)、南(正南)、北(正北),是地平面上最基本的四个方向。地平圈上的东南西北四正点,代表地平方向的东南西北四正向。

地球上方向的确定与地球的自转有关。人们把地球自转的方向,叫作自西向东。在地球上,顺地球自转的方向为东,逆地球自转的方向为西,水平面上与东西方向垂直的地平方向,则称为南北方向。

3. 计算距离

在球面上,任意两点间的最短距离,指通过它们所在大圆的劣弧线的长度,这要应用球心角来计算地表距离,并假设地球为正球体。地球大圆包括赤道和各经线圈,周长约4万千米,赤道上经度共等分360°,各经线圈纬度共等分为360°,所以地球大圆一度弧长约111 km。(图3-7)

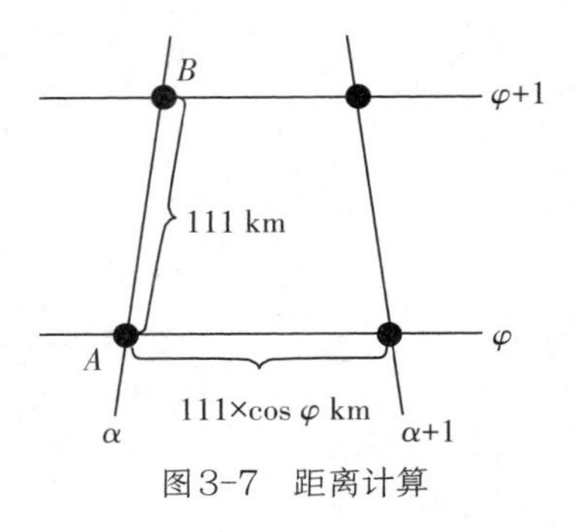

图3-7 距离计算

纬度越高,纬线长度越短,纬线上经度差相同的两点之间距离越小。同一纬度上经度相差1°的两点之间距离公式为:

$$L = 111 \times \cos\varphi(\text{km})$$

式中L为弧长,φ为当地的纬度值。

同一经线上,若已知两点之间纬度差n,则可算出两点之间距离为n×111 km。任意两点南北向的距离也可以根据两点纬度差计算得出。

想要了解地球上的各种信息并加以分析研究,最理想的方法是将庞大的地球缩小,制成地球仪,直接进行观察研究。这样,其上各地的几何关系,如距离、方位、各种特性曲线及面积等可以保持不变。然而,地球仪与地球相比太小,利用地球仪研究地表情况并不现实,要研究地球表面更为详细的情况还需依赖地图。

三、地图

(一)地图的概念

地图是根据一定的数学法则,将地球(或其他星球)上的自然和人文现象,使用地图语言,通过地图综合,缩小绘于平面上,反映各种现象的地理分布和相互联系的图形。

地图是信息的载体,是传输地理空间信息的工具,可以表现物体或现象的空间分布、组合、联系、数量和质量特征及其在时间中的发展变化,因而,它在分析规律、综合评价、预测预报、决策对策、规划设计、指挥管理中均具有重要作用。

地图的种类有很多,按内容可将地图分为普通地图和专题地图两大类;按比例尺一般将地图划分为大比例尺地图、中比例尺地图、小比例尺地图三类;按制图区域分类时,可以根据行政区或自然区划分;按地图用途分类,可分为通用地图和专用地图。其他还有按地图的视觉化状况、表现形式、瞬时状态、地图维数等分类。随着数字科技的发展和广泛应用，出现了一些新的地图类型，如动态地图、虚拟地图等。

（二）地图投影

1. 垂直投影

通过测量的方法获得地形图的过程，可以理解为将测图地区按一定比例缩小成一个地形模型，然后将其上的一些特征点（测量控制点、地形点、地物点）用垂直投影的方法投影到图纸上（图3-8）。因为测量的可观测范围是个很小的区域，此范围内的地球表面可视为平面，所以投影没有变形；但对于较大区域范围，甚至是半球、全球，这种投影就不适合了。

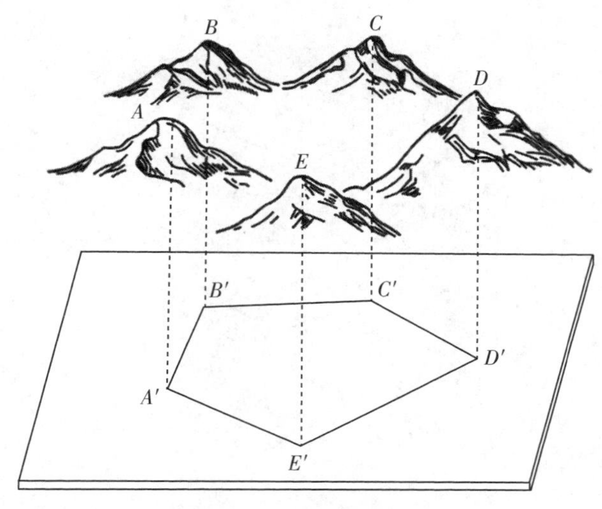

图3-8　垂直投影

2. 地图投影

鉴于地球上任意一点的位置是用地理坐标（φ，λ）表示，而地理坐标是一种球面坐标，曲面上的各点不能直接表示在平面图上，因此必须将地球表面的经、纬网点投影到平面或可展开曲面上，然后展开成为地图上的经、纬网点。这种从球面转绘到平面的方法，称为地图投影。地图投影的基本方法可归纳为几何透视法和数学分析法。几何透视法是利用透视关系，将地球表面上的点投影到投影面上的一种投影方法，几何透视法是一种比较原始的投影方法，有很大的局限性，难以纠正投影变形，精度较低。因此，绝大多数地图投影都采用数学解析法。数学解析法是在球面与投影平面之间建立点与点的函数关系（数学投影公式），通过已知球面上点位的地理坐标转换公式确定相应平面坐标的一种投影方法。

(三)地图的构成

1. 方向

我们在审视地图时应该注意方向，一般平面地图上都是上北下南，左西右东。为了明确起见，常在地图的一边绘制箭头，并附注记以指示南北方向。但并不是所有地图都是如此。当地图上绘有经、纬线时，经线指示南北，纬线指示东西。

方位表示法一般取8个方位、16个方位或32个方位。在航海上通常取32个方位，在气象上一般取16个方位，通常分析工作中取8个方位较多。(图3-9)

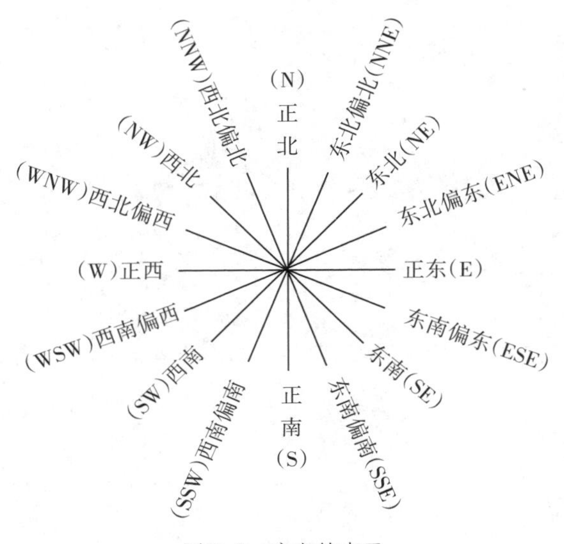

图3-9　方向的表示

2. 比例尺

地球表面积很大，地面上的各种地物不可能按原样大小在平面图上表示出来，因此，必须把实地缩小，才能绘制到有限面积的图纸上去。这种将实地长度缩小的比例称作地图的比例尺，即地图上某一定直线段的长度与实地相应距离的水平投影长度之比。

比例尺在地图上的表现形式主要有：

(1)数字式比例尺，用阿拉伯数字以比例式或分数式表示，如1∶100 000(或简写1∶10万)。

(2)文字式比例尺，用文字注解的方法表示，如“百万分之一”“图上1 cm相当于实地10 km”。

(3)图解式比例尺，可分为直线比例尺、斜分比例尺与复式比例尺三类。

①直线比例尺是以1 cm为一基本尺段，呈直线图形的比例尺，如 0　50　100千米 。

②斜分比例尺又称微分比例尺，是一种根据相似三角形原理制成的图解比例尺(图3-10)。利用这种比例尺可以量取比例尺基本长度单位的1/100。

③复式比例尺又称投影比例尺，是根据地图主比例尺和地图投影长度变形分布规律设计的一种图解比例尺。通常是对每一条纬线(或经线)单独设计一个直线比例尺，将各直线比例尺组合起来就成为复式比例尺(图3-11)。这种复式比例尺实际上是一种纬线比例尺。

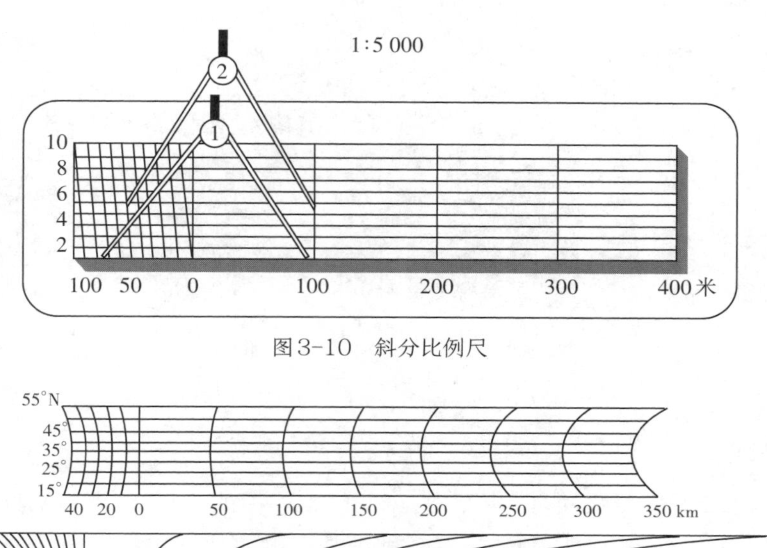

图3-10 斜分比例尺

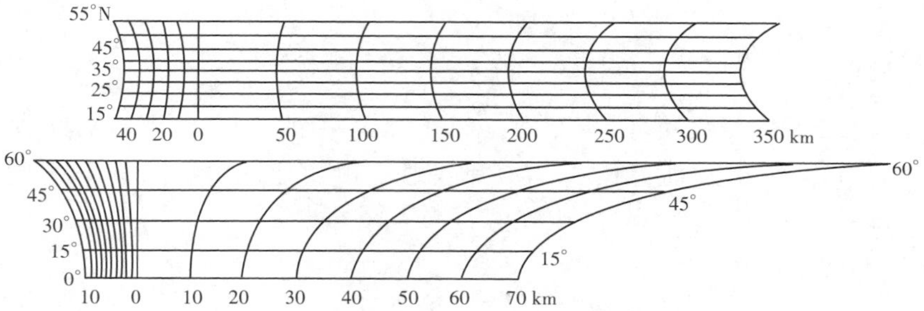

图3-11 复式比例尺

3. 图例

图例是地图上用符号和色彩等表示地理事物的释义和说明。

符号按代表的客观事物分布状况，可分为点状符号、线状符号、面状符号和体状符号。点状符号是一种表达不能依比例尺表示的小面积事物和点状事物所采用的符号，如长途汽车站、控制点等。线状符号是一种表达呈线状或带状延伸分布事物的符号，如河流、道路等。面状符号是一种能按地图比例尺表示事物分布范围的符号，如大的湖泊和公园等。体状符号可以推想为从某一基准面向上下延伸的空间体，如用等高线表示地势。(图3-12A)

按符号与地图比例尺的关系，可将符号分为依比例符号、半依比例符号和不依比例符号。依比例符号所表示的物体在实地占有相当大的面积，所以即使按比例缩小还能清晰地显示出平面的轮廓形状并且位置准确，其符号具有相似性，即符号的形状和大小与地图比例尺之间有准确的对应关系，如在地图上表示森林、海洋等的符号都是依比例符号。半依比例符号是指长度依地图比例尺表示，而宽度不依地图比例尺表示的线状符号。一般表示长度大而宽度小的狭长地物，如铁路、公路、河流、堤坝、管道等，这种符号能精确定位和测量长度，但不能显示其宽度。不依比例尺符号一般为按地图比例尺缩小后显示不出来的重要地物符号，如井、塔、车站等，能较精确定位，但不能判明其形状和大小（图3-12B）。

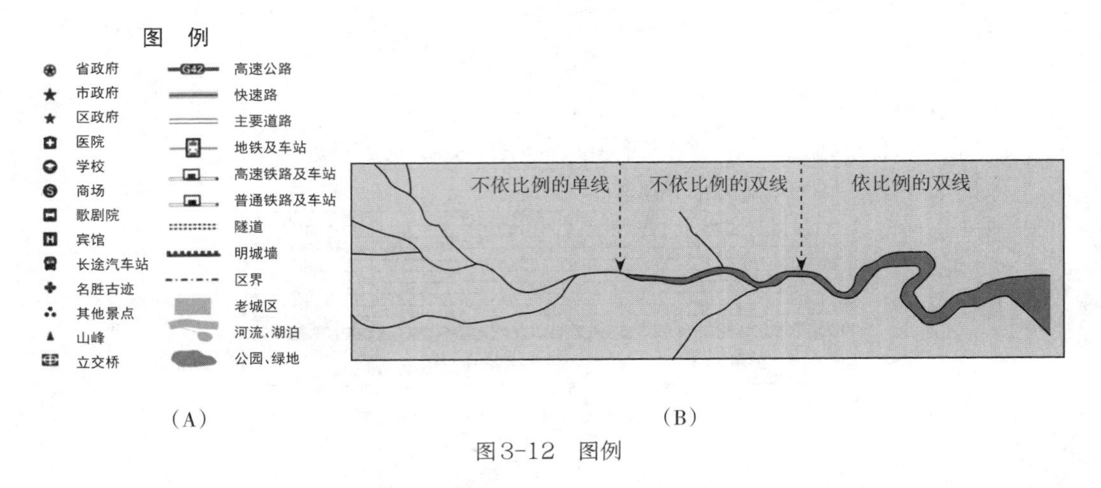

（A）　　（B）

图3-12　图例

4. 注记

地图图例用于显示地图物体（现象）的空间位置和特征，地图注记用来辅助地图图例，说明各要素的名称、种类、性质和数量等。地图注记的主要作用是标识各种制图对象，指示制图对象的属性，说明地图符号的含义。

第二节　地球的运动

一、地球自转及其地理意义

（一）地球自转

地球自转是一种绕轴的转动，这个轴叫作地轴，是一个假想的轴。

地球的东西方向是以地球的自转方向来确定的，人们把顺地球自转的方向定义为自西向东方向，在北极上空看地球自转是逆时针方向的；而在南极上空看地球自转则是顺时针方向的。（图3-13）

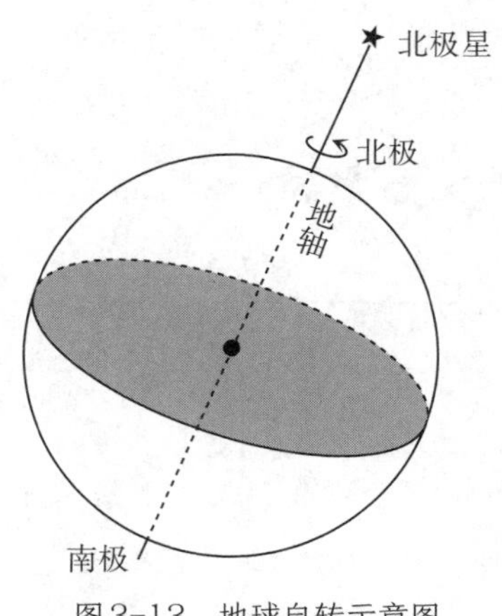

图3-13　地球自转示意图

地球旋转一周所需要的时间，叫作1日。依参考点的不同，地球自转周期可分为太阳日和恒星日。以某恒星为参考点，将地球中心和参考点中心连一直线，这一直线与地球某一子午线相割，该恒星连续两次通过地球同一子午线的时间间隔即为一恒星日，恒星日是真正的地球自转周期。而以太阳为参考点，太阳中心连续两次通过地球同一子午线的时间间隔即为一太阳日。

由于地球在自转的同时绕太阳公转，公转的方向也是自西向东（图3-14），当地球处在E_1的位置时，恒星与太阳均通过地球表面A点所在的子午线，当地球在公转轨道上运行到E_2的位置上，由于地球的自转，恒星已经又一次到达A点，而太阳仍需待地球再自转一段时间后，才能到达A点，所以一个太阳日的时间间隔要比一个恒星日长。一个平均太阳日为24 h，这时地球平均自转了360°59′，所以，太阳日较恒星日（自转360°）长约4 min。

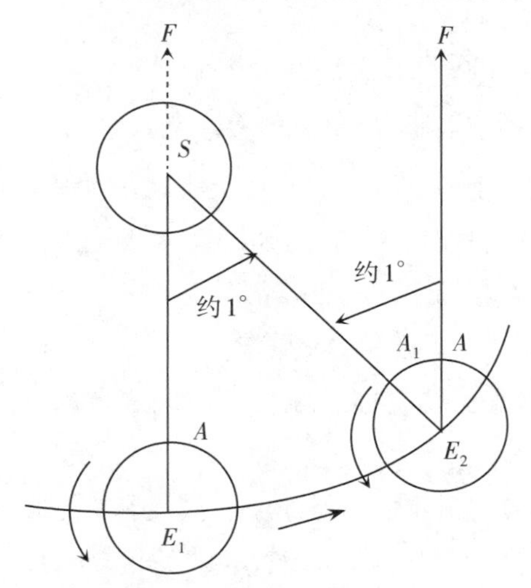

图3-14　恒星日与太阳日示意图

地球自转速度可用角速度和线速度来描述，线速度自赤道向两极递减，运动角速度除极点外，各地均为每日360°，每小时15°（图3-15）。地球自转的平均角速度为7.292×10^{-5} rad/s，在赤道上的自转线速度为465 m/s。

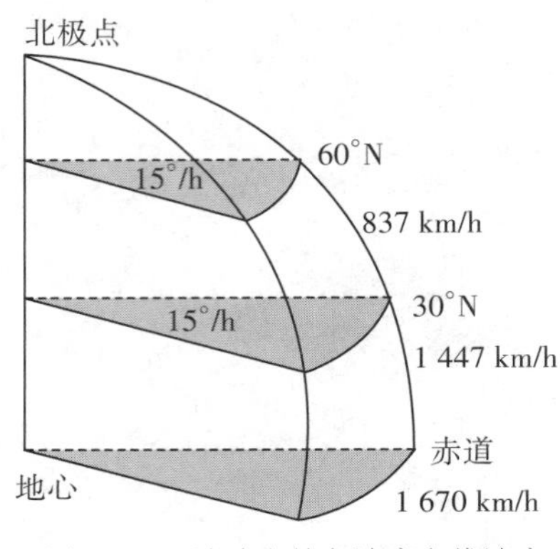

图3-15　地球自转角速度和线速度

(二)地球自转的地理意义

1. 导致昼夜交替现象

地球不透明,任何时候太阳都只能照射地球的一半,因此,地球自转使地表产生昼和夜的区别,决定昼夜更替,并使地表各种过程具有昼夜节奏,昼夜交替的周期是1日。昼和夜的分界线就是晨昏线(圈)。晨昏线(圈)也是地球上的一个大圆,此线又可以细分为两等份,一半是晨线一半是昏线。晨昏线是移动的界线,而非固定不动的。它的移动是由地球的自转和公转造成的。它最明显的移动是地球自转带来的东西移动,这种移动和地球的自转方向相反,这种移动形成昼夜更替。还有一种是晨昏圈平面围绕平均位置的摆动,平均位置是地轴平面,摆动幅度是0～23°26′。这种摆动是由于地球的公转造成的,反映昼夜长短和正午太阳高度角的变化以及季节的更替。

2. 物体水平运动的方向发生偏转

地球的自转导致地球上做任意方向水平运动的物体,都会与其运动的最初方向发生偏离。若以运动物体前进方向为准,北半球水平运动的物体偏向右方,南半球则偏向左方。如北半球河流多有冲刷右岸的倾向,高纬度地区河流上浮运的木材也多向右岸集中。造成地表水平运动方向偏转的原因,是物体都具有惯性,力图保持其原有的速率和方向。下面以发射弹体为例,讨论水平运动物体的偏转。

首先必须明确的是,水平运动物体的偏转是对原定目标方向的偏转,而非笼统地对地面经纬线的偏转。

(1)南北向运动的偏转。如图3-16(a)所示,假设在赤道的*B*点向北半球的*A*点(正北方向)发射弹体的同时,在南半球*C*点向赤道*B*点(正北方向)也发射弹体。两弹体除了从弹膛获得向正北飞行的初速外,它们还保持了原纬线的自转线速度向东飞行。在弹体飞行期间,*ABC*经线转至*A′B′C′*处,*B*地发射的弹体着地时向东的水平位移为$AA''=BB'>AA'$;而*C*地发射的弹体着地时向东的水平位移为$BB''=CC'<BB'$。因此,以地球作参照系,顺着发射目标的方向看,北半球运动的弹体偏右(*B′A″*实线箭头为地面观察者所见的偏离轨

迹)；南半球运动的弹体则向左偏转($C'B''$实线箭头，向西偏转)。但以星空作参照系，两弹体均向东北方向飞行，如图3-16(a)中虚线所示。

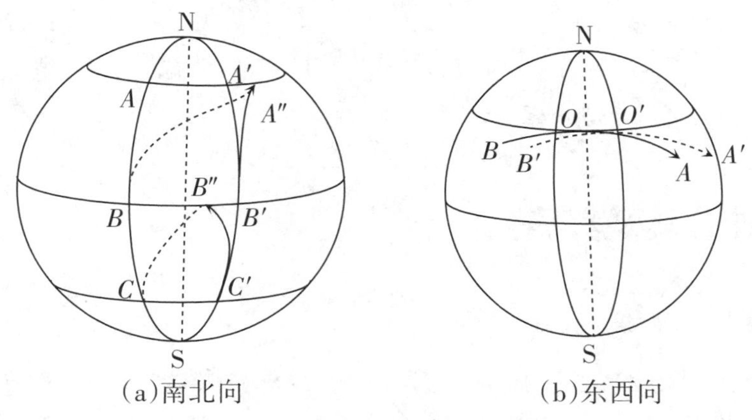

图3-16　水平运动物体的偏转示意图

(2)东西方向运动的偏转。如图3-16(b)所示，假设在北半球O地向正东方或正西方发射弹体。由于弹道大圆弧与O地纬线相切，O点的自转线速度与弹体发射速度相重合，因此自转线速度对发射方向不产生任何影响。只是向东发射时线速度与发射速度相叠加，使弹体射得更远，如图3-16(b)中弹着点A；而向西发射则线速度会抵消部分发射速度使弹体射得近些，如图3-16(b)中弹着点B。在弹体飞行期间，原固定在地面的目标A及B均转至A'及B'处，即原定的目标方向线(图中虚线)发生了偏转。但由于弹体在空中的惯性飞行是超然于地球自转的，故弹着点A与B均在原目标A'与B'的西方。顺着目标方向看：北半球运动的弹体无论向东还是向西发射均偏向目标的右方。同理，南半球运动的弹体无论向东还是向西发射均偏向目标的左方。

(3)水平地转偏向力。法国数学家科里奥利研究确认，在地球表面运动的物体会受到一种惯性力的作用。后人将之称为科氏力，科氏力的水平分量为水平地转偏向力(A)，其数学表达式为

$$A=2v\omega\sin\varphi$$

式中，m为物体的质量；v为物体的运动速度；ω为地球自转的角速度；φ为运动物体所在的纬度。地转偏向力的存在，对许多自然地理现象产生深远的影响。

3. 产生时差

(1)时区的划分。地球自转造成同一时刻、不同经线上具有不同的地方时间。一个地方正午的时候，距其180°经度处却正当午夜。地球表面每隔15°经线，时间即相差1小时。人们据此划分了地球的时区。全部经度360°，分为24个时区。以本初经线为中心，包括东西经各7°30′的范围为中时区。中时区东西各15°经度为东1区、西1区；如此类推，至东西12区即以180°经线为中心的时区。东边时区的时间较早，如东1区为下午1时，而西1区则为上午11时。我国国土面积辽阔，拥有多个时区，并且都使用以北京所在的东八区为时

间点，因此东部和西部在同样的时间点，却出现不同的白昼现象。位于我国东部黑龙江省的抚远市与西部新疆的喀什市，甚至出现一个在凌晨日出，一个在深夜日落的现象。

（2）国际日期变更线。为了避免日期的紊乱，1884年的国际经度会议，规定了原则上以180°经线作为地球上“今天”和“昨天”的分界线。自西向东越过这条线，应把日期减去1日；自东向西越过这条线，则应把日期加上1日。

二、地球公转及其意义

（一）地球公转

地球按照一定轨道绕太阳的运动，称为公转。地球公转的方向与自转方向一致，也是自西向东。公转周期为1年。若以春分点为参考点，地球连续两次通过春分点的平均时间为365天5时48分46秒，称为一个回归年。若以其他恒星作为参照物，地球连续两次通过太阳和另一恒星连线与地球轨道的交点所需的时间为365天6时9分9.5秒，称为一个恒星年。

地球公转的轨迹叫作公转轨道，它是近似正圆的椭圆轨道，太阳位于椭圆的两焦点之一。大致1月3日，地球距太阳最近，此位置称为近日点；大致7月4日，地球距太阳最远，此位置称为远日点。（图3-17）随着地球的公转，日地距离不断发生细微的变化，地球公转的速度也随之发生变化。

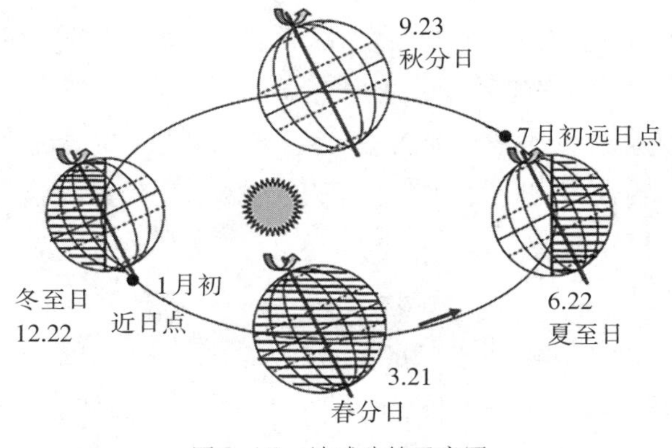

图3-17　地球公转示意图

（二）黄赤交角

地球公转轨道面叫作黄道面，过地心并与地轴垂直的平面称为赤道面。黄道面与赤道面之间的夹角叫作黄赤交角（图3-18中β）。目前的黄赤交角约23.5°，地轴与黄道面之间的夹角约为66.5°。

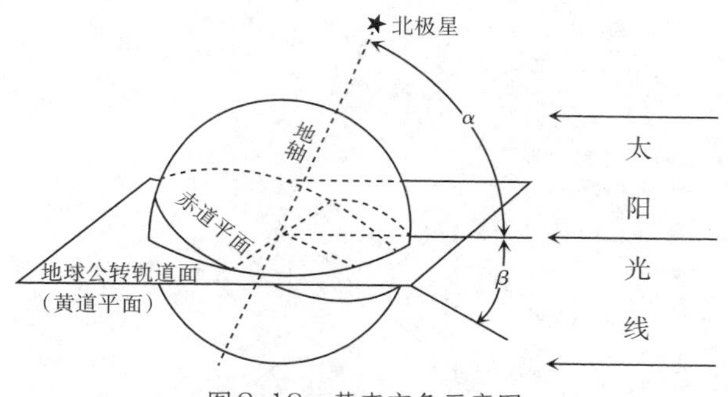

图3-18　黄赤交角示意图

(三)地球公转的地理意义

1. 正午太阳高度的变化

太阳光线与地平面之间的夹角(即太阳在当地的仰角),叫作太阳高度角,简称太阳高度。在太阳直射点上,太阳高度为90°;在晨昏线(圈)上,太阳高度为0°。一天中太阳高度最大值出现在正午(图3-19),称为正午太阳高度。

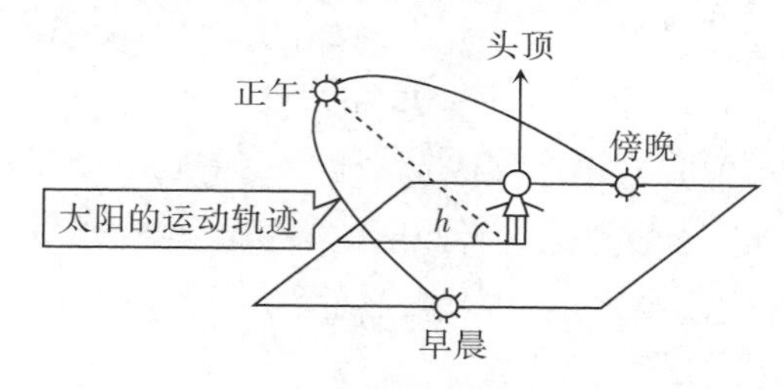

图3-19　太阳周日视运动

太阳直射点南北移动,引起正午太阳高度有规律地变化。同一时刻,正午太阳高度由太阳直射点所在纬度向南北两侧递减。夏至日,太阳直射北回归线,正午太阳高度由北回归线向南北两侧递减,北回归线及其以北各纬度,正午太阳高度达到一年中的最大值;南半球各纬度,正午太阳高度达到一年中的最小值。冬至日,太阳直射南回归线,正午太阳高度由南回归线向南北两侧递减,南回归线及其以南各纬度,正午太阳高度达到一年中的最大值;北半球各纬度,正午太阳高度达到一年中的最小值。春分日和秋分日,太阳直射赤道,正午太阳高度由赤道向南北两侧递减。(图3--20)

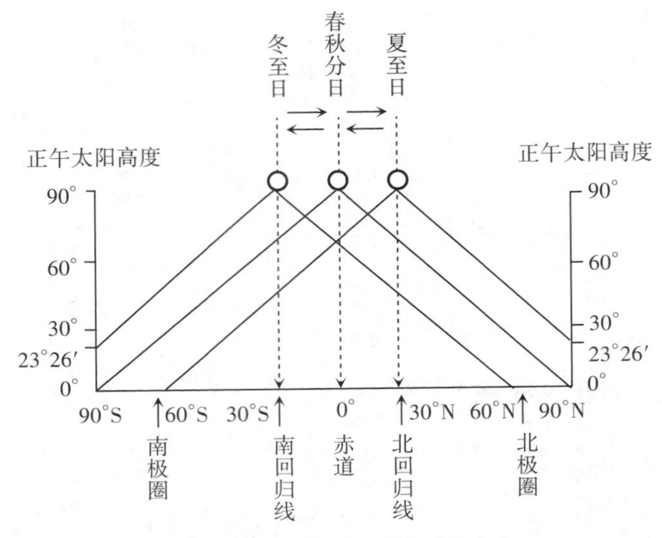

图3-20　正午太阳高度的季节变化

太阳高度用h表示，它在数值上等于太阳在天球地平坐标系中的地平高度(纬度)。如果不考虑大气的削弱作用，地面上单位面积所接收的太阳辐射通量为

$$I = I_0 \sin h$$

式中I_0为太阳常数。该式表明太阳高度越高，地面上单位面积所接受的太阳辐射热量越多，这是因为对同一束阳光，直射地面时所照射的面积比斜射时小，因此单位面积上的辐射强度必然要大于斜射时。太阳高度是决定地球表面获得太阳热能数量的最重要因素。

2. 昼夜长短的变化

一个地方的昼夜长短，与它所在纬线昼弧与夜弧的长度有关。地球自转一周，如果所经历的昼弧长于夜弧，则昼长夜短；反之，则昼短夜长。赤道与晨昏线(圈)始终相互平分，昼弧的长度等于夜弧，因而赤道上终年昼夜等长。(图3-21)

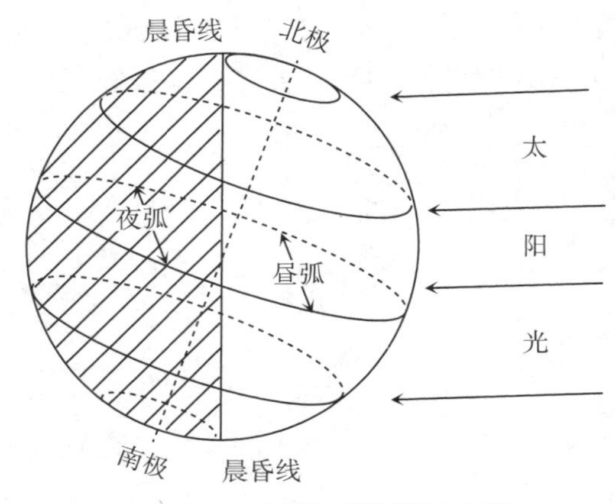

图3-21　夏至日时的昼弧与夜弧

黄赤交角的存在及地球公转运动，使得正午太阳直射点一年中在南北纬23.5°之间移动，从而导致昼夜长短随季节变化而变化。北半球夏半年(自春分日至秋分日)，太阳直射

北半球,北半球各纬度昼长夜短。纬度越高,昼越长,夜越短;北极四周,出现极昼现象。其中,夏至日这一天,北半球各纬度的昼长达到一年中的最大值,极昼范围也达到最大。北半球冬半年(自秋分日至次年春分日),太阳直射南半球,北半球各纬度昼短夜长。纬度越高,昼越短,夜越长;北极四周,出现极夜现象。其中,冬至日这一天,北半球各纬度的昼长达到一年中的最小值,极夜范围也达到最大。南半球的情况与北半球相反。春分日和秋分日,太阳直射赤道,全球各地昼夜等长,各为12时。

3. 四季的更替和五带的划分

地球公转导致地球中纬度地区出现明显的四季变化。作为一种天文现象,四季更替表现为一年中正午太阳高度和昼夜长短的季节变化。

由于地球的公转以及黄赤交角的存在,太阳直射点在南北回归线之间往返,地球上昼夜长短和太阳高度产生纬度差异和季节变化,使南北半球各个部分所接收的太阳热量不同,从而产生冷热变化,因此出现了寒暑交替的春夏秋冬四季变化。夏季就是一年内白昼最长,太阳高度最大的时期;冬季则是一年中白昼最短,太阳高度最小的时期;春秋两季就是冬夏季节的中间过渡季节。

根据接收太阳热量的多寡程度,可将地球表面划分为热带,南、北温带和南、北寒带五个热量带,简称五带。(图3-22)其划分是依照太阳高度和日照时间长短来决定的,所以在气候学上被称为天文气候带和数理气候带。太阳高度最明显的界线是回归线,它是是否有太阳直射机会的分界线。昼夜长短的最明显界线是极圈,它是有无极昼和极夜的分界线。因此,五带的分界线就是南、北回归线和南、北极圈。

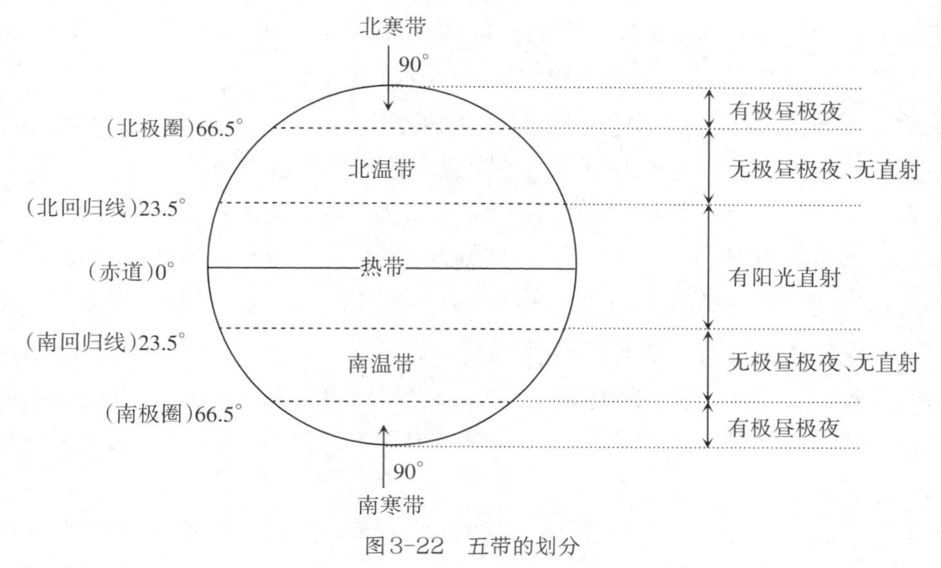

图3-22 五带的划分

在南、北回归线之间的地带为热带,这里太阳一年有两次直射。在南北回归线上太阳每年直射一次。南北回归线以外,太阳终年都是斜射。热带全年太阳高度都较高,白昼时间最短也在10小时以上,因此热带接收的太阳辐射平均最大,而太阳辐射年变化最小,这里终年炎热，四季不分明。

在南、北极圈到南、北极点分别是南寒带和北寒带，这里有极昼极夜现象，极圈是有无极昼极夜的界线。因此极圈是划分温带与寒带的界线。在寒带内，太阳在一年内至少有一天24小时都在地平以上，也至少有一天24小时都在地平以下。纬度愈高，极昼极夜的日数愈多，到南、北极点就是半年极昼和半年极夜。寒带地区终年太阳高度很小，接收的太阳辐射最少，但太阳辐射年变化却很大。这里终年寒冷。

温带是热带到寒带的过渡地带，这里既没有太阳直射，也没有极昼极夜现象。太阳辐射及其年变化介于热带和寒带之间，气温比较适中，气温年变化明显。温带内，南北气温梯度很大。

热带、温带和寒带的分布，表明了由赤道到两极所接收的太阳辐射热量分配的不均，而热量分配状况是决定自然地理环境特征的最基本因素。因此，由赤道到极地自然地理特征表现出纬度地带性规律。热带是地球表面最大的热源，两极是最大的冷源，热量高值区必然向低值区输送热量，这是全球大气环流、洋流形成及其分布的重要原因。温带地区是冷暖气流交汇的地带，形成四季分明、天气多变的气候特征。

三、时间与历法

（一）时间

通常所说的时间包含两种含义：一是表示时刻；二是指时间间隔。时刻是指无限流逝时间中的某一瞬间，即时间的位置，对另一瞬间来说，含有早或迟的意思。时间间隔是指两个时刻之间的间隔，表示时间的长短，含有久或暂的意思。

要量度时间，就需要时间单位，正如其他的度量单位一样，计量时间的单位也尽可能保持不变。但它不同于其他的长度单位或重量单位，我们无法制造一个标准原器并把它保存起来。不过时间和物质的运动总是分不开的，为了保持时间单位的不变性，可利用物体的等速运动来计量时间。钟、表等之所以能够计时，就是因为钟的摆、表的游丝的运动是一种匀速运动。在自然界中地球自转是具有固定周期的运动，所以人们就很自然地把地球的自转作为计量时间的标准原器，取地球自转一周作为计量时间的基本单位，这就是大家所熟悉的“日”。比日更大的时间单位（如年和月）通常用日的整倍数来表示，而比日小的单位（如分、秒）都是日的等分。地球自转是基本匀速的，它能满足一般的科学研究和日常工作的需要。

量度时间，首先要建立一个计量系统，但是单个物体的运动是不存在的，存在的只是一些物体对另一些物体的相对运动，要观察地球的自转，只有利用地球以外的物体才有可能。人们常利用太阳、恒星或天球上某个假象点来观察地球的自转，参考天体两次经过地球上任意一点所在子午圈的时间间隔作1日。由于选取的参考点不同，就有不同的时间计量系统。如恒星日、真太阳日、平太阳日等。

大约在公元前4 000年，水钟就开始在中国被使用。但直至公元前1 500年左右，才有充分证据表明，古埃及和古巴比伦也在使用水钟。水钟是根据等时性原理让水匀速流入或流出某个容器，而容器的大小和水的流速接近某一固定时间区间，从而测量时间（图3-23）。

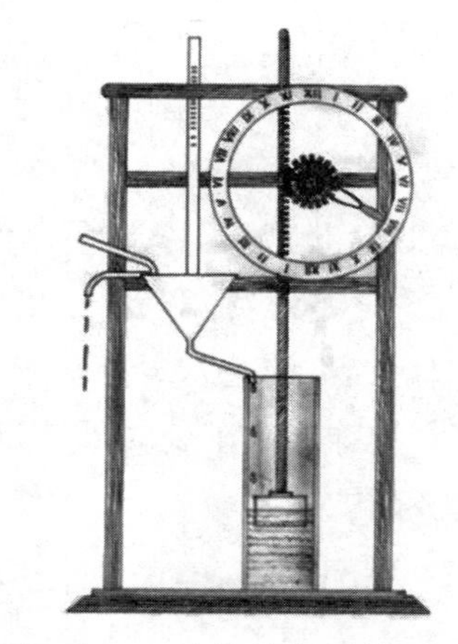

图3-23　一个简单的水钟构造

如果要测量一段更长的时间，就需要持续维护和计数，水钟因此变得越发复杂。到公元前3世纪，古希腊人发明了一个可以连续供应水流并让水溢出的系统，从而得以计算更长的时间。尽管在公元8世纪到11世纪之间，中东和中国的水钟制造曾有过一段相当繁荣的时期，但进一步的创新和机械化过程仍发展缓慢。

中国的时钟发明家苏颂（1020—1101）创建了一个放置在约9米高塔楼上的“水运仪象台”。在这个“水运仪象台”上有一个星象仪装置，正面还有可以打开的面板，里面是一个显示报时的数字牌匾。

（二）历法

历法是为农业生产服务而提出的，但历法的制定是依据地象和天象进行的。古人从观测地面物象来判定季节的“地象授时”到观察天空现象来判断农事季节的“天象授时”，已积累了大量的“观象授时”的经验。历法的演变过程，体现了人类认识自然规律的深化过程。历法也即根据日月的运行规律安排年、月、日的法则。现今仍然使用的历法种类有：太阴历、太阳历、阴阳历。

1. 太阴历——以回历为例

太阴历简称阴历。阴历是把月看作制定历法的首要依据，力求把朔望月作为历月的长度，而历年的长度是人为规定的，与回归年无关。朔望月的长度是29.530 6日，所以阴历的历月规定，单数月为30日，双数月为29日，平均29.5日，并以新月始见为月首。12个月为一年。然而12个朔望月的长度是354.367 1日，比历年长0.3671日，30年共长11.013日。因此，阴历以30年为一个置闰周期，安排在第二、第五、第七、第十、第十三、第十六、第十八、第二十一、第二十四、第二十六、第二十九年12月底，有闰日的年称为闰年，计355日。经过闰日安插，在30年内仍有0.013日的尾数没有处理，不过这要经过2 400余年方能积累一日，届时只要增加一个闰日就可以解决。从历法的发展史上看，凡历史文化悠久的国家，如中国、古印度、古埃及和古希腊等，最初都是使用阴历的，现在伊斯兰教国家和地区仍采用这种历法，所以又称阴历为回历。

这种历法与月相变化吻合，但每个历年平年比回归年约少11日，3年就要短1个月，约17年就会出现月序与季节倒置的现象，比如原来1月在冬天，17年后，1月就在夏天了。随着农业生产的发展，需要历法的月份和四季、农业与气候密切配合。然而，阴历却满足不了这个需求。

为了解决阴历与农业生产上的矛盾，一是放弃，即取缔以朔望月为基本单位的阴历，采用以气候变化周期的回归年为基本单位制定新的历法，这就是稍后要介绍的阳历；二是阴历和阳历两种并行使用，如伊斯兰教的民族，在宗教节日上用阴历，在农业生产上用阳历；三是协调，即仍以朔望月的长度作为一个月，而历年的平均长度为回归年，经过恰当的调整后，使之基本符合寒暑变化的常规。也就是说，根据月球绕地球公转周期以定月，根据地球绕太阳公转周期以定年，即阴阳历。此外，还有一种是阴阳历和阳历并行使用，如我国的农历。

2. 太阳历——以公历为例

阳历即公历，又叫格里历。公历年的天文依据是，回归年365.242 2日，于是平年为365日，闰年为366日。公历的协调周期为400个回归年，其中应安排的闰年总数为97个(400×0.242 2)，平年数为303个(400−97)。历年的岁首定在冬至后的第10天。置闰规律为：(1)公元年号能被4整除的是闰年；(2)整百之年不能被400整除的不是闰年；(3)闰年之闰日安排在2月的最后一天。这样，历年的平均日数为：

$$(97\times366\text{日}+303\times365\text{日})/400=365.242\,5(\text{日})$$

历年的平均日数与回归年的精确日数(365.242 2日)只差万分之三日，甚为精确。

公历年安排月数的天文依据是：回归年与朔朔月的比值为12.3，取整后，一个公历年定为12个月。历月的平均日数=365.242 2/12=30.436 8日，于是大月定为31日，小月定为30日。大小月的安排，理论上应为：闰年为6个大月，6个小月(31×6+30×6=366日)；平年为5个大月，7个小月(31×5+30×7=365日)。而事实上却是7个大月(月号为1，3，5，7，8，10，12)，5个小月(月号为2，4，6，9，11)，其中2月平年只有28日，闰年为29日。

根据上述可知，公历的月份有确切的季节意义，对安排农事活动有利；但公历岁首无天文意义，月份的日序与月相无关，大小月的安排欠合理。

知识拓展

日历上消失的十天

公元1582年3月1日，罗马教皇格里高利(也译格雷果里)13世布诏修改儒略历。将1582年10月4日之后的一天定为10月15日。即1582年10月5日—10月14日这十天在历史上是不存在的。

公历，即格里历或格里高利历，是现行国际通行的历法，属于阳历的一种，通称阳历，其前身是奥古斯都历，而奥古斯都历的前身是儒略历。由于历法的误差，到16世纪80年代，当时儒略历和地球实际位置的误差已达14天，已经不能准确显示太阳的轨迹。教皇格里高利13世在公元1582年改革历法，确定所有整数世纪年除了可被400整除的外一律不设闰年(儒略历的规定是每个整数世纪年都为一个闰年，例如公元1900，如果按儒略历，它是闰年，但按照现在的历法即格里高利历，它不是闰年)，同时规定1582年10月4日之后的那天为1582年10月15日，即1582年10月5日—10月14日这十天在历史上是不存在的。新颁布的历法理论上可以达到两万年内误差不超过一天，但由于地球自转的变化，实际到公元4909年误差就可达一天。

但是格里高利13世的新历法颁布以后，只有当时的天主教国家意大利、波兰、西班牙、葡萄牙开始使用。由于新历法是教皇颁布的，新教国家予以抵制。直到儒略历1752年9月2日，大英帝国，包括英格兰、苏格兰，以及现在美国的一部分才采纳格里历，于是那天之后就直接从9月2日跳到9月14日，日期跳过11日。

瑞典在1699年计划从儒略历改成公历，预定的办法是取消自1700年至1740年间所有的闰年，即在此期间2月都只有28天，相当于瑞典人打算用四十年的时间来完成别人用两天就可达到的效果。

此制度明显足以使得瑞典人在时间纪事上遭受无限的困扰，因为在这四十年里，瑞典历与儒略历以及公历日期将完全不同。更糟糕的是，此制度施行不佳，在1704年与1708年本来说好取消的2月29日，居然仍被使用。此时瑞典历日期应比公历慢8日，但事实上是慢10日。

瑞典国王卡尔十二世承认渐进改历没有见效而抛弃之，但不是直接改用公历，而是决定改回儒略历，方法是1712年2月29日的次日加上2月30日，日期再度比公历慢11日。瑞典最后在1753年采用公历，就是当年儒略历2月17日的次日是公历3月1日。

还有，俄国十月革命其实并不是开始于公历的十月，而是开始于儒略历的10月25日，合公历11月7日，革命后俄国1918年1月24日颁布命令开始使用公历，也就是儒略历1918年1月31日的次日是公历1918年2月14日。最后采用公历的东欧国家是希腊——1923年，但全是民间采用——国家教堂都没有接受。

在普通文档中，1582年10月15日之前发生的事件日期仍以当时采用的儒略历日期表示，而不是将之按现行历法逆推。

3. 阴阳历——以夏历(农历)为例

(1)历月。夏历是世界上起源最早而又比较完善的历法之一，是由中国人独创并一直沿用至今的传统历法，是华夏之历。夏历历月的天文依据是，朔望月29.530 6日，小月29日，大月30日。日月合朔之日必为初一，大小月的确定取决于连续两次合朔所跨的完整日数。因此，大小月的安排只能逐年逐月推算。

(2)24气。24气是我国古代劳动人民的伟大发明创举之一。24气的天文含义是，黄道上的特定的24个等分点，又是真太阳在黄道上与气相交的时刻。24气是贯穿在夏历中的阳历成分，有确切的季节意义和固定的公历日期(至多只有一日之差)，是安排农时的依据。在24气中，黄经度数是奇数的为“节气”，是偶数的为“中气”。任意两个相邻的节气(或中气)的时刻差叫“节月”，因太阳周年视运动角速度不均匀，1月初(近日点附近)节月短，7月初(远日点附近)节月长。节月的平均值=365.242 2日/12=30.436 8日。

(3)历年。夏历年安排的天文依据是，回归年与朔望月的比值为12.368 2，因此闰年为13个月，平年为12个月。若以19个夏历年作为周期，则闰年数为7个(19×0.368 2)。于是很早就有了“十九年七间法”，夏历的置闰法则是：(1)以中气定月序，即在夏历朔望月内所含中气的序数就是该月份(序)数；(2)因节月(30.436 8日)大于朔望月(29.530 6日)，故会出现朔望月不含中气的现象；(3)以无中气(无序号)月定为闰月，并以上月序定其名。

根据上述可知：夏历历月的日序与月相真正一一对应，24气有确切的季节意义；有利于安排农事活动，历年的月序与季节大致对应，不会出现寒暑倒置；但大小月的序号不固定，须逐年推算，历年长度不一，置闰复杂。

知识拓展

二十四节气

二十四节气最初是依据斗转星移制定的，北斗七星循环旋转，斗柄绕东、南、西、北旋转一圈，为一周期，谓之一“岁”(摄提)，每一旋转周期，始于立春、终于大寒。西汉汉武帝时期将“二十四节气”纳入《太初历》作为指导农事的历法补充，采用土圭测影在黄河流域测定日影最长、白昼最短(日短至)这天作为冬至日，以冬至日为“二十四节气”的起点，将冬至与下一个冬至之间均分24等份，每“节气”之间的时间相等，每个节气间隔时间15天。现行的“二十四节气”来自于三百多年前订立的“定气法”(1645年起沿用至今)。现行的“二十四节气”是依据太阳在回归黄道上的位置制定，即把太阳周年运动轨迹划分为24等份，每15°为1份，每1份为一个节气。在历史发展中二十四节气被列入农历，成为农历的一个重要部分。农历的月份和十二中气是基本对应的，而十二节令可出现在农历的上个月后半月和这个月的上半月中。“二十四节气”是中华民族悠久历史文化的重要组成部分，凝聚着中华文明的历史文化精华。

太阳从黄经零度起，沿黄经每运行15°所经历的时日称为一个节气。每年运行360°，共经历24个节气。

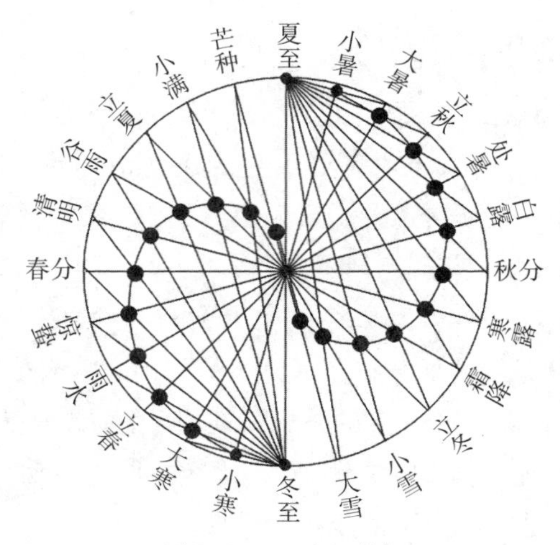

图3-24　二十四节气

第三节　地球的圈层结构

数十亿年前，刚从太阳星云中分化出来的原始地球是一个接近均质的物体，主要由碳、氧、镁、硅、铁、镍等元素组成，各种物质没有明显的分层现象。地球圈层的分化过程与整个地球的温度变化过程密切相关。由于放射性元素的辐射能在地球内部不断积累，温度逐渐升高，固态物质也就具有越来越高的可塑性甚至处于熔融状态，引发重物质的下沉和轻物质的上升，地球内部出现圈层分化。

一、地球内部圈层及其划分

（一）划分依据——地震波

1. 地球内部的地震检测

几个世纪以来，地质学家一直在探测地球的表面，对各种裸露岩体进行分类并研究它们的形成过程。对地表物质的研究，使地理学家们洞悉了地下浅层的矿物成分；但限于科学技术水平，人类可以直接观察到的地下深度十分有限。现在世界上最深的钻井不过12.5 km，即使是火山喷溢出来的岩浆，最深也只能带出地下200 km左右的物质。因此，地球深部信息只能通过间接方式获得。目前对地球内部的了解，主要得益于对地震波的研究。地震波从震源激发，向四面八方传播，到达地表的各个地震台站后被地震仪记录下来。根据这些记录，人们可以推断地震波的传播路径、速度变化以及介质的特点，通过对许多台站的记录进行综合分析，便可以了解地球的内部构造。

2. 地震波

地震发生时，人们会感到地球在剧烈颤动，这是地震所激发出的弹性波在地球中传播的结果，这种弹性波就叫地震波。从震源向外发射的地震波分为两类：在地球内部传播的叫体波，沿地球表面传播的叫面波。研究地球内部结构主要靠体波来进行。体波分为纵波和横波，两种波的性质不同，所传递的介质信息也不同。纵波，也称推进波或P波。纵波传播时，介质质点的振动方向与波的传播方向一致，因而通过的性能强，可通过固体、液体和气体传播。因传播速度较快，纵波最先从震源到达震中或设置地震仪的观测地点，所以又称为初始波。横波，也称剪切波或S波。横波传播时，介质振动的方向与波的传播方向垂直，只能通过固体传播，而不能通过液体和气体传播。S波比P波晚到震中或设置地震仪的观测地点，所以又称次波。

地震波传播速度的大小与介质的密度和弹性性质有关，地震波速的变化就意味着介质的密度和弹性性质发生了变化。纵波的传播速度高于横波。在液体中，横波不能通过。传播路线的连续缓慢弯曲表示物质密度和弹性性质是逐渐变化的，传播速度的跳跃及传播路线的折射与反射表示物质密度和弹性性质发生了显著变化。另外，介质的状态相同（如均是固体），若密度或弹性特征出现差异，波的传播速度也会发生变化。假如地球物质完全是均一的，那么由震源发出的地震波都将以直线和不变的速度前进。但实际分析的结果表明，地震波总是沿着弯曲的路径传播并且不同深度的波速不一致，这表明地球内部的物质是不均一的。

(二)分界面——不连续面

地震波在地球内部的传播速度一般随深度增加而增大，在某些深度处会发生突然变化。如突然加速、减速甚至消失，这种波速发生突然变化的界面叫作不连续面。

1. 莫霍面

1909年，南斯拉夫学者莫霍洛维奇在研究萨格拉布地区发生的地震时发现：在地下33 km以内，纵波的速度为6～7 km/s，在此深度以下则突变为8 km/s。他推断：此处物质在成分上或状态上有明显变化，这一深度应该是地球内部两个层圈之间的界面。后来的学者研究证明这一界面具有全球性，是地壳和地幔的分界面，并将此不连续界面称为莫霍不连续面，简称莫霍面。该面深度在各处并不一致，在大陆下为20～70 km，在大洋下平均约为6 km，表明各处地壳厚度不同，大陆地壳厚而大洋地壳薄。

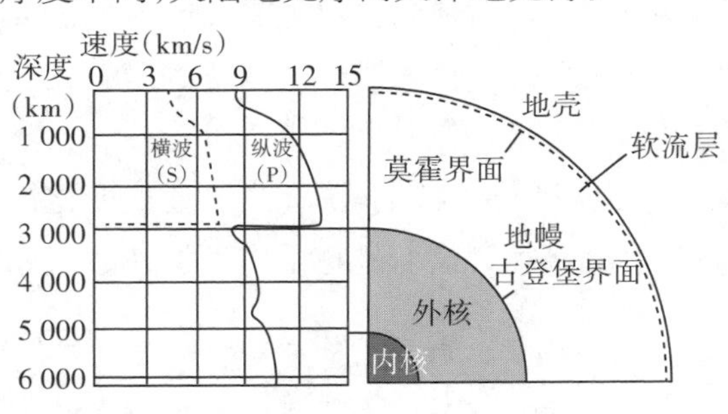

图3-25　地球内部圈层的划分

2. 古登堡面

1906年，奥尔德姆首先提出在地幔与地核之间存在一个界面。1914年，美国地球物理学家古登堡确定了该界面位于地下2 885 km的深处，因此被称为古登堡不连续面。在此不连续面上下，纵波速度由13.64 km/s突然降低为7.98 km/s，横波速度由7.231 km/s向下突然消失，并且在该不连续面上地震波出现极明显的反射、折射现象。古登堡面以上到莫霍面之间的地球部分称为地幔；古登堡面以下到地心之间的地球部分称为地核。

(三)划分结果

根据对地震波在地下不同深度传播速度的差异和变化,地球固体地表以内的构造可以分为三层,即地壳、地幔和地核。

1. 地壳

地壳是指具有相似地质特征和地球物理特征的地壳区段,是地表至莫霍面之间厚度极不一致的岩石圈的一部分。整个地壳平均厚度约16 km,大致为地球半径的1/400,但各处厚度不一。大洋地壳较薄,平均约为7 km,最厚约8 km,最薄处不足5 km;大陆地壳较厚,平均35 km,最厚处可达70 km。地壳主要由硅酸盐类岩石组成,质量为2.5×10^{19} t,约占地球质量的0.42%。

地壳可以分为上下两层。上层叫硅铝层,平均厚度10 km,主要成分是硅(73%)、铝(13%),密度2.7 g/cm^3,和花岗岩的成分相似,所以又叫花岗质层,这一层并不连续,只有大陆才有,大洋底部缺失。下层叫硅镁层,主要成分是硅(49%)、铁和镁(18%)、铝(16%),密度3.1 g/cm^3,和玄武岩成分相似,所以又叫玄武质层,是一个连续圈层,大陆和大洋底部都存在。

2. 地幔

地幔介于莫霍面和古登堡面之间,厚度2 800多千米,占地球总体积的83.4%,总质量的68%。物质密度大约从3.32 g/cm^{3}递增到5.7 g/cm^3,平均密度为4.5 g/cm^3。根据对地球密度、地震性质以及与陨石的类比研究,推测地幔是由铁镁硅酸盐岩石或橄榄岩组成。根据地震波波速变化情况,一般以1 000 km为界,把地幔分为上地幔和下地幔。

上地幔厚度900多千米,平均密度3.5 g/cm^3。一般认为其成分主要是由橄榄石、辉石、石榴子石等超基性岩组成的混合物。上地幔地震波波速变化较复杂,表明其物质状况是多变的。在深度60～400 km范围内,地震波波速明显下降,在100～150 km深度波速最小。一般认为,在低速带以上的岩石仍是固体的结晶岩,而低速带内温度已接近岩石熔点,但并未熔化,使岩石的塑性和活动性增强。在低速带里有些区域不传播横波,表明岩石已熔融成为液态,这些区域是岩浆的重要发源地。由于低速带塑性较大,给其上的固体岩石的活动和各种地壳运动创造了条件,因此地质构造学中又把该低速带称为软流圈。

下地幔从1 000 km到2 898 km,厚约1 900 km,平均密度5.1 g/cm^3,物质结构与上地幔没有很大变化,只是铁的含量更多些。

3. 地核

地核以古登堡面与地幔分界,厚度3 473 km,占地球总体积的16.3%,总质量的1/3。根据地震波波速的变化,以4 640 km和5 155 km两个次一级界面为分界,可以分为外核、过渡层和内核。外核厚度1 742 km,平均密度约10.5 g/cm^3,由于纵波波速急剧降低,横波不能通过，证明其物质是液态。过渡层厚度只有515 km，这一层波速变化复杂，尚未有一致结论，但可以测到波速不大的横波，属于液态向固态过渡的特征。内核厚度1 216 km，平均密度约12.9 g/cm^3。内核也存在横波，由纵波穿入内核时转换而成，穿出内核时又转换成纵波。关于内核的物质状态还有待进一步的研究。

二、地球的外部圈层

在地球圈层的分化过程中，地球内部的气体经过"脱气"形成了大气圈。地球原始大气主要由二氧化碳、一氧化碳、甲烷和氨组成。微生物出现后，即开始破坏岩石中的含氮化合物，并将氮释放到大气中。待到绿色植物出现，植物光合作用放出的游离氧对原始大气发生缓慢的氧化作用，转变为二氧化碳、水汽和氮。光合作用持续进行，氧气又从二氧化碳中逐渐分离出来，最终形成了以氮和氧为主要成分的现代大气。地球上的水主要是从大气中分化出来的，早期大气含有大量水汽，由于温度逐渐降低以及大气中含有大量尘埃微粒，一部分水汽便凝结成液态水降落到地面，然后汇聚到洼地中，形成原始水圈。彗星的冰物质陨落在地球表面，也成为水的来源之一。后来，由于水量增加和地表形态变化，原始水圈逐渐演变成为海洋、河流、湖泊、沼泽与冰川组成的水圈。在原始地球、大气圈和水圈中，早就存在着碳氢化合物。后来，原始生物出现并逐渐扩展到海洋、陆地和低层大气中，形成了生物圈。

（一）大气圈

地球大气的主要成分为氮（78%）和氧（21%），其次为氩（0.93%）、二氧化碳（0.03%）和水蒸气等，此外还有微量的氖、氦、氪、氙、臭氧、氡、氨和氢。地球大气富含氮、氧，它们都是生命活动的结果，而其对于生命的进一步发展又有重要意义。太阳系其他行星的大气与地球大气成分有很大差别。水星大气相当稀薄，表面大气压小于$2×10^7$ Pa，主要成分为氦、氢、氧、碳、氩、氖、氙等。金星大气非常稠密，密度为地球大气的100倍，其中97%为二氧化碳，氮不超过2%，水蒸气为1%，氧小于0.1%。火星大气比较洁净，主要为二氧化碳，并含有3%的氮、1.5%的氩，密度则只有地球大气密度的1/100。相比之下，地球大气组成和密度更适合地球生物包括人类的生存和发展。

（二）水圈

地球上的总水量约$1.36×10^9$ km^3，其中海洋占97.2%，覆盖了地球表面积的71%。地表水约$2.3×10^5$ km^3，其中淡水只有一半，约占地球总水量的万分之一。地下水总量$8.40×10^6$ km^3。大气中水量为$1.3×10^4$ km^3。水圈是指地球表面上下，由液态、气态和固态的水形成的一个几乎连续的、但不规则的圈层。水圈中的水，上界可达大气对流层顶部，下界至深层地下水的下限，包括大气中的水汽、地表水、土壤水、地下水和生物体内的水。水圈中大部分水以液态形式储存于海洋、河流、湖泊、水库、沼泽及土壤中；部分水以固态形式存在于极地的广大冰原、冰川、积雪和冻土中；水汽主要存在于大气中。三者常通过能量交换而部分相互转化。水也是地表最重要的物质和参与地理环境物质能量转化的重要因素，水分和能量的不同组合使地球表面形成了不同的自然带、地带和自然景观类型。水溶解岩石中的营养物质，为生物生存创造了条件。水还能调节气候，参与物质循环，伴随着一切自然环境的演化和发展。

（三）生物圈

生物圈是指地球生命有机体及其分布范围所构成的一个极其特殊、又极其重要的圈层。在地理环境中，生物圈不是一个独立的圈层，而是渗透在水圈、大气圈和岩石圈三个无机圈层的接触带中。组成生物有机体的总质量约有 10^{16} kg，其中又以植物为主，占了有机体总质量的99%。生物圈的质量仅相当于大气圈的1/300，水圈的1/7 000，但却是自然地球环境系统中最活跃的圈层。生物在促进太阳能转化，改变大气和水圈的组成，参与风化作用和成土过程，改造地表形态，建造岩石等许多方面扮演着重要角色，并且被视为各类自然景观的标志。

上述内部圈层和外部圈层构成地球的同心圈层构造，其在分布上有一个显著的特点：高空和地球内部圈层基本是平行分布的；但在地球表面附近，各圈层却是相互渗透甚至相互重叠的（图3-26），其中生物圈表现最为显著，其次是水圈。这一特点赋予地球表面一系列独特的性质，被称为地理圈或地理壳，是自然地理学的研究对象。

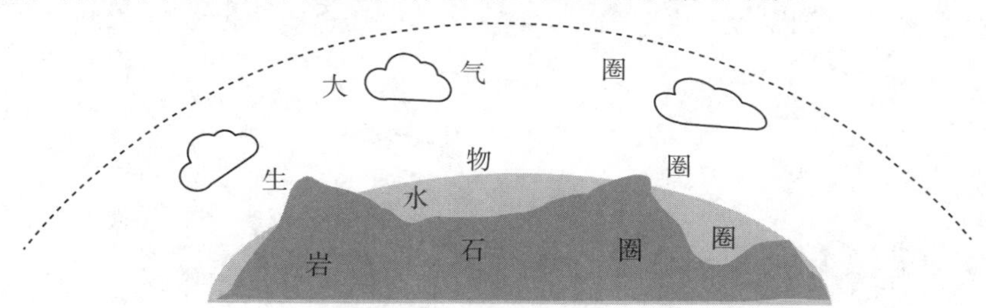

图3-26　地球的外部圈层

交流与讨论

1. 地球自转减慢的原因

地球自转速度并不是永远固定不变的。据推测，在地球形成之初，自转周期仅有4 h。而现在已经计算出，距今5亿年前的寒武纪晚期，自转周期为20.8 h，至泥盆纪增加至21.6 h，石炭纪21.8 h，三叠纪22.7 h，白垩纪23.5 h，始新世23.7 h，目前为24 h。我们知道活的珊瑚每天分泌碳酸钙，形成躯壳上的细小日纹。现代珊瑚每年有365条日纹，而五六亿年前的珊瑚化石每年却有四百多条日纹。这就说明当时地球自转速度比现在快得多，即当时的一天比现在短。导致地球自转速度减慢的原因有哪些呢？

表3-2 关于地球自转速度减慢的化石研究

化石类别	地质年代	绝对年龄(Ma)	每年天数(天)	波动范围(天)
珊瑚	现代	0	360	380~390
	晚石炭世	300	385	
	早石炭世	320	398	385~405
	中泥盆世	370	398	
	中志留世	420	400	
	晚奥陶世	440	412	

2.探测地球内部的方法有哪些?

我们现在知道地球分为内部圈层和外部圈层两部分。地球外部圈层可进一步划分为大气圈、水圈、生物圈,一般采用直接观测和测量方法进行研究。地球内部圈层分为地壳、地幔、地核,显然不是直接可以观测到的,科学家是用哪些方法对地球内部进行分层的呢?

本章小结

本章从地球、地球的运动、地球的圈层结构三个方面介绍了地球与地球运动的相关知识和技能。首先介绍了地球的大小、形态及其特征,认识了经纬线及经纬度。其次介绍了地球在宇宙中的两种基本运动形式——自转和公转,及其导致的一系列自然现象:太阳东升西落、四季的更替、五带的划分、黄赤交角、时间和历法等。最后介绍了地球的圈层构造,内部圈层划分为地壳、地幔和地核;外部圈层分为大气圈、水圈和生物圈等,各圈层相互影响和渗透。

思维导图

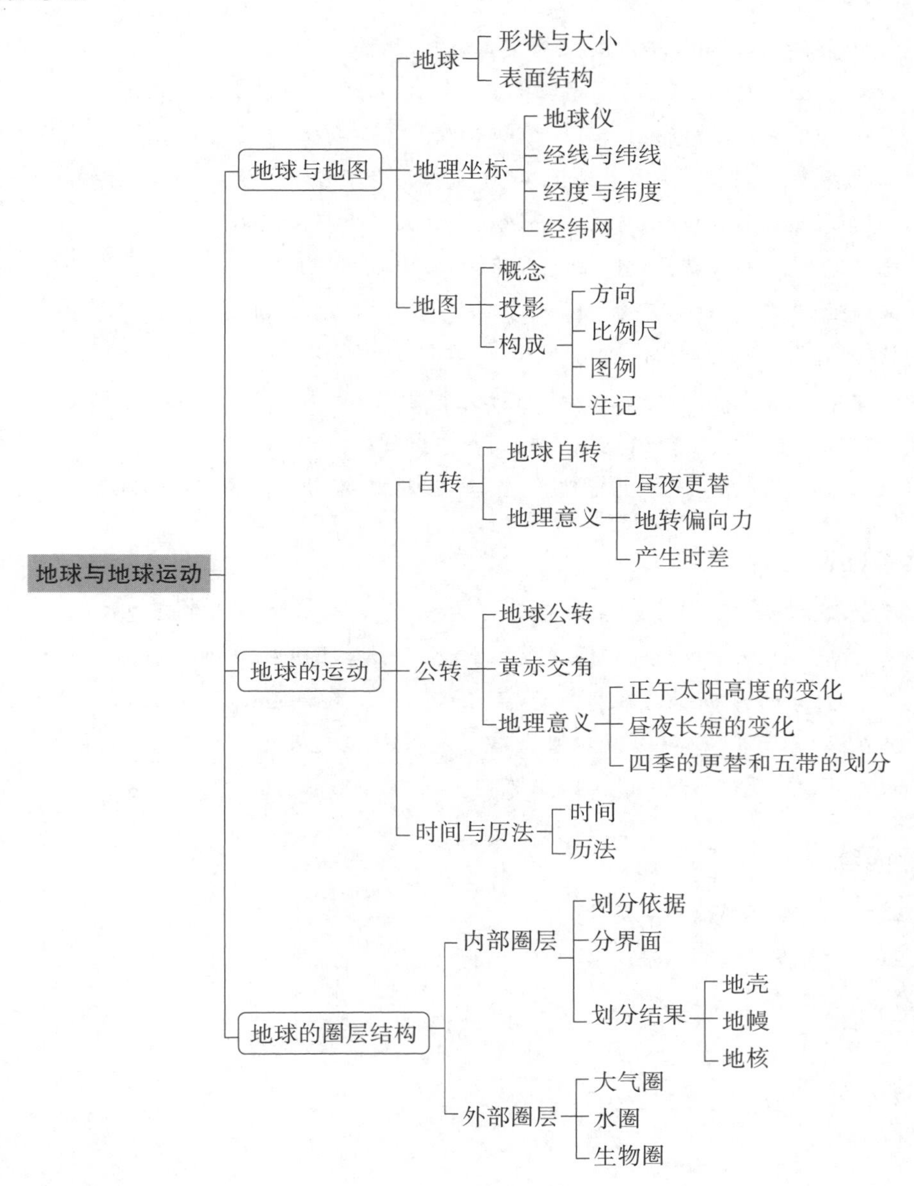

思维与实践

1. 什么是纬线与经线？为什么纬线是整圆，而经线是半圆？

2. 构成地图的主要要素有哪些？

3. 地球自转的速度怎样随纬度和高度的变化而变化？

4. 如果黄赤交角变为45°，五带将发生怎样的变化？

5. 试述公历和夏历的置闰方法。

6. 地球的内外部圈层是怎么划分的？

参考文献

[1]余明.地球概论[M].2版.北京:科学出版社,2016.
[2]胡圣武,肖本林.地图学基本原理与应用[M].北京:测绘出版社,2014.
[3]刘权,尹贡白.测量与地图[M].武汉:武汉大学出版社,2012.
[4]王慧麟,谈俊忠,等.测量与地图学[M].南京:南京大学出版社,2004.
[5]杨树锋.地球科学概论[M].2版.杭州:浙江大学出版社,2001.
[6]缪启龙.地球科学概论[M].3版.北京:气象出版社,2004.
[7]陈静生,汪晋三.地学基础[M].北京:高等教育出版社,2001.
[8]杨达源.自然地理学[M].2版.北京:科学出版社,2011.
[9]杨坤光,袁晏明.地质学基础[M].武汉:中国地质大学出版社,2009.
[10]刘南威.自然地理学[M].2版.北京:科学出版社,2007.
[11]伍光和,王乃昂,等.自然地理学[M].4版.北京:高等教育出版社,2008.

推荐阅读

[1]毛赞猷,朱良,等.新编地图学教程[M].3版.北京:高等教育出版社,2017.
[2]马文章.现代天文学概论[M].北京:北京师范大学出版社,2019.
[3]胡中为,萧耐园.天文学教程上册[M].2版.北京:高等教育出版社,2003.
[4]吴显春,蒋焕洲,等.新编地球概论[M].成都:西南交通大学出版社,2020.
[5]坎普赫,等.地球系统[M].3版.北京:高等教育出版社,2011.

实验内容

实验六、地理坐标的简易测定。

实验七、太阳高度角的测定。

实验八、日晷观测。

第四章 岩石圈

石可破也，而不可夺坚；丹可磨也，而不可夺赤。 ——《吕氏春秋·诚廉》

☆ 学习目标

1.识别地壳结构与类型、矿物以及构成矿物的主要化学元素。

2.说明岩石圈三大类岩石的特征及成因，能够绘制岩石圈物质循环示意图，培养动手能力和归纳总结能力。

3.判断构造运动，能够根据资料判断地质构造类型，总结地质构造对人类生产和生活的影响，树立正确的人地观，提高科学素养。

4.比较内、外力作用的表现形式，解释各种地貌的成因；通过地貌景观图片的欣赏，培养学生的地理审美情趣和审美能力。

5.复述地质年代，阐明地球的演化过程，激发探究地球上沧海桑田变化的兴趣，养成求真务实的科学态度。

岩石圈是地球上部相对于软流圈而言的坚硬岩石圈层，包括地壳和软流圈之上的上地幔顶部。

岩石圈是组成自然地理环境的四个基本圈层之一。地壳是地球内部圈层结构的最外层，它与大气圈、水圈、生物圈等地球外部圈层的联系最为紧密。地壳运动使地球内部物质和能量参与地壳外部形态的塑造，从而奠定自然地理环境的基本骨架。同时，具有刚性特点的地壳，可抑制岩浆大量无规则地涌出地表，对自然地理环境起着调节和保护作用，为人类提供一个较为稳定的自然环境。

目前对于整个岩石圈的组成研究得较少，而对于岩石圈上部地壳组成的研究则比较系统和深入，因此，在使用岩石圈和地壳两词时，如果有时无法以岩石圈整体来描述和说明，则以地壳（岩石圈的上部）为例来说明。

第一节　地壳物质组成

岩石圈的组成可从元素、矿物和岩石三方面来说明。元素是组成地壳的物质基础，元素化合形成矿物，矿物结合又形成岩石，不同的岩石组成地壳，地壳是岩石圈的一部分。岩石圈是地球上部相对于软流圈而言的坚硬岩石圈层，包括地壳和软流圈之上的上地幔顶部。三大类岩石的相互转化，实现地球上能量与物质的循环。

一、地壳的结构与化学元素

(一)地壳结构与类型

地壳可以分为上下两层(图4-1),即硅铝层与硅镁层。两者界线是一个二级不连续面,即康拉德面。上层地壳称硅铝层,化学成分以O、Si、Al为主,Na、K也较多,其平均化学组成与花岗岩相似,又称为花岗岩层。以高山区域如喜马拉雅、天山、高加索、阿尔卑斯等山区最厚,此层在海洋底部很薄,尤其是在大洋盆底地区,太平洋中部甚至缺失,因而认为花岗岩是一不连续的圈层。下层地壳称硅镁层,仍以O、Si、Al为主,但相对上部减少,而Mg、Fe、Ca成分相应增多。硅镁层因其平均化学组成与玄武岩相似,故称玄武岩层。

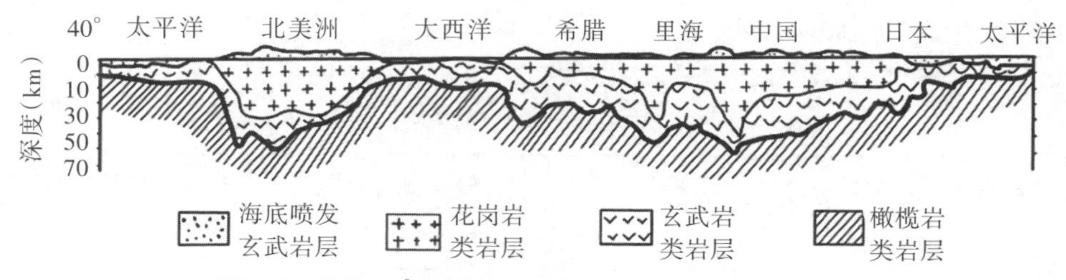

图4-1　北纬40°地壳剖面图(改自孙广忠、吕梦麟,1964)

地壳类型,是指具有相似地质特征和地球物理特征的地壳区段。地壳大体上可划分为大陆和大洋两种类型。大陆型地壳在近海平原厚度较小,而逐渐延伸至内陆到高山高原地区厚度明显增大。大洋型地壳相对较薄,一般只有单层结构,即玄武岩层,其表层为海洋沉积层所覆盖。太平洋马里亚纳群岛东部深海沟是地球上地壳最薄的地方。此外根据地壳厚度还可以进一步划分出介于这两者之间的所谓"过渡地壳"类型,即次大陆型过渡壳和次大洋型过渡壳。

大陆型与大洋型地壳的最大区别在于:大陆型地壳厚,玄武岩层之上有很厚的沉积盖层(有些地方缺失)及其下伏花岗岩层,形成双层结构;大洋型地壳厚度较薄,玄武岩层之上只有很薄的或者根本没有花岗岩层,大部分是单层结构(图4-2)。地壳在垂直和水平方向上物质分配的这种不均匀性,常导致地壳进行物质的重新分配和调整,是引起地壳运动的因素之一。

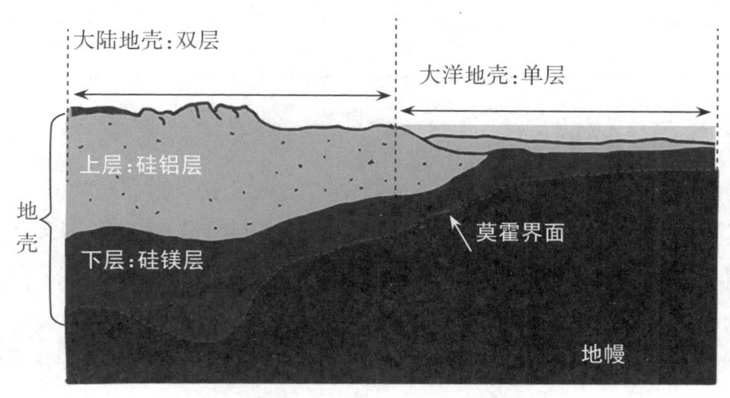

图4-2　大陆型与大洋型地壳的垂直结构

(二)地壳的主要化学元素

目前已知组成地壳的元素共有90多种,其中大于1%的主要元素占98%以上,其他元素共占不到2%。化学元素在地壳中的平均含量称元素丰度,亦称克拉克值。

1. 地壳中主要化学元素的平均含量

主量元素也称为常量元素,是指那些在岩石中(≠地壳中)含量大于1%(或0.1%)的元素,在地壳中大于1%的8种元素都是主量元素,分别是O(氧)、Si(硅)、Al(铝)、Fe(铁)、Ca(钙)、Na(钠)、K(钾)、Mg(镁)。从表4-1可以看出,地壳中化学元素的平均含量相差极为悬殊:含量最多的是氧,几乎占到一半;其次是硅,约占1/4;再次是铝,约占1/13。除氧以外的7种元素在地壳中都以阳离子形式存在,它们与氧结合形成的氧化物或氧的化合物,是构成三大类岩石的主体,因此又常被称为造岩元素。

表4-1　地壳中主要元素的平均含量(重量,%)

元素	据克拉克和华盛顿(1924)	据费尔斯曼(1933—1939)	据维诺格拉多夫(1962)	据泰勒(1964)
O	49.52	49.13	47.00	46.40
Si	25.75	26.00	29.00	28.15
Al	7.51	7.45	8.05	8.23
Fe	4.70	4.20	4.65	4.63
Ca	3.29	3.25	2.96	4.15
Na	2.64	2.40	2.50	2.36
K	2.40	2.35	2.50	2.09
Mg	1.94	2.25	1.87	2.33
H	0.88	1.00	—	—
Ti	0.58	0.61	0.45	0.57
P	0.12	0.12	0.093	0.105
C	0.087	0.35	0.023	0.02
Mn	0.08	0.10	0.10	0.095

2. 地壳元素与人体健康

人类在长期的演化与生活过程中,人体元素组成与地壳岩石的元素组成形成了某种平衡关系。某些地方性元素的缺失或者过剩,将会对人体健康带来不利的影响,产生“地方病”。例如1935年在黑龙江省克山县发现的克山病(因地命名),此后在中国的很多个省份也有发现,本病全部发生在低硒的地区。又如,某地区水中碘含量与甲状腺肿大有很大的相关性,其碘阈值为3～300 μg/L。随着水中碘含量越低于3 μg/L,则甲状腺肿大的患病率越高;同理,随着水中碘含量越高于300 μg/L,则甲状腺肿大的患病率也越高。这说明人体内碘含量过低和过高都会导致患甲状腺肿大疾病。再如,砷广泛分布在自然环境中,在土壤、水、矿物、植物中都能检测出微量的砷,正常人体组织中也含有微量的砷,日常生活中,人们可能通过食物、水源、大气摄入砷。研究表明,适量的砷有助于血红蛋白的合成和人体的生长发育;砷元素不足会造成脾脏肿大,头发生长不良;砷过量造成胃痛、惊厥及甲状腺肿等等。表4-2为缺乏某些元素而导致的相关病症。

表4-2 某些元素不足或过量对哺乳动物的影响①

元素	不足造成的影响	过量造成的影响
As(砷)	脾脏肿大,头发生长不良	胃痛,惊厥,甲状腺肿*
Co(钴)	贫血症	心力衰竭,红细胞增多
Cr(铬)	角膜不透明,葡萄糖新陈代谢不良	吸入引起肺癌**
Cu(铜)	贫血症,头发卷曲或褪色	黄疸,威尔逊氏症**
F(氟)	不良的骨骼和牙齿	牙齿有斑点,骨骼硬化*
Fe(铁)	贫血症	血色病,肺铁末沉着病*
Hg(汞)	—	脑炎,神经炎**
Ni(镍)	皮炎,肝脏变化	皮炎,吸入引起肺癌**
I(碘)	甲状腺机能减退	甲状腺功能亢进
Pb(铅)	—	贫血症,脑损伤,神经炎,肾癌**
Zn(锌)	侏儒病,生殖腺发育不全*	皮炎贫血症

注:*在一些人群中发现;**由工业污染引起。

植物、动物、人类都需要矿物质微量元素,但必须是适当的数量和适当的比例。有些元素的不足或相对富集则构成有害环境与环境污染。

二、矿物

矿物是在各种地质作用下形成的具有相对固定化学成分和物理性质的均质物体,是构成地壳岩石的物质基础。在各种地质作用下,地壳中的各种化学元素不断化合,形成各种矿物。

矿物是人类生活资料的重要来源,几乎所有生活物品都离不开矿物的利用,人类的进化以及人类改造世界的程度,与人类利用矿物资源的程度密切相关。比如,人类演化历史被划分为旧石器、新石器、青铜器、铁器时代等,就体现了人类进化过程中对矿物不同程度的利用。矿物是人类生产资料的重要来源,尽管太阳能、核能、水能、地热能、潮汐能、波浪

① 王将克,等.生物地球化学[M].广州:广东科技出版社,1999:211-212.

能的开发利用越来越广泛，但到目前为止天然矿物质原料仍然是世界主要的能源。这些矿物质燃料都来自岩石圈。

矿物千姿百态，就其单体而言，它们的大小悬殊，有的肉眼或用一般的放大镜可见（显晶）；有的需借助显微镜或电子显微镜辨认（隐晶）；有的晶形完好，呈规则的几何多面体形态；有的呈不规则的颗粒，存在于岩石或土壤之中。矿物单体，也可以理解为结晶体。任何一种矿物都有其独特的结晶结构，这种结构的宏观表现就是晶体形状。比如碳酸钙的晶体形状是正方体，这种碳酸钙的矿物叫方解石。矿物单体形态大体上可分为三向等长（如粒状）、二向延展（如板状、片状）和一向伸长（如柱状、针状、纤维状）3种类型。而晶形则服从一系列几何结晶学规律。矿物单体间有时可以产生规则的连生，同种矿物晶体可以彼此平行连生，也可以按一定对称规律形成双晶，非同种晶体间的规则连生称浮生或交生。

集合体，就是矿物没有严格按照结晶结构排列，杂乱无章地堆积在一起。如，石灰石就是碳酸钙的集合体。矿物集合体可以是显晶或隐晶的。集合体形态有纤维状和毛发状、鳞片状、粒状和块状。坚实集合体称为致密块状，疏松的则称土状。放射状、簇状、鲕状和豆状、钟乳状、葡萄状、肾状和结核状等，都是特殊形态的集合体。

薄片中所见到的矿物形态，并不是其完整的晶形，而是矿物某一切面的轮廓，因此要想判断某矿物的晶形，必须观察该矿物的各个切面。矿物的晶形按形态基本上可以分为两大类型：单形和聚形。单形指矿物晶体由一种同形等大的晶面所组成，如食盐的六面体和常见的方解石棱面体，单形数目仅47种。聚形是由两种以上单体组成的晶体，如发育完好的石英具有六方柱和棱面体两种单形组成的聚形。聚形特点是在一个晶体上具有大小不等、形状不同的晶面，其种类成千上万。如果两个以上同种晶体有规律地连生在一起，称为双晶。最常见的双晶有：接触双晶，两个相同晶体以一个简单平面相接触；穿插双晶，两个相同的晶体按一定角度相互穿插；聚片双晶，两个以上的晶体，按一定规律彼此平行重复连生。

鉴别矿物的常用方法

知识拓展

常见的造岩矿物及其基本特征

组成岩石主要成分的矿物，称为造岩矿物，它们共占地壳质量的99%。自然界中的矿物有3 000多种，但造岩矿物种类却少，其中最常见的约有20～30种，例如：正长石、斜长石、黑云母、白云母、辉石、角闪石、橄榄石、绿泥石、滑石、高岭石、石英、方解石、白云石、石膏、黄铁矿、褐铁矿、磁铁矿等。造岩矿物大多是硅酸盐和碳酸盐，也有部分为简单氧化物，均为最常见的矿物。其中最重要的有七种造岩矿物，以硅酸盐类矿物居多，如正长石、斜长石、石英、角闪石类矿物（主要是普通角闪石）、辉石类矿物（主要是普通辉石）、橄榄石、方解石。最重要的七种造岩矿物及其特征如表4-3。

表4-3　七种重要造岩矿物及其特征

名称	晶形	颜色光泽	H硬度/比重	解理
橄榄石	晶形完好者少见，一般为他形粒状集合体	浅黄，黄绿-黑绿色，玻璃光泽，断口油脂光泽	H6.5～7 3.3～3.5	不完全解理
普通辉石	晶形常呈短柱状，横断面近，正八边形，集合体常为粒状、放射状、密块状	黑绿色，少数为褐黑色，玻璃光泽	H5～6 3.22～3.38	平行柱面两组解理完全
普通角闪石	晶体常呈长柱状或针状，单体的横截面为近菱形的六边形	暗绿-绿黑色，玻璃光泽	H5.5～6 3.0～3.4	平行柱面两组解理
正长石	单晶为短柱状或不规则粒状，常见卡氏双晶，集合体为块状	常为肉红色、浅黄、红色及白色，玻璃光泽	H6 2.56～2.76	两组解理正交
斜长石	常呈板状及板状集合体，或不规则粒状，肉眼能观察聚片双晶	白色至灰白色，玻璃光泽	H6～6.5 2.56～2.76	两组解理完全
石英	α石英常呈柱状，由六方柱和菱面体等组成的聚形，柱面常呈横纹；β石英常呈六方双锥状	颜色多样，水晶一般无色透明，脉石英呈白/乳白/灰色。玻璃光泽，断口油脂光泽	H7 2.65	无解理
方解石	常见晶形为菱面体、六方柱。常见集合体为晶簇状、致密块状、钟乳状	无色透明或白色，含杂质而呈浅黄、浅红、褐黑等色。玻璃光泽	H3 2.6～2.8	三组菱面体完全解理

三、岩石

岩石是由一种及以上的矿物或岩屑组成的有规律的集合体，是组成岩石圈的基本单位，是在地质作用下形成的地壳物质。岩石类型复杂多样，岩石的化学成分、矿物成分、结构、构造及产状都与地质作用有密切的因果关系。按岩石形成的自然作用类型，岩石可以分为火成岩（以岩浆岩为主）、沉积岩（水成岩）和变质岩三大类。

（一）火成岩

火成岩由两类岩石组成：一类是由岩浆作用形成的岩浆岩，另一类是非岩浆作用形成的，如花岗岩化作用形成的花岗岩。火成岩以岩浆岩为主。岩浆岩是由炽热的岩浆冷凝结晶而成的岩石，约占地壳总体积的65%。注意区分岩浆与岩浆岩。岩浆是在地壳深处生成的、含挥发性成分的高温黏稠的硅酸盐熔浆流体，黏度与硅酸含量有密切的关系。硅酸含量少者称基性岩浆，黏性小，易流动；硅酸含量多者称酸性岩浆，黏性大，不易流动。根据近代火山口逸出的熔岩流测量结果，岩浆温度大约800～1 250 ℃，据推测地表3 000 km以下的岩浆温度可达1 500～2 500 ℃。岩浆是各种岩浆岩及其矿床的母体。

岩浆活动一般表现为两种方式：一种是岩浆上升到一定位置，由于上覆岩层的外部压力大于岩浆内压力，迫使岩浆不能继续上升，在地壳中冷凝结晶。这种岩浆活动称为侵入作用，这种作用形成的岩石称侵入岩。其在地壳深处（地表以下3～6 km处）和浅处（地表以下0～3 km或近地表）形成的岩石分别称深成岩和浅成岩。另一种是由于岩浆的内压力极大，上部岩层外部压力小于岩浆内压力，岩浆冲破上覆岩层或顺着裂隙喷出地表，这种岩浆活动称为火山作用或喷出作用，这种作用形成的岩石称喷出岩，又称火山岩。因此，从活动形式上讲，岩浆岩又可以被认为是地下深处的岩浆侵入地壳、喷出地表冷凝而形成的岩石。

1. 岩浆岩的分类

岩浆岩根据其化学成分和矿物组成可分为超基性岩、基性岩、中性岩和酸性岩四类；根据其结构与构造和产状的特征可分为深成岩、浅成岩（包括脉岩）和喷出岩等三种。

（1）超基性岩。二氧化硅含量小于45%，多铁、镁而少钾、钠，主要矿物为橄榄石和辉石，代表岩石为橄榄岩。

（2）基性岩。二氧化硅含量为45%～52%，主要矿物为辉石、钙斜长石，亦有少量橄榄石和角闪石，代表性岩石为辉长岩、玄武岩。

（3）中性岩。二氧化硅含量52%～65%，主要矿物为角闪石与长石，兼有少量石英、辉石、黑云母等，代表性岩石为闪长岩、安山岩、正长岩与粗面岩。

（4）酸性岩。二氧化硅含量65%以上，多钾、钠而少铁、镁，主要矿物为长石、石英和云母，代表性岩石为花岗岩与流纹岩。

2. 岩浆岩的结构与构造

岩浆在地表或地下不同深度冷凝时，因温度、压力等条件不同，即使是同样成分的岩浆所形成的岩石，也具有不同的岩石结构特征。这种差异主要表现在两个方面，即岩石的结构与构造。

（1）结构。

所谓结构，是指岩石中矿物颗粒本身的特点（如结晶程度、晶粒大小、晶粒形状等）及颗粒之间的相互关系所反映出来的岩石构成的特征。

按岩石中矿物的结晶程度，可分为全晶质结构、半晶质结构和玻璃质（非晶质）结构（图4-3）。其结晶程度主要决定于岩石的形成环境和岩浆成分：深成岩是岩浆在地下深处相对封闭的条件下冷凝而成的岩石，因围岩导热性不好，压力大，挥发成分不易逸散，岩浆冷凝缓慢，往往形成全晶质岩石；喷出岩形成于地表，冷却迅速，往往形成结晶程度较差的岩石。如果在相同冷凝条件下，基性岩浆温度高，黏性小，其结晶程度往往比酸性岩浆要好一些。

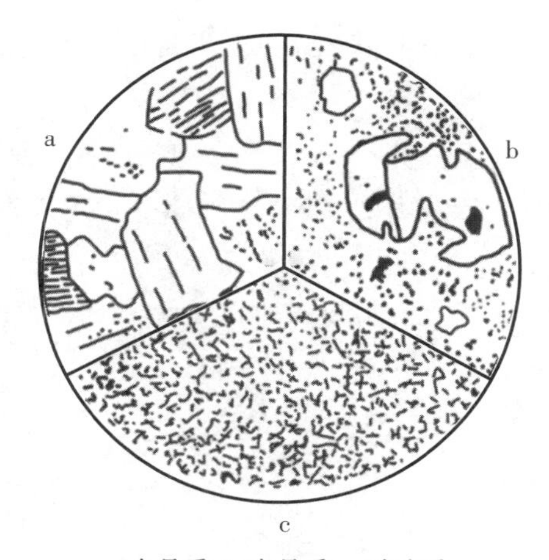

a.全晶质;b.半晶质;c.玻璃质

图4-3　岩浆岩的结构类型(按结晶程度分)

按照组成岩石的矿物颗粒大小,可以分为显晶质结构和隐晶质结构。显晶质结构的晶体颗粒通过肉眼和放大镜即可看出,显晶质结构又分为粗粒结构、中粒结构和细粒结构。隐晶质结构是指只有在显微镜下才能分辨出矿物颗粒的结构,一般为浅成岩和喷出岩所有,如霏细岩,岩石呈致密状。

按岩石中矿物颗粒相对大小,可分为等粒结构、不等粒结构、斑状结构。

(2)构造。

所谓构造,是指组成岩石的矿物集合体的形状、大小、排列和空间分布等所反映出来的岩石构成的特征。岩浆岩常见的构造见图4-4。

a.块状结构;b.斑杂构造;c.气孔构造;d.杏仁构造

图4-4　岩浆岩的几种构造

块状构造岩石中矿物排列无一定方向,是不具任何特殊形象的均匀块体,是火成岩(花岗岩)中最常见的一种构造。

流纹构造是因岩浆流动而形成的由不同颜色、不同成分的隐晶质、玻璃质或拉长气孔等定向排列所形成的流状构造，常见于中酸性喷出岩（流纹岩）中。流纹可指示熔岩当时的流动方向。

流动构造是岩浆在流动过程中所形成的构造，包括流线构造和流面构造。

气孔构造是岩浆喷出地表后压力骤减，大量气体从中迅速逸出而形成的圆形、椭圆形或管状孔洞的构造。这种构造往往为喷出岩所具有。

杏仁构造是岩石中气孔被以后的矿物质（方解石、石英、玉髓等）所填充，形似杏仁的构造。

斑杂构造指岩石中矿物成分和结构不均匀分布，在颜色和粒度上杂乱排列的构造。气孔构造和杏仁构造多分布于熔岩表层。在大规模熔岩流（如玄武岩）中常可见到多层气孔或杏仁构造。据此可以统计熔岩喷发次数。

上述岩石的结构和构造，不仅可以用来判断岩石形成的环境和条件，而且也是岩浆岩分类和命名的重要依据。

（二）沉积岩

沉积岩是指在地壳发展演化过程中，在地表或接近地表的先成岩石遭受风化剥蚀作用的破坏产物，以及生物作用与火山作用的产物在原地或经过外力的搬运所形成的沉积层，又经成岩作用而成的暴露在地壳表部的岩石。

沉积岩仅占地壳岩石总体积的5%，但因其沉积在广泛分布的陆地表面及海洋盆地中，因而，它的分布面积较广，占据地表75%。组成沉积岩的物质来自陆地上已生成的各类岩石，它们称为沉积岩的母岩（或源岩）。除以上母岩外，火山喷出物、生物物质、水体中的化学沉淀物也是沉积岩的组成部分，在一定条件下，沉积岩中还有宇宙物质加入。

沉积岩的形成过程一般可分为先成岩石的破坏（风化作用与剥蚀作用）、搬运作用、沉积作用和固结成岩作用等四个阶段。

1. 基本特征

沉积岩是在外力作用下形成的一种次生岩石。无论从化学成分、矿物成分，还是从岩石结构和构造来看，它都具有区别于其他类岩石的特征。沉积岩的物质组成包括原生矿物、次生矿物和有机物质以及化石。沉积岩的产状以呈层状为其最突出的特点，岩层在垂直和水平方向上的变化，皆能很好地反映出沉积物当时的沉积环境以及沉积岩形成时的性质。

沉积岩具有多种构造，其中最突出的是层理构造和层面构造。层理是指岩石的成分、结构、粒度、颜色等性质沿垂直于层面方向变化而形成的层状构造。几种常见的层理见图4-5。

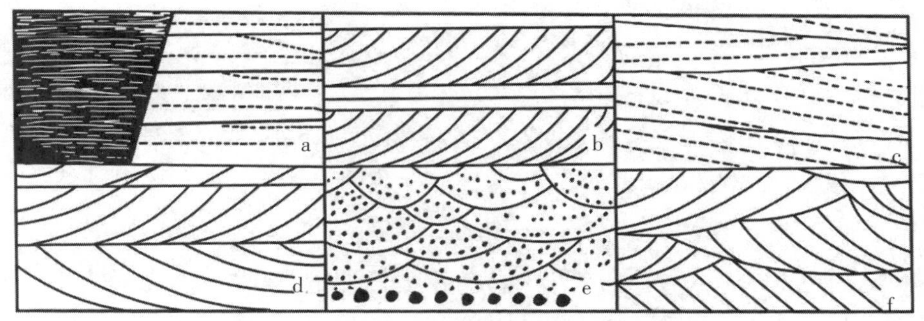

a.水平层理(右)或平行层理(右);　b.单向斜层理;
c.海滩冲洗交错层理;　d.鱼骨状交错层理;
e.槽状交错层理;　f.风成交错层理

图4-5　沉积岩的层理构造

层理通常可分为:

(1)水平层理:各层之间皆呈水平排列。一般形成于较平静的水域环境,如湖盆、海湾。

(2)波状层理:其细层呈波状起伏,但其总的层面是大致平行的。它是由波浪的振荡运动或介质在单向前进运动中形成的。

(3)透镜状层理:以泥质为主的沉积物中,沙呈透镜体产出。

(4)压扁层理:以沙质为主的沉积物中,泥呈透镜体产出。

(5)交错层理:层面互不平行,层内纹层与层面斜交。它是在物质移动方向多变的情况下形成的。在河流相、滨海及三角洲沉积中可见。

(6)逆变层理沉积物颗粒由下向上由粗渐细。通常为浊流沉积的标志。

层面构造系指上下层面中留下的,与岩石成因有联系的各种印模和痕迹。例如,上层面中的波痕、雨痕、干裂;下层面中的槽模、沟模等。沉积岩的结构特征和类型,对岩石的分类和命名具有重要的意义。主要的结构类型有:碎屑结构、泥质结构、化学结构和生物结构。

2. 形成过程

沉积岩形成要经过千辛万苦的过程:地球表面的各种岩石经历风化破坏后形成岩石碎屑、细粒黏土矿物、溶解物质,然后被流水、风、冰川等运动介质搬运到河、湖、海洋等低洼的地方沉积下来,经过长期压实、胶结、重结晶等复杂地质过程,最后形成沉积岩。

裸露于地表的岩石不断地受到风化侵蚀作用,经过"短途"或"长途跋涉",在合适的空间"安家",形成沉积岩。在同一地质历史时期沉积过程中,重力分异作用明显,一般颗粒大、密度大的物质先沉积,颗粒小、密度小的物质后沉积。后形成的沉积岩往往覆盖在先形成的沉积岩的上方,因此先形成的岩层年龄老,后形成的岩层年龄新,具有下老上新的特点。而在某个地质历史时期,如果某些动物或者植物的遗体或遗迹恰巧被保存在沉积物中,则可能形成化石。

3. 主要类型

沉积岩按其成因、物质组成和结构等特征，可分为以下两类(表4-4)。

(1)碎屑岩类。由碎屑物经胶结而成。碎屑岩占沉积岩总量的3/4以上。按成因可分为沉积碎屑岩和火山碎屑岩两种。

沉积碎屑岩是指母岩机械与化学风化的碎屑经胶结而成的岩石。按其粒径大小又可分为砾岩(>2 mm)、砂岩(2 ~ 0.05 mm)、粉砂岩(0.05 ~ 0.005 mm)、泥(<0.005 mm)。火山碎屑岩是介于火山岩与普通沉积岩之间的过渡岩类。它既有火山作用的特征，又有沉积作用的特征(搬运和沉积)。典型的火山碎屑岩，火山物质含量达90%以上，其中可以有10%的陆源碎屑混入物。

表4-4　沉积岩分类

<table>
<tr><th colspan="2">岩类</th><th>沉积物质来源</th><th>沉积作用</th><th>岩石名称</th></tr>
<tr><td rowspan="3">碎屑岩类</td><td rowspan="2">沉积碎屑岩亚类</td><td>母岩机械破碎碎屑</td><td>机械沉积为主</td><td>1.砾岩及角砾岩
2.砂岩
3.粉砂岩</td></tr>
<tr><td>母岩化学分解过程中形成的新生矿物——黏土矿物为主</td><td>机械沉积和胶体沉积</td><td>1.泥岩
2.页岩
3.黏土</td></tr>
<tr><td>火山碎屑岩亚类</td><td>火山喷发碎屑</td><td>机械沉积为主</td><td>1.火山集块岩
2.火山角砾岩
3.凝灰岩</td></tr>
<tr><td colspan="2">化学岩和生物化学岩类</td><td>母岩化学分解过程中形成的可溶物质、胶体物质以及生物化学作用产物和生物遗体</td><td>化学沉积和生物遗体堆积</td><td>1.铝、铁、锰岩
2.硅、磷质岩
3.碳酸盐岩
4.蒸发盐岩
5.可燃有机岩</td></tr>
</table>

(2)化学岩和生物化学岩类。绝大多数的生物化学岩是在海相或湖相环境中由化学或生物化学过程形成的物质组成，具化学结构(显晶或隐晶，鲕状或豆状等胶凝体)和生物结构(含遗体化石)，成分较为单一，种类繁多，常为单矿岩或矿石，例如铝质岩、铁质岩、锰质岩、硅质岩、磷灰岩、碳酸盐岩、盐岩、可燃有机岩等。

(三)变质岩

地壳中已生成的岩石在地壳运动、岩浆活动的影响下，发生了物理、化学条件的变化，并使矿物在成分、结构和构造上产生一系列改变，引起这种变化发生的作用叫作变质作用。经变质作用生成的岩石叫作变质岩。常见的变质岩包括板岩、千枚岩、片岩和片麻岩等。(图4-6)。

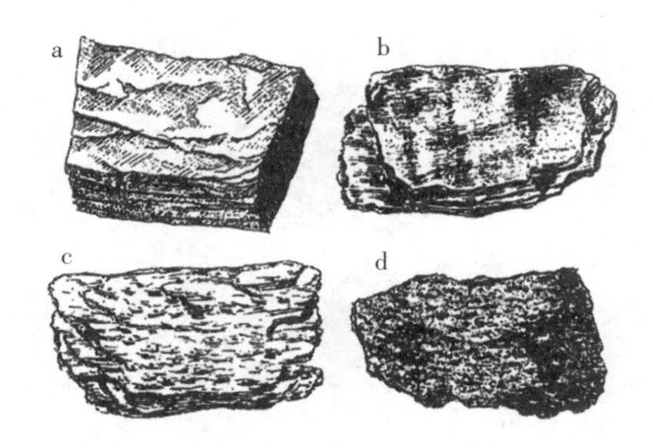

a. 板岩（板状构造）；b. 千枚岩（千枚状构造）；c. 片岩（片状构造）；d. 片麻岩（片麻状构造）

图4-6　几种常见的变质岩

岩石变质主要是因岩石所处环境物理条件和化学条件的改变。物理条件主要指温度和压力，而化学条件主要指从岩浆中析出的气体和溶液。这些条件或者说因素的变化，主要来源于构造运动、岩浆活动和地下热流，因此变质作用属于内力作用的范畴。变质岩形成后还可经历新的变质作用过程，有的变质岩是多次变质作用的产物。（图4-7）

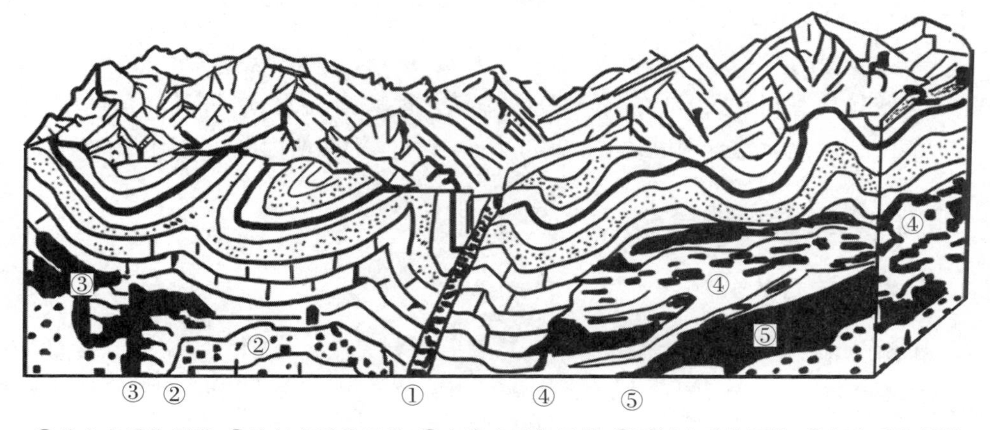

①动力变质作用带；②接触变质作用带；③交代变质作用带；④区域变质作用带；⑤超变质作用带

图4-7　变质作用和变质岩的类型示意图

1. 变质作用的类型

因变质作用的因素和方式不同，变质作用可以有不同的类型，并形成不同的岩石。

（1）动力（碎裂）变质作用。发育在构造断裂带中，由构造应力影响而产生的一种局部变质作用。典型的动力变质岩石是糜棱岩、千糜岩、碎裂岩和断层角砾岩。

（2）接触（热力）变质作用。发育在与侵入岩体相接触围岩中的一种局部变质作用，由侵入岩体的热能使围岩发生变晶作用和重结晶作用，形成新的矿物组合和结构构造，但变质前后岩石的化学成分基本没有变化。接触变质作用的主要因素是温度，典型的接触变质岩石是角岩。

（3）交代（热液）变质作用。又叫气液变质作用，热气体及熔液作用于已形成岩石，使其产生矿物成分、化学成分及结构构造变化。由于岩浆结晶晚期析出大量挥发成分和热液，通过物质交换与化学反应使接触带的岩石发生变质。例如，碳酸盐岩与中、酸性岩浆发生接触交代变质作用产生矽卡岩等。

(4)区域(动力)变质作用。由于区域性地壳活动导致的较大空间的变质作用。影响因素多而复杂，广泛出现于古老结晶基底和造山带中，使岩石形成不同程度的片理构造和不同类型的变质带。

(5)超变质作用。在深度区域变质的基础上，地壳下沉或深部热流继续上升，使原岩发生局部重熔、交代、注入等混合岩化作用，从而形成岩性介于变质岩与岩浆岩之间的各种混合岩。

2. 变质岩的特点

变质岩一方面受原岩的控制，而具有一定的继承性，显示出原岩的某些特征；另一方面由于变质作用，而在矿物成分、结构和构造上又与原岩有明显的差异。变质岩在我国和世界上皆有广泛分布。特别是前寒武纪地层，绝大部分都是变质岩组成的。在古生代及其以后的岩层中，在岩浆体的周围和断裂带附近，也均有变质岩分布。变质岩中含有丰富的金属和非金属矿产。例如，全世界铁矿储量的70%储藏于前寒武纪古老变质岩中。

虽然岩浆岩和变质岩都是内生地质作用的产物，但两者的形成机制和特征有很大的不同。它们之间的主要区别是：前者主要是从流体相(岩浆)结晶转变成固相(岩石)的降温过程产物；后者主要经历了温度和压力的变化，是从一种固相转变为另一种固相的结晶过程。

(四)三大类岩石的分布及其相互转化

1. 三大类岩石的分布

陆壳的特征是厚度较大，具双层结构，即在玄武岩层之上有花岗岩层(表层的大部分地区有沉积岩层)。地表起伏较大(如高山、高原)。厚度较小的洋壳一般只有单层结构，即玄武岩层，其表层为海洋沉积层所覆盖。过渡型地壳的岩石分布特点介于以上两种类型地壳之间。(图4-8)

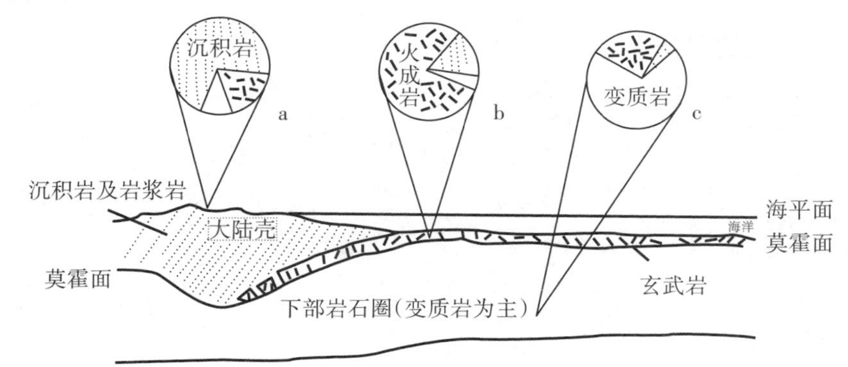

a.按大陆岩石圈(包括大陆邻近海域)表面积进行统计；b.按全球岩石圈表面积进行统计；c.按岩石圈总体积进行统计

图4-8　三大类岩石在岩石圈不同部分的分布

三大类岩石的分布、产状、结构、构造和基本特征，见表4–5。

表4–5　三大类岩石的分布、产状、结构、构造和矿物成分

特点		岩类		
		火成岩	沉积岩	变质岩
分布	按重量	火成岩和变质岩：95%	5%	
	按面积	火成岩和变质岩：25%	75%	
	分布情况	花岗岩、玄武岩、安山岩、流纹岩	页岩、砂岩、石灰岩	混合岩、片麻岩、片岩、千枚岩、大理岩等（区域变质岩最多）
产状		侵入岩：岩基、岩株、岩盘、岩床、岩墙等。喷出岩：熔岩被、熔岩流等	层状产出	多随原岩产状而定
结构		大部分为结晶的岩石：粒状、似斑状、斑状等。部分为隐晶质、玻璃质	碎屑结构（砾、砂、粉砂）；泥质结构；化学岩结构	重结晶岩石：粒状、斑状、鳞片状等各种变晶结构
构造		多为块状构造。喷出岩常具气孔、杏仁、流纹等构造	各种层理构造；水平层理、斜层理、交错层理，常含生物化石	大部分具片理结构：片麻状、条带状、片状、千枚状、板状，部分为块状构造（大理岩、石英岩、角岩、矽卡岩等）
矿物成分		石英、长石、橄榄石、辉石、角闪石、云母等	石英、长石等外，富含黏土矿物、方解石、白云石、有机质等	除石英、长石、云母、角闪石、辉石等外，常含变质矿物，如石榴子石、滑石、石墨、红柱石、矽灰石、透闪石、透辉石、矽线石、蓝晶石等

2. 三大类岩石的转化

地壳中三大类岩石形成的环境和地质作用类型是不同的，火成岩、沉积岩和变质岩彼此都有一定的转化关系，当时间和地质条件发生改变时，任何一类岩石都可以变为另外一类的岩石。出露于地表的岩浆岩、变质岩及沉积岩，在水、冰、大气等各种地表营力的作用下，经表层地质作用（风化、剥蚀、搬运、沉积及成岩作用），可以重新形成沉积岩；地壳表层形成的沉积岩经构造运动的作用可卷入或埋藏到地下深处，经变质作用形成变质岩；当受到高温作用以至熔融时，可转变为岩浆岩；地壳深处的变质岩及岩浆岩，经构造运动的抬升与表层地质作用的风化与剥蚀，又可上升并出露于地表，进入形成沉积岩的阶段。因此，三大类岩石是可以相互不断转化的，如此循环不已，形成地质大循环。（图4–9）

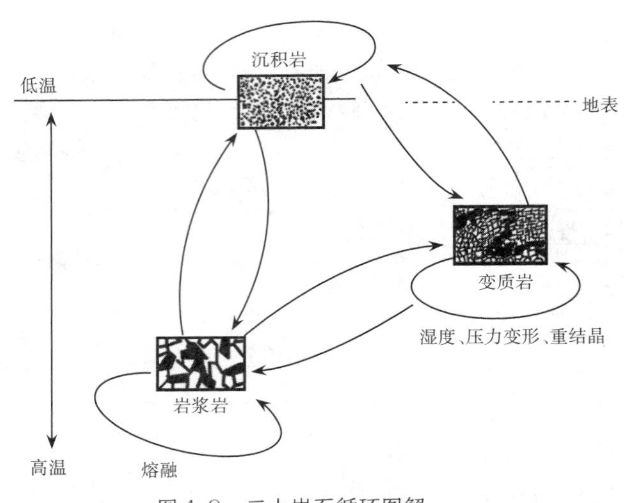

图4-9　三大岩石循环图解

交流与讨论

有人认为岩浆岩是“浴火而生”的岩石，沉积岩是沉积物经压实、固结而来的岩石，变质岩是由老变新的产物；也有人认为一类岩石是由另一类岩石转化而来的。你怎么理解这两种说法？

第二节　构造运动与地质构造

一、构造运动

构造运动是由地球内动力引起岩石圈地质体变形、变位的机械运动，在地壳演变的过程中起着重大作用。构造运动产生褶皱、断裂等各种地质构造，还会引起海陆轮廓的变化、地壳的隆起和拗陷以及山脉及海沟的形成等。

(一)构造运动的一般特点

构造运动具有如下一些基本特点：

1. 具有普遍性和永恒性

地壳自形成以来，在地球的旋转能、重力和地球内部的热能、化学能，以及地球外部的太阳辐射能、日月引力能等作用下，任何区域和任何时间都在发生运动，构造运动将来也不会停止。通常，把新第三纪以来的地壳运动称为新构造运动。

2. 具有方向性

构造运动基本方式有两种：水平运动和垂直运动。水平运动是地壳或岩石圈块体沿大地水准面切线方向的运动。相邻块体因水平运动而相互分离、分裂，或相向汇聚，或侧向错位，年速度通常只有数毫米至数厘米。垂直运动即块体的升降运动。地壳因上升运动而隆起形成山地与高原，因下降运动而拗陷形成盆地与平原，陆地上的海相沉积，高山上的海洋生物化石，山地与高原上的多级古夷平面、分水岭上的古山谷冰川遗迹，山坡上的阶地与河流冲积物，不同地层间的古剥蚀面，海底的陆相地层及相应矿产，冲积平原上的埋藏古土壤与埋藏阶地，都是地壳升降运动的证据。

水平运动和垂直运动是构成地壳整个空间变形的两个分量，彼此不能截然分开，但也不能等同起来看待。它们在具体的空间和时间中的表现常有主次之分，在一定的条件下还可彼此转化。因为在自然界，构造运动的方向不一定都是单纯的水平或垂直方向。比如，一条断层更多的情况是两侧岩层倾斜着相对滑动，其中既有水平位移分量，也有垂直位移分量。除此之外，水平运动往往引起垂直运动，而垂直运动有时也会伴随着水平的位移。

3. 具有非均速性

构造运动的速度有快慢，即使缓慢的运动其速度也不是均等的。总的来说，构造运动的速度在时间上和在空间上都是不均等的，有强有弱。如3亿年前喜马拉雅山还是浩瀚的古地中海的一部分，4 000万年前开始隆升时年平均升高不过0.05 cm，而1862—1932年间，上升速度增为1.82 cm/a。20世纪的最后30年，其上升速度又增到5 cm/a以上。

4. 具有不同的幅度和规模

构造运动规模与幅度的差异性很容易理解。洋脊几乎涉及整个海洋，单个的转换断层通常只波及100 km级范围，青藏高原的整体隆升发生在2×10^6 km^{2}级广大区域内，而柴达木盆地的相对下沉区不过占其1/20。同样，自古近纪以来喜马拉雅山的隆升幅度已超过10 000 m，黄土高原不超过2 000 m。

（二）构造运动与地层接触关系

从地层的岩性、岩相、厚度与接触关系上，都可发现构造运动的痕迹。沉积岩的组分、结构、构造与化石特点也能综合反映地层的岩相古地理情况。沉积厚度也可大致反映地壳沉降的幅度。

地层的接触关系在很大程度上反映了岩石圈的运动。地层的接触关系主要分为整合、假整合与不整合三类，可以清楚反映构造运动的某些特点。（图4-10）

整合，指上下两套地层是连续沉积，未经中断和间断风化的过程。它反映了地壳运动的连续性和运动方式的单一性，一般反映了该区地壳做总体缓慢的升降运动，但始终未露出水平面以上。

假整合，又称平行不整合，指上下两套地层是不连续沉积，因沉积间断而缺失地层，但产状又无明显变化的接触关系。表明曾发生上升运动致使沉积作用一度中断，而后下沉堆积了上覆新地层。

不整合，又称角度不整合，指上下两地层间有沉积间断，时代不连续而且岩性突变，产状呈角度接触。表明老地层沉积后曾发生褶皱与隆升，沉积一度中断而后再下沉接受新沉积。

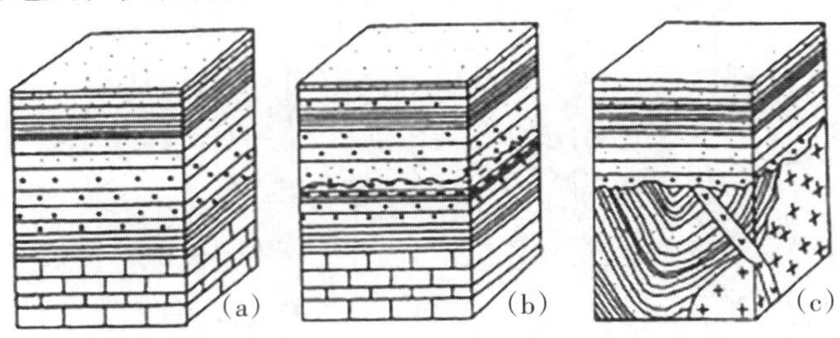

(a)整合接触关系；(b)假整合(平行不整合)接触关系；(c)不整合接触关系

图4-10　地层接触关系示意图

无论平行不整合还是角度不整合，都常具有一些共同之处：有明显的侵蚀面，该面之上常含上覆岩层的底砾岩或者是古老的风化壳；不整合而上下两套岩层之间有明显的岩层缺失，说明沉积作用曾经发生过间断；不整合面上下两套岩层的岩性和古生物等有显著不同。可以认为，不整合面的时间代表了地壳运动的时代。

上述三种接触关系均系沉积岩间的关系。侵入岩体与围岩间，后期沉积岩与前期侵入体间也存在一定的接触关系，即：

侵入接触，指侵入体与围岩的接触关系。侵入体边缘有捕虏体，接触带界面不规则，围岩有变质现象，表明围岩形成在先，岩浆活动或构造运动在后，即围岩老而侵入体新。

侵入体的沉积接触，指后期沉积岩覆于前期侵入体所形成的剥蚀面之上的接触关系。表明侵入体形成后曾因构造上升而遭受剥蚀，而后下沉堆积了上覆新地层，上覆地层年轻而侵入体老。

二、地质构造

岩层或岩体经构造运动而发生的变形与变位称为地质构造。地质构造是构造运动的形迹。引起地质构造的力主要有压应力、张应力和扭应力三类，分别形成压性、张性与扭性构造。层状岩石受地应力作用后，构造变动表现最明显，主要有水平构造、倾斜构造、褶皱构造和断裂构造四种类型。

(一)水平构造

原始岩层一般是水平的，它在地壳垂直运动影响下未经褶皱变动而仍保持水平或近似水平的产状者，称为水平构造。在水平构造中，新岩层总是位于老岩层之上。当地面未受切割情况下，同一岩层形成高原面或平原面。受到切割而顶部岩层较坚硬时，则形成桌状台地、平顶山或方山。软硬岩层相间时形成层状山丘或构造阶地。我国第三系红色砂砾岩产状平缓,遭受侵蚀后常形成顶平、坡陡、形状奇特而多样化的丹霞地貌。不仅东部地区,中西部也同样发育此类地貌(彩图15、16)。

(二)倾斜构造

岩层经构造变动后岩层层面与水平面间具有一定的夹角即倾斜构造。褶曲、断层或不均匀升降运动都可造成岩层的倾斜,其产状由走向、倾向和倾角三要素确定(图4-11)。走向线是指岩层面与水平面的交线,代表岩层在空间的水平延伸方向。倾向线是指岩层倾斜方向的直线,它的方向与走向方位相差90°,倾向线水平投影的方位角为倾向,表示岩层向深部的延伸方向。倾角是倾向线与其水平投影之间的夹角,因倾向线与走向线垂直,故此角最大,称真倾角。构造上部岩层比较坚硬时,经过剥蚀作用常形成单面山与猪背岭等典型地貌。单面山山脊走向与岩层走向一致,两坡明显不对称,与岩层倾向相同的山坡即顺向,坡面平整、坡较缓且坡体较稳定,与倾向相反的山坡即逆向坡,坡面不平整、坡度较陡且坡体不稳定(彩图17)。猪背岭因岩层倾角一般大于40°,因而脊峰更突出,但两坡较对称。

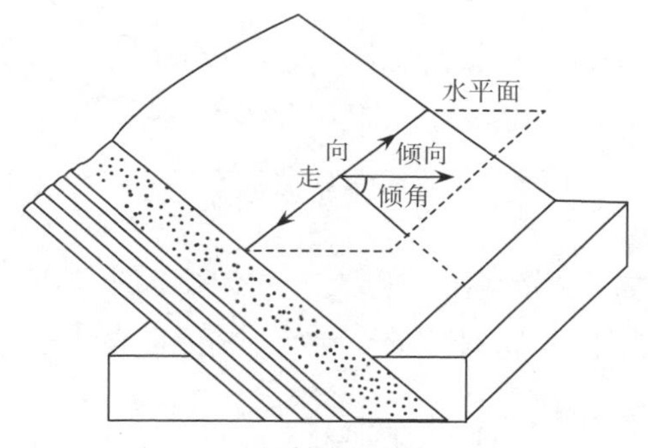

图4-11 倾斜岩层的产状要素

(三)褶皱构造

岩层在侧方压力作用下发生的弯曲现象称为褶皱。褶皱是岩层塑性变形的结果,褶皱构造通常指一系列弯曲的岩层,而把其中一个弯曲称为褶曲。

褶曲的基本类型有两种:背斜和向斜。背斜是核部的岩层相对较老,两翼的则较新;向斜是核部的岩层相对较新,两翼的则较老。目前在地表出露的褶曲或褶皱构造,绝大部分是经过长期风化侵蚀之后才出露的。褶曲构造与地貌的关系,与组成褶曲构造的岩石的抗风化侵蚀的强度及破裂程度联系非常密切。背斜与山丘吻合、向斜与谷地吻合,称为背斜山、向斜谷。但是,由于背斜核部发生于张性破裂,反而容易遭受风化侵蚀与流水深切,因此常出现所谓的地貌倒置现象,顺背斜轴发育的沟谷称背斜谷,相邻背斜谷往往为向斜山。

褶皱主要是由构造运动形成的,它可能是由升降运动使岩层向上拱起或向下拗陷,但大多数是在水平运动下受到挤压而形成的,而且缩短了岩层的水平距离。褶皱能直观地反映构造运动的性质和特征。褶皱的规模有大有小，有时可能只产生大小几厘米的褶皱，有时可形成蜿蜒延伸几十或几百千米的一系列高大山系。世界上大部分山系也正是由于褶皱形成的。如在上石炭纪至二叠纪时期的海西褶皱造山运动隆起的山脉有乌拉尔山、天山、阿巴拉契亚山和澳大利亚东部高地等；在新生代中期的喜马拉雅褶皱作用时期隆起的山脉有喜马拉雅山和阿尔卑斯山。

褶曲包括若干形态要素或几何要素。例如，褶曲岩层的两坡称为翼，使两翼呈近似对称状态的假想面称为轴面，褶曲岩层的中心称为核，轴面与岩层层面的交线称为枢纽，其倾斜则称倾伏，等等。（图4-12）

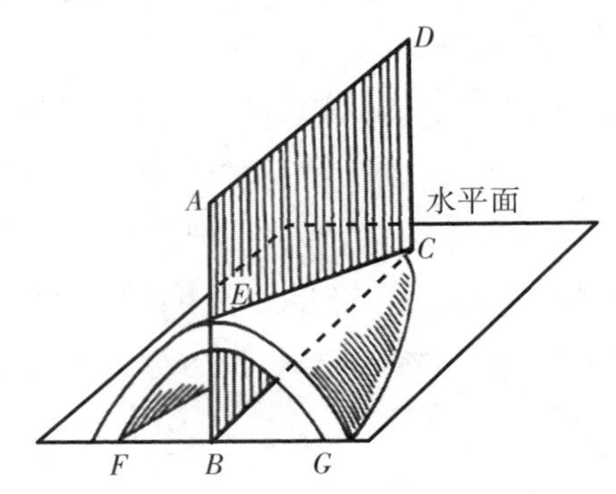

核：B，两翼：EF与EG；轴面：ABCD；轴：BC；枢纽：EC；倾伏端：C

图4-12　褶曲形态要素示意

（四）断裂构造

岩石受应力作用而发生变形，当应力超过一定强度时，岩石便发生破裂，甚至沿破裂面发生错动，使岩层的连续性和完整性遭到破坏，这种现象称为断裂构造。断裂构造按断裂两侧的岩块是否发生明显的滑动，可分为断层、节理两类。

岩石因所受应力强度超过自身强度而发生破裂，使岩层连续性遭到破坏的现象称为断裂，虽破裂而破裂面两侧岩块未发生明显滑动者叫作节理，破裂而又发生明显位移的则称断层。节理面可光滑平直，亦可粗糙弯曲，有张开的也有闭合的。在重力和风化作用下，节理可逐渐扩大。风景名胜区的所谓“试剑石”“一线天”等，绝大多数即张开的节理面。断层在地壳上分布极其广泛，它对矿产的形成和改造、工程基地的稳定和地震的形成等都产生很大的影响。

节理并不完全是由地壳运动引起的，有些节理是由于外力作用，如风化、重力作用等形成的裂隙。因此，根据其成因，节理可分为构造节理和非构造节理两大类。前者由内力作用形成，与褶皱和断层有一定的成因组合关系，产状也比较稳定；后者主要由外力作用而形成，规律性较差，规模也较小。

断层由断层面、断层线、断层盘和断距等要素组成。断层面是岩层或岩体发生断裂时的破裂面，断层线是断层面与地面的交线。断层面两侧的岩块称为断层盘，其中位于倾斜断面之上者为上盘，位于倾斜断面之下的为下盘。两盘相对位移的距离则是断距。按照两盘相对位移的特点进行分类，上盘相对下降的断层是正断层，上盘相对上升的是逆断层。其中断面倾角大于40°为冲断层，小于25°为逆掩断层。沿断层走向即在水平方向上发生位移的是平移断层。两盘沿断面某一点发生旋转的是转捩断层或枢纽断层。断层面直立的是垂直断层。(图4-13)

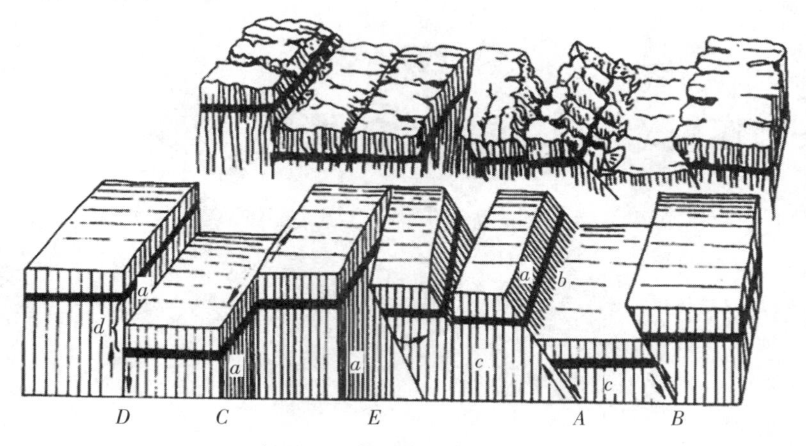

a.断层面；*b*.断层线；*c*.断盘；*d*.断距

A.正断层；*B*.逆断层；*C*.平移断层；*D*.垂直断层；*E*.转捩断层

图4-13　断层要素与断层主要类型

知识拓展

圣·安得列斯大断层

位于美国西海岸的圣·安得列斯大断层(图4-14)，陆地部分长度在1 500 km以上。这条断层由太平洋板块和美洲板块相对运动而形成，自中生代迄今始终在活动，累计位移幅度已达684.2 km。1906年旧金山市的大地震就是沿着这条断层发生的。

图4-14　圣·安得列斯大断层

第三节　地质作用及其对地表形态的影响

一、内力作用及其对地表形态的塑造

内力作用的能量来自地球内部,包括促使地球内部和地壳的物质成分、构造、表面形态发生变化的各种作用,是塑造地球表面形态的主力军。其能量主要包括来自地球自转产生的旋转能和放射性元素衰变产生的热能。内力作用的表现形式有地壳运动、岩浆活动、变质作用和地震等。内力作用的结果,使地球表面变得高低不平,形成高山和盆地。

(一)陆地地貌

根据海拔和形态特征,可将陆地地貌分为山地、高原、平原、盆地、丘陵等地貌类型。这类地貌的形成,也受到外力的改造,但是构造活动起着控制作用。

1. 山地

山地,属地质学范畴,地表形态按高程和起伏特征定义为海拔500 m以上,相对高差200 m以上的高地。山地是一个众多山所在的地域,有别于单一的山或山脉,山地与丘陵的差别是山地的高度差异比丘陵要大,高原的总高度有时比山地大,有时相比较小,但高原上的高度差异较小,这是山地和高原的区别。

山地的规模大小也不同,按山的高度可分为高山、中山和低山。海拔在3 500 m以上的称为高山,海拔在1 000～3 500 m的称为中山,海拔低于1 000 m的称为低山。按成因山又可分为褶皱山、断层山(断块山)、褶皱-断层山、火山、侵蚀山等。褶皱山是地壳中的岩层受到水平方向的力的挤压,向上弯曲拱起而形成的。断层山是岩层在受到垂直方向上的力,发生断裂,然后再被抬升而形成的。喜马拉雅山是典型的褶皱山,江西的庐山是断层山,天山山脉属于褶皱-断层山。

2. 高原

高原是指海拔在500 m以上,面积较大,地面平坦或起伏和缓,四周被陡坡围绕的高地。

按高原面的形态可将高原分为三种类型:第一种是顶面较平坦的高原,如中国的内蒙古高原;第二种是地面起伏较大,顶面仍相当宽广的高原,如青藏高原;第三种是分割高原,流水切割较深,起伏大,顶面较宽广,如云贵高原。

3. 平原

平原有广义和狭义之分:狭义的平原仅指地表平坦、起伏不大的地面,如泛滥平原、剥蚀平原、准平原等;广义的平原则指不论其成因如何,凡海拔不超过200 m的广袤平坦的陆地,甚至泛指海拔200 m以下起伏不大的广大地面,也就是地图上用绿色表示的部分,均称平原。陆地表面的平原主要分布在大河流经的地区以及沿海地带。

4. 盆地

盆地指四周为山地或高原所环绕、中间较低的地区。盆地有大小之分,如我国的四川盆地、柴达木盆地、塔里木盆地,非洲的刚果河盆地等,面积都在100 km^2以上;小的盆地面积只有几平方千米,如我国云贵高原上的“坝子”等。

5. 丘陵

丘陵指地球岩石圈表面形态起伏和缓,绝对高度在500 m以内,相对高度不超过200 m,由各种岩类组成的坡面组合体,起伏不大,坡度较缓,地面崎岖不平,由连绵不断的低矮山丘组成的地形。如我国的东南丘陵、江南丘陵、江淮丘陵等。

(二)海底地貌

1. 大陆架

大陆架是大陆边缘的主体部分,是指从海岸到大陆坡以上的浅海区域,与陆地毗连,下接大陆坡,是从低潮线起逐渐向深海方向倾斜的(不超过1∶1 000)夷平地形。现在国际上公认大陆架是沿海国家领土的自然延伸,宽度变化在0~1 300 km之间,平均宽度75 km。大陆架总长度可达几十万千米,陆架外缘水深不一,平均深度130 m,深者可达550 m,水深在200 m以内的称浅大陆架,水深超过200 m的称深大陆架。我国大陆架的宽度由100 km到500 km不等,水深一般为50 m,最大水深达180 m,属于浅大陆架。大陆架按其成因可分为海侵型、堆积型和磨蚀型三种基本类型。随着科学技术的发展,大陆架已成为人类重要的科研、生产活动基地。

2. 大陆坡

大陆坡又称大陆斜坡,是位于大陆架外围、坡度发生显著变化的地带。大陆坡使大陆架和洋底相联结,是大陆和大洋在构造上的分界或过渡地区,也是地球上规模最大的斜坡,宽度15~80 km,总面积2 800余万 km^2,占海底面积的8.5%,倾角3°~6°,平均倾角4°。大陆坡地形中重要的地貌单元为边缘海台,即位于水深1 000~2 000 m处的台阶和从大陆架延伸下来的水下峡谷(或称海底峡谷)。

3. 海沟

海沟是位于海洋中的两壁较陡、狭长的、水深大于5 000 m(如毛里求斯海沟5 564 m)的沟槽,是海底最深的地方。在地质学上,海沟的产生被认为是海洋板块和大陆板块相互作用的结果。

海沟多分布在大洋边缘,而且与大陆边缘相对平行。地球上主要的海沟都分布在太平洋周围地区,环太平洋的地震带也都位于海沟附近。地球上最深、也是最知名的海沟是马里亚纳海沟,它位于西太平洋马里亚纳群岛东南侧,深度大约11 034 m。

4. 洋中脊

由海底扩张形成,位于大洋中间、纵贯世界大洋的巨大的海底山脉,叫大洋中脊或洋中脊。在地貌上,洋中脊是一条在大洋中延伸的海底山脉;在地质上,是一种巨型构造带,断裂特别发育。

5. 洋盆

洋盆是指位于大洋中脊和海沟之间浩瀚而又比较平坦的大洋洋底部分,平均深度4~5 km,约占海洋面积的44%。洋盆地形主要表现为平原、海丘和各种局部性正向地形,有深海平原、深海丘陵、海山、火山岛、平顶山、海底高地等。洋盆底各种地貌类型的成因与海底岩浆作用、火山作用有关。

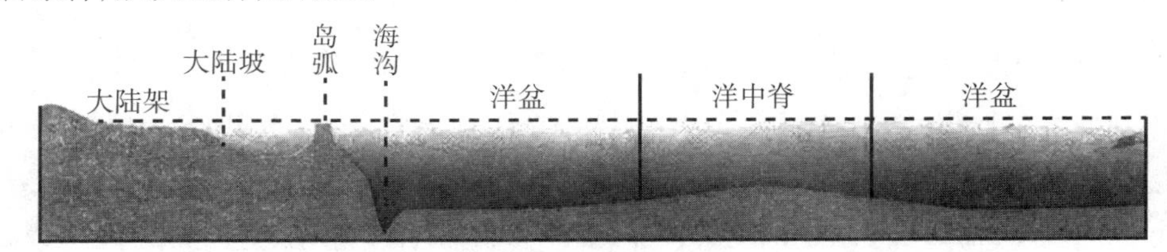

图4-15 海底地貌剖面示意图

(三)火山与地震

火山和地震是地球内力作用中比较快速的一类地壳运动,是人们可以直接观察和感觉的一种自然现象。它们对自然环境和人类生活都有重大的影响。

1. 火山

火山是地下深处的高温岩浆及其有关的气体、碎屑从地壳中喷出而形成的锥状或穹隆状构造。火山喷发是地球内部物质和能量骤然强烈释放的一种形式。火山喷出物既有气体、液体,也有固体。气体以水蒸气为主,并有氢、氯化氫、硫化氢、一氧化碳、二氧化碳、氟化氢等。液体即熔岩,固体则指熔岩与围岩的碎屑,如火山灰、火山渣、火山豆、火山弹、火山块等。

火山可以分为:活火山(现在还处于周期性活动阶段)、休眠火山(有历史记载以来曾经有过活动,但长期以来处于静止状态)、死火山(史前曾经有过喷发活动,但历史时期以来不再活动）。

火山喷发形式有两类：一是裂隙式喷发，是岩浆沿着地壳上的巨大裂缝溢出地表，多见于大洋中脊的裂谷中，是海底扩张的原因之一，陆上则仅见于冰岛拉基火山等个别地方。二是中心式喷发，是呈管状的喷发，又可分为：①夏威夷型或宁静式：只喷发熔岩而没有火山碎屑；②培雷型或爆炸式：喷发时产生猛烈爆炸现象，岩浆酸度愈高、气体含量愈多，其爆炸性也愈强；③中间型：喷发特点介于前两者之间，依喷发力递增顺序又可分为斯特朗博利型、武尔卡型、维苏威型等。

目前全世界有2 000余座死火山，500余座活火山，它们在地球上呈有规律的带状分布。大致分为：①环太平洋火山带。从南美西岸的安第斯山脉起，经科迪勒拉山脉，阿拉斯加、阿留申群岛，再经堪察加半岛、日本、中国台湾岛、新加坡、印尼、新西兰岛，直到南极洲。环太平洋火山带活火山占世界活火山总数的62%，故有“火环”之称。②地中海火山带。横亘于欧亚大陆南部，西起伊比利亚半岛，东至喜马拉雅山以东与太平洋岸的火山带相汇合。③大西洋海底隆起带。北起格陵兰岛，经冰岛、亚速尔群岛，至圣赫勒拿岛。④东非火山带。沿着东非大断裂带分布。我国的火山以台湾岛一带最为活跃，自钓鱼岛至小兰屿就有20余座火山。云南腾冲、新疆于田以南昆仑山中也有小型火山。

2. 地震

由自然原因所引起的地壳震动叫地震。地球内部直接产生破裂的地方称为震源；震源到地面上的垂直投影叫震中；从震源到震中的距离叫震源深度；震源到观察点的距离叫震中距。地震后，在地图上把地面震度相似的各点连接起来的曲线，叫等震线。

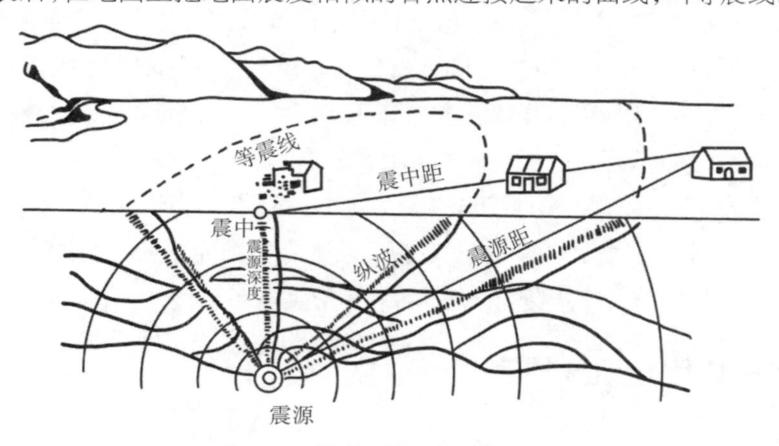

图4-16　震源、震中和等震线示意图

地震只发生于地球表面至700 km深度以内的脆性圈层中。按其深度可分为浅源地震（深约70 km以内）、中源地震（70～300 km）和深源地震（300～700 km）。

地震释放能量的大小用震级表示，通常采用美国里克特（C. F. Richter）提出的标准来划分。目前已知最大地震不超过8.9里氏级。地震对地面的影响和破坏程度称为地震烈度，通常分为12级。烈度的大小与震源、震中、震级、构造和地面建筑物等综合特性有关。

震源愈浅、或距震中愈近、或震级愈大,烈度也愈大。

全球主要地震带(见二维码)包括:①环太平洋地震活动带。全世界地震释放总能量的80%来自这个带,大约80%的浅源地震和90%的中源地震以及几乎全部深源地震都集中在这里。它与环太平洋火山带密切相关,但“火环”与“震环”并不重合。地震多分布于靠大洋一侧的海沟中,火山则多分布于靠陆一侧的岛弧上。②地中海—喜马拉雅带。大致沿地中海经高加索、喜马拉雅山脉,至印度尼西亚和环太平洋带相接。这个带以浅源地震为主,多位于大陆部分,分布范围较宽。③大洋中脊带。地震活动性较弱,释放的能量很小,均为浅源地震。这些地区因板块厚度小,形成年代新,热流值高,故多为小震,较大的地震分布于转换断层处。④东非裂谷带。地震活动性较强,均为浅源地震。

我国地处环太平洋带和地中海—喜马拉雅带之间,是地震较多的国家之一。台湾岛位于环太平洋带上,为我国地震最多的地方;东部其他地区的地震主要发生于河北平原,汾渭地堑,郯城—庐江大断裂(北起沈阳、营口,南经渤海至山东郯城、安徽庐江,直达湖北黄梅)等地;我国西部属于或接近地中海—喜马拉雅地震带,地震活动性较东部强烈,主要分布于青藏高原四周横断山脉、天山南北、祁连山地以及银川—昆明构造线一带。

世界地震带分布

二、外力作用及其对地表形态的塑造

外力作用又称为外营力作用,其能量来自太阳辐射,在地球表面产生风化作用、大气与水的运动和各种各样与生物有关的作用等。地球外营力按其发生的序列则可分为风化作用、剥蚀作用、搬运作用、沉积作用和成岩作用。风化作用是地貌外力的起始环节,岩石只有在风化作用下崩解破碎,才能在重力和各种流体作用力——流水、风、冰川、波浪和洋流等作用下发生运动,塑造各种地貌。外营力地貌主要有流水地貌、喀斯特地貌、风沙地貌、黄土地貌、冰川地貌、海岸地貌、重力地貌等。外营力在内营力作用的基础上对陆地地表进行塑造,相比于内营力作用快得多。

(一)风沙作用与风沙地貌

1. 风沙作用

风是沙粒运动的直接动力,当风速作用力大于沙粒惯性力时,沙粒即被起动,形成含沙粒的运动气流,即风沙流。风沙流对地表物质所发生的侵蚀、搬运和堆积作用称为风沙作用。

风对地表松散碎屑物的侵蚀、搬运和堆积过程所形成的地貌,称风沙地貌。风沙地貌主要分布在干旱气候区,那里日照充足、昼夜温差大,物理风化盛行,降雨少(<250 mm/a)而集中,年蒸发量常超过年降雨量数倍到数百倍,植被稀疏,疏松的沙质地表裸露,风大而

频繁，所以风沙作用就成为干旱区塑造地貌的主要营力。当然，风沙作用并不局限于干旱区，在半干旱区和大陆性冰川外缘等地，也可形成风沙地貌。

2. 风蚀地貌

主要在风蚀作用下形成的地貌，叫作风蚀地貌。风蚀地貌包括许多类型，主要有风蚀石窝、风蚀蘑菇、风蚀谷地、风蚀残丘、风蚀雅丹、风蚀洼地、风蚀城堡等。

(1)风蚀石窝。风蚀作用在岩壁上形成的大小不等、形状各异的洞穴和凹坑。一般形成于大风干燥地区，突兀于空中结构比较松散的岩石表面。它是风携带沙粒及岩屑对岩石凹洼处研磨而成的窝洞或者凹坑，往往成群分布，类似蜂窝。在花岗岩和砂岩岩壁上比较容易发育。大的风蚀石窝又叫风蚀壁龛。

(2)风蚀蘑菇。因为气流含沙的浓度以近地面为高，所以常将孤立岩块磨蚀成上部展宽如帽、下部仅留有支柱的“蘑菇”。(图4-17)

图4-17　风蚀蘑菇

(3)风蚀谷地。在干旱荒漠地区，风对洪流形成的冲沟进行侵蚀改造而形成的谷地。它们沿着主要风向延伸，蜿蜒曲折，有狭长的也有宽广的，长者可达数千米。

(4)风蚀残丘。经长期的风蚀作用形成的、突兀于平坦地面上的残留的岩石小丘。

(5)风蚀雅丹。风吹蚀干燥地区的古代河湖相土状堆积物而形成的，沟槽与垄岗相间的崎岖起伏、支离破碎的地面。

(6)风蚀洼地。由松散物质组成的经风力吹蚀形成的碟形洼地。

(7)风蚀城堡。风力作用于岩层产状近水平的基岩裸露的隆起地面形成的平原，远看就像突立于平地上的颓废了的城堡。

3. 风积地貌

由风积作用形成的地貌叫作风积地貌。风积地貌主要包括各种各样的沙丘和沙堆。按照沙丘形态与塑造沙丘的风向之间的关系，可以把沙丘划分为三大类型：横向沙丘、纵向沙丘和多风向沙丘。

(1)横向沙丘。指沙丘的延展方向或者形态的长轴与主风向垂直或者大致垂直。如新月形沙丘、新月形沙丘链和复合沙丘链就是典型的代表。(图4-18)

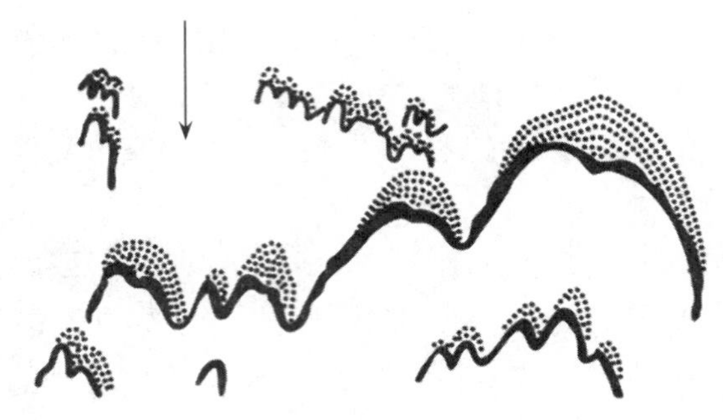

图4-18　新月形沙丘与沙丘链

(2)纵向沙丘。指沙丘的延展方向或者形态的长轴与作用风向平行或者大致平行，如新月形沙垄和复合沙垄等。纵向沙丘的成因有多种：一是在两个锐角相交风的交互作用下，由灌丛沙丘转化而成；二是新月形沙丘在两个锐角相交风的交互作用下，由沙丘的一翼向前延伸而成；三是由纵向卷轴涡流作用而成。纵向卷轴涡流产生于平坦而均一的地面，当它出现时，会将地面沙子吹起，并且将其搬运到双反转的涡流之间的地面上进行堆积，从而形成了顺风向延伸的纵向沙丘。

(3)多风向沙丘。多方向的风共同作用形成的沙丘，由一个尖顶和由尖顶向三个或者三个以上不同方向延伸的棱组成，形态类似金字塔，故又称为金字塔沙丘。它是在三种或者三种以上不同风向的风的作用下形成的，坡度一般在25°~30°，高度通常较大。在塔克拉玛干沙漠南部，一般高度在50~100 m，也有的高达百米以上。

(二)流水作用与河流地貌

1. 流水作用

流水对地表岩石和土壤进行侵蚀，对地表松散物质和它侵蚀的物质以及水溶解的物质进行搬运，最后由于流水动能的减弱又使其搬运的物质沉积下来，这些作用统称为流水作用。流水作用一般可分为侵蚀作用、搬运作用和堆积作用。

(1)侵蚀作用。水流掀起地表物质、破坏地表形态的作用称为侵蚀作用，侵蚀作用还包括河水及其携带物质对地表的磨蚀作用，以及河水对岩石的溶蚀作用。在坡度较大的山地河流中，水流可推动很大的砾石向前移动，这些砾石在向前移动的过程中，互相撞击并磨蚀河床底部。当河水流过可溶性岩石组成的河床时，河水将岩石溶解也是一种很强的侵蚀作用。河流侵蚀作用，按其方向可分为下切侵蚀和侧方侵蚀，下切侵蚀使河床加深，在下切过程中使河床向其源头后退称为溯源侵蚀(或向源侵蚀)。侧方侵蚀的结果是使河岸后退，河谷展宽。

(2)搬运作用。水流在流动中携带大量泥沙并推动河底砾石向前移动的作用，称为搬运作用。河底泥沙和砾石受流水冲力作用沿河床向前滚动或滑动，叫推移作用。河流对水底砂石的推动力与它的流速有关，流速越快，动力越大，推力越强，所以在山区河流当山洪暴发时能将巨大的石块推出山口。河底的砂粒，由于水流而产生的上下压力差，能使一定重量的泥沙颗粒跃起，并被水流带走，称为跃移。较细小的颗粒能悬浮在水中，并被水带走，称为悬移。推移、跃移、悬移是流水搬运作用的最主要方式。当然被水溶解的物质，往往被搬运到更远的海洋中发生化学沉积，这也是一种搬运作用。

(3)堆积作用。流水携带的泥沙，由于条件改变，如坡度变缓、流速变慢、水量减少和泥沙增多等，使流水搬运能力减弱而发生堆积，这种作用称为堆积作用。对一条河流来说，在正常情况下，其上游多以侵蚀为主，下游以堆积为主。但是河流的侵蚀、搬运和堆积三种作用是经常发生变化的。

2. 河流地貌

水流不间断地作用于河谷，而河谷又反过来约束着水流，两者相互作用，形成了各种各样的河流地貌。

(1)河谷。

河谷(图4-19)是以河流作用为主，并在坡面流水与沟谷流水参与下形成的狭长形凹地，是一种常见地貌形态。河谷通常由谷坡与谷底组成。谷坡位于谷底两侧，其发育过程除受河流作用外，坡面岩性、风化作用、重力作用、坡面流水及沟谷流水作用也有不小影响。除强烈下切的山区河谷外，谷坡上还常发育阶地。谷底形态也因地而异，山地河流的谷底仅有河床，平原、盆地河流谷底则发育河床与河漫滩。

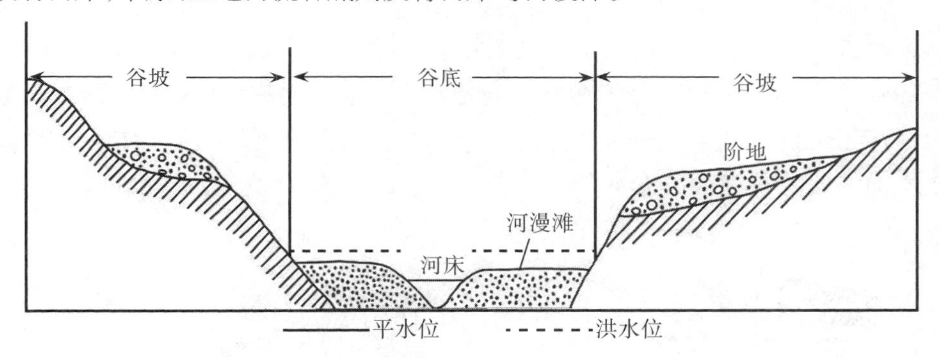

图4-19　河谷断面图

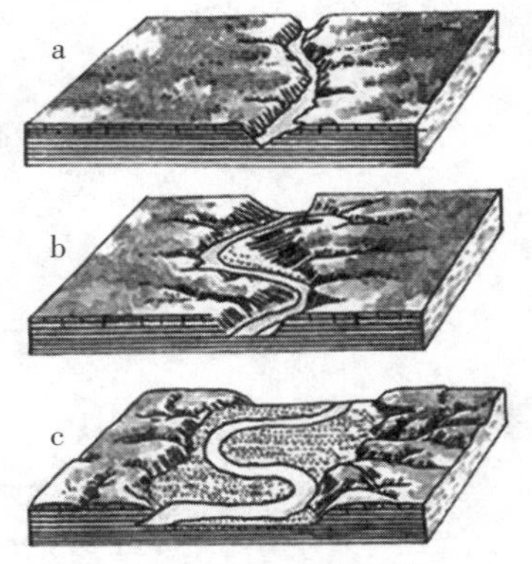

图4-20　河谷的演变

河流发育初期：河流落差大，流速快，能量集中，河流侵蚀作用以向下和向源头侵蚀为主，使河谷不断加深和延长，河谷深而窄，谷壁陡峭，横截面呈“V”形。河流发育中期：“V”形河谷形成后，河流落差减小，河流向下的侵蚀作用减弱，向河谷两岸的侵蚀作用加强，河道开始变得弯曲。河流在凹岸侵蚀，在凸岸堆积，使河道更为弯曲，河谷加宽。河流发育后期：经过漫长的过程，河谷展宽，横剖面呈宽而浅的槽型。(图4-20)

(2)河床与河漫滩。

河床为河谷底部被河水淹没的部分，河漫滩则是汛期洪水淹没而平水期露出水面的河床两侧的谷底，是河流洪水期淹没的河床以外的谷底部分。(图4-21)它由河流的横向迁移和洪水漫堤的沉积作用形成。由于横向环流作用，“V”形河谷展宽，冲积物组成浅滩，浅滩加宽，枯水期大片露出水面成为雏形河漫滩，之后洪水携带的物质不断沉积，形成河漫滩。

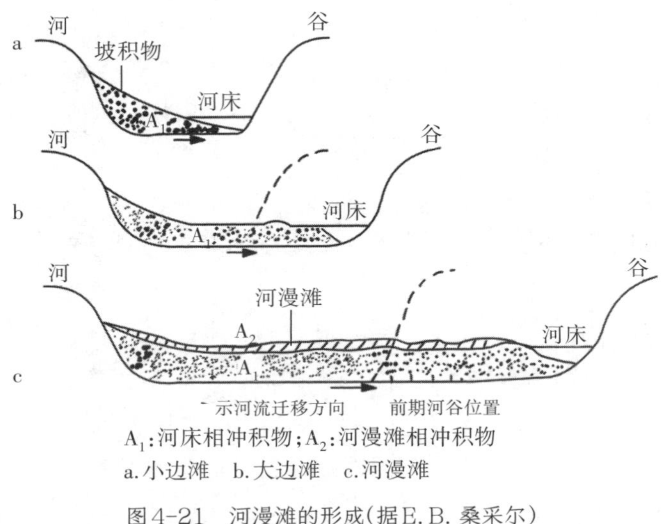

A_1:河床相冲积物;A_2:河漫滩相冲积物

a.小边滩　b.大边滩　c.河漫滩

图4-21　河漫滩的形成(据E. B. 桑采尔)

(3)河流阶地。

原始河床因下切而抬升到洪水位以上并呈阶梯状分布于河谷两侧，即为河流阶地。一般河谷中常有一级或多级阶地，每一级阶地都是由阶地面和阶地坎所组成。阶地面比较平坦，微向河流倾斜。阶地面以下为阶地坎，坡度较大。阶地高度一般指阶地面与河底平水期水面之间的垂直距离。主要包括侵蚀阶地、堆积阶地及基座阶地等。(图4-22、图4-23)

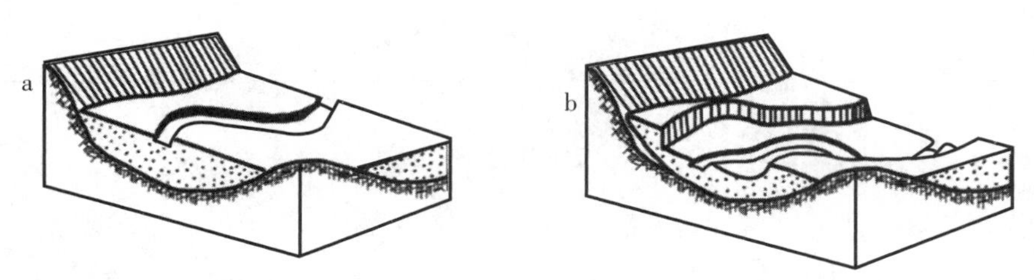

a.河流下切前在河漫滩上流动;b.河流下切后形成一级阶地

图4-22　河流下切形成阶地图示

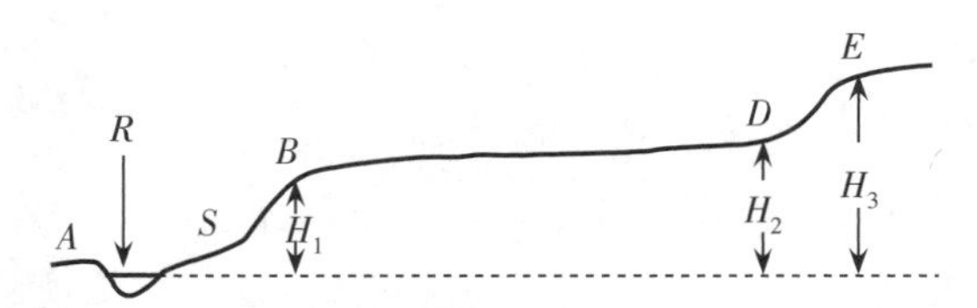

R.河流;A.河漫滩;BD.阶地面;S.一级阶地坎

DE.二级阶地坎;H_1.阶地前缘高度;H_2.阶地后缘高度;H_3.二级阶地前缘高度

图4-23　河流阶地形态要素

(4)三角洲。

三角洲是河流流入海洋、湖泊或其他河流时,因流速减低,所携带泥沙大量沉积,逐渐发展成的冲积平原。根据形态特征差异,三角洲可分为四类:鸟足状三角洲、尖头状三角洲、扇形三角洲(图4-24)以及多岛型三角洲(图4-25)。

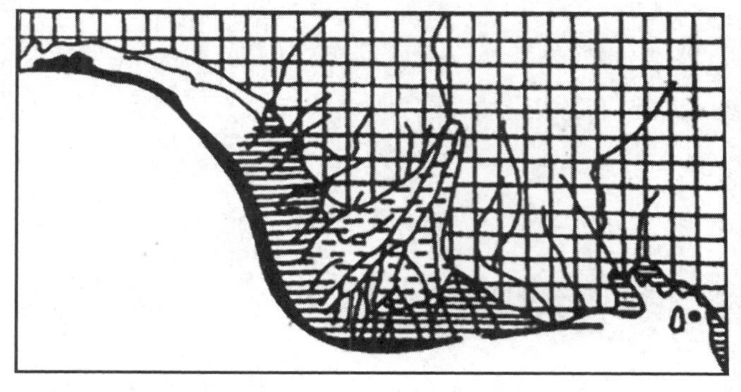

图4-24 扇形三角洲(尼日尔河)

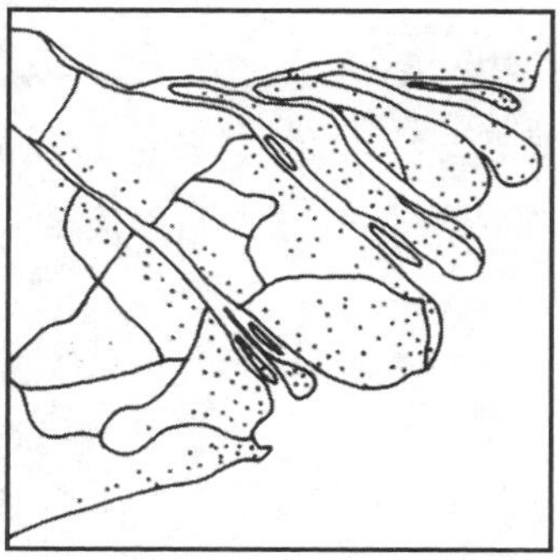

图4-25 多岛型三角洲(湄公河)

(5)洪积扇。

洪积扇因沟谷出口的扇形堆积体如扇形而得名。堆积物来自集水盆及沟谷两侧的侵蚀,它的形成与沟口水力减弱有关。当沟谷流水流出山口转入平地时,流速骤减,同时流水在此分散,使单位流量减小,搬运能力因而大减,结果在出口处形成大量堆积。

在我国西北干旱和半干旱山区,物理风化强烈,碎屑物多,所成的扇形地规模大,面积由数十至数百平方千米。扇顶与扇缘的高差可达百米以上,但地面坡度却很平缓,一般扇顶为6°~8°,边缘为1°~2°。大型扇形地堆积物的分布较有规律,由扇顶至边缘可分为三个沉积相带:扇顶相、扇形相、边缘相(滞水相)。这三个相带是逐渐过渡的,且每次因洪水大小不同而相带的位置也做前后移动。因此,垂直剖面上三个相带往往交替出现。当山麓地带多个扇形地互相连接时,便会成为山前倾斜平原,它在我国西北的天山南、北麓,昆仑山和祁连山北麓分布都很广。

(三)喀斯特地貌

喀斯特地貌在我国又称岩溶地貌,它是由喀斯特作用而成的一种奇特地貌。所谓喀斯特作用即指水(地表水和地下水)对可溶性岩石(如石灰岩)的破坏与改造作用。喀斯特作用及其所产生的地貌及水文现象总称为喀斯特。喀斯特原是南斯拉夫西北部的一个石灰岩高原名称,那里发育着各种石灰岩喀斯特地貌。19世纪末,南斯拉夫学者茨维奇(J. Cvijic)就借用该地名来形容石灰岩的地貌、水文现象,并为后来世界各国所通用,成为专门术语。

喀斯特区的喀斯特作用遍及地表和地下,所成的地貌也分成地表地貌和地下地貌两大类。

1. 地表喀斯特地貌

（1）石芽和溶沟。

溶沟是由地表水沿岩石裂隙溶蚀、侵蚀而成，先由溶痕逐渐扩大成为沟槽。宽20 cm至2 m，深2 cm至3 m，底部常填充泥土或碎屑。而石芽是指可溶性岩石表面沟壑状溶蚀部分和沟间突起部分，即突出在溶沟之间的岩石。石芽为蚀余产物，其类型包括裸露型、半裸露型和埋藏型（图4-26）。热带厚层纯石灰岩上发育形成的高大石芽常高达数十米，成为石林，如我国云南路南的石林，最高超过35 m。

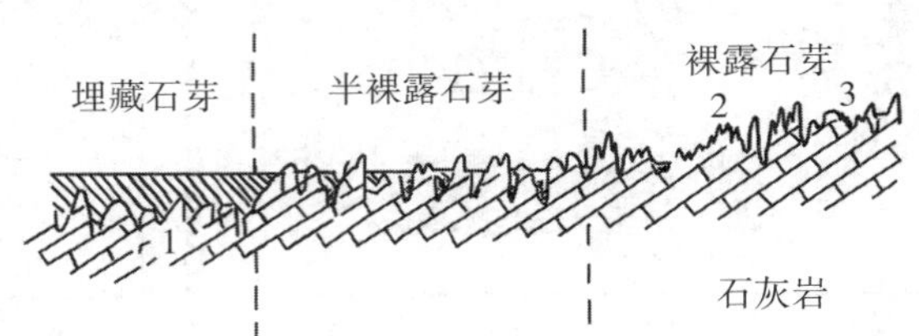

1.山耕式石芽；2.石林式石芽；3.圆滑粗大的埋藏石芽

图4-26　斜坡上的石芽剖面示意图

（2）漏斗。

喀斯特漏斗由流水沿裂隙溶蚀而成，呈蝶状、漏斗状或竖井状，是一种封闭性小型洼地。宽数十米，深数米至10余米，底部有垂直裂隙或落水洞。漏斗可分为溶蚀漏斗、沉陷漏斗和塌陷漏斗。（图4-27）

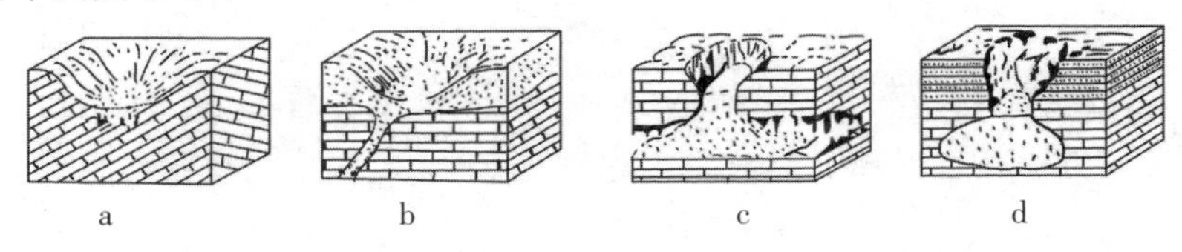

a.溶蚀漏斗；b.沉陷漏斗；c.塌陷漏斗；d.深层塌陷漏斗

图4-27　几种主要的漏斗　（改自杨景春，1985）

（3）落水洞。

落水洞是流水沿裂隙侵蚀的产物，多分布在较陡的坡地两侧和盆地、洼地底部。其宽度一般不会超过10 m，深度可达数十米至数百米。

（4）竖井。

竖井是一种水流垂直流动、洞道垂直或陡倾斜的喀斯特竖向洞穴景观，因地下水位下降，渗流带增厚，由落水洞进一步向下发育或洞穴顶板塌陷而形成，通常其底部达到地下水面或地下河水体。

（5）溶蚀洼地。

溶蚀洼地通常由喀斯特漏斗扩大或合并而成，其面积可达几万平方千米，深度约数十米。周围被石山环绕，四壁陡峭，底部堆积有碎屑物，较为平坦。有时可见漏斗合并的遗迹，如果碎屑堵塞了底部的漏斗和落水洞，洼地会积水成为喀斯特湖。

（6）溶蚀谷地。

溶蚀谷地是由溶蚀洼地进一步扩大融合而形成的，其发育过程受构造影响较大，面积更大，可达数十平方千米至数百平方千米，在我国西南云贵高原及广西等地分布很广，当地称为“坝子”。

(7)峰丛、峰林和孤峰。

峰丛是喀斯特高原向山地转化的初期形态。山体分为上下两部分，上部为分离的山峰，下部连接成基座。基座厚度大于山峰部分，山峰之间多被溶蚀洼地隔开，正是这些洼地的发育，才使原来的高原面分割成为峰丛。

峰林通常由峰丛发育形成，当峰丛石山之间的溶蚀洼地再度垂向发展和扩大直至饱水带时，把峰丛的基座蚀去，成为没有基座的密集山峰群，称为峰林。

孤峰指零星分布于溶蚀平原上的低矮石山，高度数十米。峰林石山进一步发展，高度降低，个数减少，峰林间的盆地扩大成为广阔的溶蚀平原，峰林则演变成为残丘，孤峰是岩溶作用晚期的产物。

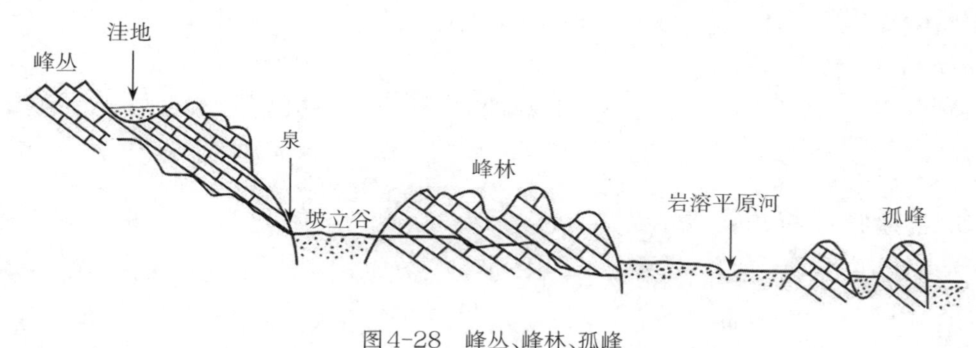

图4-28 峰丛、峰林、孤峰

2. 地下喀斯特地貌

(1)溶洞堆积地貌。

溶洞是地下水沿可溶性岩体各种裂隙溶蚀、侵蚀扩大而成的地下空间。溶洞堆积物多种多样，除了地下河床冲积物如卵石、泥沙等，最常见的溶蚀堆积地貌有石钟乳、石笋、石柱、石幔等。(图4-29)

①石钟乳。

石钟乳是由含碳酸钙的水溶液从洞顶溶隙渗出时，因压力降低和温度升高，使溶液中的二氧化碳溢出，溶液达到饱和状态发生碳酸钙堆积，从而形成一种洞顶下垂的碳酸钙堆积地貌，形如乳状、锥状等。

②石笋。

石笋是从石钟乳末端下滴在洞底上的碳酸钙水溶液由下往上的堆积，形如竹笋，故而得名。

③石柱。

石柱是由向下延伸的石钟乳与向上生长的石笋相互对接时产生的。

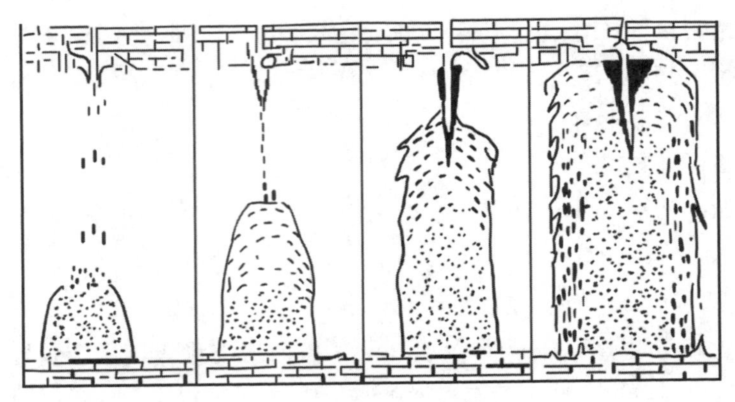

图4-29　石钟乳、石笋和石柱的形成

④石幔。

石幔是洞壁的碳酸钙堆积，由水溶液沿洞壁漫流时产生的碳酸钙层状堆积，光滑如布幔，故而得名。

⑥地下河。

地下河又称暗河，是由于溶蚀作用形成的地下廊道、溶洞和溶蚀组合的一个复杂的喀斯特地下管道系统，为碳酸岩分布区的一种独特喀斯特现象。

3. 喀斯特地貌的发育

理想状态下，地壳上升后长期稳定，石灰岩致密、层厚且产状平缓，将首先发育石芽、溶沟、漏斗和落水洞，继而形成独立洞穴系统，地下水位高低不一。随后，独立溶洞逐渐合并为统一系统，地下水位亦趋一致，地下水位之上出现干溶洞，地下水位附近发育地下河，地面成为缺水的蜂窝状。再后，地面蚀低，浅溶洞与地下河因崩塌而露出地表，地下河陆续转变为地面河，破碎的地面出现溶蚀洼地与峰林。最后，喀斯特盆地不断蚀低、扩大，地面广布蚀余堆积物，形态接近准平原，但仍然残存孤峰。

（四）冰川地貌

极地高纬和高山地区，气候寒冷，大气降水以固体降水（雪）为主，在年平均气温0 ℃以下的地面，终年积雪，往往形成冰川及冰川地貌。冰川作用的地貌主要有两大类，即冰蚀地貌与冰碛地貌，此外还有与冰川有关的冰水地貌。由于大陆冰川与山岳冰川的作用条件不同，所以生成的地貌类型也各异。

表4-6　大陆冰川与山岳冰川地貌类型比较

冰川类型	冰蚀地貌	冰碛地貌	冰水地貌
大陆冰川	冰蚀盆（湖）、羊背山、冰蚀平原	冰碛丘、丘陵、鼓丘、终碛垄	冰水扇、冰水平原、蛇形丘
山岳冰川	冰斗、刃脊、角峰、冰川谷、峡湾、羊背石	终碛垄、侧碛堤、冰碛丘陵	冰水扇

1. 冰蚀地貌

冰蚀地貌主要包括冰斗、“U”形谷、冰盆、冰蚀湖盆与冰蚀峡湾等。冰斗是山岳冰川源头上的一种围椅状盆地，它由陡峭的冰斗壁、凹陷的冰斗底和在冰川出口处高起的冰斗槛三部分组成。大多数的冰斗在雪线附近发育，因为这里的融冻作用比较频繁，容易形成冰川与冰川侵蚀。冰斗发育初期，只是一些积雪洼地，在融冻作用反复进行下，洼地周围及底部的岩石逐渐破碎和崩落，岩屑通过融冻泥流作用搬往洼地以外，洼地加深后积雪量增加，并发育成冰川。此时冰斗内的冰川上部做压缩流、下部做旋转运动，故挖蚀作用特别强烈而造成深凹的冰斗底。在冰川出口处为张力流，冰蚀作用减弱，地势高起成为冰斗槛。如果山岭的两坡发育了冰斗，而且后壁互相靠拢，山岭就变成十分尖锐的锯齿状山脊，称为刃脊。当山峰四周发育了冰斗，其后壁也互相靠拢时，山峰就变得非常尖锐和突出，如金字塔状，这种由冰蚀而成的尖峰，称为角峰。(图4-30)冰斗具有指示雪线的意义，例如当地壳上升或气候变暖时，古冰斗便在今雪线之上。相反，如果气候变冷或地壳下降，古冰斗则在今雪线之下。

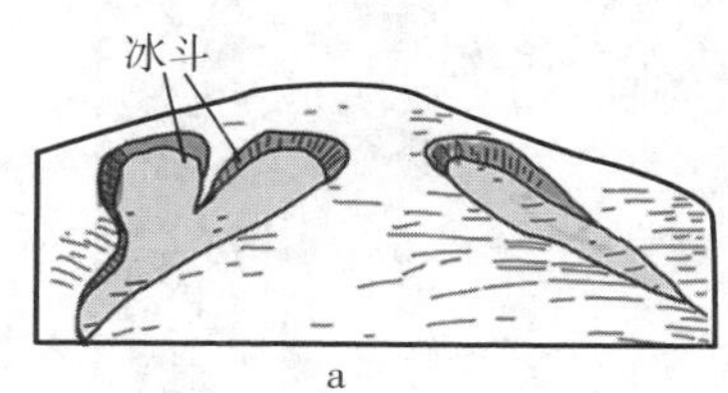

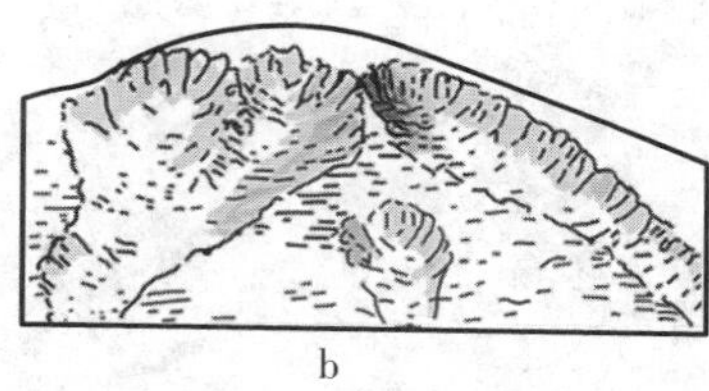

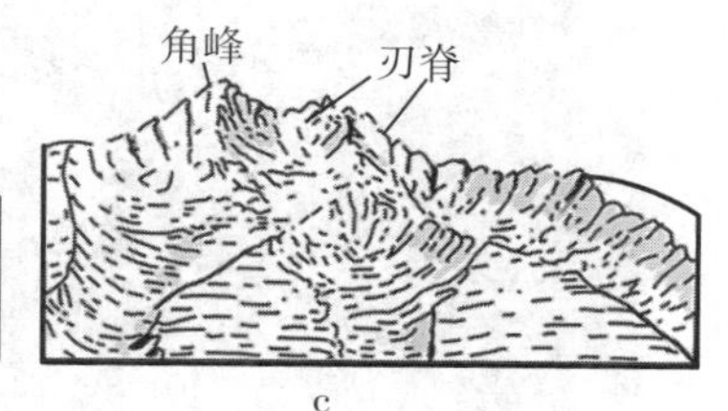

图4-30　冰斗、刃脊和角峰的发育

2. 冰碛地貌

冰川推移、驮运或挟运大量岩块碎屑，在冰体消融的地方留下冰碛物，构成多种多样的冰碛地貌，常见的有侧碛堤、冰砾阜、中碛堤、鼓丘、终碛堤等，还有与大陆冰盖有关的蛇形丘、冰碛带、冰碛丘陵等。侧碛堤、中碛堤与终碛堤分别是分布在冰川一侧、两冰川汇合的中间部位以及分布在冰川尾端的呈“堤”状的冰碛物。冰砾阜是冰川融化后出现在冰川谷一侧的垄状堆积。鼓丘为分布在终碛堤内被冰流挤压过的低丘状冰碛物。蛇形丘是大陆冰盖下的冰融水流堆积物。冰碛带如北美古冰盖南侧由许多条冰碛堤组成。冰碛丘陵为古冰盖融化留下的大量冰碛物所构成的高低起伏不平的地形，其中有的冰碛丘为巨大漂砾，有的曾是蛇形丘，还有的可能就是后来形成的风沙丘。

交流与讨论

对庐山的险峻，毛泽东有诗赞道：“一山飞峙大江边，跃上葱茏四百旋。”庐山位于长江南岸、鄱阳湖之滨，山体拔地而起，四周陡立。在海拔1 100 m左右，却有一片较为平坦的开阔地，并建有一座城镇。是什么力量让庐山“飞峙”于这江环湖绕的平原上？险峻的庐山上为什么会有一片较为平坦的开阔地？

知识拓展

黄土地貌

黄土是我国北方在第四纪冰期时代的风积物，在我国分布广，厚度大。在更新世的冰期时代由风积所形成的黄土层，至全新世以后，由于气候转为暖湿，进入了流水侵蚀为主的地貌作用期，黄土地貌由此形成，并对地理环境和生产活动造成很大影响。

黄土地貌可分为三大类：沟谷地貌、沟间地貌和潜蚀地貌。黄土结构疏松，垂直节理发达，加上可溶性的碳酸钙矿物含量多等原因，使黄土侵蚀、沟谷发育都非常迅速。沟间地貌是指黄土沟谷之间的地貌，主要有黄土高原、黄土岭和黄土丘陵，在当地分别称为塬、梁和峁。潜蚀地貌是由潜蚀作用所造成的，地表水沿黄土空隙和裂隙下渗，然后又在土内进行溶解和带走土粒。这个过程称为潜蚀，由此产生的地貌有黄土碟、黄土陷穴、黄土桥、黄土柱等。

黄土地貌中除了塬面保存得较完整及利用较好以外，其他地貌都受到强烈侵蚀，水土流失严重，是我国开展水土保持工作的重点地区之一。

图4-31　黄土梁

第四节 地球演变

地球约有46亿年的历史,在这漫长的时间里,它经历了多次火山喷发、板块碰撞等。要了解这些经历,研究地层是最主要的途径。

一、地质年代

地质学家们对全球各地的地层和古生物化石进行了对比研究,发现地球演化呈现明显的阶段性变化特征。根据地层顺序、生物演化阶段、岩石年龄等,科学家把漫长的地球历史按照宙、代、纪等时间单位,进行系统性编年,这就是地质年代。地质年代有绝对地质年代和相对地质年代之分。

(一)绝对地质年代

绝对地质年代是通过矿物或岩石的放射性同位素含量的测定,依据放射性元素衰变规律计算出其绝对年龄,即距今天的年数。例如铀铅法,就是利用^{238}U不断蜕变为^{206}Pb($1\ g\ ^{238}U$一年可衰变出$7.4\times10^{-9}\ g\ ^{206}Pb$),分析岩石中含铀矿物的铀、铅比例,就可计算出此岩石的绝对年龄。目前常用的同位素测年法有U-Th-Pb法、K-Ar法、Rb-Sr法、Re-Os法、I-Xe法、Sm-Nd法、铀系不平衡法、Ra法、C14法等,其中有些适用于较长年代的测定,有的则适用于较短年代的测定。

21世纪以后,在以地球时间(Earthtime)为代表的地质年代学共同体努力下,同位素地质年代学在高精度、高空间分辨率和高效率等维度取得长足进步,与其他学科的结合也更加紧密深入。

(二)相对地质年代

相对地质年代是指地层的生成顺序和相对的新老关系。它只表示地质历史的相对顺序和发展阶段,不表示各个时代单位的长短。确立相对地质年代的主要依据是:

1. 地层的形成顺序

在层状岩层的正常序列中,先形成的岩层位于下面,后形成的岩层位于上面,这一原理称地层层序律,也称叠覆原理。根据岩层空间几何位置的上下叠置关系,可以判定岩层形成时间的早晚,这是由丹麦地质学家N.斯泰诺通过对意大利托斯卡纳地质构造的观察首先提出的。

2. 古生物化石

依照生物的演化规律，生物界总是从简单到复杂、从低级至高级不断进化，是不可逆的。地质时代越早的生物，越简单、低级；时代越晚的生物，越高级、复杂。这样，我们就可以根据岩层中所含化石或化石群的种类来确定其相对的新老关系，进而确定其相对的地质年代（特别是标准化石，划分地层时代的意义更大），这就是化石层序律。利用这个原理还可以进行地层对比，当不同地区的地层中含有相同的化石时，不论其相距多远，都属于同一时代。如莱氏三叶虫只出现在早寒武世，因此不论哪里，凡含莱氏三叶虫化石的地层必属早寒武世。

3. 地壳构造运动的分析

区域性的大规模地壳运动，常引起沉积环境、岩性及生物界的重大变化，据此可作为地史不同阶段划分的重要依据。如在早古生代末，欧洲发生一次强烈的地壳运动（称加里东运动），形成加里东褶皱带。除欧洲外，全球各地都受到这一地壳运动的不同程度的影响，所以加里东运动就成为早古生代与晚古生代划分的标志。

地球演变学说

地质年代表

（三）地质年代表

根据上述原则，结合岩性特征，就可对地层进行划分和对比，建立一个地区性甚至是全球性的地层层序系统，每一个地层代表着它形成的相应地质年代。综合世界各地区域性的地层研究和对比资料，现在已建立了一个国际通用的年代地层系统和相应的地质年代表，见二维码。

二、地球演变简史

（一）前寒武纪

前寒武纪是自地球诞生到距今5.41亿年的漫长时期，包括了冥古宙、太古宙和元古宙，约占地球历史的90%。在此期间，地球的大气层、海洋和陆地慢慢形成，地球也从一个毫无生机的星球变成多种原始生命的家园。

生命的出现和演化与大气层中氧气的增多密不可分。地球形成之初，大气的主要成分是二氧化碳、一氧化碳、甲烷和氨，缺少氧气。冥古宙时期，地球上只有一些有机质，没有生命的迹象。到了太古宙，在距今约35亿年前，出现了蓝藻等原核生物，蓝藻能够通过光合作用制造氧气。元古宙时，蓝藻大暴发，蓝藻细菌向大气中排放出了大量的O_2，随着O_2增多，大气中还原性气体减少，大气成分开始发生改变，生物也因此得到进一步发展，演化出真核生物和多细胞生物。

前寒武纪地壳较薄，这个时期火山、岩浆活动较为剧烈且频繁，提供了某些矿产形成所需要的高温高压等特殊条件，大量元素通过岩浆活动到达地面，是重要的成矿时期，大量的铁、金、镍、铬等矿藏出现在这一时期的地层中。

(二)古生代

古生代意为“远古的生物时代”，可分为早古生代和晚古生代。古生代共含6个纪，其中早古生代包括寒武纪、奥陶纪、志留纪，晚古生代包括泥盆纪、石炭纪和二叠纪。

古生代期间地壳运动剧烈，许多地方反复上升和下沉，海陆格局发生了多次大的变迁。元古代末的泛大陆在寒武纪分裂为冈瓦纳大陆、北美大陆、欧洲大陆和亚洲大陆。奥陶纪发生加里东运动，是古生代早期地壳运动的总称，主要指志留纪至泥盆纪形成山地的褶皱运动，加里东运动的完成标志着早古生代的结束。加里东运动使华夏板块向北俯冲，最终与扬子板块碰撞在一起，构成了一个更大的板块——华南板块。当加里东运动终结后，整个地壳比较稳静，这时没有褶皱运动，海西早期(泥盆纪至石炭纪)只有升降运动，形成了许多陷落盆地群。从石炭纪末到二叠纪，为海西运动的后半期，海西褶皱运动将俄罗斯地块和西伯利亚地块连接起来，这样就形成了亚欧大陆的雏形。石炭纪末期，地球各块大陆汇聚成一个整体，称为联合古陆(推测的曾在地史时期存在的超级古大陆)。(图4-32)

图4-32　联合古陆

图4-33　三叶虫化石

早古生代是海洋无脊椎动物与低等植物空前繁盛的时代。寒武纪时期节肢动物三叶虫与腕足动物数量大增，海生植物出现向海生动物过渡的迹象。奥陶纪时期腕足动物、角石笔石、鹦鹉螺与珊瑚等成为世界性广布种，原始鱼类出现。志留纪后期真正的鱼类与维管束植物相继出现。晚古生代海生无脊动物因生活环境变化而种类、数量大减，鱼类进入全盛期。石炭纪、二叠纪两栖动物进一步发展，以致有“两栖动物时代”之称，爬行动物开始发展。晚古生代，蕨类植物繁盛，形成了茂密的森林，是地质历史上重要的成煤期。

总之，古生代早期是海生无脊椎动物与低等植物繁荣的时代，晚期则是植物及脊椎动物登上大陆的时代。

古生代末期，发生了地球生命史上最大的物种灭绝事件（又称泥盆纪大灭绝）。3.77亿年前的一天，地球忽然开始剧烈晃动，大量高温气体从西伯利亚地区的海床裂缝中喷出，杀死了大量生物。紧接着，3 000亿 km^3 的岩浆喷涌而出，摧毁了附近所有的珊瑚礁和其他生物。这次灭绝事件的时间范围较宽，规模较大，受影响的门类也多。当时浅海的珊瑚几乎全部灭绝，赤道浅水水域的珊瑚则全部灭绝，深海珊瑚也部分灭绝，层孔虫几乎全部消失，竹节石全部灭亡，浮游植物的灭绝率也达90%以上，腕足动物中有三大类灭绝，无颌鱼及所有的盾皮鱼类受到严重影响。陆生植物以及淡水物种，比如原始爬行动物，也受到影响。几乎95%的物种从地球上消失，古生代由此告终。

（三）中生代

中生代意为“中间的生物时代”，因介于古生代和新生代之间而得名，包括三叠纪、侏罗纪和白垩纪。

在中生代，造山运动普遍而强烈。欧洲有旧阿尔卑斯运动，美洲有内华达运动与拉拉米运动，中国为印支运动与燕山运动。褶皱、断裂与岩浆活动极为活跃，中国大陆的基本轮廓即在此时建立。

这一时期爬行动物盛行，尤其是恐龙，在侏罗纪和白垩纪空前繁盛，因此中生代也被称为“爬行动物的时代”。中后期，一些爬行动物进化出羽毛，开始向鸟类发展，小型哺乳动物也开始出现。裸子植物在中生代极度兴盛，在陆地植物中占主要地位。中生代也是主要的成煤期。

中生代末期也发生了物种大灭绝事件，绝大多数物种从地球上消失，包括我们所熟知的恐龙，成为中生代结束的标志。关于这次物种大灭绝的原因，人们仍在不断研究。目前，普遍认同的是小行星撞击理论。据研究，当时曾有一颗直径7～10 km的小行星坠落在地球表面，引起一场大爆炸，把大量的尘埃抛入大气层，形成遮天蔽日的烟尘，导致植物的光合作用暂时停止，恐龙因此而灭绝。

（四）新生代

新生代是“最近的生物时代”，分为古近纪、新近纪和第四纪。

联合古陆在新生代最终解体，各大陆板块漂移到现在的位置，形成了现代海陆分布格局。这时期地壳运动剧烈，如著名的喜马拉雅运动，这一运动使中生代东西横贯的古地中海（特提斯海）褶皱隆起，形成地球上横贯东西的高峻的年轻褶皱山脉，如北非的阿特拉斯、欧洲的比利牛斯、阿尔卑斯、喀尔巴阡，以及向东延伸的高加索、喜马拉雅等山脉。

新生代被子植物高度繁盛，森林植被在原有针叶林基础上出现了常绿阔叶林、落叶阔叶林等，从而变得多样化，草原面积也扩大，哺乳动物快速发展，生物界逐渐呈现现代面

貌。第四纪出现了人类，这是生物发展史上的重大飞跃。(图4-34)

图4-34　早期人类

第三纪气候温暖而潮湿，强烈造山运动后大气环流系统发生变化，许多地方趋向干冷。青藏高原的隆起给东亚季风环流以巨大影响，华中、华南发育暖湿森林。第四纪温带与两极进一步变冷，地球再次发生大规模冰川作用并经历了多次冰期与间冰期。

知识拓展

为什么把寒武纪作为显生宙的开始

科学家在研究古老地层时发现，距今5.41亿年以前，地层中埋藏的化石以藻类化石和软体动物留下的遗迹化石为主，生命形态都很简单。而此后动物化石的数量和种类都呈爆发式增长，并出现了大量有硬壳或骨骼的动物化石，生物结构也呈现出越来越复杂的趋势。因此科学家将硬体生物的大量出现，作为划分一个新的地质年代的标志，并将这一地质年代命名为寒武纪。寒武纪也代表地球上有大量生物开始出现的新时期，显生宙由此开始。之前漫长的时期，由于地球上生物稀少，被统称为前寒武纪。

本章小结

本章从地壳的物质组成、构造运动与地质构造、地质作用及其对地表形态的影响和地球演变四方面简要介绍岩石圈。岩石按照成因可以分为火成岩、沉积岩和变质岩三大类，它们之间可以相互转换，使得岩石圈的物质处于循环转化中。板块运动形成了地球的基本面貌，如陆地上大规模的山系、高原、海底延绵的山脉和狭长的海沟。地壳运动是塑造地表形态的重要内力，它常使得岩层断裂和变形，形成构造地貌。褶皱和断层是常见构造地貌。地表形态是内力和外力共同作用的结果。内力作用使地球表面变得高低不平，形成高山和盆地，是塑造地球表面形态的主力军，对地壳物质的形成和发展起主导作用，也是形成地形的基本力量。外力作用通过风化、侵蚀、搬运、堆积等方式对地表形态进行塑造，形成了风沙地貌、流水地貌、喀斯特地貌、冰川地貌等地貌形态。对地层和化石的研究是了解地球历史的主要途径。地球的演化历史可分为前寒武纪、古生代、中生代和新生代，其中新生代是人类诞生的时代。

思维导图

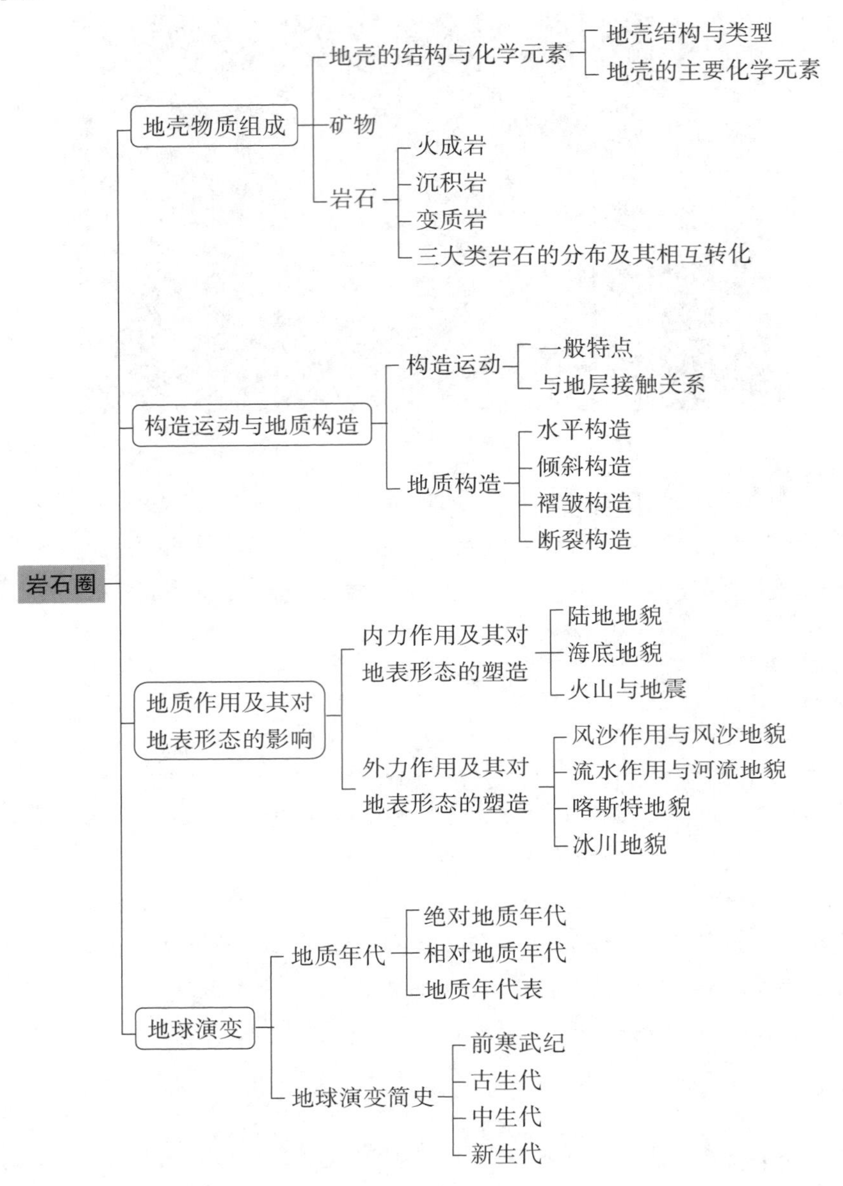

思维与实践

1.造岩元素指哪些化学元素？如何从造岩元素组成看出，地壳大体是一个以硅酸盐矿物为主的集合体？

2.通过查找资料，搜集地壳矿物对生物体健康影响的具体实例，并思考人类该如何正确利用矿物。

3.在三大类岩石中任选其一，说一说其最显著的特征是什么。

4.试用板块构造学说，解释大陆漂移和海底扩张现象。

5.寻找并观察某一地理景观，思考其属于哪种地质构造（地貌），并撰写观察报告。

6.黄土高原千沟万壑景观形成，除了自然原因外，还有人为原因。想想看是什么人为原因，如何治理黄土高原的水土流失？

7.简述流水地貌的基本类型及其特点。

参考文献

[1]缪启龙，等.地球科学概论[M].4版.北京：气象出版社，2016.

[2]王建.现代自然地理学[M].2版.北京：高等教育出版社，2010.

[3]毛明海.自然地理学[M].杭州：浙江大学出版社，2009.

推荐阅读

[1]刘南威.自然地理学[M].3版.北京：科学出版社，2014.

[2]杨达源.自然地理学[M].2版.北京：科学出版社，2011.

[3]伍光和，等.自然地理学[M].4版.北京：高等教育出版社，2008.

[4]张妙弟.中国国家地理百科全书：陕西、甘肃、青海、宁夏[M].北京：北京联合出版公司，2016.

[5]李献华，李扬，李秋立，等.同位素地质年代学新进展与发展趋势[J].地质学报，2022，96(1)：104-122.

实验内容

实验九、模拟火山喷发。

实验十、矿物形态和物理性质的认识。

实验十一、三大类岩石的观察与鉴定。

第五章 大气圈

解落三秋叶，能开二月花。过江千尺浪，入竹万竿斜。

——唐·李峤《风》

☆ 学习目标

1. 能说出大气的物质组成、垂直结构及热量来源，能描述太阳辐射、地面辐射和大气逆辐射等辐射基本知识，学会用大气逆辐射的保温效应解释全球变暖现象，培养科学思维能力。

2. 能阐述水的蒸发和凝结等现象以及降水的形成过程。

3. 能解释大气的水平运动、大气环流，说明影响天气的主要因素，阐述主要天气系统的形成过程；能运用天气学的基本理论，解释人类活动对大气/天气的影响，树立保护大气、防止大气污染的环保意识。

4. 能说出影响气候的主要因素，描述世界主要气候类型及其分布。

5. 能概括人类活动对气候的影响，关注全球气候变化及其应对策略，树立合理利用气候资源，有效防御气候/气象灾害的意识。

大气圈即包围地球的大气层。大气圈是气候系统的主体部分，也是最活跃的部分，是影响天气和气候形成与变化最重要的圈层。大气圈对地球具有重要的保温作用，使地球表面平均温度长期维持在15 ℃。在地球上，人类和其他生物依赖周围大气的压力、温度和其中的物质成分而生存。因此，如果没有大气，地球上就没有生物，也就没有人类。反过来，人类和其他生物对大气物质组成及其运动变化也具有重要影响。

第一节　大气的组成和热能

一、大气的组成

大气由多种气体以及悬浮其中的液体和固态杂质组成，包括干洁空气、水汽和气溶胶三部分。

（一）干洁空气

大气中除水汽以外的气体部分统称为干洁空气。干洁空气的主要成分包括氮气、氧气、氩气和二氧化碳，此外还有少量的氢气、氖气、氙气、臭氧等气体，其中大部分为氮气和氧气，二者分别占总体积的78.08%和20.95%，共约占99%。干洁空气的各成分对天气、人类及其他生物的活动分别起着不同的作用。其中受关注最多的是氮气、氧气、二氧化碳和臭氧。

大气的组成

氮是地球上生命体的基本成分。大气中的氮气，有极少数可以被土壤细菌所摄取，并被植物所利用。如豆科植物可通过根瘤菌的作用，直接将大气中的氮元素改造为易被植物吸收的养料。

大气中的氧气是一切生命所必需的，动植物的生长都不能缺少它。其主要由藻类等植物的光合作用产生。氧是化学性质高度活跃的元素，易与其他元素发生化合作用，自然界许多物质的变化过程都有氧参与。例如，有机物的降解需要氧气的参与，人和其他动物都需要在氧气的参与下进行呼吸作用，以获得热能和维持生命。

二氧化碳只占干洁空气容积的0.039%，自然条件下，主要由生物呼吸过程和有机物的腐烂、降解产生。人类工业活动导致的化石燃料的燃烧，也排放了较多二氧化碳到大气中。二氧化碳是最重要的温室气体之一，对太阳短波辐射吸收率较低，但能有效吸收地面长波辐射，同时又能向周围空气和地面放射长波，从而对低层大气和地面起保温作用。绿色植物在光合作用过程中将二氧化碳转化为固态的碳水化合物，是人类和其他动物重要的食物来源之一。

臭氧在大气中的占比很小，其产生过程主要是在太阳短波辐射下，氧分子通过光化学反应分解为氧原子；极其活泼的氧原子再与其他氧分子结合，形成臭氧。另外，在有机物的氧化和雷雨闪电作用下，大气中也能形成臭氧。臭氧在大气层中的分布随高度和纬度的变化而变化。从地表向上10 km开始，随高度增加，臭氧含量逐渐增加，在20～25 km处达到最大值，再继续往上，臭氧含量逐渐减少，到55 km以上含量已经极少。在20～25 km高度处，受太阳辐射的影响，氧气和氧原子的含量都较高，因此最适合臭氧的形成，这一层也叫作臭氧层。臭氧能大量吸收太阳光中的紫外线，减轻紫外线对地球上生物的伤害。同时，臭氧也是重要的温室气体之一。

（二）水汽

大气中的水汽来源于江、河、湖、海以及潮湿物体表面的水分蒸发和植物的蒸腾作用。水汽在大气中的含量通常随地区和时间变化而有明显差异。一般来说，地面附近大气中的水汽含量随纬度增加而减少；离海洋愈远水汽含量愈少，内陆沙漠上空水汽含量接近于零，而在温暖的海洋或热带丛林上空，水汽含量可高达3%～4%。通常，夏季气温高，水蒸发旺盛，大气中的水汽含量较高，而冬季大气中水汽含量相对夏季较低。

水汽也是重要的温室气体，它既能够吸收太阳的长波辐射，也能吸收地面的长波辐射，对地球起到保温作用。因具有固、液、气三态互相转化的物理特性，水的三相变化在云、雾、雨、雪、霜、露等天气现象形成和变化过程中扮演了重要角色，对天气和气候的形成与变化至关重要。水在相态变化过程中，会吸收或放出大量的热量，是热量传输的重要途径。因此，水汽也是地球上能量和物质传输的重要纽带。

(三)气溶胶

悬浮在大气中的固体和液体微粒,统称为大气气溶胶,其主要来源于火山爆发、燃烧时形成的烟尘、风吹起的灰尘、宇宙尘埃、海浪溅起的盐粒、细菌、微生物、植物花粉等。它们多分布在大气的底层,且随着时间、地区和天气条件的不同而变化。通常陆上多于海上、城市多于农村、冬季多于夏季。固体杂质是大气中水汽凝结的必要条件,对成云致雨有重要作用。但如果含量过高,会污染空气、影响能见度,给人类带来危害。如随着工业、交通的发展,人类活动向大气中排放了很多的污染物质,包括工业生产过程中排放的烟尘、粉尘等。液体微粒是悬浮于大气中的水滴和冰晶等水汽凝结物,多以云、雾等形式存在,对气候有很大的影响。

知识拓展

$PM_{2.5}$

$PM_{2.5}$被定义为大气中粒度≤2.5 μm的颗粒物,又称"细颗粒物",其大小相当于头发丝直径的1/4,但实际上,大多数的$PM_{2.5}$只有大约0.1 μm。$PM_{2.5}$是常见大气污染成分之一,对大气质量、大气能见度和人体健康均有极其重要的影响。并且,与较大的大气颗粒物相比,$PM_{2.5}$粒径小、活性强,更易吸附有毒有害物质(例如重金属、病毒等),且在大气中的停留时间更长、移动距离更远,因而对人体健康和大气环境质量的影响更大。研究表明,长期暴露于$PM_{2.5}$污染环境中,有可能引发呼吸系统的慢性疾患甚至癌症。有调查结果表明,2019年全球约有400万人因为$PM_{2.5}$的影响而死亡。

$PM_{2.5}$成分相当复杂,包括尘土、有机物(如烃类、醇类、醛类、酮类、多环芳烃类等有机化合物)以及重金属、病毒和细菌等有毒有害物质。$PM_{2.5}$的来源也十分复杂,包括自然源和人为源。自然源主要为进入空气的风尘、扬尘、海盐等。人为源包括一次污染物和二次污染物。其中,一次污染物主要指人类活动排放的烟尘和粉尘、汽车尾气(特别是柴油车尾气)、一手烟和二手烟、厨房油烟等,二次污染物指排放到大气中的一次污染物经过化学反应过程转化形成的硫酸盐、硝酸盐等。不同地区大气中$PM_{2.5}$的成分和来源有很大的差异,如广州、上海等南方城市大气$PM_{2.5}$中二次无机成分含量较高,可达60%,而西安、北京等北方城市大气$PM_{2.5}$中一次燃煤成分含量较高。这无疑增加了$PM_{2.5}$空气污染治理的难度。

在2010年前后,我国$PM_{2.5}$空气污染较为严重,在习近平总书记"绿水青山就是金山银山"等理念指导下,我国采取了严格的措施治理$PM_{2.5}$等导致的大气污染,包括颁布《大气污染防治行动计划》《中华人民共和国大气污染防治法》等法律法规。近年来我国空气污染状况已显著改善。最近的研究结果也表明,从2013年以来我国长江三角洲、京津冀、珠江三角洲、川渝等地区$PM_{2.5}$含量逐年降低。在2020年,全国337个地级及以上城市中已有202个城市环境空气质量达标,占比约为60%。337个城市中平均优良天数比例达到87%,也呈现上升趋势。虽然我国在大气污染治理方面取得了重要成果,但也要认识到我国目前面临的$PM_{2.5}$污染问题依然严峻,仍有很长的大气污染防治之路要走。

二、大气的垂直结构

大气层的厚度在1 000 km以上，但没有明显的界线，大气的总质量约为5.14×10^{18} kg。其中，约50%的物质集中在离海平面5.5 km的大气层内，离地面36～1 000 km范围内大气物质只占大气总质量的1%。大气的成分、温度、密度、压力等物理性质在垂直方向上有显著差异。根据大气温度、成分、电荷等物理性质，以及大气的垂直运动特点等，大气层由低到高可分为五层，即对流层、平流层、中间层、暖层和散逸层。(图5-1)

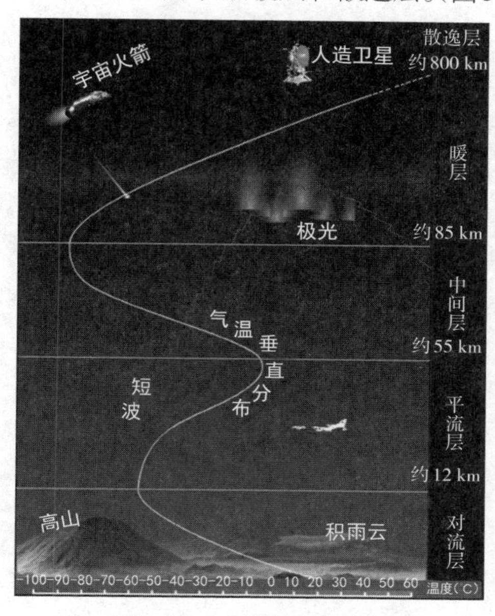

图5-1 大气层的垂直结构

(一)对流层

对流层是大气的底层，它的高度随纬度而异：在热带地区高16～17 km，温带地区高10～12 km，两极地区高8～9 km。同总厚度比较起来，对流层的平均厚度仅约大气层厚度的1%，且比其他气层都薄。虽然厚度较薄，但对流层集中了整个大气层3/4的质量和几乎全部的水汽和固体杂质。云、雾、雨、雪等主要大气现象都出现在这一层中。这一层有三个主要特点：

1. 气温随高度的增加而递减

这一层中空气的大部分热量直接来自地面，接近地面的空气接收的地面辐射多，温度高，远离地面的空气接收的地面辐射少，温度低。因此，对流层气温随高度的升高而降低，并且随高度升高而降低的值在不同地区有差异。平均来说海拔每升高100 m，气温下降0.65 ℃，称为气温直减率。

2. 空气垂直对流运动显著

对流层上部气温低,下部气温高,垂直对流运动强烈。对流运动强度随纬度和季节变化而变化。低纬度地区气温高,垂直对流活跃性强,故对流层的高度相对较高;高纬度地区气温低,对流较弱,对流层的高度也相对较低。另外,夏季对流较强,冬季对流较弱。垂直对流运动使高层与低层空气得以交换,接近地面的热量、水汽和杂质通过对流向上空输送,对云和降水的形成至关重要。

3. 气象要素分布不均匀

因为海陆分布、地形差异的影响,对流层中温度、湿度等气象要素在同一水平高度并不均匀。这是全球相同纬度不同地区天气和气候差异显著的重要原因。

(二)平流层

自对流层上界向上到约55 km高空为平流层。从平流层下界向上的20 km高度处,气温随高度的增加变化很小。但在30 km以上,气温随高度增加迅速升高。这是因为平流层中的臭氧吸收大量紫外线,致使气温升高。因温度上高下低,不易形成垂直对流,大气以水平运动为主,故名平流层。该层大气平稳、天气晴朗、风速变化小,有利于飞机飞行。该层水汽、固体杂质含量极少,云、雨现象近于绝迹。

(三)中间层

中间层为从平流层上界到约85 km高度的高空范围。中间层的平均温度约为-90 ℃,大气的最低温度就出现在这一层,且气温随着高度的升高而降低。这是因为这里几乎没有臭氧吸收太阳紫外线,而氮和氧等气体所能直接吸收的波长更短的太阳辐射大部分又已经被上层大气吸收,所以愈往高空,距离臭氧层愈远,气温越低。在这种上冷下暖的温度结构下,该层大气有相当强烈的垂直运动,所以中间层又叫高空对流层。但此层空气稀薄,水汽含量极少,几乎没有云出现,垂直运动强度不能与对流层相比拟。

(四)暖层

从中间层上界到约800 km高度的范围是暖层。暖层空气质量很低、密度很小,所以声波难以传播。暖层含有大量的氧和氮原子,它们能够强烈吸收波长很短但能量很高的太阳辐射,所以该层气温随高度的升高而急剧升高。暖层最高温度可达到1 000 ℃,表明该层分子和原子运动速度极高,但因为该层空气含量较少,总体热量极低。

(五)散逸层

暖层上界以上的大气层称为散逸层,它是地球大气层与星际空间的过渡区域。散逸层空气极其稀薄,大气质点碰撞很少,高速运动的分子和原子甚至可以挣脱地球引力的束缚而逃逸到宇宙空间去。

三、大气的热能

地球及大气的热状况是天气变化的基本因素。辐射是能量传播的方式之一，也是地球气候系统与宇宙空间交换能量的唯一方式。地球气候系统的能源主要来自太阳辐射。太阳辐射从根本上决定地球、大气的热状态，从而支配其他能量的传输过程。地球气候系统内部也进行着辐射能量交换。因此，需要研究太阳、地球及大气的辐射能量交换和地-气系统的辐射平衡。

（一）太阳辐射

太阳是离地球最近的恒星，其表面温度约为5 500 ℃，内部温度更高，所以太阳不停地向外辐射巨大的能量。波长在0.39～0.77 μm的可见光，约占总辐射能量的50%；其次是波长大于0.77 μm的红外辐射，约占总辐射能量的43%；波长小于0.39 μm的紫外辐射约占7%。太阳辐射最强的波长处于电磁波的短波波段，故称太阳辐射为短波辐射。单位时间内垂直投射在单位面积上的太阳辐射能，称为太阳辐射强度。

在日地平均距离（D=1.496×10^8 km）条件下，大气上界垂直于太阳光线的单位面积上每分钟接收的太阳辐射称为太阳常数。因为日地平均距离会发生变化，太阳常数也不是固定的，介于1 325～1 457 W/m^2之间。国际气象组织（WMO）在1981年推荐的太阳常数值为1 367 W/m^2，我国采用的太阳常数值为1 370 W/m^2。

到达某个地区大气上界的太阳辐射强度，即天文辐射能量，受控于日地距离、太阳高度角和白昼的长短。地球绕太阳公转的轨道为椭圆形。日地距离时时在变化，在1月初地球经过近日点，7月初经过远日点。在只考虑日地距离时，7月份大气上界的太阳辐射相对偏低，而1月份相对偏高，强度变化值在3.4%～3.5%之间。随着太阳直射点的位移，各地区正午太阳高度角也在不断变化，某地某时刻太阳辐射强度（I'）与正午太阳高度角（h）的关系为$I'=I\sin h$，其中I为垂直受射面的太阳辐射强度。随着太阳直射点向南北方向移动，太阳高度角也会逐渐变小，太阳辐射强度也逐渐降低。对于北半球，在夏季太阳直射点向北移，导致白天时间增长；在冬季，因太阳直射南半球，白昼时间随纬度升高而缩短。因此，北半球夏季时高低纬度之间太阳辐射差较小，而在冬季高低纬度之间太阳辐射差较大。

到达地表的太阳辐射同大气上界的太阳辐射有很大差别（图5-2），原因是大气对太阳辐射有吸收、散射、反射等作用。大气中吸收太阳辐射的成分主要有臭氧、水汽、二氧化碳和固体杂质。臭氧的强吸收带在0.2～0.3 μm，在0.6 μm又有一个吸收带，虽然吸收能力不强，但因为太阳辐射最强烈的波段在这个带，因此吸收的太阳辐射强度较高。水汽对太阳辐射的吸收在0.93～2.85 μm之间最强。固体杂质对太阳辐射的吸收能力较弱。太阳辐射遇到空气分子、尘埃、云等物质时，还会发生散射，散射只改变太阳辐射的方向。在晴朗天气，主要是分子散射，波长越短，散射越强，因此，波长较短的蓝光被散射最多，使天空呈蔚蓝色；阴天或大气尘埃较多时，起散射作用的主要是大气悬浮微粒，为粗粒散射，粗粒散射对不同波长的光没有选择性，因此，天空呈灰白色。由于大气的选择性吸收与散射作用，太阳辐射在量与质方面都受到影响，到地面时紫外线几乎绝迹，可见光的比例缩减至40%，而红外线的比例却升高至60%。反射对各种波长没有选择性，所以反射光呈白色。云层有强烈的反射作用，平均反射率为50%～55%；当云层厚度在50～100 m时，太阳辐射几乎全部被反射。散射和反射作用受云层厚度、水汽含量、大气悬浮微粒粒径和含量的影响都很大。

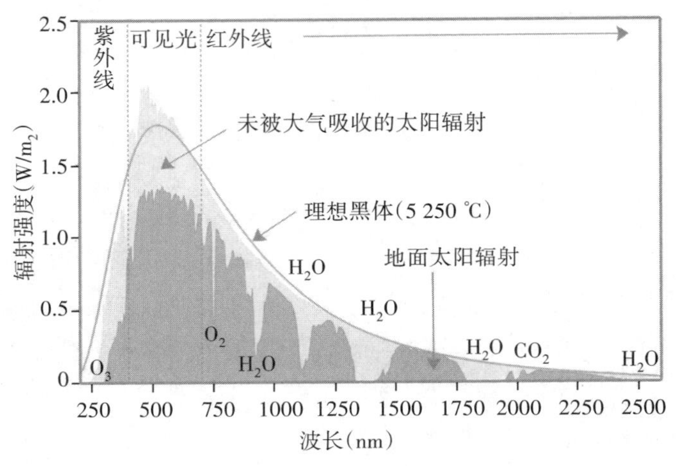

图5-2　大气上界太阳辐射能量曲线及到达地表的典型能量曲线

经大气削弱后到达地面的太阳辐射分为两部分：一是直接辐射；二是经大气散射后到达地面的部分，称为散射辐射。二者之和就是太阳辐射总量，称为总辐射。总辐射有明显的日变化和年变化。一天之内，夜间总辐射为零，日出后逐渐增加，正午达最大值，午后逐渐减小。一年之内，夏季总辐射最大，冬季最小。总辐射的纬度分布特点一般是纬度愈低，总辐射愈大；纬度愈高，总辐射愈小。赤道附近多云，所以总辐射最大值并不出现在赤道，而是出现在纬度20°附近。

到达地面的总辐射一部分被地面吸收转变成热能，一部分被反射。反射部分占辐射量的百分比，称为反射率。反射率随地面性质和状态不同而有很大差别。(表5-1)地面性质有季节变化，反射率也有季节变化。水面对不同入射角的光线具有不同的反射率，垂直入射(即入射角等于0°)时，反射率约为2%～5%；随着入射角变大，反射率也增大。干地面的反射率大于湿地面的反射率，因此，沙漠地区的反射率一般高于草地、森林等。冰和雪的反射率较高，其中新雪的反射率达到75%～95%，因此，两极地区反射率很高。反射率愈大吸收的热量愈少。尽管总辐射相同，不同地表吸收的热量并不相等，这是导致近地面温度分布不均匀的原因之一。

表5-1 不同性质地面对太阳的反射率(单位:%)

地面	反射率	地面	反射率
裸地	10~25	棉地	20~22
沙地、沙漠	25~40	雪(干、洁)	25~75
草地	15~25	雪(湿或脏)	75~95
森林	10~20	海面(h>25°)	<10
稻田	12	海面(h相对较低时)	10~70

注:h为太阳高度角。

(二)大气能量及其保温效应

大气本身对太阳辐射直接吸收很少,其获得能量的过程包括:

1. 对太阳短波辐射的直接吸收

大气中吸收太阳辐射的物质主要是臭氧、水汽和液态水。太阳辐射穿过地球大气时不同波段被吸收的情况不同。平流层以上主要是O_3和O_2对紫外辐射的吸收,其中大于0.31 μm为强吸收带。(表5-2)平流层至地面主要是水汽对红外辐射的吸收。整层大气对太阳辐射的吸收带大部分位于太阳辐射波谱两端的低能区,吸收量仅占太阳辐射能的18%左右。因此,对于大气而言,太阳辐射不是主要的直接热源。

表5-2 地球大气对太阳辐射的吸收

波段λ/μm	占太阳辐射总量的比值	地球大气的吸收层/km	主要吸收机制	被吸收的比值
<0.1	$3/10^6$	85~200	光电解	全部
0.1~0.2	$1/10^4$	50~110	O_2的光电解	全部
0.2~0.31	1.75%	30~60	O_3的光电解	全部
>0.31	98%	0~10	水汽吸收	近17%

2. 对地面长波辐射的吸收

地表吸收了到达大气上界太阳辐射能的50%之后,温度升高,再以大于3 μm的长波(红外)向外辐射。这种再辐射的红外长波辐射能量的75%~95%被大气吸收。可见地面是大气的第二热源,如果没有这些能量,近地面平均气温将降低约40 ℃,致使绝大多数生命不能生存。

3. 潜热输送

潜热是指通过水的三相变化而导致的吸热或者放热过程。洋面和陆面的水分蒸发吸热,使地面热量得以输送到大气层中,在大气中,水汽凝结成雨滴或雪时,又放出潜热给空气。两个过程交替进行,热量得以在大气和地面之间传输。大洋表面的潜热输送年总量是大陆表面的3倍。

4. 感热输送

地面温度与低层大气温度并不相等,因此地表和大气间以及不同温度的大气之间相互接触时,会通过感热发生能量交换与传输。当地表温度高于低层大气温度时,将出现指向大气的感热输送。反之,感热输送方向将指向地面。就全球平均而言,无论是陆面或是洋面,因为地面直接接收太阳辐射,感热交换的结果总是由地表向大气输送能量。

大气获得热能后依据本身温度向外辐射,称为大气辐射。其中一部分外逸到宇宙空间,另外一部分向下投向地面,这部分辐射因与地面辐射方向相反被称为大气逆辐射。大气逆辐射的存在使地面实际损失的热量略少于地面以长波辐射放出的热量,从而使地面得以保持一定的温度。这种保温作用,通常称为"花房效应"或"温室效应"。据计算,如果没有大气,地面平均温度将是-18 ℃,而不是现在的15 ℃,说明由于大气保温作用,地面温度提高了33 ℃。

(三)地-气系统的辐射平衡

大气和地面吸收太阳短波辐射,又依据本身的温度向外发射长波辐射,由此形成了整个地-气系统与宇宙空间的能量交换。在地-气系统内部,地面与大气也不断以辐射和热量输送形式交换能量。在某一时段内物体能量收支的差值,称为辐射平衡或辐射差额。(图5-3)

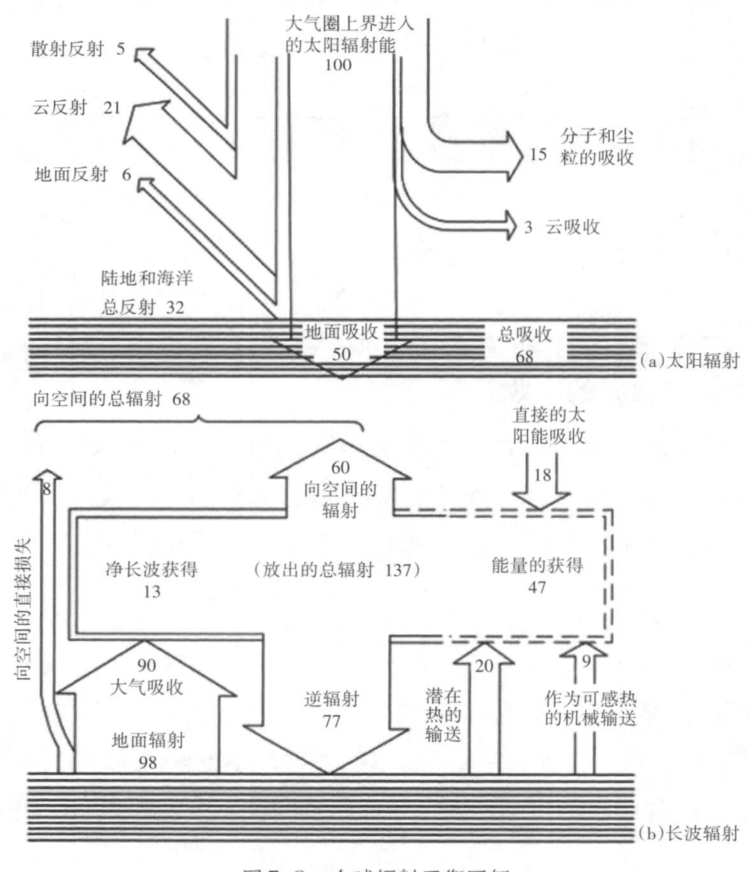

图5-3 全球辐射平衡图解

(据A. N. Strahler, 1974)

在没有发生其他方式的热交换时，辐射平衡决定物体的升温与降温；辐射平衡为零时物体温度不变。把从地面到大气上界当作一个整体，其辐射能净收入就是地-气系统的辐射平衡。地-气系统辐射能净收入等于地面吸收的太阳总辐射能及整层大气吸收的太阳辐射能之和再减去大气上界向空间放射的长波辐射能。

地-气系统的温度多年基本不变，所以全球是处于辐射平衡的。但对地球不同地点而言，辐射差额总是存在的，须由大气或海洋环流以及潜热输送等补充或输出热量，才能保持某地温度的稳定。地-气系统的辐射差额以南、北纬30°附近为转折点。在北半球，北纬30°以南的差额为正值，以北为负值。因此低纬度有多余能量以大气环流和洋流形式输往高纬度地区。

辐射平衡有明显日变化和年变化。在一日内白天收入的太阳辐射超过支出的长波辐射，故辐射平衡为正值，夜间辐射平衡为负值。正转负和负转正的时刻，分别出现在日落前与日出后1小时。在一年内，北半球夏季辐射平衡因太阳辐射增多而加大。冬季则相反，甚至出现负值。纬度愈高，辐射平衡保持正值的月份愈少。例如，中国宜昌全年辐射平衡均为正值，而极圈范围内则大部分时间出现负值。

四、气温、气压及湿度

（一）气温

表示大气冷热程度的物理量叫气温。气温与空气分子平均动能相关，空气吸收热量越多，空气分子运动越剧烈，气温越高。气温的常用单位是摄氏度(℃)和绝对温度(K)，分别用t和T表示，其中，$T=t+273.15$。

由于地球的自转和公转，同一地点的太阳高度角不断变化，太阳辐射强度也不断变化，因此，同一地区的气温在一日或者一年内呈有规律的变化。

1. 气温的日变化和年变化

日出以后，随着太阳高度角逐渐升高，太阳辐射不断增强，地面获得的热量不断增多，地面温度不断升高，地面辐射也就不断增强，大气吸收地面辐射气温随之不断上升。正午时，太阳辐射最强，正午过后，太阳辐射虽已开始减弱，但是在多种因素的影响下，地面获得太阳辐射的热量仍然比地面辐射失去的热量多，这时，地面的温度继续升高，进而气温也继续上升。但此时气温仍然没有达到最高值，因为地面热量传递给大气，还要经过一段时间，所以大约在午后2时，气温才达到最高值。随后，太阳辐射继续减弱以至消失，地面辐射持续减弱，气温也持续下降，至日出前后，气温降到最低值。一天之内，最高气温与最低气温之差称为气温日较差，气温日较差的大小与纬度、季节、地表性质、天气状况等密切相关。

气温的年变化通常用多年各月平均气温的变化表示。就北半球而言，大陆上最高月平均气温出现在7月(海洋上为8月)而不是太阳辐射最强的6月;大陆上最低气温出现在1月(海洋上为2月),也不是在太阳辐射最弱的12月。(图5-4)一年中最高月平均气温与最低月平均气温之差称为气温年较差。气温年较差能够反映出一地在一年中气温变化的幅度,这也是划分气候类型的重要依据之一。

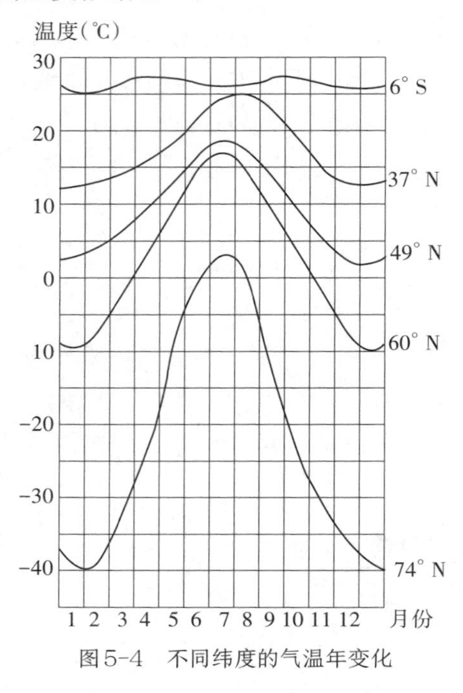

图5-4　不同纬度的气温年变化

2. 气温的空间分布

气温的空间分布是指一定时期内不同地区的气温状况。通常用1月与7月的月平均气温的分布状况,反映各地区气温的差异。从世界1月和7月海平面气温分布图上(见二维码),可以分析出全球底层大气温度分布的一般规律。在世界各地,无论是南半球还是北半球,无论是1月还是7月,气温都从低纬度地区向两极递减。这是因为太阳辐射能量大致随纬度升高而减小。但是等温线的分布并不完全与纬线平行,这又说明气温的分布除了受太阳辐射影响外,还与大气运动、海陆分布以及地形等因素有密切的关系。南半球的等温线比北半球的等温线平直,是因为南半球的海洋面积比北半球的海洋面积大。因为海洋表面的物理性质比较均一,海洋上不同地区气温变化小,所以等温线相对平直。

海平面气温分布

北半球1月份大陆上的等温线向南(低纬度地区)凸出,海洋上则向北(高纬地区)凸出;7月份正好相反。这说明在同一纬度上,冬季大陆上的气温比海洋上的气温低,夏季大陆上的气温比海洋上的气温高。7月份世界上最热的地方不在赤道,而在北纬20°~30°大陆上的沙漠地区,其中撒哈拉沙漠是全球的炎热中心,这是由于赤道地区云量多,削弱了到达地面的太阳辐射能,而北纬20°~30°为气流下沉区,云量少。在1月份西伯利亚成为北半球寒冷中心。

3. 对流层中气温的垂直分布

对流层中气温随高度增加而降低，但气温直减率因地面性质、高度、季节、昼夜以及天气状况的不同而异。在特殊情况下，局部还会出现气温随高度增加而升高的现象，这被称为逆温。出现气温逆增的大气层，称逆温层。逆温层中，暖而轻的空气在上面，气层变得比较稳定，它可以阻碍空气垂直运动，导致大气扩散能力减弱，使大量水汽、烟、尘埃等污染物聚集在逆温层下，降低能见度，这是造成大气污染的主要原因之一。根据产生的原因，逆温可分为辐射逆温、平流逆温、乱流逆温、下沉逆温以及锋面逆温等。

知识拓展

逆温层对城市冬季天气有怎样的影响①

逆温层是一种气象现象。正常情况下，距离地面越近，大气温度越高；距离地面越远，大气温度越低。然而在一定特殊条件下，随着高度升高大气温度反而越高，高于近地面大气温度，这一高度范围就叫逆温层。在正常情况下，大气温度上冷下热，热空气上升，冷空气下沉，这就形成了垂直方向的空气对流混合，有利于空气中污染物的扩散。但如果出现逆温层现象，空气上热下冷，空气对流就不会发生，空气中的水汽和颗粒物越积越多，不利于污染物扩散，就容易形成雾或霾。

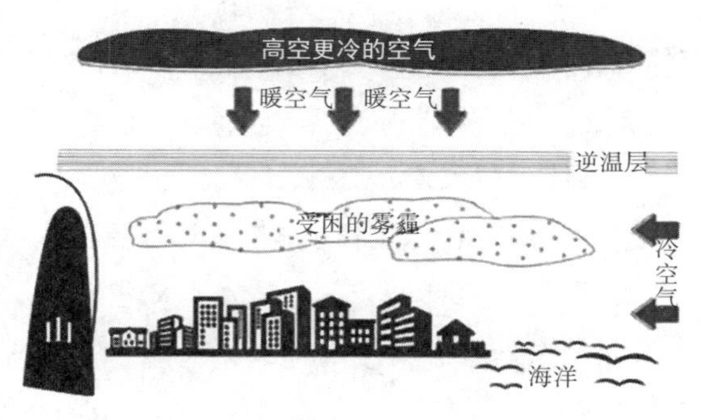

图5-5　逆温层示意图

逆温层的形成原因主要有四类：(1)晴空逆辐射，即辐射逆温。晴天的夜晚地面向大气释放热量，加热远地面空气，而贴近地面的空气因为夜间温度下降而降低，形成上热下冷的逆温层。(2)地形所致。盆地地形在冷空气到来后易沉淀至盆地底部，周边温度升高得比底部冷空气快，形成逆温层。(3)暖平流效应，即平流逆温。当地面是正常温度时，有暖湿气流或温暖的干气流吹来，便会覆盖在原来的空气上层，形成逆温层。(4)当一个地区受高压系统控制时，易形成下沉空气，空气在下沉过程中温度会升高，有可能温度比近地面的温度还要高，形成逆温层。整个四川盆地，尤其是在城市地区，逆温层是普遍存在的气象现象。这四类逆温层如果常在城市出现，不利于空气污染物扩散。

① 李爱贞，刘厚凤．气象学与气候学基础[M]．北京：气象出版社，2004.

4. 全球气温带

根据气温水平分布的特点，以等温线为标准，全球被划分为七个气温带：(1)热带，指在年平均气温20 ℃等温线之间的地带；(2)南北温带，指在年平均气温20 ℃等温线与最热月10 ℃等温线之间的地带，南北半球各有一个；(3)南北寒带，指在最热月10 ℃等温线与最热月0 ℃等温线之间的地带，南北半球各有一个；(4)南北永冻带，指在最热月0 ℃等温线以内的地带，南北半球各有一个。

以等温线为标准划分的气候带，与地球上相关自然地理现象的实际情况较符合，如年平均气温20 ℃等温线与椰树分布界线吻合，最热月10 ℃等温线与针叶林分布界线吻合等。

(二)气压

气压是指单位面积上承受的从大气上界到承受面之间整个大气柱的重量，气压的变化与海拔高度、气温等因素有关。海拔越高，大气柱越短，且空气密度越小，所承受的空气重量也就越小。因此，气压随海拔升高而降低，且海拔越高，气压降低得越慢。在海拔达到5.5 km时，大气压下降到地表大气压的一半。

在同一高度，气压随气温升高而降低。当温度较高时，近地面空气膨胀，上升到高空后，向四周辐散，使近地面承受大气柱的重量减小，因此，近地面气压降低。气温较低时，空气收缩下沉，高空发生辐合，近地面承受大气柱的重量加大，气压升高。所以两极近地面的气压比赤道近地面的气压高。同一地点，由于气温的不断变化，气压也不断变化。一般一天中早晨的气压比午后的气压高，一年中冬季的气压比夏季的气压高。气压的变化对人类生活有明显的影响。例如，在高原地区气压低，水的沸点低于100 ℃，在自然状况下，很难煮熟食物。此外，患慢性病或者年老体弱的人，对气压的变化有强烈反应。

(三)湿度

大气湿度是表征空气中水汽含量多少的物理量。大气从地表、海洋、河流等蒸发或植物的蒸腾作用中获得水分。水分进入大气后，通过分子扩散和气流的传递而散布于大气中，造成湿度的变化。大气湿度是决定云、雾、降水等天气现象的重要因素。可用如下几个常用指标表征大气湿度。

1. 水汽压和饱和水汽压

大气压力是大气中各种气体压力的总和。大气中水汽所产生的那部分压力，叫水汽压(e)，单位常用百帕(hPa)表示。在气象观测中，可依据干湿球温度差，经过换算而求得。

地表湿度的分布相当复杂，它不仅取决于某一地区经常停留的气团性质和大气垂直运动情况，也和下垫面特点有很大关系。一般情况下地面水汽压由赤道向两极减小。赤道附近平均为26 hPa，北纬35°约为13 hPa，北纬65°约为4 hPa，极地附近为1～2 hPa。水汽压随高度的变化情况，通常用如下经验公式表示：

$$e_z=e_0\times10^{-\beta z}$$

式中：e_z为高度Z(m)的水汽压；e_0为地面的水汽压；β为水汽随高度变化的常数，现在一般多采用自由大气中的β=1/5 000。例如当高度Z取为5 000 m时，水汽压只有地面水汽压的1/10。

空气中水汽含量与温度关系密切。温度一定时，单位体积空气中容纳的水汽量有一定的限度，达到这个限度，空气呈饱和状态，称为饱和空气。饱和空气的水汽压，称为饱和水汽压(E)，也叫最大水汽压，超过这个限度，水汽就开始凝结。饱和水汽压随温度升高而增大。不同的温度条件下，饱和水汽压的数值不同（见二维码），饱和水汽压是温度的函数。

不同温度条件下的饱和水汽压

2. 绝对湿度和相对湿度

单位容积空气中所含的水汽质量称为绝对湿度(α)或水汽密度。绝对湿度不能直接测量，但可间接算出。当气温等于16 ℃(289 K)时，α和e在数值上相等。一般情况下，地面实际气温与16 ℃相差不大，所以在不要求精确度的情况下，近地面的水汽压的量值可近似地代替绝对湿度。但需要注意，两者单位不同。

大气的实际水汽压与同温度下的饱和水汽压之比，称为相对湿度(f)，用百分比表示。其表示式为：

$$f=e/E\times100\%$$

空气饱和时，$e=E$，$f=100\%$；空气未饱和时，$e<E$，$f<100\%$；空气处于过饱和时$f>100\%$。由于E随温度T而变，所以相对湿度取决于e和T的增减，其中T往往起主导作用。气温的改变比水汽压的改变既迅速又经常，当e一定时，温度降低则相对湿度增大；温度升高则相对湿度减小，夜间多云、雾、霜、露，天气转冷时容易产生云雨等都是相对湿度增大的结果。

3. 露点温度

一定质量的湿空气，若气压保持不变，而令其冷却，使其达到饱和时的温度称为露点温度(T_d)，简称露点。气温降低到露点，是水汽凝结的必要条件。当气压一定时，露点完全由空气的水汽压决定，水汽含量越多，露点越高，所以露点可以反映空气中水汽含量。空气一般未饱和，故露点常比气温低。空气饱和时露点和气温相等。根据露点差，即气温(T)和露点T_d之差，可大致判断空气的饱和程度。T和T_d差值越大说明相对湿度越低。

第二节　大气水分和降水

大气中的水分，主要通过海洋、湖泊、河流等水体的蒸发和植物的蒸腾作用而产生。在一定温度下，当空气中的水汽达到饱和或过饱和状态时，多余的水汽就会凝结，产生云、雾、雨、雪等降水形式，回到地面。地球上水分的蒸发、蒸腾、凝结和降水等水循环过程，对地-气系统的能量、物质的交换和天气的变化具有非常重要的作用。

一、蒸发和凝结

（一）蒸发

液态水转化为水汽的过程，称为蒸发。固态水转化为水汽的过程称为升华。影响蒸发或升华快慢的因素主要包括蒸发面的温度、性质、空气湿度和风等。蒸发面温度愈高蒸发过程愈迅速。温度高时，蒸发面饱和水汽压大，饱和差也较大，这是影响蒸发的主要因素。在同样温度条件下，冰面饱和水汽压比水面小，如果水汽含量相同，冰面蒸发比水面慢。海水盐度比淡水大，在温度相同的情况下，海水蒸发比淡水约慢5%。饱和水汽压与实际水汽压差别愈小，蒸发过程愈缓慢；反之，蒸发过程愈迅速。

一般以水层厚度（mm）表示蒸发速度，称为蒸发量。蒸发量的变化一般与气温变化一致，一日内午后蒸发量最大，日出前蒸发量最小。一年内夏季蒸发量大，冬季小。蒸发量的空间变化受气温、海陆分布、降水量诸因素影响。纬度越低气温越高，蒸发能力越强。在温度相同的条件下，海洋蒸发量大于大陆，并有自沿海向内陆显著减小的趋势。蒸发量与所在地区的年降水量也有关系，降水量多的地方蒸发量也大，反之蒸发量小。

（二）凝结

凝结是水由气态变为液态的过程，水由气态直接变化为固态称为凝华。过饱和状态的空气中，容纳不下的水汽便会凝结，从而形成降水。在自然界中，气温下降，饱和水汽压降低，促使空气中的水汽达到饱和或过饱和状态，进而导致水汽发生凝结，这是形成大气降水的主要原因。

1. 大气降温过程

大气降温主要包括四种过程:(1)绝热冷却,是指空气块上升时,体积膨胀、温度降低,且气块与外界之间无热量交换,而发生的冷却的过程,分为湿绝热和干绝热过程。绝热冷却可使气温迅速降低,在较短时间内引起凝结现象,形成中雨或大雨。空气上升愈快冷却也愈快,凝结过程也愈强烈。大气中很多凝结现象是绝热冷却的产物。(2)辐射冷却,是指空气本身因向外辐射热量而导致的温度下降。近地面夜间,空气除受其本身的辐射冷却影响外,还受到地面辐射冷却的作用,气温不断降低,如果水汽较充沛,就会发生凝结,形成露等。辐射冷却过程一般较缓慢,水汽凝结量不多,只能形成露、霜、雾、层状云或小雨等。(3)平流冷却,较暖的空气经过冷地面,由于不断把热量传给冷的地表造成空气本身冷却。如果暖空气与冷地表温度相差较大,暖空气温度降低至露点或露点以下时,就会产生凝结。(4)混合冷却,温度相差较大且接近饱和的两团空气混合,混合后气团的平均水汽压可能比饱和水汽压大,多余的水汽就会凝结。

2. 凝结核

实验证明,纯净空气温度虽降至露点或露点以下,相对湿度也等于或超过100%,但仍不能产生凝结现象,只有水汽压达到饱和水汽压的3～5倍,相对湿度为400%～600%时,方有可能发生凝结。如果在纯净空气中投入少量尘埃、烟粒等物质,当相对湿度为100%～120%,甚至小于100%时,就能产生凝结现象。这些吸湿性微粒,就是水汽开始凝结的核心,称为凝结核。

凝结核主要起两个作用:一是对水汽的吸附作用,二是使形成的滴粒比单纯由水分子聚集而成的滴粒大得多,使之处于潮湿环境中,有利于水汽继续凝结。凝结核数量多而吸水性好的地区,即使相对湿度不足100%,也可能发生凝结。这就是工业区出现雾的机会比一般地区多的原因之一。

二、水汽的凝结现象

大气中的水汽在不同条件下会形成不同的凝结物,常见的有云、雾、露、霜等。

(一)地表面的凝结现象

1. 露和霜

露和霜是空气中的水汽附着在地面或其他物体上的凝结物。露和霜都在夜间形成,与天气状况、局部地形等密切相关。在晴朗无风或微风的夜间,地面长波辐射强,近地面气温迅速下降到露点,加上微风让水汽在不同地区传输,有利于水汽凝结。如果水汽凝结时温度在0 ℃以上,则水汽凝结物为水滴,形成露;如果温度在0 ℃以下,则空气中的水汽凝华成为冰晶,形成霜。夜间地面辐射越强,愈有利于露、霜的形成。多云的夜晚,大气逆辐射增强，地面有效辐射减弱，近地面气温难以下降到露点，不利于水汽凝结；风力较强的夜晚，空气湍流混合，气温也难以降低到露点。除辐射冷却形成霜、露外，冷平流后或洼地上聚集冷空气时也有利于霜的形成，称为平流霜或洼地霜，它们常因辐射冷却而加强。在农作物生长期间，如果出现霜，会危害农作物的生长，有时会导致农作物受伤或死亡。我们将这种灾害称为霜冻。

2. 雾凇和雨凇

雾凇是一种白色固体凝结物，由过冷雾滴附着于地面物体或树枝迅速冻结而成，俗称“树挂”。多出现于寒冷而湿度高的天气条件下，雾凇和霜形态相似，但形成过程有别，霜主要形成于晴朗微风的夜晚，而雾凇可在任何时间内形成，且霜形成在强烈辐射冷却的水平面上，雾凇主要形成在垂直面上。雨凇是形成在地面或地物迎风面上的、透明的或毛玻璃状的紧密冰层，俗称“冰凌”。雨凇多半在温度为-6～0 ℃时，由过冷却雨、毛毛雨接触物体表面形成；或是经过长期严寒后，雨滴降落在极冷物体表面冻结而成。雨凇可发生在水平面上，也可发生在垂直面上，并以迎风面聚集较多。

(二)大气中的凝结现象

1. 云

受空气对流、锋面抬升、地形抬升等作用，空气上升，当空气上升到凝结高度时，大气中水汽凝结成水滴或冰晶，即形成云。云有各种各样的外貌特征，例如，晴空中分散的白色云块为积云；高空絮状、羽毛状云是卷云；云层遮天蔽日，不见边际是层云；高耸的黑云压顶是积雨云；等等。云的外貌，不仅反映当时的大气运动稳定状况和水汽状况，也是未来天气变化趋势的重要征兆。

2. 雾

雾是由大量的水滴或冰晶悬浮在近地面气层中所形成的一种水平能见度低的天气现象。雾的形成，必须具有一定的条件，一是要有冷却过程使空气达到饱和；二是近地面存在有利于凝结物聚集的条件。实验证明，在微风、大气层结稳定，并有充足的凝结核存在的条件下，雾最容易形成。依据不同的成因，雾可分为辐射雾、平流雾、蒸汽雾、上坡雾和锋面雾五种。

雾的地理分布一般是沿海多于内地，高纬多于低纬。沿海地区水汽较内陆丰富，而高纬比低纬气温低，这些都有利于近地面气层水汽达到饱和状态。我国四川、贵州一带雾日较多，则是受当地特殊的盆地地形和云贵高原的影响，水汽充足且不易流走，具有形成雾的有利条件。雾对植物的生长有益，可以增加土壤水分，减少植物蒸腾。例如，云南南部高原盆地有明显的干季，但此时多辐射雾，对植物生长十分有利。皖南山区河谷河漫滩上茶叶质量较好，也与秋冬季节多河谷雾有关。雾对空气能见度的影响很大，常妨碍交通，尤其是对航空运输影响较大。

三、大气降水

(一)降水的形成

降水是指从云中降落到地面的液态水或固态水,包括雨、雪、霰、雹。云滴很小,无法克服上升和乱流的阻力,不能下降,或在下降过程中由于质量过小而被蒸发掉,不能到达地面。只有云滴增大到能克服上升气流的顶托,下降过程中又不被蒸发掉时才能形成降水。云滴增长的过程包括凝结(凝华)增长和冲并增长。在实际过程中,降水往往是两个过程共同作用的结果。

(1)凝结(凝华)增长。在云的形成和发展过程中,由于云内空气上升绝热冷却或云外不断有水汽输入,云滴周围的实有水汽压大于饱和水汽压,云滴因凝结(凝华)而逐渐增长。由于不同性质云滴表面饱和水汽压有差异,不同性质云滴混合时,一部分云滴会蒸发,另一部分云滴则会继续凝结(凝华)增长,产生水汽从一种云滴转移到另一种云滴上的扩散转移,这一过程即为凝结增长。例如,高温、低温云滴共存时,由于前者的饱和水汽压大于后者,故高温云滴发生蒸发,低温云滴发生增长;在大、小云滴共存时,由于其曲率不同,小云滴蒸发的水汽凝附到大云滴上;在冰晶与过冷却水滴共存时,冰面的饱和水汽压小于水面,对水面来说,空气的相对湿度并未达到100%,但对冰面来说,空气的相对湿度却已超过100%,于是过冷却水滴蒸发,连同空中原有的水汽一起凝华在冰晶上,使冰晶迅速增长。

(2)冲并增长。云滴在下降过程中,由于其大小不同而具有不同的运动速度,大云滴降落速度较快,可追上下降速度慢的小云滴,因而大小云滴之间发生冲并而合并增长,这个过程就是冲并增长。云滴在随气流上升的过程中,大云滴惯性大,上升速度较小,于是小云滴就追上大云滴,也发生冲并增长。

(二)降水的类型

降水同空气的上升运动密切相关,根据自然界中空气上升运动的条件,可以将降水分为以下四种类型。

1. 对流雨

近地面空气强烈受热时,湿热空气膨胀上升,空气中的水汽冷却凝结而形成的降水,叫对流雨。对流雨的强度大、时间短、范围小,并常伴有狂风、雷电,又称热雷雨。赤道地区常年以对流雨为主,我国西南季风区夏季午后也常出现对流雨。

2. 地形雨

暖湿空气在运动中遇到较高地形的阻挡,被迫沿迎风坡爬升,空气在上升中冷却,水汽凝结而形成的降水,叫地形雨。地形雨只发生在迎风坡,而在背风坡,空气下沉升温,不利于水汽凝结。

3. 锋面雨

冷暖性质不同的气流相遇时的交界面叫锋面。锋面其实是两团不同性质的空气之间狭窄而又倾斜的过渡地带。冷空气密度大，在锋面的下侧；暖空气密度小，在锋面的上侧，并且常常伴有大规模的上升运动。暖湿空气在抬升过程中，水汽冷却凝结而形成的降水叫锋面雨。锋面雨相对于对流雨而言，强度较小、时间长、范围广。我国东部地区的降水多以锋面雨为主。

4. 台风雨

台风是在热带洋面上形成的气旋，因其周围有大量暖湿空气，它们围绕台风中心旋转上升，并冷却凝结而形成的降水叫台风雨。台风雨强度大，多为暴雨，并伴有狂风、雷电，常造成灾害。台风雨在一定程度上也能缓解我国东南沿海地区的伏旱和酷热。

(三)降水的时间变化

1. 降水强度

单位时间内的降水量，称为降水强度。降水量是指降落到地面的液态水(如果是雪或雹，则要以它们融化成水的量计算)的水层厚度，单位为mm。单位时间内降水量愈多，降水强度愈大，反之则降水强度愈小。按强度不同，降水分为小雨、中雨、大雨、暴雨、大暴雨、特大暴雨等类型。降水强度过大，地表径流过程迅速，不利于河川径流调节，并易引发山洪，形成水患。

2. 降水的季节变化

降水季节变化因纬度、海陆位置、大气环流等因素不同而不同。一些地方年内降水量分配比较均匀，一些地方不均匀；一些地方降水集中在夏季，一些地方降水集中在冬季。

3. 降水的年变化

降水的年内变化因纬度、海陆位置、大气环流等因素不同而不同，大致可分为以下几种类型(降水年变型)：(1)赤道型。一年中降水有两个高值和两个低值，前者出现于春分、秋分后不久，后者在冬至、夏至后不久出现。这种类型分布在南、北纬10°之间。(2)海洋型。一年中降水分配比较均匀，主要分布在中纬度受海洋影响强烈的地区。(3)夏雨型。夏季降水丰沛，冬季降水稀少，主要分布在季风气候区和中纬度大陆上。(4)冬雨型。冬季有大量降水，夏季降水较少，主要分布于副热带大陆西岸地区。

(四)降水量的空间分布

降水量的空间分布受纬度、海陆位置、大气环流、地形等多种因素制约，也存在纬度带状分布的特点。全球可划分为四个降水带。

1. 赤道多雨带

赤道及其两侧是全球降水量最多的地带，年降水量至少有1 500 mm，一般为2 000～3 000 mm。

2. 南北纬15°～30°少雨带

本地区带受副热带高压控制，以下沉气流为主，是全球降水量稀少带。大陆西岸和大陆内部年降水量一般不足500 mm，不少地方只有100～300 mm。但有些地方，受季风环流、地形等因素影响，降水也非常丰富。例如，喜马拉雅山南坡的乞拉朋齐年平均降水量高达12 665 mm，形成世界雨极。因受季风及台风影响，我国东南沿海一带年降水量多在1 500 mm以上。

3. 中纬多雨带

这些地区年降水量一般在500～1 000 mm。多雨原因主要是锋面、气旋活动频繁，多锋面雨、气旋雨。大陆东岸还受夏季风影响，有较多的降水。

4. 高纬少雨带

本带纬度高，全年气温很低，蒸发微弱，大气中所含水汽少，故年降水量一般不超过300 mm。

第三节　大气运动和天气系统

太阳辐射是大气运动最主要的能量来源，太阳辐射空间分布的不均一性，造成不同地区气温不同，进而产生气压梯度，这是引起大气运动的根本原因。大气运动促进地球表面热量、水汽的输送和交换，使不同性质的空气相互混合，从而产生各种天气现象和天气变化。大气的运动对地理环境的形成和人类的生活都有重要作用。

一、大气的水平运动

(一)气压和气压系统

1. 气压和气压的变化

(1)气压。

大气由于受地球引力作用而具有重量,可对地面施加压力。静止大气中,任一高度单位面积上所承受的整个空气柱的重量,叫大气压力,简称气压。气压的国际单位为“帕”,符号Pa。除了帕,还有百帕和毫米汞柱(mmHg)等单位。国际上规定纬度为45°且温度为0 ℃时的海平面气压为一个标准大气压,其值为1 013.25 hPa,相当于760 mmHg。

(2)气压随高度的变化。

大气压总是随海拔升高而降低,因为空气密度和空气柱厚度都随海拔升高而降低,因此,空气柱重量随海拔升高而降低,气压降低。气压随高度增加而降低的快慢程度,常用单位气压高度差,即垂直空气柱中气压相差一个单位值所对应的高度差来表示,也可用单位高度气压差来表示。低层大气密度相对比高层密度大,所以在升高相同高度时,随着高度不断升高,气压降低得越来越少,即单位高度气压差越来越小,而单位气压高度差越来越大。在气压相同的条件下,冷空气密度较大,单位气压高度差小;暖空气密度较小,单位气压高度差大。在相同气温条件下,气压值愈大的地方,空气密度愈大,气压随高度递减得愈快,单位气压高度差愈小;反之,单位气压高度差愈大。可见,气压随高度的变化与气温和气压条件有关。

(3)气压随时间的变化。

任一点的气压,随时间不断变化。气压日变化和年变化具有周期性。地面气压的日变化有单峰、双峰和三峰等类型,其中以双峰型最为普遍。双峰型的特点是一天中有一个最高值和一个次高值,分别出现在9~10时和21~22时;一个最低值和一个次低值,分别出现在15~16时和3~4时。气压日振幅随纬度、季节、地形等不同而有差异。热带地区,气压日变化最明显,日振幅35 hPa;温带地区在1~3 hPa,高纬地区不到1 hPa。受纬度、海陆分布和地形等地理因素的影响,气压年变化可分为大陆型和海洋型。大陆上冬冷夏热,气压最高值出现在冬季,最低值出现在夏季,年振幅较大。海洋上冬暖夏凉,气压最高值出现在夏季,最低值出现在冬季,年振幅小于同纬度的陆地。高山区气压年变化具有海洋型特征,但成因不同,它们是空气受热或冷却,气柱膨胀上升或收缩下沉引起高山气柱质量变化所致。气压的非周期性变化,是指气压变化没有固定周期,一般由气压系统移动和演变所造成。

2. 气压场和气压系统

（1）等压线和等压面。

气压的分布形式通常用等压线与等压面来表示。某一水平面上气压相等各点的连线，称为等压线。根据等压线的排列形状和疏密程度，就可以看出水平面上的气压分布状况。海平面气压图，就是将各气象台站同一时刻测得的本站气压，订正为海平面气压值填在图上，再把气压值相等的点用平滑的曲线连接起来得到的海平面等压线图。若绘制的是某一高度的等压线，则得到高空某高度的气压水平分布图，称为等高面图。

空间气压场也常用等压面表示，空间气压相等各点所组成的面，称等压面。等压面是一个起伏不平的曲面。因气压随高度增加而降低，故高值等压面在下，低值等压面在上。对某一水平面来说，气压高的地方等压面向上凸，气压低的地方等压面向下凹。类似于地形图，等压面的高低起伏状态，可用等高线表示（图5-6），等高线的分布直接指示气压面的起伏状态，即气压的高低分布。

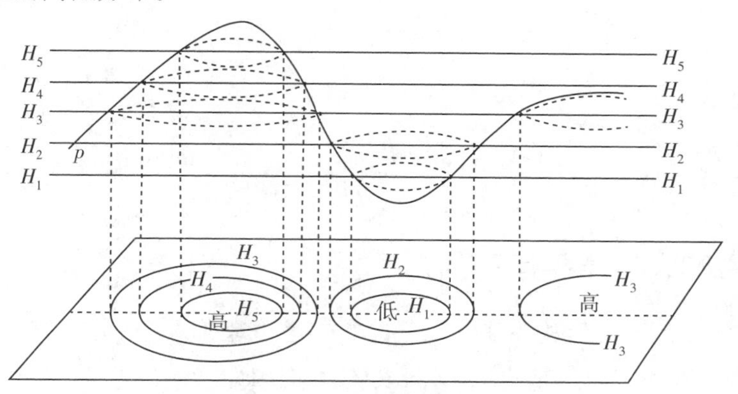

图5-6　等压面和等高线的关系图

（2）气压系统的基本类型。

气压的空间分布称为气压场。在同一水平面上，气压的分布是不均匀的，有的地方气压高，有的地方气压低，气压场呈现出各种不同的气压类型。其基本类型有：低气压、高气压、高压脊、低压槽和鞍形气压区。（图5-7）这些类型统称为气压系统。

低气压简称低压。其等压线闭合，中心气压比周围低，向外逐渐增高，空间等压面向下凹陷，形如盆地。低气压系统中，空气向中心辐合，并在低压中心上升。

高气压简称高压。其等压线闭合，中心气压比周围高，向外逐渐降低，空间等压面向上凸出，形如山峰。高气压系统中，空气自中心向四周辐散，中心气流下沉。

低压向外延伸出来的狭长区域，或一组未闭合的等压线向气压较高一方突出的部分，称低压槽，简称槽。在槽内各等压线弯曲最大处的连线，称为槽线。槽线上的气压值比两侧都低。在北半球，槽的尖端多指向南方；尖端指向北方的，称为倒槽；向东或向西的，称为横槽。槽附近空间等压面形如山谷，空气向槽内辐合上升。

高压向外延伸出来的狭长区域，或一组未闭合的等压线向气压较低一方突出的部分，称为高压脊，简称脊。在脊中等压线弯曲最大处的连线，叫脊线。脊线上的气压值比两侧都高，脊线附近的空间等压面形如山脊，空气向外辐散。

鞍形气压区是两个高压区或两个低压区中心之间的区域，简称鞍。其附近空间等压面形状似马鞍。

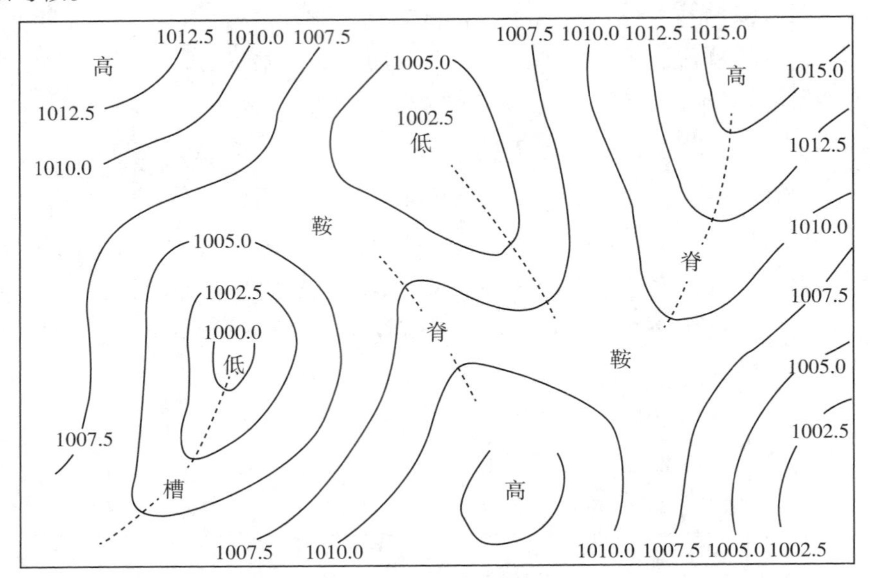

图5-7　基本气压系统示意图

(二)影响大气水平运动的力

大气的水平运动通常称为风。大气的水平运动是在力的作用下产生的。作用于空气的力，除重力外，还主要包括：由于气压分布不均匀而产生的水平气压梯度力；空气运动时，地球自转而产生的地转偏向力；空气做曲线运动时产生的惯性离心力；空气层之间以及空气与地面之间相对运动产生的摩擦力。

1. 气压梯度力

气压在空间上的分布往往是不均匀的，单位距离的气压差称为气压梯度。当存在气压梯度时，空气便受到沿气压梯度方向的作用力。在气压梯度存在时，作用于单位质量空气上的力，称为气压梯度力。气压梯度力可分为垂直气压梯度力和水平气压梯度力两部分。水平气压梯度力的方向永远垂直于等压线，方向由高压指向低压。垂直气压梯度力相对比水平气压梯度力大，但是垂直气压梯度力常常被重力平衡。因此，虽然水平气压梯度力较小，但因为几乎没有其他力与之相平衡，在一定条件下却能造成较大的空气水平运动。气压梯度力是大气水平运动的原动力，是形成风的直接原因。

2. 地转偏向力

由于地球自转，地球上运动物体的运动方向相对于地球上的观察者会发生偏转，这种使物体运动方向发生偏转的力，称为地转偏向力或科里奥利力。

地转偏向力具有如下特点：

(1)只有运动的物体才受地转偏向力的影响，静止的物体不受地转偏向力的作用。在北半球，地转偏向力指向运动方向的右方，使空气运动向原来方向的右侧偏转；在南半球，地转偏向力则指向运动方向的左方，使空气运动向原来方向的左侧偏转。

(2)地转偏向力的大小与空气运动速度和地理纬度的正弦值成正比。空气运动速度越大，受到的地转偏向力越大。在风速相同时，地转偏向力随纬度而增大，在两极达到最大，在赤道为零。所以赤道地区，气流总是沿气压梯度力方向流动。

(3)地转偏向力，是一种惯性力，不是实力，其方向总是与空气运动方向垂直，因此只能改变大气运动的方向，不能改变大气运动的速度。

3. 惯性离心力

离心力是指空气做曲线运动时，受到一个离开曲率中心而沿曲率半径向外的作用力。这是由于空气为了保持惯性运动方向而产生的，因而也叫惯性离心力。离心力与地转偏向力一样，是一种惯性力，不是实力，离心力的方向与空气运动方向相垂直，因此，离心力只改变空气运动的方向，不能改变空气运动的速度。在多数情况下，空气运动路径的曲率半径很大，故离心力很小，比地转偏向力小得多。但在低纬度地区，当地转偏向力较小或者空气运动速度很大而曲率半径很小时(如龙卷风、台风)，离心力也可达到很大的数值，甚至超过地转偏向力的作用。

4. 摩擦力

地面与空气之间，以及不同运动状况的空气层之间互相作用而产生的阻力为摩擦力。气层与气层之间的阻力，称内摩擦力；地面对空气运动的阻力，称外摩擦力。外摩擦力往往大于内摩擦力。在摩擦力作用下，空气运动速度减小。陆地表面对空气运动的摩擦力总是大于海洋表面对空气运动的摩擦力，所以江河湖海区域的风力总是大于同一地区陆地上的风力。摩擦力随高度升高而降低，因而离地面愈高，风速愈大。

上述四种力对空气运动的影响不同。气压梯度力是使空气产生运动的直接动力，其他三种力，只存在于运动着的空气中，使空气运动方向或速度发生改变。如讨论赤道附近的空气运动时，可不考虑地转偏向力的影响；空气做近似直线运动时，可不考虑惯性离心力；在讨论自由大气中的空气运动时，可不考虑摩擦力的作用。在高空，大气在水平气压梯度力和地转偏向力的共同作用下，风向总是与等压线平行，但近地面的大气的水平运动还要受到地面摩擦力的影响，一般与等压线斜交。

(三)自由大气中的空气运动

1. 地转风

在等压线平直的气压场中，由于气压梯度力的作用，空气由高压向低压地区流动。当空气开始运动时，地转偏向力立即产生，并迫使运动向右方偏离（北半球）；在气压梯度力的不断作用下，风速愈来愈大，地转偏向力也越来越大，使风速向右偏的程度也愈来愈大；当地转偏向力增大到与气压梯度力大小相等、方向相反，即地转偏向力和气压梯度力达到平衡时，空气沿等压线做等速直线运动，这样的风称地转风。（图5-8）

在高空，大气做水平运动时，不受摩擦力作用，只受气压梯度力和地转偏向力的作用，大气在水平气压梯度力和地转偏向力的共同作用下，风向总是与等压线平行。在此条件下可以根据白贝罗风压定律判断风向：在北半球，背风而立，高压在右，低压在左；南半球则相反。

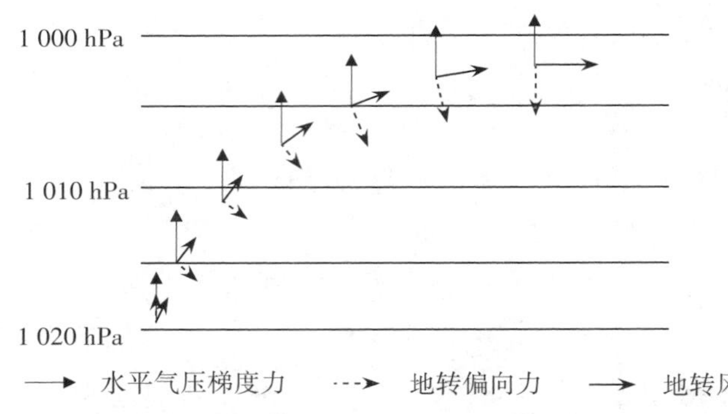

图5-8　在水平气压梯度力和地转偏向力共同作用下的地转风（北半球高空）

2. 梯度风

自由大气中，当空气做曲线运动时，水平气压梯度力、地转偏向力和惯性离心力三种力达到平衡时的水平运动，称为梯度风。

由于做曲线运动的气压系统有高压（反气旋）和低压（气旋）之分，在高压和低压系统中，力的平衡状态不同，其梯度风也不相同。以北半球圆形等压线为例（图5-9），在低压中，气压梯度力（G）指向低压中心，地转偏向力（A）和惯性离心力（C）都指向外，而且两者之和等于气压梯度力。因为地转偏向力和惯性离心力都是与风向垂直的，所以在低压中，梯度风（V_C）的风向沿等压线按逆时针方向运动。南半球则相反。在高压中，气压梯度力和惯性离心力都由中心指向外，当三力达到平衡时，地转偏向力必定由外沿指向中心，而且大小等于气压梯度力和惯性离心力之和。所以高压中的梯度风风向是沿着等压线，绕高压中心按顺时针方向运动；南半球则相反。因此，梯度风的风向仍然遵守白贝罗风压定律，即在北半球背风而立，高压在右，低压在左；在南半球则相反。

梯度风的风速，不仅受气压梯度力和纬度的影响，而且受气流路径的曲率半径的影响。因此，即使在气压梯度力和纬度相同的情况下，梯度风风速和地转风风速也是不等的。并且，考虑了空气运动路径的曲率影响，一般情况下梯度风更接近实际的风。

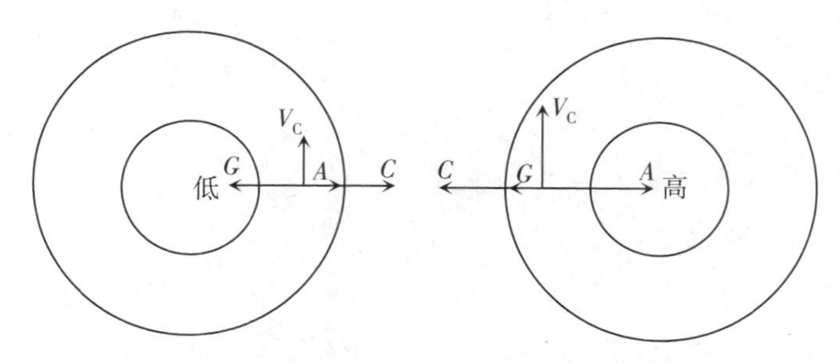

图5-9 北半球高、低气压中的梯度风

3. 风随高度的变化

自由大气中风随高度的变化与气温的水平分布密切相关。气温水平梯度的存在，引起了气压梯度力随高度发生变化，导致风随高度发生相应的变化。如图5-10所示，设在自由大气中，Z_1高度上各处气压相等，等压面P_1与等高面Z_1重合，此时在Z_1高度上没有水平气压梯度，也没有风。由于Z_1高度上A点比B点暖，那么，A点上空单位气压高度差比B点上空大，暖区一侧等压面抬起，冷区一侧等压面降低。等压面P_2、P_3将不是水平的，而是倾斜的。此时，Z_2水平面上的气压值不相等，暖区的气压高于冷区，出现了由暖区指向冷区的气压梯度力G，从而产生了平行于等温线的风。下层没有风，上层有了风，说明风随高度发生了变化。这种由于水平温度梯度的存在而引起的上下层风的向量差，称为热成风。

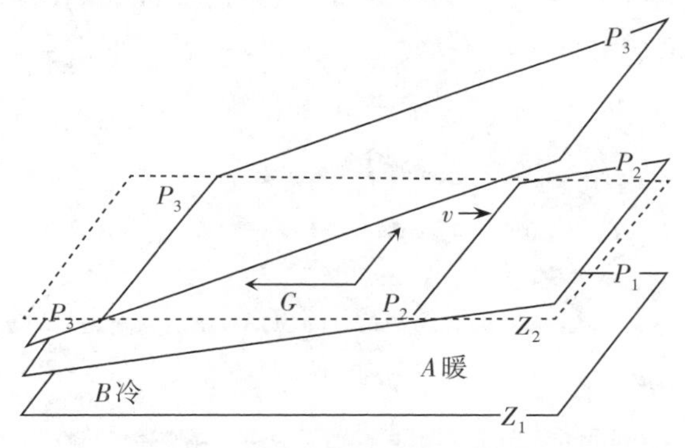

图5-10 热成风形成示意图

热成风的大小与气层平均水平温度梯度及气层的厚度成正比。气层水平温度梯度愈大，等压面愈倾斜，由暖区指向冷区的气压梯度力愈大，热成风也愈强。反之水平温度梯度愈小，热成风也愈小。如果水平温度梯度一定，气层愈厚，上层等压面愈陡，热成风也愈大；反之，气层愈薄，热成风愈小。热成风的方向平行等温线，在北半球，背热成风而立，高温在右，低温在左；南半球则相反。

气层的水平温度场与下层气压场的配置形式各种各样，因而风随高度的变化也有多种不同的情况。但在自由大气中，随着高度的增高，不论风向怎么变化，总是愈来愈趋向于热成风方向。所以北半球中纬度地区对流层上部盛行西风，对流层顶部出现西风急流区的事实，就可由热成风原理得到解释。

二、大气环流

大气环流是指大范围内具有一定稳定性的各种气流运行的综合现象。水平尺度可涉及某个大地区、半球甚至全球;垂直尺度有对流层、平流层、中间层或整个大气圈的大气环流;时间尺度有一至数日、月、季、半年、一年直至多年的平均大气环流。其主要表现形式包括全球行星风系、三圈环流、常定分布的平均槽脊和高空急流、西风带中的大型扰动、季风环流等。大气环流构成全球大气运行的基本形式,是全球气候特征和大范围天气形式的主导因素,也是各种尺度天气系统活动的背景条件。

(一)全球气压带与行星风系

1. 单圈环流与三圈环流

假设地球不自转,且表面均匀,由于赤道与两极受热不均,赤道地区受热,空气膨胀上升,赤道高空气压升高为高压,极地地区空气冷却下沉,在近地面形成高压,在高空形成低压,然后高空气流由赤道流向极地,低层气流自极地流向赤道,补偿赤道上空流出的空气,这样在赤道与极地之间就会形成一个南北向的闭合环流,称为单圈环流。

但是地球在不停地自转,空气一旦开始运动,地转偏向力就会发生作用,使空气运动的方向偏离气压梯度力的方向,单圈环流就不能维持,转而形成三圈环流。(图5-11)三圈环流包括:信风环流圈、极地环流圈和中纬度环流圈。

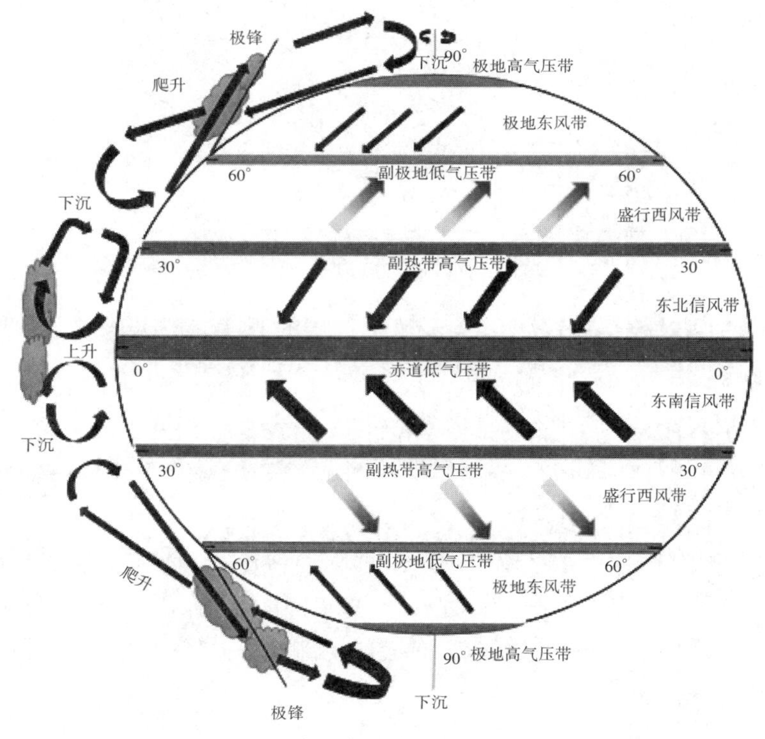

图5-11　行星气压带和三圈环流模式

（1）信风环流圈，也称为低纬环流圈或哈德雷环流圈，是一个直接的热力环流，范围在赤道和南北纬30°之间。在赤道地区温度较高，暖空气受热膨胀上升，到高空向两极输送，空气在运动过程中受地转偏向力的作用，在南北半球都向右偏转，约在纬度30°上空形成西风。随着源源不断的气流的汇入，空气在纬度30°附近堆积并下沉。气流到地面之后，下沉区域气压较高，形成副热带高压，并且气流在此分为两支，其中一支向低纬流向赤道，在低纬地区形成闭合环流，即信风环流圈。

（2）极地环流圈，也称为高纬环流圈。极地地区温度低，地面为高压，在气压梯度力的影响下，气流向低纬地区流动，在地转偏向力的作用下，形成偏东风。由副热带高压带流向极地的气流，在地转偏向力作用下，在中纬度地区形成偏西风。当它达到副极地低压带时，与由极地高压区吹来的偏东气流在纬度60°附近相遇形成极锋。暖空气沿极锋向极地方向上滑，在地转偏向力作用下变为偏西气流，最后在极地冷却下沉，补偿极地地面流失的空气质量。于是在纬度60°附近和极地之间构成一个闭合环流圈，称为极地环流圈。

（3）中纬度环流圈，又称为费雷尔环流圈，该环流圈位于中纬度，即约35°～65°地带。该环流圈从高空到地面都盛行偏西风，但地面附近具有指向高纬的风速分量，上层具有指向低纬的风速分量，分别与副热带高压带下沉气流和副极地低压带上升气流相结合，因而构成一个环流圈，即中纬度环流圈。

2. 全球气压带和风带

如果地球表面呈均匀性质，即全为海洋或陆地，那么地表气压完全决定于纬度。在热力和动力因子作用下，气压的水平分布呈现规则的气压带，且高、低气压带交互排列。这种气压分布规律主要是由地表气温的纬度分布不均匀以及气流运动后受到地转偏向力的作用而造成的。赤道附近终年受热，温度高，空气膨胀上升，到高空向外流散，导致气柱质量减少，低空形成低压区，称赤道低压带。两极地区气温低，空气冷却收缩下沉，积聚在低空，而高空伴有空气辐合，导致气柱质量增加，在低空形成高压区，称极地高压带。从赤道上空流向两极地区的气流在地转偏向力作用下，流向逐渐趋向与纬线平行，阻滞着来自赤道上空的气流向高纬流动，空气质量增加形成高压带，称副热带高压带。副热带高压带和极地高压带之间是一个相对低压带，称副极地低压带。这样就形成了全球的7个低空纬线方向气压带。

不考虑海陆和地形的影响，地面盛行风的全球性形式称为行星风系。依据全球气压系统分布状况和风压关系，可以判断盛行风的情况。全球地面行星风系主要包括如下三个盛行风带。

（1）信风带：在南北纬5°～25°附近。由于副热带高压和赤道低压之间存在气压梯度，从副热带高压辐散的一部分气流便流向赤道，因受地转偏向力的作用，在北半球形成东北风，南半球形成东南风。这种可以预期的在一定季节海上盛行的风系称为信风。信风向纬度更低、气温更高的地带吹送，因此其属性比较干燥，有些沙漠和半沙漠就分布在信风带内。

南、北半球信风在赤道附近的一个狭窄地带内汇合，形成热带辐合带。辐合后气流上升到对流层顶以让位于从低空流入的大量空气。但某些时期，南北半球信风在赤道弱气压梯度区交汇，形成一个风力极小而风向多变的赤道无风带。赤道辐合带可分为两种类型：在北半球夏季，东北信风和赤道西风相遇形成的气流辐合带，称为季风辐合带；由南、北半球信风直接交汇形成的辐合带，称为信风辐合带。在南北纬30°附近的副热带高压带，可以遇到巨大的停滞的高压单体（反气旋），风以外螺旋型运动。高压单体中心风力微弱，风向不定，无风时间最高可占1/4，称为副热带无风带。

信风、赤道无风带和热带辐合带都与气压带和等温线一起，呈季节性做南北移动。平均而言，1月位于南纬5°附近，7月位于北纬12°～15°。但在各地区移动的幅度并不相等。主要活动于东太平洋、大西洋和西非的信风辐合带，季节位移较小，而且一年中大部分时间位于北半球；而活动在东非、亚洲、澳大利亚的季风辐合带，季节位移较大。热带辐合带和信风的移动往往产生风、云和降水等。

（2）西风带：南北纬35°～60°之间，因副热带高压与副极地低压之间存在气压梯度，从副热带高压辐散的气流，一部分流向高纬度，在地转偏向力的作用下，方向偏西，即西风。西风带内吹各种方向的风，但以西风为主。在北半球地面风是西南风，而南半球是西北风。西风带内速度极快的气旋性风暴很常见。北半球大陆块隔断了西风带，其强度大大降低。但南半球纬度40°～60°间，是一片近乎连绵不断的大洋，西风持续不断并得到加强，这一风带有“咆哮四十度”“狂暴五十度”和“呼啸六十度”之称。

（3）极地东风带：自极地高压向外辐散的气流，因地转偏向力的作用变成偏东风，故称极地东风带。实际上北半球高纬区风向受局地天气扰动而变化不定，而南半球大陆极地东风带的外向螺旋气流是一种盛行环流。南北纬60°附近是极地东风与中纬度西风相互交接地带，两种气流性质差异很大，暖气流沿冷气流爬升，冷暖气流之间形成极锋，致使天气多变。

3. 下垫面对大气环流的影响

地球表面性质差别很大，既有广阔的海洋，又有巨大的陆地，且海洋与陆地交错分布。因此，实际的气压分布，既因纬度而不同，也因海陆而不同。例如，北美洲和亚欧大陆及北大西洋和北太平洋，有力地控制着北半球的气压状况，气压带排列不如南半球典型。海陆对气压分布的影响因季节而异。冬季寒冷，大陆产生高气压中心，如亚洲的西伯利亚高压（气压超过1 030 hPa）和北美洲的加拿大高压。夏季陆地上产生低压中心，例如南亚低压和北美西南部低压，使副热带高压带发生断裂。同时海洋上形成强大的高压中心。太平洋和大西洋上有两个强大的副热带高压单体（北太平洋副热带高压和亚速尔高压）向其冬季位置以北移动，且强度大为增强。这种由海陆热力差异形成于陆地上的冷高压和热低压，主要限于低空，且具有季节性，称为半永久性气压系统。而海洋上的高压和低压系统，虽然位置、范围、强度随季节变化，但它们作为纬度气压带终年存在，称为永久性气压系统。

(二)季风环流

受行星风带一年四季往返迁移、海陆分布、高大地形(如青藏高原)的影响,某些区域盛行风向呈季节性交替,通常称作季风环流(或季风)。北半球一般在1月与7月盛行风向的改变方位达120°~180°。

1. 东亚季风

海陆热力差异导致大陆地表夏季受低压控制,海洋受高压控制,在气压梯度力作用下夏季近地面气流由海洋吹向大陆,加上地转偏向力和摩擦力的作用,气流按逆时针方向吹向大陆,并将海上大量水汽带至大陆。冬季情况则相反。东亚大陆冬季为蒙古冷高压(亚洲高压)盘踞,盛行冬季风,高压前缘的偏北风带来干冷少雨的天气;夏季为印度低压(亚洲低压)控制,且太平洋上的副高压加强北进西伸,盛行夏季风,高压西部的偏南风为陆地带来湿热多雨的天气。东亚季风区夏季气压梯度比冬季弱,夏季风也比冬季风弱,降水年际变化也比较大。冬季风很强时可影响东南亚甚至更偏南的地方。

2. 西南季风

在印度半岛、东南亚以及我国云南等低纬度地区,每年4~10月盛行西南气流,通常称为西南季风。冬季当太阳直射在南回归线附近、赤道低压带移至南半球时,北半球低纬度受大陆高压影响,东北信风盛行,带来干燥少雨的天气,为旱季。夏季当太阳直射移至北回归线附近时,赤道低压带移至赤道与10° N之间的区域,南半球的东南信风越过赤道并受地转偏向力作用转变为西南气流,带来暖湿气流形成雨季,且降水具有定时的爆发性,所以西南季风区的最高温出现在雨季前的4月中、下旬。且在青藏高原等地形屏障和南半球澳大利亚强高压的作用下,南亚地区夏季气压梯度大于冬季,夏季风强于冬季风(见二维码)。

季风示意图

3. 高原季风

夏季,28° N~36° N之间,海拔4 000 m以上的青藏高原,地表强烈吸收太阳辐射,成为高耸在大气层中的一个热源,它直接加热中高层大气,从而形成一个高温低压区,出现与哈德雷环流相反的环流圈;冬季高原地表是冷源,为低温高压区,出现与哈德雷环流相似的环流圈。它使高原许多地方冬夏季节出现与平原近地表近乎相反的盛行风,称为高原季风。高原季风破坏了对流层中层的行星风带和行星环流。如果没有青藏高原,现在冬季西伯利亚(蒙古或亚洲)高压和夏季印度(亚洲)低压位置及其影响范围就要发生很大变化,相应东亚季风、南亚(西南)季风和高原北部气候都将发生重大改变。因此,特殊地形对该区域气候形成和变化起着十分重要的作用。

交流与讨论

在世界各大洲中，亚洲东部和南部的季风最强盛、最典型，影响范围也最广。亚洲冬季风的源地在寒冷干燥的西伯利亚和蒙古一带，风从内陆吹向海洋。在它的影响下，气温降低，降水不多。夏季风分别来自湿热的太平洋和印度洋，给亚洲东部和南部带来丰沛的水汽和大量降水。

造成亚洲东部和南部季风最典型的原因是什么？除了亚洲之外，在其他洲是否也存在类似亚洲季风的情形？

三、主要天气系统

引起天气变化的各种尺度的大气运动系统，称天气系统。一般多指温压场和风场中的大气长波、气旋、反气旋、锋面、台风、龙卷风等。下面主要介绍气团和锋的天气学基本概念，以及气旋、反气旋的生成、发展、结构等。

（一）气团和锋

1. 气团及其分类

气团是指在广大区域内水平方向上温度、湿度、垂直稳定度等物理属性较均匀的大块空气团。其水平范围由数百千米到数千千米，垂直范围由数千米到十余千米甚至伸展到对流层顶。同一气团内的水平温度梯度一般小于1～2 ℃/100 km。气团内部由于其物理属性相近，天气现象也大体一致。受到某种气团入侵的地区必然出现不同于其他地区的气候特征或气候类型。

大气中的热量和水汽分别主要来自下垫面的长波辐射和陆地表面水体的蒸发和植物的蒸腾作用，因此下垫面温度和湿度状况对气团的形成具有决定性作用。因此，要形成气团首先需要范围广阔、地表性质均一的下垫面。其次，比较稳定的环流条件才能使大范围的空气长时间停留，并通过辐射、湍流、对流、平流、蒸发、凝结等方式获得与下垫面相适应的比较均匀的属性。如在大陆与洋面上长期停留的空气多是气团形成的源地。当环流条件改变，气团将在大气环流牵引下离开源地，在移动过程中，与下垫面进行热量和水汽的交换，其原有属性发生改变，这一过程称为气团变性。

气团按其热力性质可分为冷气团和暖气团。冷、暖气团是根据气团温度与所经下垫面的温度对比来定义的。冷、暖气团只是相对而言，没有明确的温度界线。气团向比它暖的下垫面移动时称为冷气团；向比它冷的下垫面移动时，称为暖气团。一般而言，由低纬度流向较高纬度的是暖气团；反之为冷气团。冬季从海洋移向大陆的气团是暖气团，反之是冷气团；夏季情况相反。暖气团一般含有丰富的水汽，容易形成云雨天气；冷气团一般较干冷，容易形成干冷天气。

按源地的地理位置和下垫面性质不同，气团则可分为冰洋大陆气团、冰洋海洋气团、极地大陆气团、极地海洋气团、热带大陆气团、热带海洋气团和赤道气团几类。（表5-3）

表5-3　气团的分类

名称	符号	主要天气特征	主要分布地区
冰洋大陆气团（北极、南极）	Ac	气温低，水汽少，气层非常稳定，冬季入侵大陆时会带来暴风雪天气	南极大陆、65° N以北冰雪覆盖的北极地区
冰洋海洋气团（北极、南极）	Am	性质与Ac相近，干燥、寒冷，气层稳定，多晴天	北极圈内海洋上、南极大陆周围海洋
极地大陆气团（中纬度或温带）	Pc	低温、干燥，天气晴朗，气团低层有逆温层，气层稳定，冬季多霜、雾	北半球中纬度大陆上的西伯利亚、蒙古、加拿大、阿拉斯加一带
极地海洋气团（中纬度或温带）	Pm	夏季同Pc相近；冬季比Pc气温高，湿度大，可能出现云和降水	主要在南半球中纬度海洋上，以及北太平洋、北大西洋中纬度洋面上
热带大陆气团	Tc	高温、干燥，晴朗少云，低层不稳定	北非、西亚南亚、澳大利亚和南美一部分的副热带沙漠区
热带海洋气团	Tm	低层温暖、潮湿，且不稳定，中层常有逆温层	副热带高压控制的洋面上
赤道气团	E	湿热不稳定，天气闷热，多雷暴	南北纬10°之间

影响我国的气团多属变性气团。冬季主要为极地大陆气团，热带海洋气团仅影响华南、华东、云南等地。夏季，极地大陆气团退居长城以北，热带海洋气团影响我国大部分地区。这两种不同性质气团交绥，是形成夏季降水的主要原因。

2. 锋及其分类

温度或密度差异很大的两个气团相遇形成的狭窄过渡区域称为锋。（图5-12）锋是占据三维空间的天气系统，其水平宽度约数十到数百千米，垂直范围可达数千米到十余千米，锋相对比气团狭窄，因此可以将其看作两个气团的界面，故又称锋面。锋与地面的交线叫锋线。锋面两侧的空气温度、湿度、气压、风、云等气象要素有明显的差异。锋面坡度倾向冷气团一侧，倾角随高度的增加逐渐变小，锋面坡度愈大天气变化愈剧烈。锋面两侧气温水平梯度可达5～10 ℃/100 km，比气团内要大5～10倍。天气图上锋附近等温线特别密集，这是锋线的重要标志。在地面，锋通常出现在低压槽中，因此，锋两侧风向通常呈气旋式变化。

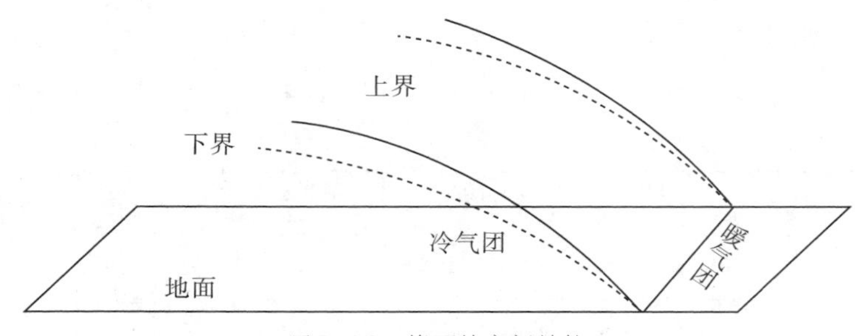

图5-12 锋面的空间结构

根据锋移动过程中冷暖气团的相对运动情况，其可分为冷锋、暖锋、准静止锋、锢囚锋四种类型。冷锋是指冷气团主动向暖气团方向移动的锋；暖锋则是指暖气团主动向冷气团方向移动的锋；准静止锋是指很少移动或移动速度非常缓慢的锋；锢囚锋是指锋面相遇、合并后的锋。这种分类既能反映冷暖气团交绥的动向，又可反映各种锋面天气差异，故被广泛应用。

3. 锋面天气

主要指锋附近的云、降水、风、能见度等气象要素的分布状况。锋面性质不同，锋面天气也不同。

（1）冷锋天气。按推进速度的不同，冷锋可分为两种：第一型冷锋或称慢行冷锋、第二型冷锋或称快行冷锋。第一型冷锋锋面坡度约为1/100，云雨天气主要发生在地面锋后，紧接锋后为低云雨区，雨带宽约300 km。离锋愈远冷空气愈厚，云层也由雨层云逐渐抬高为高层云、高积云和卷云，最后不再受锋面影响，转为晴朗少云天气。第二型冷锋锋面坡度约为1/50～1/70，锋前暖空气被激烈抬升，实际天气往往与暖空气性质有关。夏季暖空气较潮湿，在冷空气冲击下地面锋附近常发生旺盛的积雨云和雷雨天气，但范围较窄。冬季暖空气较干燥，地面锋前只出现层状云，锋面移近时才有较厚云层，锋面过后天气很快转好。冷锋在我国活动范围甚广，是我国最重要的天气系统之一。

（2）暖锋天气。暖锋坡度约1/150，暖空气沿锋面爬升，云层从地面锋位置往前伸展很远。降水带出现在锋前冷区，宽度约300～400 km，为连续性降水，历时较长，但强度较小。我国春秋季在东北、江淮流域和渤海地区可出现暖锋。

（3）准静止锋天气。中国准静止锋一般由冷锋演变而来，天气特征与第一型冷锋相似，但因为准静止锋的坡度较第一型冷锋小，雨云区比第一型冷锋宽，一般大于400 km。受其影响，常出现大片地区的连阴雨天气。我国江南清明节前后细雨绵绵和江淮流域初夏时的梅雨天气都与准静止锋有关。

（4）锢囚锋天气。锢囚锋是两个移动锋面相遇合并而成，其云系具有两种锋面的特征，锋面两侧都有降水区。由于大范围暖空气被迫上升，锋面两侧降水强度往往很大。冬春季我国东北地区多出现冷式锢囚锋，华北地区多出现暖式锢囚锋。锢囚锋天气如图5-13所示。

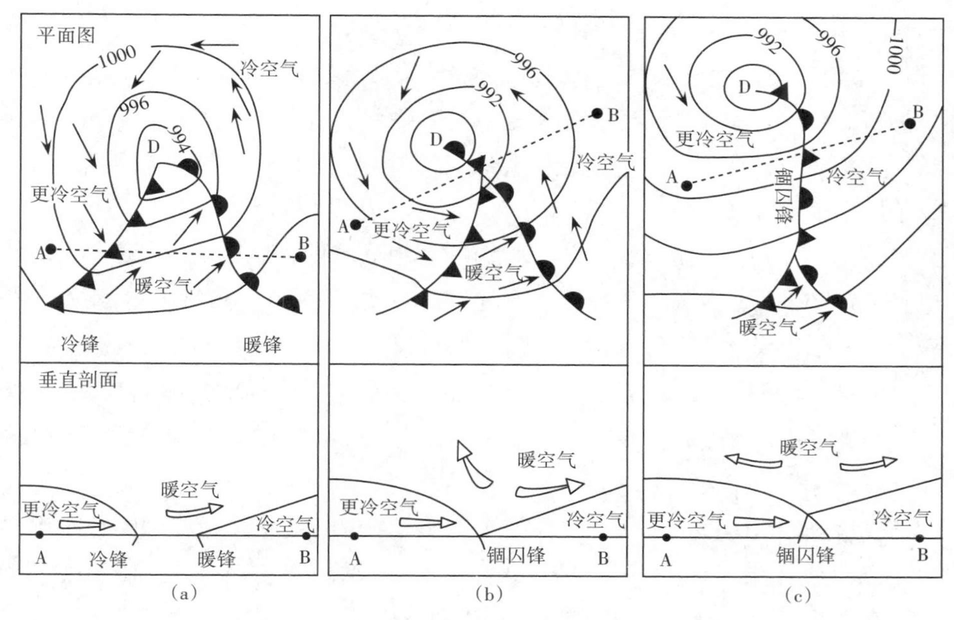

图5-13　锢囚锋天气示意图

(二)气旋和反气旋

1. 气旋

气旋是在同一高度上中心气压比四周低而形成的具有三维尺度的空气涡旋。(图5-14)地面气旋的中心气压一般在970～1 010 hPa,最低值可低至887 hPa。北半球气旋空气按逆时针方向自外围向中心运动,强大气旋的地面风速可达30 m/s以上。气旋直径在200～300 km到2 000～3 000 km之间。根据气旋产生的地理位置,可将气旋分为温带气旋和热带气旋两种类型。

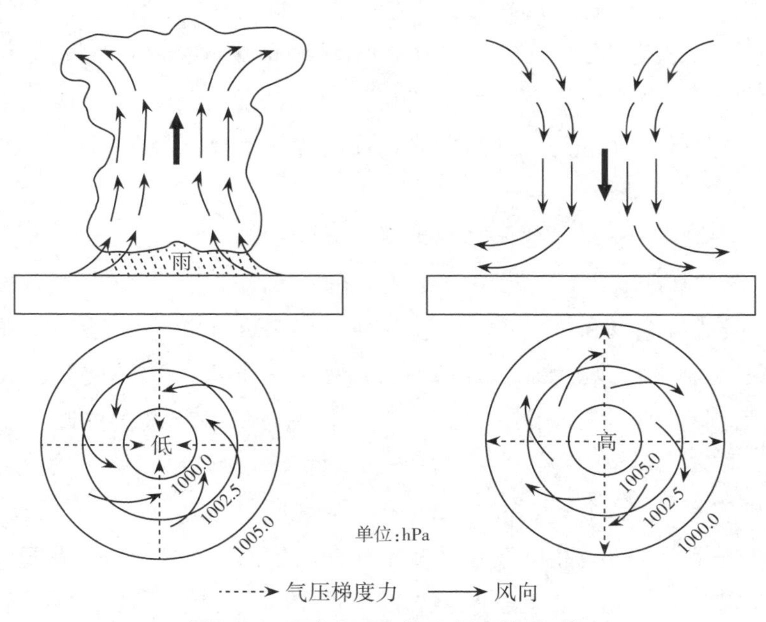

图5-14　气旋和反气旋示意图(北半球)

温带气旋主要指锋面气旋，一般活动于中纬度地区，是这些地区产生大范围云雨天气的主要天气系统。锋面气旋天气比较复杂，既有气团天气，也有锋面天气。强烈的上升气流有利于云和降水的形成。气团湿度大更易发生降水；气团干燥则仅形成一些薄云。气团层结稳定时，暖气团得到系统抬升产生层状云系和连续降水；气团层结不稳定时，则利于对流发展，产生积状云和阵性降水。

温带气旋主要出现在东亚、北美洲、地中海等地区。东亚锋面气旋生成与活动地区主要在25° N ~ 35° N间，即我国江淮地区，称江淮气旋；位于45° N ~ 55° N间的蒙古中部至我国大兴安岭一带，称北方气旋。锋面气旋移动方向与速度主要受对流层中层引导气流控制。由于副热带上空为西风环流，在气旋性环流状态下，东亚气旋一般向东北方向移动，速度平均约40 km/h，最快可达100 km/h，最慢则仅有15 km/h。如中途不消失，最终将移动至阿留申群岛及其以东洋面消亡。

热带气旋是形成于热带海洋上的一种具有暖心结构的气旋性涡旋。中心附近平均最大风力小于8级的热带气旋称热带低压；最大风力8 ~ 9级者称热带风暴；10 ~ 11级者称强热带风暴；在东亚地区大于12级（≥32.7 m/s）者称为台风。台风的生命期一般为3 ~ 8天，直径一般为600 ~ 1 000 km，最大可达2 000 km，最小只有100 km。北半球台风集中发生于7 ~ 10月，8 ~ 9月最多。我国南部和东南部邻近热带气旋多发区，常受台风袭扰，平均每年有7.4个台风登陆，其中华南沿海占58.1%，华东沿海占37.5%。台风中心气压很低，并有强烈上升气流，水汽十分充沛，常出现狂风暴雨，日最大降水量可超过200 ~ 1 000 mm，故强台风是一种严重的灾害性天气。

2. 反气旋

反气旋是占有三维空间、中心气压比四周高的大型空气涡旋。气流由中心向四周旋转运动，旋转方向在北半球为顺时针，南半球为逆时针。反气旋水平尺度比气旋大，最外一条闭合等压线的直径通常达2 000 ~ 4 000 km。地面反气旋中心气压值一般为1 020 ~ 1 030 hPa。根据温压结构可分为冷性反气旋（冷高压）和暖性反气旋（暖高压）；根据生成地区可分为极地反气旋、温带反气旋、副热带反气旋等。反气旋范围内没有锋面，中心多出现下沉气流，故天气晴好。

冷性反气旋是在下垫面温度很低的条件下，伴随着冷空气的堆积而发展起来的。亚洲大陆北部冬季尤其严寒，积累了大量冷空气，有利于冷性反气旋的形成与发展。冷性反气旋地面气压虽然很高，但气压垂直梯度大，所以只出现于近地面气层中，垂直厚度通常只有1 ~ 1.5 km。冷性反气旋受西风带牵制，自西向东移动。冷性反气旋大都从亚洲北部、西北部或西部经西伯利亚、蒙古国进入我国。活动于我国境内的冷性反气旋冬季最强，春季最多。冬半年大约每3 ~ 5天就有一次冷性反气旋活动。强烈的冷性反气旋带来冷空气入侵，形成降温、大风天气，易使越冬作物受到低温冻害。

形成于副热带地区的暖性反气旋是常年存在的稳定少变高压区，厚度可达对流层上层。冬季位置偏南，夏季偏北。夏季暖性反气旋控制下的地区往往出现晴朗炎热天气。

盛夏，北太平洋副热带高压强大西伸时，我国东南部地区在其控制下盛行偏南气流。偏南气流尽管来自海洋，空气湿度大，但因下沉气流阻碍地面空气上升，难以形成云雨，天气更显闷热。长江中下游河谷夏季酷暑天气的出现与副高压暖性反气旋活动有重要关系。当这种气旋势力强大，位置少动时，其控制地区将出现持续干旱现象。

第四节　气候的形成与变化

一、气候和气候系统

1. 气候的概念

气候是指一个地区各种天气现象的多年综合状况，包括平均状况和极端天气变化。“天气”与“气候”是两个不同的概念。天气是瞬间或短时间内气象要素（风、湿度、温度、气压等）和天气现象（雾、云、降水等）所反映的大气的综合状况。人们口头所说的“天气”，如阴、晴、风、雨、冷、暖、干、湿等是指能够影响人类生活、生产的大气物理现象和物理状态。气候是长时间尺度（≥30年）大气平均状态或统计特征的概括，是由太阳辐射、大气环流、地面性质等因素及其相互作用共同决定的，是某地区多年常见的和特有的综合天气状况。气候视其空间尺度大小可分为全球气候、区域气候、小气候等。研究尺度不同考虑的因子也不同，例如，对于大尺度气候状况，地理纬度、海陆分布、大地形等是主要影响因子。

2. 气候系统

气候系统是指影响气候的形成、气候分布特征以及气候变化的物理系统，包括大气圈、水圈、岩石圈、生物圈和冰雪圈。这些圈层通过能量和物质的交换相互联系起来，使气候系统成为一个极其复杂的，内部产生相互作用的整体。气候系统各部分之间的相互作用，包括物理过程和复杂的化学、生物过程等，这些过程在不同时间和空间尺度上有着复杂的反馈机制。在研究气候变化时，不仅需要研究大气的变化，还需要研究其他系统内部的变化及其与大气的联系。

二、气候的形成

气候的形成受气候因子的影响。气候因子主要包括决定气候特征的太阳辐射、大气环流、下垫面和人类活动等。

1. 太阳辐射

太阳辐射是地球气候系统能量的根本来源，是大气物理过程与大气物理现象的基本动力。地球表面各纬度地带每年的太阳辐射总量主要取决于太阳辐射时长和太阳高度角两个基本因素，它们是形成各纬度不同气候特点的最根本因素。各纬度地带的年辐射总量与年平均气温具有十分明显的对应关系，决定着全球气候的纬度地带性。

2. 大气环流

大气环流不但调整全球范围内地-气系统的辐射差额、中低纬度地带的热量盈余与中高纬度地带的热量亏损，还调整全球大气降水的分布。大气环流把海洋上空的大气水分向陆地上空输送，不仅大大增多了陆地上的大气降水，而且构成了大体与海岸线相平行以湿润、半湿润、半干旱、干旱为主要标志的气候区域。区域性大气环流及部分地方性大气环流，造成许多地方具有明显地方性特点的天气状况和气候类型。

3. 下垫面

下垫面是各地气候特征形成的基本因子之一。下垫面因子包括反(射)照率、洋流、地形、植被、大型水库与湖泊、冰雪以及城市建筑与大气污染源等，它们均能对气候产生重要影响。如，海洋和陆地比热容不同，海洋表面水分多，比热容高，而大陆岩石成分导致其比热容低，因此在相同季节，同一纬度的海洋和陆地之间存在温差，进而产生海洋与陆地间的环流，如季风等。季风是使部分沿海地区为海洋性气候而内陆为大陆性气候的关键原因之一。(表5-4)又如，中国重庆因受地形影响，一般每年有33.8天左右日最高气温超过35 ℃，最高达44 ℃，分别比南京多17天和高出1 ℃以上。山地和高原对气流、水分与热量的运移也有重大影响，以致形成不同气候区域分界线。如秦岭南坡(北亚热带气候)1月份平均气温比北坡(暖温带气候)要高5 ℃以上，年降水量南坡比北坡多400 mm左右。云南西南高山峡谷中的高黎贡山，受西南季风影响，迎风坡海拔约1 500 m，多年平均降水量达2 000 mm、多年平均气温为15 ℃，出现亚热带常绿阔叶林，而背风坡海拔800 m处的潞江坝，多年平均降水量700 mm，多年平均气温却高达23 ℃，出现热带稀树草原。

表5-4　大陆性气候与海洋性气候基本特征的比较

气候特征	气温日较差	气温年较差	气温最高月	气温最低月	年降水分配	云量
大陆性	大	大	7	1	不均匀	较低
海洋性	小	小	8	2	均匀	较高

4. 人类活动

人类活动改变了地面状况，进而影响或改变局地气候。例如植树造林、修建水库、灌溉农田等生产活动，能使气候朝着有益于人类生存、发展的方向变化。但是也有些活动如大规模垦荒、毁林等，改变了近地面大气中的热量和水分，导致出现尘暴肆虐、水旱灾害横行等气候恶化的现象。人类向大气直接排放大量有害物质，改变大气成分，导致气候变化。例如人类过多排放二氧化碳等“温室气体”是近百年来全球变暖的重要原因。

三、气候的类型

根据太阳辐射和地球表面纬度的带状分布特点，可以把气候划分为热带、亚热带、温带、亚寒带和寒带等几个气候带。在同一气候带中，又因大气环流、下垫面等自然条件的不同，形成不同的气候类型。（见二维码）

世界气候类型分布图

（一）热带气候类型

1. 热带雨林气候

大致分布在南北纬10°之间，主要包括非洲刚果河流域、南美洲亚马孙河流域和亚洲的印度尼西亚等地。它们地处赤道低气压带，常年受赤道气团控制，因此，全年高温多雨，各月平均气温在25～28 ℃之间，年平均气温在26 ℃左右，空气湿度很大，年降水量在2 000 mm以上。由于全年高温多雨，植物生长不受水分和热量限制，森林高大茂密，物种繁多，形成了热带雨林，这些地区是世界生物生长率最高的地方，植物资源极为丰富。

2. 热带草原气候

大致分布在纬度10°至南北回归线之间的地区，主要包括非洲中部大部分地区、澳大利亚大陆北部和东部以及南美的巴西等地。这里受赤道低压带和信风带交替控制。当赤道低气压控制时，赤道气团盛行，形成闷热多雨的天气；当信风控制时，热带大陆气团盛行，形成干旱少雨的天气。因此全年高温，干季与湿季交替明显，降水量在750～1 000 mm之间。自然植被以草原为主，有少量耐旱乔木，形成热带疏林草原，又称萨瓦纳。

3. 热带季风气候

大致分布在北纬10°至北回归线之间的地区，例如，我国台湾省的南部、广东省的雷州半岛和海南省，亚洲的中南半岛、印度半岛大部分地区、菲律宾群岛、澳大利亚北部沿海地带。受季风影响，不同气团交替，形成明显的季节变化。这些地方全年气温高，长夏无冬、春秋极短；年均气温超过20 ℃，最冷月均温一般在18 ℃以上；降水主要集中在夏季，年降水量在1 500～2 000 mm之间，年际变化大，自然植被为热带季雨林。

4. 热带沙漠气候

大致在南北回归线至南北纬度30°之间的大陆内部和西岸。例如，非洲北部、亚洲西部和澳大利亚中西部地区。这些地区常年在副热带高压带或信风带的控制下，盛行热带大陆气团，因而干旱少雨，年降水量在200 mm以下，气温很高，全球绝对最高气温就出现在这里。

(二)亚热带气候类型

1. 亚热带季风气候和亚热带季风性湿润气候

大致分布在北纬30°附近的大陆东岸地区。其中亚洲东部,包括我国秦岭—淮河以南地区、日本南部地区,受热带海洋气团和极地大陆气团交替控制,季节变化极为明显,夏季高温多雨,冬季温和少雨,成为典型的亚热带季风气候。相同纬度位置大陆东岸的其他地区,如北美洲大陆东岸、南美洲、非洲、澳大利亚等,与亚洲大陆东部相比,未形成明显的季风交换,冬夏温差较小,降水分配比较均匀,所以称为亚热带季风性湿润气候。

2. 地中海气候

大致在南北纬30°~40°之间的大陆西岸,主要分布在地中海沿岸,所以称为地中海气候。南北美洲大陆西岸、澳大利亚大陆和非洲大陆西南角等地也有此种气候分布。这些地区夏季受副热带高压控制,热带大陆气团盛行,干燥炎热;冬季受西风带控制,多气旋活动,温暖多雨。年降水量为300~1 000 mm。

(三)温带气候类型

温带气候大致分布在南北纬40°~60°之间的地区,因海陆位置的差异,可分为以下三种类型。

1. 温带季风气候

主要分布在亚欧大陆东部,如我国的华北、东北地区,俄罗斯远东地区,日本北部和朝鲜半岛。这些地区冬、夏季风交替,季节变化明显。冬季风控制时,极地大陆气团活动频繁,寒冷干燥;夏季风控制时,受海洋气团影响,高温多雨。年降水量在500~600 mm之间。

2. 温带大陆性气候

主要分布在亚欧大陆和北美洲大陆的内陆地区。由于位居大陆中心或沿海有高山屏障,常年受大陆气团控制,干旱少雨,年降水量在500 mm以下。冬季寒冷,夏季高温,气温年较差大。植被种类异常缺乏,多为矮草草原或荒漠景观。亚欧内陆地区的西侧和北美大陆东侧,虽然气温年较差大,属于大陆性气候,但因海洋气团和气旋活动频繁,降水量丰富且全年分配较为均匀,成为温带大陆性湿润气候。

3. 温带海洋性气候

主要分布在欧洲大陆西部、北美洲和南美洲大陆西部沿海的狭窄地带。这些地区终年盛行西风,受海洋气团影响,冬暖夏凉,气温年较差小、全年湿润,降水较多,且分配较均匀。

(四)亚寒带气候类型

主要分布在北纬50°~65°之间的地区，包括亚欧大陆和北美大陆的北部。这些地区受极地大陆气团和极地海洋气团控制，冬季漫长而严寒，夏季温暖但短促，气温年较差大，降水量少，但蒸发量也弱，所以气候湿润。

(五)寒带气候类型

1. 苔原气候

主要分布在极圈以内、亚欧大陆和北美大陆的北冰洋沿岸地区。由于纬度高，太阳辐射弱，受极地气团影响，全年严寒，最热月平均气温仅为1~5 ℃。降水量少，多云雾，蒸发微弱。

2. 冰原气候

主要分布在格陵兰岛和南极大陆的冰原上。这里是极地气团的源地，全年严寒，各月平均气温都在0 ℃以下，是全球平均气温最低的地区，陆地上覆盖着很厚的冰雪，更加剧了气候的严寒。

(六)高原气候和高山气候

主要分布在高大的高原和高山地区，例如，青藏高原、安第斯山脉等地。这些地区海拔在3 000 m以上，空气稀薄、日照强、气压低、风力大、气温低，形成高寒气候。由于气温、降水等有垂直变化的特点，所以，高山气候具有明显的垂直变化规律。

四、气候变化及应对措施

(一)气候变化

气候变化指统计学意义上，气候平均状态的巨大改变或者持续较长一段时间的气候变动。地球上的气候一直不停地呈波浪式变化，冷暖干湿相互交替，变化的周期长短不一。气候变化涉及的时间尺度跨度很大，从数十、数百年，到数亿年的波动都有。根据时间尺度不同，气候变化可大致分为地质时期、历史时期和近代气候变化三个阶段。地质时期时间跨度约为22亿~1万年；大约1万年以来为历史时期；近代气候则指近一两百年来有仪器观测记录时期的气候。未有直接仪器观测记录时期的气候变化属于古气候学研究的范畴，多根据气候记录载体中的代用指标重建而得，如黄土粒度与磁化率、冰芯氧同位素、海洋微体古生物、石笋氧同位素以及树轮等。由于近代气候积累了大量较为精确的气候资料，人们对这段时间气候变化的了解程度远超前两个时期。

1. 地质时期的气候变化

地质时期地球曾经历过几次大冰期气候。其中最近的三次大冰期气候都具有全球性意义，发生时间相对比较确定，包括：震旦纪大冰期、石炭纪—二叠纪大冰期和第四纪大冰期。前震旦纪也可能反复出现过大冰期。大冰期常持续数千万年。大冰期之间约隔2亿至3亿年，为大间冰期。大冰期期间，地球表面广布冰川，气候十分寒冷。确定大冰期的主要依据是地层中的冰碛物和冰水沉积物，同时考虑生物组合和同位素测定结果。

震旦纪大冰期发生在距今约6亿年前。当时，冰川扩展到亚洲、欧洲、非洲、北美洲和澳大利亚的大部分地区。之后，地球气候转入持续了3.3亿年的寒武纪—石炭纪大间冰期，整个地球气候都比较温暖，森林面积广，形成大规模的煤层。我国在石炭纪时期全都处于热带气候条件下。

距今2亿至3亿年前，又发生了石炭纪—二叠纪大冰期，不过这次冰期气候主要影响南半球及北半球的印度等地区。然后，地球气候转入持续了2.2亿年的三叠纪—第三纪大间冰期。到新生代的早第三纪，世界气候普遍变暖，格陵兰地区有温带树种，我国气候炎热。晚第三纪时，东亚大陆东部气候趋于湿润。晚第三纪末期世界气温普遍下降，喜热植物逐渐南退。

距今约258万年前，地球气候进入第四纪大冰期。该阶段冰碛层保存最完整，分布最广，人类对它的研究也最详尽。这时地球普遍转冷，末次冰期最盛期（距今1.8万年），陆地约有24%的面积为冰所覆盖，还有20%的面积为永冻土，海平面可能比现今低约120 m。不过，冰川进退的时空差异很大。一方面，各大陆冰川发育规模有差别。例如，北美冰川的冰流曾伸展到38° N左右，而西伯利亚冰川只伸展到50° N的贝加尔湖附近。另一方面，第四纪大冰期内部还存在周期性的（如40万年、10万年、2.1万年等）冰期—间冰期旋回。

2. 历史时期的气候变化

1万年以来，从人类文明出现到用仪器观测之前这段时间的气候变化为历史时期的气候变化。该阶段气候变化有两个总体特点：第一，变化的总趋势是由暖变冷。在公元前五六千年全球气候温暖，气温比现在高3～4 ℃，被称为气候适宜期。公元前后的一两千年，气温有所下降，但大部分时间相对现在仍然略高。最近1 000年降到比现在略低，其中，公元1 550至1 850年为冰后期以来最寒冷的阶段，称小冰期。第二，在由暖变冷的总趋势中，包含着若干小尺度波动。从中国气温曲线看，我国最近5 000年来的气候可分为四个温暖时期和四个寒冷时期。最初2 000年是第一个温暖期，大部分时间的年平均温度比现在高2 ℃左右。秦汉时期为第二个温暖时期，第三个温暖期约发生在隋唐时期，宋末元初为第四个温暖期。总体来看，最近5 000年，冷暖变动的分期特征是温暖期越来越短，温暖的程度越来越低；而寒冷时期却越来越长，寒冷程度越来越强。如南宋时代的第三个寒冷期，温度比现代低1 ℃左右，太湖发生封冻；明清两朝的第四个寒冷期，温度比现代要低1～2 ℃，封冻现象扩展到长江。

3. 近代的气候变化

近百年来有大量的仪器观测记录，气候变化研究不必再用古气候代用指标。尽管因观测数据和处理方法不同，各家结论不完全一致，但总趋势大同小异（见二维码）。从19世纪末到20世纪40年代，全球气温出现明显的波动上升现象。从20世纪40年代开始，全球气候小幅转冷。进入70年代以后，全球气候又趋变暖，增暖趋势持续至今，且气候变暖的趋势日益明显。据统计，20世纪下半叶以来北半球平均气温达到近1 300年来的最高值。总体来说，近百年来的气候总趋势是变暖，且变暖的速度越来越快，程度越来越高。随着气候变暖，气象灾害和气候异常现象也日益频繁。

近百年地表温度走势图

（二）气候变化的原因

气候变化的原因很多，归纳起来大致分为三类：天文因素、地质构造因素以及人类活动。

1. 天文因素

气候系统之所以发生变化，根本原因是系统的热量平衡受到破坏。太阳辐射是地球接收的唯一外部能源，太阳辐射强度的变化是造成气候变化最主要的外部因子之一。太阳活动、日地距离等的周期性变化，影响到达地球大气上界的太阳辐射总额及其在不同纬度之间的分配。

（1）太阳活动的准周期变化。太阳活动，如黑子、耀斑、太阳风等，使太阳辐射的光谱辐射和微粒辐射发生显著变化。通常用太阳黑子相对数表征太阳活动的强弱。太阳黑子活动具有周期性，其中最著名的为11年的基本周期。研究表明，太阳活动的准周期变化与气候振动有密切关系。多瑙河、莱茵河、密西西比河以及长江的洪水记录，都表明各区域洪水有11年、23年、33年的周期变化，并与黑子活动周期相对应。

（2）地球轨道要素的变化。日地相对位置变化，一般称为地球轨道要素变化。地球公转轨道椭圆偏心率、自转轴对黄道面的倾斜度及岁差均存在长周期变化。地球轨道要素的变化使不同纬度在不同季节接收的太阳辐射发生变化，是冰期与间冰期交替的主要原因。

地球公转轨道椭圆偏心率有40万和10万年的变化周期。黄赤交角的变化周期为41 000年，在过去的100万年中，变动范围在21.1°～24.5°之间，目前是23.44°，并以每年0.00013°的速率减小。黄赤交角控制着辐射量的南北梯度和入射太阳辐射振幅的变化，当其变化于22.0°～24.5°范围内时，可使极地夏季辐射量改变15%左右。岁差造成春分点沿黄道向西缓慢移动。春分点约每21 000年绕行地球轨道一周，其位置变动可引起四季开始时间的移动和近日点、远日点的变化。大约1.8万年前，全球气候开始从冰期向间冰期过渡，与41 000年和21 000年周期使太阳辐射达到最大值密切相关，此时，北半球冬季处于远日点，夏季处于近日点。上述轨道参数的综合效应可引起夏季高纬度地区入射太阳辐射改变率达到30%。

2. 地质构造因素

下垫面的地质构造活动对气候变化有深刻影响。其中以大陆漂移、造山运动和火山活动影响最大。

(1)大陆漂移。地质时期存在多次大陆的聚合与裂解，在每次的聚合和裂解过程中出现的大陆漂移显著影响全球海陆分布。由于海陆分布不一样，海陆热力分布、大气和大洋环流、生物和化学过程等也都有很大差别，从而形成各地质时代不同的气候特征。如，在7亿至5.5亿年前，罗迪尼亚超大陆裂解时，强烈的化学风化作用消耗了大量的二氧化碳，导致气温急剧下降，全球进入冰期。这次冰期强度大，使赤道地区都被冰雪覆盖，因此，此时的地球被称为“雪球地球”。目前的研究显示“雪球地球”事件在其他地质历史时期至少出现过三次，与全球大陆的重新组合有或多或少的联系。

(2)造山运动。造山运动使本来比较平坦的地球表面变得凹凸不平，从而增加了大气垂直方向上的扰动强度。如青藏高原的隆升对我国季风气候的形成以及我国西北地区的干旱化具有极其重要的影响。海底地形改变对气候变化也有很大影响。大西洋中，格陵兰岛—冰岛—大不列颠岛间的水下高地，因地壳运动有时会露出海面，阻断墨西哥湾流向北进入北冰洋的通道，欧洲西北部因失去湾流热量的影响而强烈降温，当高地下沉到海底时，湾流进入北冰洋的道路畅通，欧洲西北部气候转暖。又如，巴拿马海峡的关闭，对北大西洋暖流的加强具有重要影响。白令海峡的开启与闭合也影响着北太平洋表层水团向北极的输送，进而会影响北极海冰的发育，海冰又经过改变反照率等过程调控气候。

(3)火山活动。越来越多的事实表明，火山活动也是气候变化的重要因素之一。火山爆发喷出大量熔岩、烟尘、二氧化碳、含硫气体化合物及水汽。气体和火山灰形成的巨大烟柱往往可冲入大气层50 km左右，随风系和涡流输送扩散到大片区域乃至全球。火山灰存留在平流层，使大气混浊度和反照率增大，太阳对地球的总辐射减少，地面平均温度相对降低。一次强火山爆发造成的局地降温可达1 ℃或更多，半球或全球降温则一般不足0.5 ℃，即使如此，其对气候变化的影响也不容忽视。

3. 人类活动对气候的影响

人类活动也是气候变化的重要影响因素。人类活动对气候产生影响的方式主要包括向大气中释放温室气体和改变下垫面地表反射率、风场等。而且人类活动对全球气候变化的影响并不是从现代工业活动快速发展以来才有的，研究表明早在几千年前人类活动就对气候产生了重要影响。早期人类刀耕火种破坏森林反馈到气候系统中，影响气候变化。在工业革命后由于滥伐森林、盲目垦荒，人类活动对气候的影响逐渐广泛和深入。一方面温室气体排放量远超之前；另一方面，百万甚至千万人口的大城市迅速涌现，大大改变了地表粗糙度、反射率、辐射性能和水热收支状况，进而影响气候。

近几十年，全球气候系统受人类活动的影响越来越严重，2022年联合国政府间气候变化专门委员会（IPCC）第六次评估报告指出：（1）与工业化前的气温纪录相比，在人类活动和自然因素共同影响下，目前全球平均升温估计为1.1 ℃。在未来20年内，全球升温或超过1.5 ℃。如果全球升温1.5 ℃，热浪将增加，暖季将延长，而冷季将缩短；如果全球升温2 ℃，极端高温将更频繁地达到农业生产和人体健康的临界耐受阈值。（2）未来几十年或几个世纪，冰川、冰盖和多年冻土的融化都将不可逆转。全球海洋的变暖、酸化和缺氧现象将会持续数百年至数千年。（3）气候变化已经在陆地、淡水、沿海和远洋海洋生态系统中产生了巨大的破坏，造成了越来越不可逆转的损失。

（三）气候变化应对策略

1988年，IPCC成立。次年IPCC发布了首次关于气候变化的科学评估报告，且由此启动关于气候变化问题的多边国际谈判。1992年通过《联合国气候变化框架公约》（以下简称《公约》），各缔约国就限制和削减温室气体排放及相应措施达成共识。例如，提高能源利用效率，促进可持续森林管理、造林，促进可持续农业形式，促进、研究、发展和增加使用可再生能源和对环境无害的先进新技术，以及实行有利于限制和削减温室气体排放的社会政策和措施等。

1997年12月，170多个《公约》缔约国通过了《〈联合国气候变化框架公约〉京都议定书》（以下简称《京都议定书》），《京都议定书》把《公约》具体化，规定发达国家应在2008年至2012年的这段承诺期内，将其温室气体排放量从1990年的水平至少减少5%。西方发达国家可通过向发展中国家提供资金和先进技术，帮助发展中国家减排温室气体（以二氧化碳为换算品种），由此获得的减排量，用于履行发达国家碳减排义务。这是人类历史上第一次以国际法形式就温室气体排放量做出的定量限制。

2015年12月，《公约》的缔约方在巴黎气候变化大会上达成《巴黎气候变化协定》。这是继《京都议定书》后第二份有法律约束力的气候协议，为2020年以后全球应对气候变化行动做出了安排。2016年9月，全国人大常委会批准中国加入《巴黎气候变化协定》。

根据2022年IPCC第六次评估报告，如下几个方面的措施可减缓全球变暖：

（1）为了限制全球变暖，所有部门都需要深度减排。这将涉及大幅减少化石燃料的使用、广泛推广电气化、提高能源效率以及使用替代燃料（如氢能）等。另外，减少工业部门的排放，需要提高材料使用效率、重复使用和回收产品以及最大程度地减少浪费。在城市，可通过降低能源消耗（如创建紧凑、适合步行的城市）、结合低排放的交通电气化等实现减排。

（2）未来几年是控制全球升温关键期。要将全球变暖控制在不超过工业化前1.5 ℃以内，全球温室气体排放在2025年前要达到峰值，并在2030年前减少43%，在本世纪50年代初实现全球二氧化碳净零排放。如果要将全球变暖控制在不超过工业化前2 ℃以内，大约需要在本世纪70年代初实现全球二氧化碳净零排放，即“碳中和”。

(3)采取气候行动,实现可持续发展目标。在减缓和适应气候变化影响方面,加快采取公平的气候行动对可持续发展至关重要。一些应对方案可以吸收和储存碳,同时,帮助社区限制与气候变化有关的影响。例如,在城市中,形成公园和开放空间、湿地和城市农业的网络可以降低洪水风险和减少热岛效应。

交流与讨论

"厄尔尼诺"是西班牙语的音译,原意是"圣婴""神童"或"圣明之子"。相传,很久以前,居住在秘鲁和厄瓜多尔海岸一带的古印第安人很注意海洋与天气的关系。如果在圣诞节前后,附近的海水比往常格外温暖,不久,便会天降大雨,并伴有海鸟结队迁徙等现象发生。古印第安人出于迷信,称这种反常的温暖潮流为"神童"潮流,又叫"圣婴现象"。其实这是从南美洲西海岸(秘鲁和厄瓜多尔附近)向西延伸,经赤道在太平洋至国际日期变更线附近的海面温度异常增暖的现象。

造成"厄尔尼诺"现象的原因有哪些?它会给世界气候带来哪些影响呢?

知识拓展

世界屋脊——喜马拉雅冰川消融的原因和影响

本章小结

本章从大气的组成和热能、大气水分和降水、大气运动和天气系统以及气候的形成与变化这四方面来介绍大气圈。首先介绍了大气的成分以及大气的垂直分层,并介绍了大气的受热过程以及与之紧密相关的气温、气压及湿度等物理因子的相关特性。大气中水分的蒸发和凝结现象这部分重点讲解了露、霜、云、雾等常见水汽凝结现象,大气降水的类型、降水的时间变化及地理分布。在大气的运动中介绍了大气的水平运动,并从三圈环流、季风环流等方面介绍了大气环流;在天气系统中介绍了气团及其分类、锋及锋面天气、气旋和反气旋。在气候的形成与变化中,主要介绍了气候的形成因素,并分别介绍了热带、亚热带、温带、亚寒带和寒带五种典型的气候类型,最后介绍了气候变化及应对措施。

思维导图

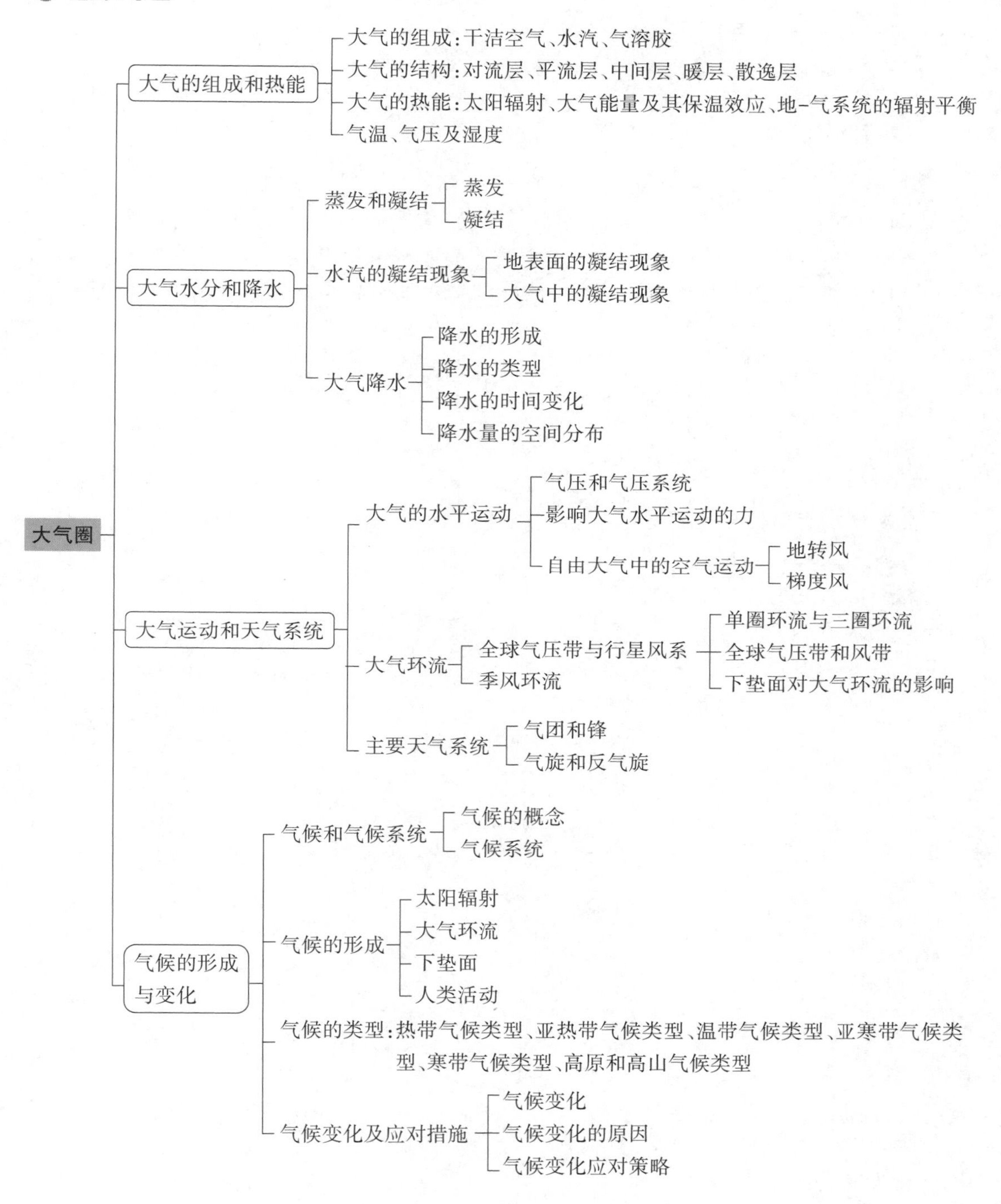

思维与实践

1. 画出全球气压带和风带分布图,并说明副热带高压带和盛行西风带的成因。
2. 说出影响大气环流的主要因素。
3. 气团和锋面可分为哪些类型?锋面附近气象要素有哪些突出表现?

4. 试从气候特征和地理分布说明地中海气候与季风气候的异同，并分析成因。

5. 说明对流雨、锋面雨、地形雨和台风雨的区别。

6. 气候变化的主要原因有哪些？人类活动是怎样影响气候的？

推荐阅读

[1]周淑贞. 气象学与气候学[M]. 3版. 北京：高等教育出版社，1997.

[2]布赖恩特. 气候过程和气候变化[M]. 刘东生，等编译. 北京：科学出版社，2004.

[3]秦大河，陈振林，罗勇，等. 气候变化科学的最新认知[J]. 气候变化研究进展，2007(2).

[4]翟盘茂，周佰铨，陈阳，等. 气候变化科学方面的几个最新认知[J]. 气候变化研究进展，2021，17(6).

[5]王姝，冯徽徽，邹滨，等. 大气污染沉降监测方法研究进展[J]. 中国环境科学，2021，41(11).

实验内容

实验十二、太阳辐射、气温、蒸发综合实验。

实验十三、云的观测。

实验十四、天气现象的观察。

第六章 水圈

问渠那得清如许？为有源头活水来。

——朱熹

☆ 学习目标

1.说出地球上水的分布情况和水量平衡原理;说明水循环的类型,阐明水循环的地理意义;列举水资源保护与利用的实例,掌握基本的水资源知识,树立节水观念。

2.说出陆地水的存在形式;说明河流、湖泊、沼泽、冰川等陆地水类型,阐明它们之间的相互联系。深化对地理环境整体性的理解,形成认识地理环境的综合性思维方式和能力。

3.说出海水盐度、温度、密度、水色、透明度等理化性质。使用观察、实验、测量、推测、解释等基本科学方法,形成初步的探究实践能力。

4.掌握海水运动的三种形式,解释其对地理环境、生产生活的影响,培养对自然现象的好奇心和探究热情。

5.解释海平面变化的原因,倡导低碳生活。

地球表面约3/4被水所覆盖,这是地球不同于其他行星的主要特征,地球因此被称为“水球”。水圈是指由地球表面上下的液态、气态和固态的水形成的一个几乎连续但不规则的圈层。地球上的水不停地运动着和相互联系着。水的运动和相态的转化可使能量和物质在大气圈、生物圈、岩石圈等各圈层中传输、运移和循环。因此,水是各个圈层相互联系的纽带,对各圈层中的物理、化学、生物过程具有极其重要的影响。

第一节　地球水循环与水量平衡

在地球表层,水可以以固态、液态、气态三相形态存在。随着温度的变化,水以不同的形态存在于地球各个圈层中,并在各个圈层中传输、运移和循环。本节将主要介绍地球水的分布、循环及其地理意义和水量平衡,并阐述水资源及其保护的重要性。

一、地球上的水

世界上第一位进入太空的苏联宇航员加加林说:“我们给地球起了一个错误的名字,应该叫它‘水球’。”从太空看地球,映入眼帘的是一个十分美丽的蔚蓝色星球,因为它的表面大部分被海水覆盖着。水是支撑生命存在的最重要物质,也是地球上分布最为广泛的物质之一。我们生活在陆地上,陆地的周围是广阔的海洋,人们常用“三分陆地、七分海洋”来粗略而又形象地说明全球陆地和海洋面积的比例。地球的表面积约5.1×10^8 km^2,其中被水覆盖的面积约3.61×10^8 km^2。因此,有人把地球称为“水球”,一点儿也不过分。

从水的状态、水的含盐量以及水的垂直分布等不同角度考察地球上水圈的组成，见表6-1。根据水的状态分布，地球上的水以气态、固态、液态三种形式存在于大气层、海洋、河流、湖泊、沼泽、土壤、冰川、永久冻土、地壳深处以及动植物体内。在水的三态中，气态分布面积最广，上到大气圈，下到岩石圈；其次是液态，地球表面2/3以上的面积覆盖着液态水；固态水分布面积最小，只在高纬、高山等条件下才存在。在地球表面水的各种存在形式中，液态水所占比重最大。水根据含盐量多少，分为海水、咸水和淡水，其中海水占绝大多数，为总水量的97.230%，咸水和淡水所占比例较小，分别为0.008%和2.762%。若从垂直分布来看，水分为地表水、地下水、大气水，其中地表水约占地球总水量的99%。综上，海洋是最主要的水体，陆地水所占比例相对少得多，但在自然地理环境发展中具有极其重要的作用。

表6-1　从不同角度考察水圈的组成

地球上水的组成							
液态水	97.859%	地表水	99.389%	海水	97.230%	海水	97.230%
固态水	2.140%	地下水	0.610%	咸水	0.008%	湖水	0.017%
气态水	0.001%	大气水	0.001%	淡水	2.762%	河水	0.0001%
—	—	—	—	—	—	冰川水	2.140%
—	—	—	—	—	—	地下水	0.610%
—	—	—	—	—	—	土壤水	0.005%
—	—	—	—	—	—	水蒸气	0.001%

关于地球的总水量及其在各种水体中的分配情况，有许多不同的算法。1970年国际水文科学协会的估算方案和1974年苏联水文委员会在“国际水文十年”活动中的估算方案得到了较为广泛的认可。（表6-2）

水资源是指现在或将来一切可用于生产和生活的地表水和地下水，是自然资源的重要组成部分。在全部水资源中，97.238%是咸水（含海水），无法饮用。在余下的淡水中，有87%是人类难以利用的两极冰盖、高山冰川和永冻地带的冰雪。人类真正能够容易利用的是江河湖泊以及浅层地下水中的一部分，仅占地球总水量的0.25%。总体而言，世界上是不缺水的。但是，世界上淡水资源分布极不均匀。

表6-2　地球的水量估计

水体	水储量	
	水量/(10^3 km^3)	占比/%
海洋	1 338 000.0	96.54
冰川与永久积雪	24 064.1	1.74
地下水	23 400.0	1.69
永冻层中冰	300.0	0.02
湖泊水	176.4	0.013
土壤水	16.5	0.001
大气水	12.9	0.000 9
沼泽水	11.5	0.000 8
河流水	2.1	0.000 2
生物水	1.1	0.000 1
总计	1 385 984.6	100

二、水循环与水量平衡类型

(一)水循环的概念

地球上的水并不是处于静止状态的,而是不断通过运动和相变从一个圈层进入另一个圈层,从一个空间转向另一个空间。地球上各种形态的水,在太阳辐射、重力等作用下,通过蒸发(蒸腾)、水汽输送、降水、下渗、径流等环节,在水圈、大气圈、岩石圈、生物圈中不断地发生相态转换①和连续运动的过程,就是水循环。水循环是一个复杂的过程,但蒸发无疑是其初始的、最重要的环节。海陆表面的水分因太阳辐射而蒸发进入大气。在适宜条件下水汽凝结发生降水。其中大部分直接降落在海洋中,形成海洋水分与大气间的内循环。另一部分水汽被输送到陆地上空以雨的形式降落到地面,出现三种情况:一是通过蒸发(蒸腾)返回大气。二是渗入地下形成土壤水和潜水,形成地表径流最终注入海洋。三是内流区径流不能注入海洋,水分通过河面和内陆尾闾湖面蒸发再次进入大气圈。

(二)水循环的类型

根据发生的空间范围,水循环可分为海陆间循环、陆地内循环和海上内循环。其中,海陆间循环称为大循环,陆地内循环和海上内循环称为小循环。(图6-1)

① 相态转换:不同相之间的相互转变,也称为“相变”或“物态变化”。

1. 海陆间循环

海陆间循环是指发生在海洋与陆地之间的水循环。海洋表面的水经过蒸发变成水汽。水汽上升到空中，被气流输送到大陆上空，部分在适当条件下凝结，形成降水。降落到地面的水，一部分在地面流动，形成地表径流；一部分被植物截流渗入地下，形成地下径流。在这个过程中，一部分通过蒸发返回大气，其余部分经过江河汇集，最后又回到海洋。这种循环运动，维持着海陆间水量的相对平衡，陆地上的水不断得到补充，水资源得以再生。

2. 陆地内循环

陆地内循环就是陆地上的水，一部分或全部通过地面、水面蒸发和植物蒸腾，形成水汽，被气流带到陆地上空，冷却凝结形成降水，仍降落在陆地上。陆地内循环运动对水资源的更新也有一定作用，这种循环缺少直接流入海洋的河流，具有一定的独立性。

3. 海上内循环

海上内循环就是海面上的水蒸发形成水汽，进入大气后在海洋上空凝结，形成降水，直接降落到海面的循环过程。

综上所述，水循环的过程可以概括为：地球上的各种水体，在太阳辐射作用下大量蒸发或植物蒸腾作用，形成水汽。水汽上升到空中，在一定条件下形成降水。降落到地面的水，或被蒸发（蒸腾），或沿地面流动形成地表径流，或渗入地下形成地下径流。径流汇集成河，最后又返回海洋。

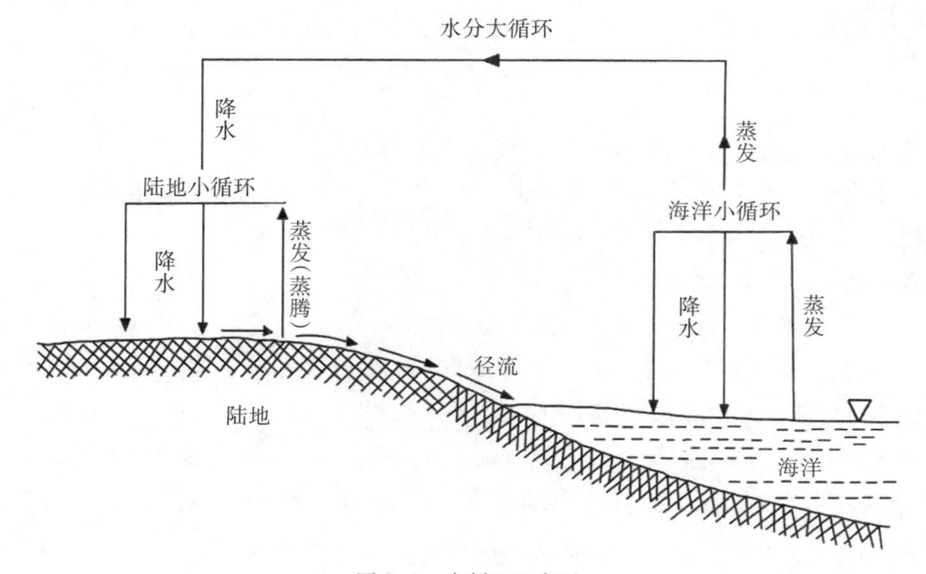

图6-1　水循环示意图

(三)水循环的地理意义

水循环的地理意义有三方面:

第一,影响地球表层结构的形成。水循环是自然界最富动力作用的循环运动,各种水体在循环过程中进入大气圈、岩石圈与生物圈,将地球外部四大圈层联系在一起,形成相互联系、相互制约的统一整体。水在水循环这个庞大的系统中不断运动、转化,深刻影响地球表层结构的形成以及今后的演化与发展。流水以其持续不断的冲刷、侵蚀、搬运、堆积等外力作用,在地质构造的基底上重新和不断地塑造着地表形态。例如,山区地势陡峭,洪水期水流速度快,携带大量砾石和泥沙;在河流上游段,河谷一般深而窄,谷壁陡峭,水流流出山口时,地势突然趋于平缓,水流速度减慢,河流搬运的物质逐渐在山麓地带堆积,形成冲积扇。

第二,维持全球水量的动态平衡。正是由于存在水循环,水才能周而复始地被利用,使水资源不断更新。水循环的强弱具有时空差异,这影响一个地区的生态环境平衡,比如,水循环强弱的时空变化是造成某一地区洪、涝、旱等自然灾害的主要原因。

第三,促进能量交换和物质转移。水循环是海陆间联系的主要纽带:海洋通过蒸发源源不断地向大陆输送水汽,水汽凝结形成降水,从而影响陆地上的一系列物理、化学和生物过程;陆地径流向海洋源源不断地输送泥沙、有机物和盐类,从而影响海水的性质、海洋生物等。另外,水分在高低纬度之间传输,可以通过显热、潜热等过程,缓解不同纬度间热量不平衡的矛盾,调节全球气候。

知识拓展

循环水

在遥远的宇宙空间站中也有小型且精密的水循环系统。在这里,宇航员们的尿液、汗水、空气中的水分会被收集、过滤,再次成为饮用水。如果能按照空间站规格来设计城市供水系统,直接把污水处理厂处理完的中水输送到自来水厂,就可以只考虑人类制造的废弃物,不用考虑河水里的泥沙及鱼类粪便等物质。

这完全可以,甚至有很多城市已经在这么做了。

在新加坡,比起选择将处理后的水排到河中,与河中的泥沙和有机物混合,再重新处理成饮用水这样烦琐的步骤,人们会直接将处理过的中水送进自来水处理厂。在自来水处理厂,中水将会经历超滤、反向渗透技术和紫外线消毒三道关卡。这三项技术基本可以移除水中的所有杂质,从分子维度上过滤,直接让水成为纯净的H_2O。经过处理的水将完全达到甚至远超饮用标准,焕然一新。如此一来,从马桶到水龙头的封闭式水循环就完美建立了。虽然没办法像太空站一样完全用循环水来满足日常用水需求,但也能满足40%的日常用水需求。

使用循环水不仅省事,还可以增加水资源的稳定性——如果完全依赖江河湖泊作为供水源,那么一旦遇到干旱或者水污染,供水有可能受到影响。循环用水可以保证水资源利用的稳定性。同时,循环用水也对水生动植物比较友好。把一部分的水循环限制在人类设施中,就大大减少了对水体的干扰。把大量水排到河里、再从河里抽取大量的水,不仅人类费事,江河湖泊里的生物们也很无奈。

如果说循环水有什么缺点,大概就是贵。但随着技术的发展和设施的完善,净化水源的技术将会越来越成熟,循环水也会越来越便宜。

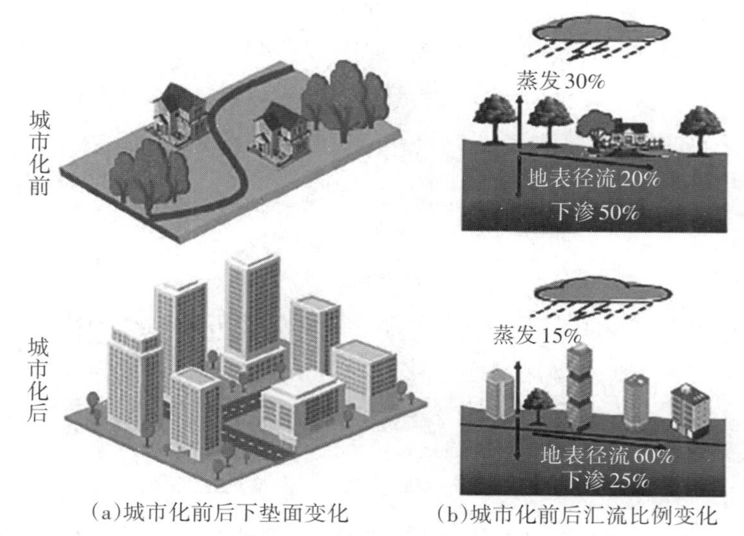

(a)城市化前后下垫面变化　(b)城市化前后汇流比例变化

图6-2　城市化前后下垫面及汇流变化

交流与讨论

在快速城市化背景下,城市的快速扩张,导致不透水面积迅速增加,局地小气候发生改变,加之大量基础设施的建设(如立交桥、地铁等),极大地影响了城市水循环过程。

试分析城市化水文对生产生活的影响及其解决措施。

(四)水量平衡

水量平衡也称水平衡,是指在一个确定的用水系统内,输入水量之和等于输出水量之和。地球上的任何圈层或任何地段都是一个开放系统,既有水分的输入,又有水分的输出。地球上的任何一个地区,在任意时段内,收入的水量与支出的水量之差额必然等于该地区在该时段内的蓄水变化量,这就是水量平衡原理。高收入则高支出,低收入则低支出。研究水量平衡的意义主要有三大方面:第一,为水循环提供了重要定量依据。水量平衡是水分循环的定量表达。据水量平衡方程,可由某些已知水文要素推求待定的水文要素。第二,为正确合理评价和开发水资源提供依据。第三,利用径流系数和蒸发系数可推求区域干湿状态。

1. 全球水量平衡方程

水量平衡原理是研究各种水循环要素之间数量关系的基本原理，也是水资源数量估算的基本出发点。降水量、蒸发量和径流量是研究水循环的三个重要参数，同时也是水量平衡的三个重要因素。因此全球水量平衡方程式可写成：

$$P_e+P_o=E_e+E_o$$

式中，P_e为陆地降水量；P_o为海洋降水量；E_e为陆地蒸发量；E_o为海洋蒸发量。

方程式的表达非常明确，即全球降水量等于全球蒸发量。

近年人们日益关注淡水资源问题。年平均大洋淡水平衡方程式为：

$$P+R-E=0$$

或

$$P+R=E$$

即大洋年降水量(P)加入海径流量(R)等于大洋年蒸发量(E)。这个方程式告诉我们，人为地大规模减少入海径流量，可能破坏淡水平衡。

2. 全球和我国的水量平衡

从20世纪初由布吕克纳开始，有许多学者对全球水量平衡进行过研究。关于全球水量平衡数据，不同学者的研究结果不一样，联合国儿童基金会公布的数据是：陆地年降水量P_e为119 000 km³、海洋年降水量P_o为458 000 km³、陆地年蒸发量E_e为72 000 km³、海洋年蒸发量E_o为505 000 km³。（图6-3）$P_e+P_o=E_e+E_o$，即119 000 + 458 000 = 72 000 + 505 000，表明全球水量是平衡的。

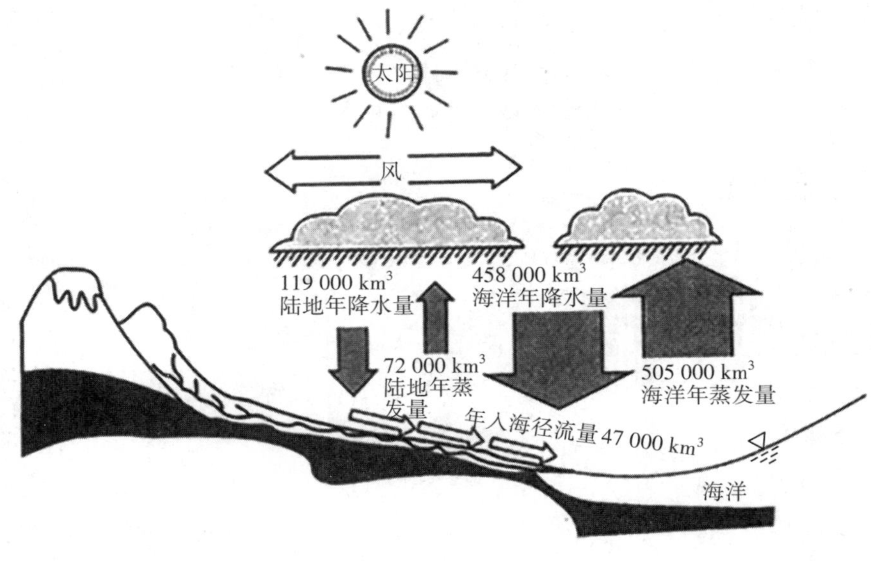

图6-3　全球水量平衡

全球水量平衡具有如下几个特点：

(1)海陆年降水量之和等于海陆年蒸发量之和，说明全球水量保持平衡，基本上长期不变。

(2)海洋蒸发量提供了海洋降水量的85%和陆地降水量的89%，海洋是大气水分和陆地水的主要来源。

(3)陆地降水量中只有11%来源于陆地蒸发，说明大陆气团对陆地降水的作用远远不及海洋气团的作用。

(4)海洋蒸发量大于降水量，陆地蒸发量小于降水量。海洋和陆地水最后通过径流达到平衡。

我国的水量平衡要素中，年降水量为643 mm、年径流量271 mm、年蒸发量为372 mm，前者为后两者之和。但我国外流区降水量、径流量和蒸发量分别为896 mm、407 mm和489 mm；而内流区相应数据仅为197 mm、33 mm和164 mm，水量平衡水平显然低于外流区。

第二节　陆地水

陆地水是自然地理要素之一，是活跃的外动力之一。陆地水的运动和变化对地表形态、气候和生物圈的形成和变化，特别是人类生活具有重要影响。陆地水主要以河流、湖泊、沼泽、地下水、冰川等形式存在。

一、河流

(一)河流、水系和流域

1. 河流

陆地表面经常或间歇有水流动的泄水凹槽，称为河流，是流动的水与凹槽的总称。它主要是水流侵蚀作用的结果。河流是水分循环的一个重要组成部分，是地球上重要的水体之一。自古以来，河流与人类的关系很密切，是重要的自然资源，在灌溉、航运、发电、水产和城市供水等方面发挥着巨大的作用。

一条河流常常可以根据其地理-地质特征分为河源、上游、中游、下游、河口等五个部分。河源是河流的发源地。河口是河水的出口处。上游、中游、下游是从河源到河口之间的三个河段，它们有着不同的水文地貌特征。这些特征是从上向下逐渐变化的。上游的特点是:河谷呈“V”形,河床多为基岩或砾石,比降大、流速大、下切力强、流量小、水位变幅大。中游的特点是:河谷呈“U”形,河床多为粗砂、比降较缓、下切力不大而侧蚀显著、流量较大、水位变幅较小。下游的特点是:河谷宽广,呈“U”形,河床多为细砂或淤泥,比降很小、流速也很小、水流无侵蚀力、淤积显著、流量大、水位变幅较小。

2. 水系

一条河流的干支流构成了脉络相通的水道系统,这个水道系统便称为水系或河系。水系特征主要包括河长、河网密度等。

河长是从河口到河源沿河道的轴线所量得的长度。河网密度是指流域内干支流的总长度和流域面积之比,即单位面积内河道的长度,可用下式表示:

$$D=\sum L/F$$

式中,D为河网密度(km/km^2);L为河流总长度(km);F为流域面积(km^2)。

河网密度表示一个地区河网的疏密程度。河网的疏密能综合反映一个地区的自然地理条件,它常随气候、地质、地貌等条件不同而变化。一般来说,在降水量大、地形坡度陡、土壤不易透水的地区,河网密度较大;反之则较小。例如,我国东南沿海地区比西北地区河网密度大。

3. 流域

划分相邻水系(或河流)的山岭或河间高地,称为分水岭。分水岭最高点的连线,称为分水线或分水界。如秦岭是黄河和长江流域的分水岭,而秦岭的山脊线便为黄河和长江的分水线。分水线可分为地表分水线和地下分水线。(图6-4)地表分水线主要受地形影响,而地下分水线主要受地质构造和岩性控制。分水线不是一成不变的。河流的向源侵蚀、切割,下游的泛滥、改道等都能引起分水线的移动,不过这种移动过程一般进行得很缓慢。

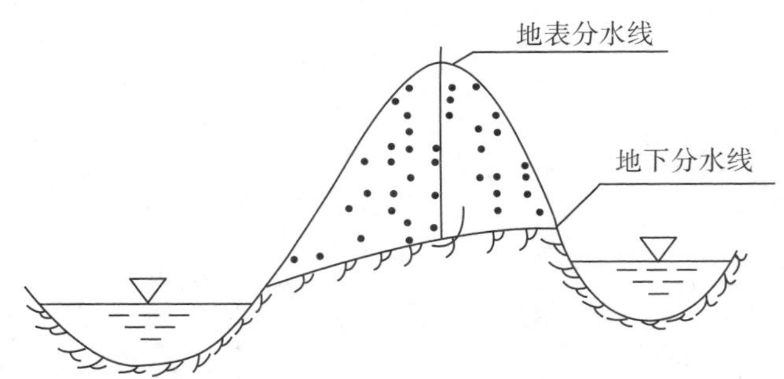

图6-4　流域分水线示意图

分水线所包围的区域,称为流域。由于分水线有地表分水线和地下分水线,故流域也指汇集地表水和地下水的区域。

流域可分闭合流域和非闭合流域。地表分水线与地下分水线重合的流域,称为闭合流域;反之,称为非闭合流域。

(二)河流的补给

1. 河流补给的形式

降水、冰川积雪融水、地下水、湖泊和沼泽都可以构成河流的水源。不同地区的河流从各种水源中得到的水量不同。即使同一条河流,不同季节的补给形式也不一样。这种差别主要是由流域的气候条件决定的,同时也与下垫面性质和结构有关。例如,热带没有积雪,降水成为主要水源;冬季长而积雪深厚的寒冷地区,积雪在补给中起主要作用;发源于巨大冰川的河流,冰川融水是首要补给形式;下切较深的大河能得到地下水的补给,下切较浅的小河很少或完全没有地下水补给;发源于湖泊、沼泽或泉水的河流,主要依靠湖水、沼泽水或泉水补给。此外,人类通过工程措施,也可以给河流创造新的人工补给条件。

河流水量补给是河流的重要特征之一。了解补给特征,有助于了解河流的水情特征和变化规律。

2. 河流补给类型特点

(1)降水补给。

雨水是全球大多数河流最重要的补给来源。以降水补给为主的河流的水量及其变化,与流域的降水量及其变化有着十分密切的关系。我国广大地区,尤其是长江以南地区的河流,降水补给占绝对优势。据估计,我国河流年径流量中降水补给约占70%。河流水量与降水量分布一样,由东南向西北递减;河流多在夏秋两季发生洪水,也与降水集中于夏秋两季有关。

(2)融水补给。

融水补给为主的河流的水量及其变化,与流域的积雪量和气温变化有关。这类河流在春季气温回升时,常因积雪融化而形成春汛。春季气温和太阳辐射不像降水量变化那样大,所以春汛出现的时间较为稳定,变化也较有规律。我国东北北部地区的河流融水补给占全年水量的20%。松花江、辽河、黄河的融水补给,可以形成不太明显的春汛。西北山区中山带的积雪及河冰融水,是山下绿洲春耕用水的主要来源。高山冰川的融水补给时间略迟,常和雨水一起形成夏季洪峰。

(3)地下水补给。

河流从地下所获得的水量补给,称地下水补给。地下水是河流重要的水源,一般约占河流径流总量的15%~30%。地下水补给具有稳定和均匀两大特点。深层地下水因受外界条件影响较小,其补给通常没有季节变化,浅层地下水补给状况则视地下水与河流之间有无水力联系而定。

(4)湖泊与沼泽水补给。

湖泊、沼泽水补给量的大小和变化,取决于湖泊和沼泽对水量的调节作用。湖泊面积愈大,水量愈多,调节作用就愈显著。一般说来,湖泊沼泽补给的河流,水量变化缓慢而且稳定。

(5)人工补给。

从水量多的河流、湖泊中,把水引入水量缺乏的河流,向河流中排放废水等,都属于人工补给范围。

(三)河川径流

径流是指大气降水到达陆地上,除掉蒸发而余存在地表或地下,从高处向低处流动的水流。径流可分为地表径流和地下径流。而从地表和地下汇入河川后,向流域出口断面汇集的水流称为河川径流。由不同形式的降水(固态和液态)形成的径流,可分为降雨径流和冰雪融水径流。

河川径流是水循环的基本环节,又是水量平衡的基本要素,是自然地理环境中最活跃的因素,是陆地上重要的水文现象,其变化规律集中反映了一个地区的自然地理特征。河川径流是可供人类长期开发利用的水资源。河川径流的运动变化,又直接影响着防洪、灌溉、航运、发电、城市供水等,以及人们的生命财产安全。因此,河川径流是河流水文研究的重要内容。

1. 影响河川径流的因素

径流的形成是各种自然地理因素综合作用的结果。影响径流的因素主要有气候、下垫面和人为因素。

(1)气候因素。

气候是影响河川径流的重要因素,气候因素中的降水和蒸发直接影响径流的大小和变化。概括地说,降水多、蒸发少,则径流多;反之则少。在降水总量相同的情况下,降水的季节分配、强度、历时、区域分布都会影响径流的大小。夏季多雨,冬季少雨,则径流夏多冬少。强度大、历时短、雨区广的暴雨,下渗少,往往形成洪水,若降雨中心自上游向下游移动,常常造成较大洪水。气温、湿度、风等气候因素是通过降水和蒸发影响径流的。如气温高,蒸发量就大,径流则少;而在积雪区,气温越高,融雪量越多,补给河流的径流量就越大。

(2)下垫面因素。

流域的下垫面因素具有对降水再分配的功能。下垫面因素包括地貌、土壤、地质、植被、湖沼等。

地貌对径流的影响是很大的。流域内地势、坡度、坡向等地貌形态不同,径流大小和变化都不同。例如,陡峻的山地,漫流和汇流时间短,下渗少,径流变化大,大雨期易发山洪,而雨后不久,径流又迅速减少。平原的径流变化却很小。又如,在气候湿润的山区随着地势的升高,气温越低,降水越多,而蒸发越少,则径流会增加。在山地迎风坡则因降水多而径流明显增多。

土壤和地质对径流的影响,主要取决于土壤的结构、岩石的性质和地质构造。例如,团粒结构的土壤,透水性强,可使85%的年降水量渗入地下;又因它的持水性好,蓄存的水不易蒸发，对河川径流变化有调节作用。而非结构土壤，孔隙小，毛管作用大，蒸发强烈，会使径流量变小。又如，透水性强的岩层厚，地质构造又有利于地下径流源源不断地补给河流，就有利于减缓河川径流的变化。

植被特别是森林，对径流有一定影响，主要表现在对下渗、蒸发的影响。植被对降水截留越多，蒸发就越多。植被可增加地面粗糙度，改良土壤结构，提高持水性能，利于下渗，可调节河川径流的变化。植被还可降低地面增温率，减弱接近地面的风速，减少土壤水分蒸发。据观测，森林中土壤的蒸发量比裸露地土壤蒸发量小20%～30%。可见植被是河川径流良好的调节器。

湖泊、沼泽主要通过蒸发和调节流域水量来影响径流。湖泊、沼泽面积越大，流域蒸发量就会越大，尤其在干旱地区更为明显。同时，湖泊、沼泽都有一定的蓄水能力，可以在洪水季节和多水年份储蓄一定水量，而在枯水季节和少水年份放出，从而减缓径流变化。

（3）人为因素。

人类活动影响径流是多方面的。例如，植树造林、修筑梯田，可以增加下渗水，调节径流变化；修水库虽然增加蒸发量，但可有计划地控制径流量，蓄洪补枯，均分径流的年内分配。而不合理地进行枯水期灌溉，以及围湖、伐林、扩大农田等，都会加剧河川径流的变化，甚至引起灾害。

综上所述，河川径流的形成和变化，是自然地理各因素，以及人类改造自然活动综合作用的结果。因此，全面地分析流域自然地理特征，以及人类活动对径流的影响，才能得到符合客观规律的正确认识。

2. 河川径流的变化

（1）年内变化。

随着气候的周期性变化，一年中河流补给状况、水位、流量等也相应地发生变化。根据河流水情的变化，一年内有若干个水情特征时期，如汛期、平水期、枯水期或冰冻期。

河流处于高水位的时期称为汛期。我国绝大多数河流的高水位是夏季集中降水造成的，故又叫夏汛。夏汛期径流量大，洪峰起伏变化剧烈，是全年最重要的水情阶段。各河流的夏汛期长短不一，南方河流雨季早而持续时间长，夏汛期也长。春季积雪融化形成的河流高水位，叫作春汛。华北、东北的河流都有春汛，但水量比夏汛小，历时也不长。

枯水期是河流处于低水位的时期。我国河流枯水期一般出现在冬季。这段时间河水主要依靠地下水补给，流量和水位变化很小。如果此时河流封冻，又可称冰冻期。

平水期是河流处于正常水位的时期。洪水过后，退水较缓慢，所以从汛期到枯水期之间有一段过渡时期，水位处于正常状况。我国河流的平水期多在秋季，时间不长。

（2）年际变化。

径流量的年际变化往往由降水量的年际变化引起。通常以径流的离差系数来表示年径流的变化程度。我国中等河流的离差系数为，长江以南一般在0.30以下，长江下游、黄河中游各河流和东北山区河流为0.40，淮河为0.60，海河为0.70。这种大致从南向北增长的趋势，与我国降水量变化的分布趋势基本一致。

3. 特征径流

(1)洪水。

河流水位达到某一高度，致使沿岸城市、村庄、建筑物、农田受到威胁时，称为洪水位。连续的强烈降水是造成洪水的主要原因，积雪融化也可以造成洪水。流域内的降水分布、强度、降水中心移动路线，以及支流排列方式，对洪水性质有直接影响。

洪水按来源可分为上游演进洪水和当地洪水两类。上游径流量显著增加，洪水自上而下沿河推进，就形成上游演进洪水。当地洪水则是由所处河段的地面径流直接形成的。由于洪水形成条件不同，洪水过程线也有单峰、双峰等差别。

实际观测发现，同一河流的上游洪峰比较凶猛，变幅大，而下游则渐趋平缓，变幅也逐渐减小。洪水的流速与河道形状有关，河道整齐的流速快，不规则的流速慢。若河流流经湖泊或泛出河道，则洪水流速更慢。

洪水期间，在没有大支流加入的河段中，同一断面上总是首先出现最大比降，接着出现最大流速，然后是最大流量，最后是最高水位。

(2)枯水。

一年内没有洪水时期的径流，称为枯水径流。枯水期径流呈递减现象，久旱之后，可能出现年内最小流量。枯水径流主要来源于流域的地下水。

流域的水文地质条件，最大程度地影响着地下水的储量及所补给河流的特性。砂砾层能大量储水，并在枯水期缓慢补给河流；黏土则相反。溶洞可以使大量雨水漏到地下深处成为持久而稳定的水源。河槽下切深度和河网密度，决定着截获地下水补给量的大小。湖泊、沼泽、森林以及水库的调节作用都能增加枯水径流。我国大多数河流的枯水径流出现在当年的10月至次年的3～4月。

二、湖泊

(一)湖泊的概述

湖泊是陆地上具有一定规模、一定深度、较为封闭的积水洼地，是湖盆、湖水和水中物质互相作用的自然综合体。湖水是陆地水的组成部分，湿地的重要类型湖泊具有调蓄水量、灌溉、航运、发展旅游和调节气候等功能，并蕴含丰富的矿产资源。

地球上湖泊的总面积有270×10^4 km^2，占陆地总面积的1.8%。世界上各大陆都有湖泊分布，但分布空间不均，主要集中在北欧和北美。我国也是一个湖泊较多的国家，湖泊总面积约为8×10^4 km^2，主要分布在青藏高原区和东部平原区。

(二)湖泊的分类

按照不同的分类标准,湖泊可被划分为多种类型。(1)依据湖水与径流的关系,可把湖泊分为内陆湖和外流湖。内陆湖与海隔绝,湖水不能径流入海,如青海湖、罗布泊等。外流湖则以河流为排泄水道,湖水最终注入海洋,如太湖、洪泽湖等。(2)按照湖水的矿化度大小,湖泊可被划分为淡水湖(矿化度小于1 g/L)、咸水湖(矿化度介于1~35 g/L之间)和盐水湖(矿化度大于35 g/L)三类。(3)按湖水存在时间的长短可分为常年湖和间歇湖。

(三)湖水的性质

1. 湖水的物理性质

在湖泊的物理性质中,最主要的是温度,其次是颜色和透明度。

(1)温度。

太阳辐射是湖水热量的主要来源,水汽凝结潜热、有机物分解产生的热和地表传导热,也是湖水热量收入的组成部分。而湖水向外辐射热和蒸发,则是热量损耗的主要方式。

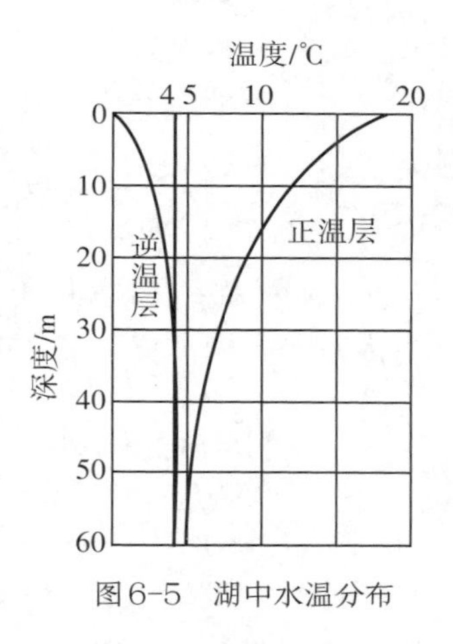

图6-5　湖中水温分布

湖水温度在垂直方向上的分布主要有三种情况。(图6-5)在湖水温度不低于4 ℃,湖水的温度随着深度的增加而降低时,将出现上层水温高,下层水温低的现象,这样的水温垂直分布称为正温层;当湖水温度不高于4 ℃,湖水的温度随着深度的增加而增加时,将出现上层水温低,下层水温高的现象,这样的水温垂直分布称为逆温层;当湖水的温度不随着深度的变化而变化,上下层水温一致时,称为同温层。

(2)颜色和透明度。

湖水一般呈浅蓝、青蓝、黄绿或黄褐色。湖水颜色因含沙量多少、泥沙颗粒大小、浮游生物种类和数量多少而改变。一般来说,含沙量小,泥沙颗粒小,浮游生物少,则湖水呈浅蓝或青蓝色;反之则呈黄绿或黄褐色。

湖水透明度与太阳光线、湖水含沙量、温度及浮游生物都有关系。

2. 湖水的化学成分

湖水的化学成分大致相同,但化学元素含量及其变化可以因时因地而有较大差异。作为湖水补给来源的降水、地表径流和地下水含有许多溶解气体、盐类、有机酸等,例如雨水含氮、氧、氢、二氧化碳、亚硝酸,地下水除含氮、氧、氢及二氧化碳外,还有碳酸钙、碳酸钠、硫酸钠、硫酸镁、氯化镁、氯化钠、硅酸等。

在不同的自然条件下,降水、地表径流和地下水带入湖泊的化学元素种类和含量有差别。降水量和蒸发量不同,使湖水盐分增加或减少量不同。湖水排泻状况良好与否,使盐分积累过程发生迥然不同的区别。湖岸岩石性质、水生物繁殖状况等,都影响湖水的化学成分。

知识拓展

青藏高原湖泊水量

三、沼泽

沼泽是地表经常过分湿润，或具有停滞的、微弱流动的水分，其上生长着沼泽植物，并有泥炭的形成和积累，或者土壤具有明显潜育层(呈还原反应的土层)的地段。全球沼泽面积约有 112.2×10^4 km²，大部分集中在北半球的中高纬度地区。我国的沼泽面积约 11×10^4 km²，集中分布在东北三江平原，大、小兴安岭和长白山以及四川若尔盖高原等处，沿海及大湖湖滨亦有零星分布。

(一)沼泽的形成

在沼泽物质中，水占85%～95%，干物质(主要是泥炭)只占5%～15%。水分条件是沼泽形成的首要因素，低平的地貌和黏重的土质，有利于过湿环境的形成，这些因素促使喜湿植物入侵、土壤通气状况恶化并在生物作用下形成泥炭层。沼泽的形成是个复杂的过程，沼泽是在多种自然地理因素相互作用、相互制约下形成的，主要的影响因素有气候、水文、地质地貌和人类活动等。

(二)沼泽的水文特征

沼泽一般排水不畅，水的运动十分缓慢，径流特别小，蒸发比较强烈，因而其水文特征既不同于地表水的水文特征，也不同于地下水的水文特征，而是两者兼有。

沼泽水的主要补给来源是降水、融雪水和地下水。蒸发是沼泽水的主要损耗方式。沼泽中的泥炭层毛管发育良好，可以使数米深的地下水上升至地表。而泥炭层吸热能力强，有利于蒸发的进行，所以沼泽的蒸发比较强烈，蒸发量大于自由水面。

沼泽的含水性是指沼泽中草根层和泥炭层的含水性质，水大都以重力水、毛管水、薄膜水等存在于草根和泥炭之中。沼泽特别是泥炭沼泽，含水量大，持水能力很强，是良好的蓄水体。泥炭沼泽一般分为上、下两层。上层由枯枝落叶以及大量的植物根系组成，透水性强，潜水位变化大，含水量变化无常。潜水位下降时，空隙中无水，空气可进入其中，有利于好气细菌对泥炭的分解。下层由不同植物残体及不同分解程度的泥炭组成，含水量基本保持不变，空气不能进入其中，呈厌气状态，对水文影响较小。

(三)沼泽对自然地理环境的影响

首先,沼泽表面强烈的蒸发作用显著地增加了大气湿度,从而形成沼泽小气候。其次,持水能力极强的沼泽泥炭层能够减少降水对河川径流的补给量,延长汇流时间,能明显地调节径流和削减洪峰流量。最后,沼泽地区地表长期处于过湿状态,土层处于还原环境,最终形成沼泽区特有的潜育土。此外,沼泽是一种重要的自然资源,沼泽地、沼泽植物和泥炭都有多种用途。

四、地下水

埋藏在地面以下土壤和岩石空隙中的水统称地下水。地下水主要来自大气降水和地表水。联合国粮食及农业组织(FAO)的全球水信息系统显示,全球地下水资源总量约为 2.3×10^{16} m^3,主要分布在地下水盆地中,其中包括众多跨界含水层。根据我国首次全国地下水储存量评价结果,目前我国地下水总储存量约为 5.2×10^{5} km^3。地下水是主要的生活用水、农业用水和工业用水来源,全球地下水年供水量达9 000 km^3,其中70%被用于灌溉;全球36%的饮用水、42%的灌溉用水和24%的工业用水来自地下水。

知识拓展

世界水日

自1993年以来,每年3月22日的世界水日已经成为一个聚焦淡水资源重要性的联合国纪念日。目前(2022年),世界上仍有22亿人在生活中无法获得安全饮用水。世界水日的一个核心点是支持实现可持续发展目标:到2030年为所有人提供水和环境卫生。

地下水是液态淡水主要来源之一,保障着饮用水供应和卫生系统、农业、工业和生态系统的水供应。

灌溉用水中约40%来自含水层,特别是在缺水国家,使用廉价能源为灌溉农业抽水可能导致地下水枯竭和水质下降。

亚洲及太平洋区域是全球人均可用水量最低的区域,预计到2050年该区域的地下水使用量将增加30%。

在北美洲和欧洲,硝酸盐和杀虫剂对地下水水质构成了巨大威胁。由于农业污染,只有20%的欧盟地下水体超过欧盟良好水质标准。

2022年世界水日的主题是“珍惜地下水,珍视隐藏的资源”。

(一)地下水的物理性质

地下水的温度因区域自然条件不同而变化,通常与当地气温有一定的关系,因此,极地、高纬度地区和山区地下水温度较低,而温带和亚热带平原区的浅层地下水年平均温度比所在地区年平均气温高1～2 ℃。20 ℃以下的水称为冷水，20～36 ℃的为低温水，37～42 ℃为温水，42 ℃以上称为热水。地下水温度与地热也有关系，地壳深处和火山活动区地下水温度很高。

地下水一般是无色透明的，但有时因含有某种离子、富集悬浮物或胶体物质，也可呈现各种颜色。例如含亚铁离子或硫化氢气体的水为浅蓝绿色，含腐殖质或有机物的呈浅黑色，含黑色矿物质或碳质悬浮物的为灰色，含黏土颗粒或浅色矿物质悬浮物的为土色等。

(二)地下水按埋藏条件的分类

地下水按埋藏条件可分为上层滞水、潜水和承压水三类。(图6-6)

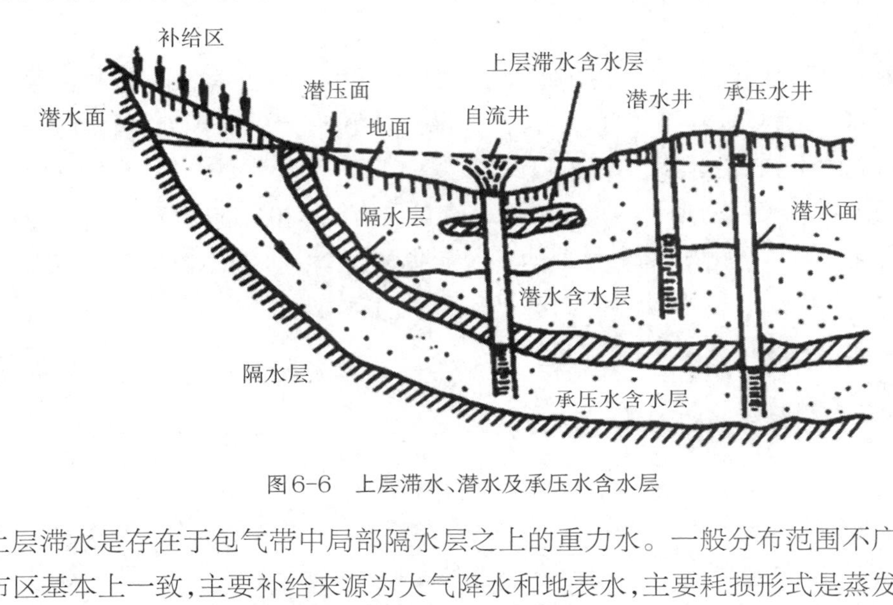

图6-6 上层滞水、潜水及承压水含水层

上层滞水是存在于包气带中局部隔水层之上的重力水。一般分布范围不广，补给区与分布区基本上一致，主要补给来源为大气降水和地表水，主要耗损形式是蒸发和渗透。上层滞水接近地表，受气候、水文影响较大，故水量不大且季节性变化明显。上层滞水的动态变化主要取决于气候，隔水层的范围、厚度和隔水性等条件。当隔水层范围较小、厚度较大或隔水性不强时，上层滞水易向四周流散或向下渗透。上层滞水矿化度比较低，但最容易受到污染。

潜水是埋藏在地表下第一个稳定隔水层上具有自由表面的重力水。这个自由表面就是潜水面。从地表到潜水面的距离称为潜水埋藏深度。潜水面到下伏隔水层之间的岩层称为含水层，而隔水层就是含水层的底板。潜水面以上通常没有隔水层，大气降水、凝结水或地表水可以通过包气带补给潜水。所以大多数情况下，潜水补给区和分布区是一致的。潜水面的形状可以是倾斜的、水平的或低凹的曲面。当大面积不透水底板向下凹陷，而潜水面坡度平缓，潜水几乎静止不动时，就形成潜水湖；当不透水底板倾斜或起伏不平时，潜水面有一定坡度，潜水处于流动状态，此时就形成潜水流。

绝大多数潜水以降水和地表水为主要补给来源。当降水丰富，地表径流量大时，含水层水量增加，潜水面随之上升。干旱、半干旱区域降水量少，大气降水补给潜水的量很小。

河、湖水面常常高于附近的潜水面，因此，河水、湖水常常补给沿岸的潜水。在均质岩石分布区，潜水与河流间往往形成互补关系，这种现象被称为河流与地下水的水力联系。(图6-7)

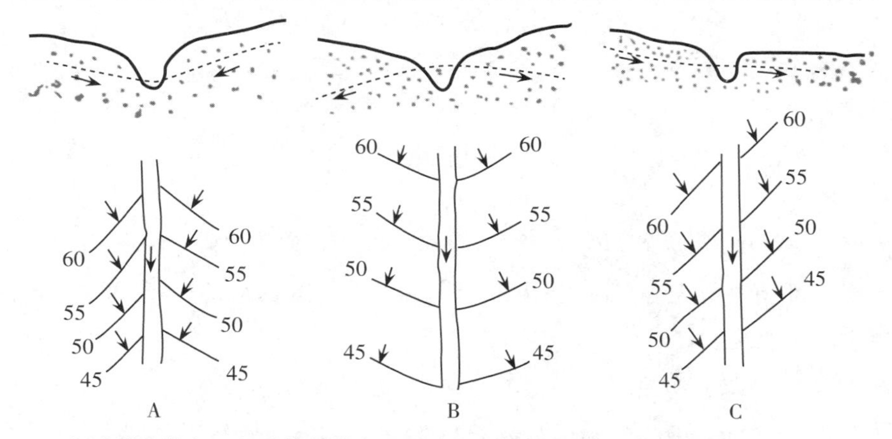

A.河流排泄潜水；B.河流补给潜水；C.左岸河流补给潜水，右岸潜水补给河流

图6-7 均质岩中潜水与河流相互补给关系

充满两个隔水层之间的水称承压水。承压水水头高于隔水顶板，在地形条件适宜时，其天然露头或经人工凿井喷出地表称自流水。隔水顶板妨碍含水层直接从地表得到补给，故自流水的补给区和分布区常不一致。

在适当地质构造条件下，孔隙水、裂隙水和岩溶水都可以形成自流水。在盆地、洼地或向斜中，出露于地表的含水层，海拔较高部分成为地下水的补给区，海拔较低部分成为排泄区。在补给区和排泄区之间的承压区打井或钻孔，穿过隔水顶板之后，水就涌到井中。单斜构造也可以构成自流含水层。当单斜含水层的一侧出露地表成为补给区，另一侧被断层切割且构成水的通道时，则成为单斜含水层的自流排泄区，此时承压区介于补给区与排泄区之间，情况与自流盆地相似。(图6-8 a)当含水层一端出露于地表，另一端在某一深度上尖灭或被断层切割而不导水时，一旦补给量超过含水层容水量，水就从含水层出露带的较低部分外溢，其余部分则成为承压区。(图6-8 b)

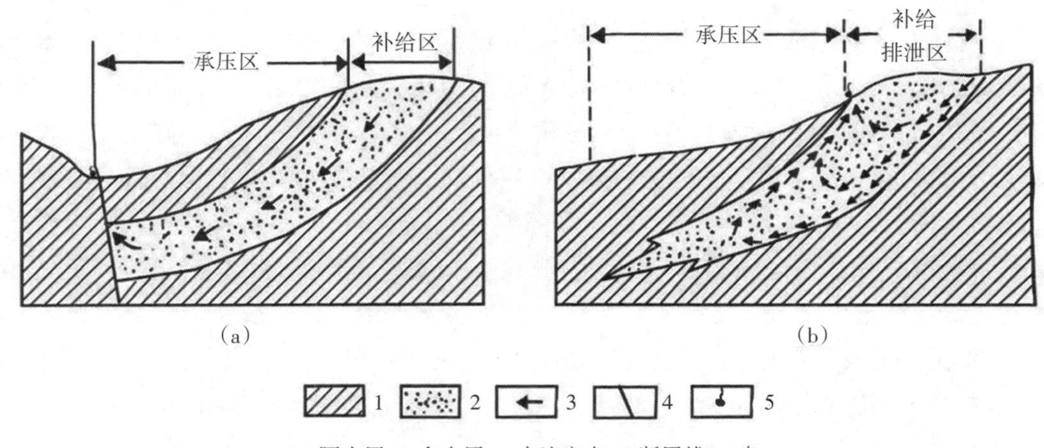

1.隔水层；2.含水层；3.水流方向；4.断层线；5.泉

图6-8 自流单斜构造

（三）地下水与地理环境的相互影响

地下水资源与地理环境密切相关，主要体现在以下几个方面：

地下水本身就是环境的一个重要组成部分。地下水资源的形成不仅与地质环境所提供的储存条件有关，而且与地表水体、大气降水的入渗补给的自然地理环境有关。因此，地表径流状况、大气降水及其入渗条件的任何改变都将直接影响地下水资源的形成（包括数量和质量）。

同时，地下水资源本身状态的改变又反过来对环境产生重大影响。例如：大量开采地下水会导致地下水位大幅下降，极大地改变天然的径流状态，相邻含水层之间的水力联系性质也会发生改变。

此外，地下水资源的开采，还会改变其上部土壤的水盐均衡（表土盐量下降）、土壤生态系统平衡（河流流量减少、泉群消失、湖泊干涸、土壤破坏）、土层应力状态（地面沉降）、地面植被状态。

地下水对人类很重要，但地下水与地理环境有着复杂的联系，因此在开发地下水资源的时候，必须充分考虑地下水与地理环境之间的相互制约关系，以实现兴利除弊，获得最佳的经济、社会和环境效益。

五、冰川

冰川是由陆地上的终年积雪积累演化而成的，是具有可塑性、能缓慢自行流动的天然冰体。目前全世界冰川的总面积达1622.75×10^4 km²，占陆地总面积约10.9%，冰川总体积为2406.4×10^4 km³，约占地表淡水资源总量的68.69%，其中99%分布在两极地区，是地球上重要的水体。

（一）雪线

高纬度和高海拔地区，气候寒冷，因此，降落的固体降水（雪）不能在一年内全部融化，而是长年积累形成积雪，这种地区称为终年积雪区（或万年积雪区）。终年积雪区的下部界线，称为雪线（也称平衡线）。雪线不是几何学上的“线”，而是一个带。在这个带内，年平均固体降水量恰好等于年融化量和蒸发量。雪线以上年平均降水量超过年融化量和蒸发量，固体降水才能不断积累，形成终年积雪。雪线以下，正好相反，不能形成终年积雪。雪线控制着冰川的发育和分布，只有山地海拔超过该地雪线的高度，才会有固体降水的积累，才能产生终年积雪和形成冰川。

雪线的高度受气温支配，但降水量和地形对其也有影响。首先，雪线的高度与气温成正比，温度越高雪线也越高，温度低雪线也低。一般来说气温由赤道向两极降低，所以雪线的高度也从赤道向两极降低。如赤道非洲雪线高度为5 700～6 000 m，阿尔卑斯山雪线高度为2 400 ~ 3 200 m，挪威雪线高度在1 540 m左右，北极圈有的地方雪线已低达海平面附近。其次，雪线的高度与降水量成反比，降水量越多，雪线越低；降水量越少，雪线越高。人们通常误以为赤道附近雪线最高，但事实上，雪线位置最高的地区在副热带高压带。这是因为副热带高压带降水量比赤道附近少。再次，雪线高度也受地形影响。其影响有两个方面：一是坡度，陡坡上固体降水不易积存，雪线较高；缓坡或平坦地区降雪容易积聚，雪线较低。二是坡向，在北半球，雪线在南坡比北坡高，西坡较东坡高，这是因为南坡和西坡日照较强，冰雪耗损较大，因而雪线较高。不过，有些高大的山地，对气流产生阻挡，从而影响降水的变化，也影响了雪线的高度，如喜马拉雅山南坡是西南季风的向风坡，降水量丰沛，雪线在4 000 m高度，而北坡却在5 800 m以上。

（二）成冰作用与冰川类型

成冰作用是指积雪转化为粒雪，再经过变质作用形成冰川冰的过程。粒雪化过程可以分为冷型和暖型两类。前者没有融化和再冻结现象，过程缓慢，雪粒直径通常不足1 mm；暖型粒雪化过程进行得较快，雪粒直径比较大。

成冰作用也分冷型和暖型两类。冷型成冰是指在低温干燥的环境下和积雪不断增厚的情况下，下部雪层受到上部雪层的重压，产生塑性变形，排除空气，从而增大了密度，使粒雪密实起来，形成重结晶的冰川冰。在冷型变质过程中，粒雪只能依靠其巨大厚度造成的压力加密而形成重结晶冰。这种冰密度小，气泡多且气泡内的压力大。冷型成冰过程历时很长，在南极中央，成冰时间往往超过1 000年，而成冰的深度至少需要200 m。

暖型成冰是指覆盖地面的粒雪层，在太阳照射下，气温升高接近0 ℃时，冰雪消融活跃，部分水分子由于升华作用，附着在冰粒上，部分融水下渗附着于粒雪表面，经过冻结再次结晶。暖型成冰作用有融水参与，并因融水数量不同而分别形成渗浸-重结晶冰、渗漫冰和渗浸-冻结冰。

冰川个体规模相差很大，形态各具特征，生成时代不同，性质和地质地貌作用等也不一致，因此，可根据不同标志划分冰川类型。通常按照冰川形态、规模及所处地形将其分为山岳冰川、大陆冰川、高原冰川和山麓冰川。

山岳冰川主要分布于中低纬山区，这些地区由于雪线较高，积累面积不大，因而冰川形态受地形的严格限制。大陆冰川曾经占据广阔的面积，但目前只发育在两极地区。由于面积很大和厚度很厚，冰流不受下伏地形影响，自中央向四周流动。冰流之下常掩埋巨大的山脉和洼地。南极和格陵兰岛的冰川就是大陆冰川。高原冰川也叫冰帽，是大陆冰川和山岳冰川的过渡类型。冰川覆盖在起伏和缓的高地上，向周围伸出许多冰舌。冰岛的伐特纳冰帽面积达到8 410 km^2。数条山谷冰川在山麓扩展汇合成为广阔的冰原，叫作山麓冰川。它是山岳冰川向大陆冰川转化的中间环节。阿拉斯加的马拉斯皮纳冰川就是由12条山谷冰川组成的，其山麓部分面积达2 682 km^2。

(三)地球上冰川的分布

南极大陆是世界上冰川最集中的地区,冰盖面积约1 260×10^4 km^2,冰盖平均厚度约为2 000 m。北极地区,包括格陵兰岛、加拿大极地岛群和挪威的斯尔瓦巴群岛在内,冰川总面积约200×10^4 km^2,其中格陵兰冰盖面积即达173×10^4 km^2,巴芬岛上的巴伦斯冰帽面积达5 900 km^2,得文岛冰帽面积超过15 500 km^2。亚洲冰川面积共114 000 km^2,主要分布在兴都库什山、喀喇昆仑山、喜马拉雅山、青藏高原、天山和帕米尔高原。其中我国冰川面积约58 000 km^2,略超过亚洲总面积的50%。北美洲冰川面积共67 000 km^2,主要分布在阿拉斯加和加拿大。南美洲冰川面积约25 000 km^2,主要分布在安第斯山脉。欧洲冰川面积约8 600 km^2,主要分布在斯堪的纳维亚山、阿尔卑斯山。大洋洲冰川面积约1 000 km^2,主要分布于新西兰。非洲是全世界冰川最少的大陆,冰川面积只有23 km^2。这是由于非洲大陆纬度低,气温高而降水少,雪线位置高。

(四)冰川对地理环境的影响

冰川对自然地理环境的影响是显著的、多方面的。

冰川是构成两极地区和中低纬度高山地区自然地理环境的一个要素,形成独特的冰川地理景观。陆地总面积近11%是冰川景观。现代冰川的总储水量,仅次于海洋。如果这些冰川全部融化,将导致海平面升高,世界上的众多城市和低地将会被淹没。

冰川在保持地球生态平衡方面所起的作用是非常重要的。目前,全世界冰川每年消融近2 700亿吨。冰川的积累和消融,积极参与了地球的水分循环。冰川从积累区向消融区运动,使长期处于固态的水转化为液态水。在低温而湿润的年份,冰川消融水受到抑制;而在高温干旱的年份,消融就加强,从而对河川径流起到调节作用。

冰川是气候和地貌的产物,但冰川本身反过来对气候和地貌产生强烈的影响。如南极大陆冰川本身是一个巨大"冷源",在那里可形成稳定的反气旋,使南半球保持强劲和稳定的极地东风带。大陆冰川作为特殊的下垫面,如果范围进一步扩展或缩小,将会增强或减弱地球的反射率,进而影响气团性质和环流特征,引起全球气候的变化。

冰川发源于雪线以上,雪线高度是山地水热组合的综合反映,它是垂直带谱中的一条重要界线,对垂直地带的结构有重要影响。冰川推进时,将毁灭它所覆盖地区的植被,迫使动物迁移,土壤发育过程亦将中断,自然地带将相应地向低纬和低海拔地区移动。冰川退缩时,植被、土壤将逐渐重新发育,自然地带相应地向高纬和高海拔地区移动。

交流与讨论

研究表明,气候变化正在影响世界最高山脉——喜马拉雅山脉的冰川。研究显示该地区冰川的消退速度正在加快,其在2000—2016年间的消退速度是20世纪末期的两倍。如这一趋势持续下去,喜马拉雅山脉的大部分冰川将在本世纪末消失。美国哥伦比亚大学和犹他大学的研究人员的调查结果显示,从1975年到2000年,喜马拉雅地区冰川厚度每年平均减少大约

0.25 m;而从2000年开始,冰川厚度每年平均减少大约0.5 m,冰川融化速度明显加快。若这一趋势持续下去,到21世纪末,喜马拉雅山脉的大部分冰川将消失。

讨论分析喜马拉雅山脉冰川融化对大气环境的影响。

第三节 海水

地球上大面积的连续水域通称海洋,其面积约占地球总面积的71%,体积约有14×10^8 km^3。海洋中心部分叫洋,边缘部分叫海,海与洋彼此沟通,组成了统一的世界大洋。海洋是地球水圈的主体,在地理环境的物质和能量循环与转化中起着重要作用,是地球上最大的水源地,孕育了地球生命,蕴含着丰富的自然资源,对人类有着多方面的重大影响。

一、世界大洋及其分布

地球表面积为5.1×10^8 km^2,其中海洋面积为3.62×10^8 km^2,约占地球表面积的71%,相当于陆地面积的2.4倍。陆地的三分之二在北半球,只有三分之一在南半球。所以,北半球的海洋占60.7%,陆地占39.3%;南半球的海洋占80.9%,陆地占19.1%。南北海陆具有对称的特点,北有北冰洋,南有南极洲;北半球高纬度区三大洲几乎相连,南半球高纬度区三大洋连成一片。

海洋不仅在面积上超过陆地,而且它的深度值也超过陆地的高度值。地球上海洋平均深度约3 700 m,而陆地平均高度只有约875 m。

地球表面连续的广阔水体称为世界洋。世界洋分为四部分,即太平洋、大西洋、印度洋和北冰洋。太平洋是世界第一大洋,东西最长距离可达21 300 km,其面积几乎占世界海洋总面积的一半。太平洋不仅最大,也最深,世界上最深的马里亚纳海沟(约11 022 m)即位于太平洋西部。大西洋位于欧洲、非洲、南美洲与北美洲之间,大致呈S形,面积居世界第二。印度洋是第三大洋,大部分位于热带和亚热带,其东、北、西三面分别为大洋洲、亚洲和非洲,南临南极大陆。北冰洋位于亚欧大陆和北美洲之间,大致以北极圈为中心,是世界上面积最小的一个大洋。

从南美洲合恩角沿68° W线至南极洲,是太平洋与大西洋的分界线。从马来半岛起通过苏门答腊、爪哇、帝汶等岛,澳大利亚的伦敦德里角,沿塔斯马尼亚岛的东南角至南极洲,是太平洋与印度洋的分界线。从非洲好望角起沿20° E线至南极洲,是印度洋与大西洋的分界线。北冰洋则大致以北极圈为界。

大洋的主体远离大陆,面积广阔,深度大,较少受大陆影响,具有独立的洋流系统和潮汐系统,物理和化学性质也比较稳定。世界各大洋的面积和平均深度如表6-3。

表6-3 世界各大洋的面积和深度

大洋	面积(10^6 km^2)	平均深度/m	最大深度/m
太平洋	180	3 957	11 034
大西洋	93	3 626	9 219
印度洋	75	3 397	7 455
北冰洋	13	1 300	5 449

位于大洋的边缘,接近或深入陆地而与大洋主体有一定分离的水体称为海。据国际水道测量组织统计数据,各大洋中共有54个海(包括某些海中之海)。海的面积和深度都远小于洋。

二、海水的性质

(一)海水的化学成分

海水是含有多种溶质、气体和杂质的复杂水溶液,其中水约占96.5%,其他物质约占3.5%。目前人们所知道的100余种元素中已有80余种在海水中被发现,但它们在海水中的含量相差悬殊。根据含量大小及其与海洋生物的关系,这些元素可分为大量元素、微量元素和营养元素三大类。其中大量元素亦称为常量元素、主要元素、保守元素等,是海水中浓度在1 mg/L以上的元素,除组成水的H和O两种元素以外,大量元素还有12种(表6-4),即氯、钠、镁、硫、钙、钾、溴、碳、锶、硼、硅、氟。其他元素在海水中含量很少,都在1 mg/L以下,称为海水的微量元素。另外还有一些元素,如氮、磷、硅等,对海洋生物是必不可少的,故通常称为营养元素。

表6-4 海水中主要元素含量

元素	含量(mg/L)	元素	含量(mg/L)
Cl	18 980	Br	65
Na	10 561	C	28
Mg	1 272	Sr	8
S	884	B	4.6
Ca	400	Si	3
K	380	F	1.3

(二)海水的理化性质

1. 海水的盐度

海水盐度是指单位质量海水中所溶解物质的质量，是描述海水溶液浓度的基本指标。通过对海水的大量化学测定得知，不论海水含盐量大小如何，其主要成分之间的浓度比是恒定不变的，这种现象称为海水组成的恒定性。根据这一性质，只要测定出海水中某一主要元素的浓度，即可按照比例算出其他主要元素的大致浓度，进而求出海水的盐度。因为氯离子占全部主要成分的55%，且氯离子能用化学滴定法便捷地测出，所以海洋学上常常选用氯离子作为推求盐类的元素。通常，人们将每千克海水中所含氯元素的克数称为氯度，进而导出了由氯度推求盐度的关系式：

$$盐度(‰)=1.80×氯度(‰)$$

随着电导盐度计的发明，海水盐度的测定更为简单、快捷和精确。经测定，大洋海水的盐度一般在33‰～37‰之间，平均值为34.6‰。以P代表降水量，以E代表蒸发量，可依据下列经验公式计算任何一地的海面盐度：

$$盐度=34.6+0.017\ 5(E-P)$$

2. 海水的温度

海水的温度取决于其热能的收支状况。太阳辐射是海水最主要的热量来源。大气长波辐射、海面水汽凝结释放的潜热、暖于海水的降水和大陆径流的注入以及地球内热释放也能给海洋带来一些热量。海水蒸发潜热是海洋热量支出的主要方式，海面向大气传出的长波辐射、海面与冷空气的热量交换也使海水消耗热量。当表层海水接收太阳辐射增温后，可通过热传导和海水运动将热量向深层海水传递。低纬海域获得的太阳热能较多，又以洋流水平运动的形式把热量输向高纬海域。

3. 海水的密度

海水的密度是指单位体积海水的质量，单位是kg/m³。海水的密度受温度、盐度和压力影响，因此在表示海水的密度时，通常要注明温度、盐度和压力的状态。(图6-9)

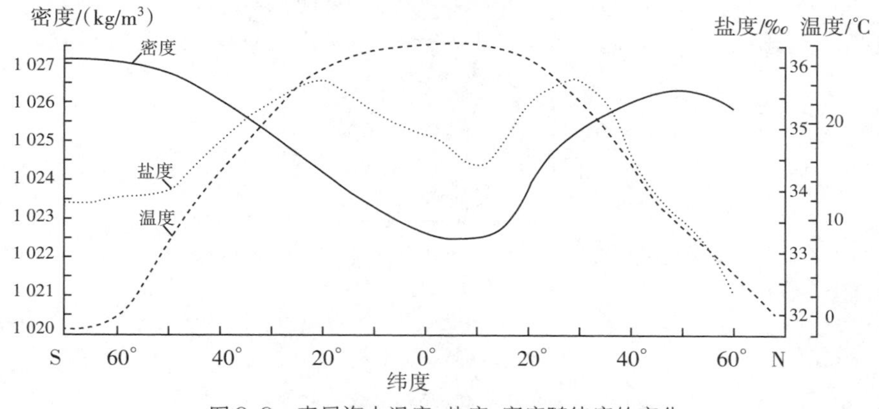

图6-9　表层海水温度、盐度、密度随纬度的变化

4. 水色与透明度

水色即海水的颜色，取决于海水对太阳光线的吸收和反射状况。太阳光中的红光、黄光进入海水后，在水深20 m以内即被吸收，紫光和蓝光射入得更深一些，极少量蓝光能够射进1 000 m以上，射入海水的光线除被吸收外，还要受到海水中悬浮微粒和水分子的散射。透入水中的蓝光，一部分被反射到海面，所以海水呈现蓝色。海水中的浮游生物也吸收和反射太阳光，因而生物丰富的海水和没有生物的海水颜色不同。沿岸海水因盐度较小，泥沙较多，生物丰富，海水多呈绿、黄和棕色。

海水的透明度，是指海水的能见度，也指海水清澈的程度，表示水体透光的能力。水体透光性由光线强度和水中的悬浮物、浮游生物的多少决定。光线越强，透明度越大；反之则越小。

三、海水的运动

在大气运动所产生的风应力的作用下（风应力是由空气对物体造成压力之后，物体内各部分相互作用并试图抵抗空气压而产生的一种内力，这种力会驱使物体恢复原状），大气不断地向水体输送动量，使水体尤其是表层水体产生运动。海水运动的形式是复杂多样的，表层海水最基本的运动形式有海浪、潮汐、洋流。

（一）海浪

海浪就是海里的波浪。海浪是海水在外力和惯性力的作用下，水面随时间起伏（一般周期为数秒至数十秒）的现象。

波浪的种类很多，按成因分为风浪和涌浪、内波、潮波、海啸；按水深分为深水波和浅水波；按波形的传播类型分为前进波和驻波。

波浪的尺度与形状通常用波浪要素来描述。波浪的基本要素包括波峰、波谷、波顶、波底、波高、波长、波陡。（图6-10）波浪的静水面以上部分称为波峰，波峰的最高点称为波顶；波浪的静水面以下部分称为波谷，波谷的最低点称为波底；波顶与波底之间的垂直距离称为波高h；波顶至静水位的垂直距离，即波高的一半，称为振幅α；两相邻波顶或波底间的水平距离称为波长λ；波高与半个波长之比称为波陡δ，即$\delta = 2h/\lambda$。

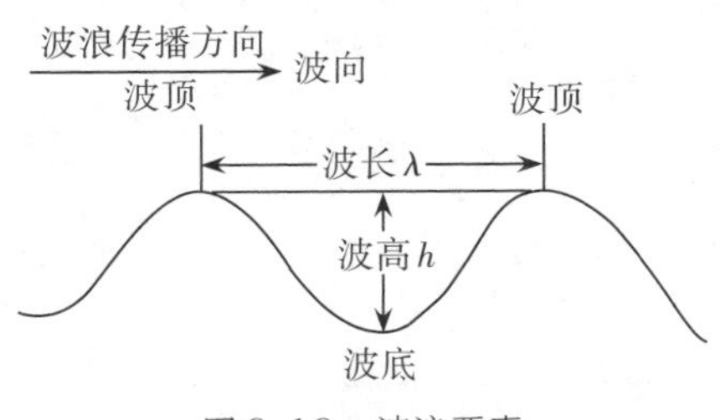

图6-10　波浪要素

(二)潮汐

1. 潮汐的概念与要素

由月球和太阳的引潮力作用引起的海面周期性升降现象,称为潮汐。人类的祖先为了表示生潮的时刻,把白天的称潮,夜间的称汐,这是潮汐名称的由来。(图6-11)

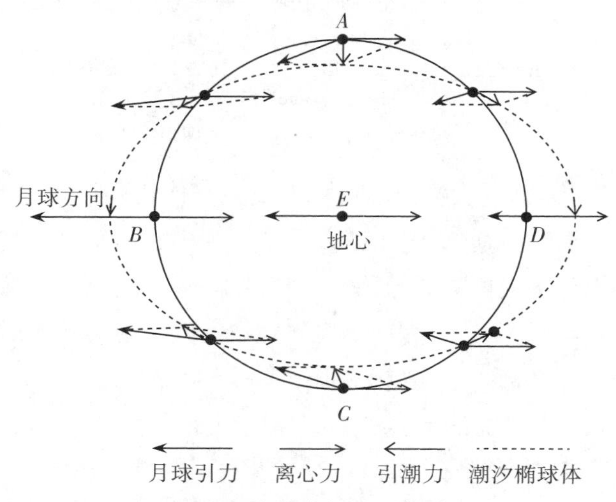

图6-11 月球对地球各部分的引潮力

潮汐现象由月亮起主导作用。月球对地球海水有吸引力,地球表面各点与月球的距离不同,正对月球的地方受引力大,海水向外膨胀;而背对月球的地方海水受引力小,离心力变大,图6-12为月球对地球各部分的引潮力。离心力与物体的运动速度、物体的质量以及物体与运动中心的距离有关。太阳也会影响地球上的海水潮汐。但是太阳对地球潮汐的影响力大约只相当于月球对地球潮汐的影响力的一半。虽然太阳的质量相当于月球质量的数千万倍,但是太阳与地球之间的距离大约相当于月球与地球之间距离的400倍,而潮汐效应对于距离的变化是非常敏感的,因此,太阳对潮汐影响不明显。

描述潮汐运动状态的术语称为潮汐要素。在潮汐涨落的一个周期内,海面从低潮位到高潮位水位逐渐上升的过程称为涨潮,从高潮位到低潮位水位逐渐下降的过程称为落潮或退潮。海面上涨的最高位置称为高潮,下落的最低位置称为低潮,当潮汐达到高潮或低潮时海面在一段较短时间内处于不涨不落的状态,分别称为平潮或停潮,平潮或停潮的中间时刻分别称为高潮时和低潮时;高潮时和低潮时海面相对于绝对基面的高程分别称为高潮高和低潮高,相邻的高潮高与低潮高的水位差称为潮差;从低潮时到高潮时的时间间隔称为涨潮时,从高潮时到低潮时的时间间隔称为落潮时,涨潮时与落潮时之和称为潮汐的周期。由月球上中天时刻到其后的第一个高潮时和低潮时,分别称为高潮间隙和低潮间隙,两者统称为月潮间隙。

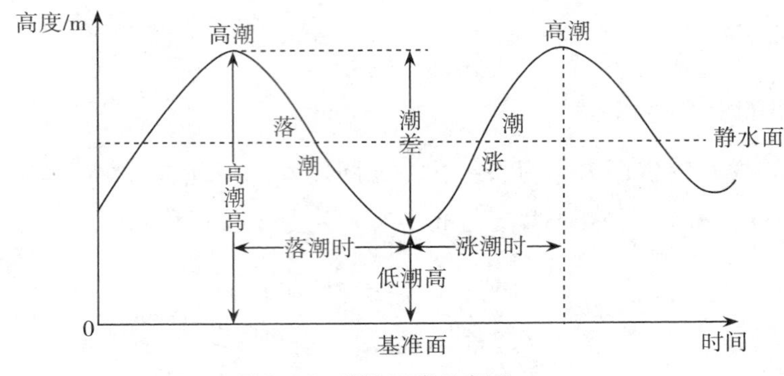

图6-12　潮汐要素示意图

在农历每月初一、十五以后两三天内，各要发生一次潮差最大的大潮，那时潮水涨得最高，落得最低。在农历每月初八、二十三以后两三天内，各有一次潮差最小的小潮，届时潮水涨得不太高，落得也不太低。钱塘江大潮是世界三大涌潮之一，在入海口的海潮即为钱塘潮，天下闻名，每年都有不少游客前来观看这一奇景。观潮始于汉魏，盛于唐宋，从明代起以海宁盐官为观潮第一胜地，如今观潮已成为当地的习俗之一。钱塘江大潮的成因占据天时地利以及风势。"天时"在于农历八月十六日至十八日，太阳、月球、地球几乎在一条直线上，所以这几天海水受到的引潮力最大。"地利"跟钱塘江口形状似喇叭有关，当大量潮水从钱塘江口涌进来时，由于江面由大变小，潮水来不及均匀上升，就只好后浪推前浪，层层相叠。"风势"指的是沿海一带常常刮东南风，风向与潮水方向大体一致，助长了潮势。

2. 潮汐的类型

由于地球、月球在不断运动，地球、月球与太阳的相对位置在发生周期性变化，因此引潮力也在周期性变化，这就使潮汐现象周期性地发生。根据潮汐周期，可将潮汐分为以下类型。(图6-13)

(1)半日潮型。

一个太阴日(约24 h 50 min)内出现两次高潮和两次低潮，前一次高潮和低潮的潮差与后一次高潮和低潮的潮差大致相同，涨潮过程和落潮过程的时间也几乎相等(6 h 12.5 min)。我国渤海、东海、黄海的多数地点为半日潮型，如大沽、青岛、厦门等。

(2)全日潮型。

一个太阴日内只有一次高潮和一次低潮。南海的北部湾是世界上典型的全日潮海区。

(3)混合潮型。

一月内有些日子出现两次高潮和两次低潮，但两次高潮和低潮的潮差相差较大，涨潮过程和落潮过程的时间也不等；而另一些日子则出现一次高潮和一次低潮。我国南海多数地点属混合潮型。如榆林港，十五天出现全日潮，其余日子为不规则的半日潮，潮差较大。

(三)洋流

1. 洋流的概念与形成

洋流也称海流,指海洋中的海水常年比较稳定地沿着一定方向作大规模流动,是从一个海区水平或垂直地向另一个海区的大规模非周期性运动,规模巨大,远超过河流的流量。

洋流的形成原因有很多,引起洋流运动的主要动力是风。洋流流动的方向和风向一致,受地转偏向力的作用,在北半球向右偏,南半球向左偏。在热带、副热带地区,北半球的洋流基本上是围绕副热带高气压作顺时针方向流动,在南半球作逆时针方向流动。

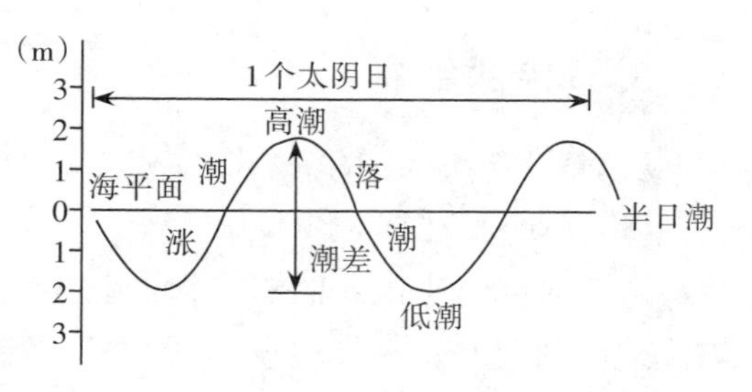

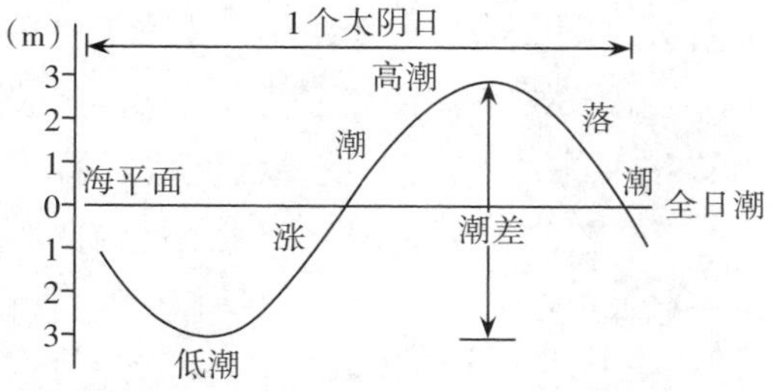

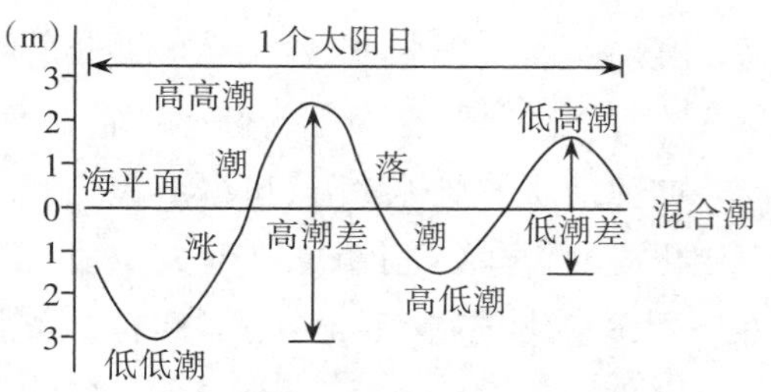

图6-13 潮汐类型

2. 洋流的分类

洋流按照成因,可分为摩擦流、梯度流、补偿流和潮流四类。

(1)摩擦流。其中最重要的是风海流。盛行风对水面摩擦力的作用,以及风在波浪迎风面上所施的压力迫使海水向前运动,这种由风直接引起的海流叫风海流。海水开始运动后,因受科里奥利力影响,流向与风向并不一致。

(2)梯度流。即重力气压梯度流,包括倾斜流、密度流等。倾斜流是因风力作用、陆上河水流入或气压分布不同,海面因增水或减水形成坡度,从而引起的海水流动。密度流分布于密度差异较大的两个海域之间,由于海水温度、盐度不同,使得密度分布不均匀,再加上密度低的海域海面略高一些,密度高的海域海面略低一些,海水由高处流向低处,形成密度流。流动的速率取决于密度差的大小,即水平方向压力梯度。密度流亦是大洋中规模最大的一种洋流。

(3)补偿流。海水为不可压缩的连续性介质,当一个地方海水流走,其他海域的海水便来补充而产生的流动即为补偿流。补偿流又可分为水平补偿流和垂直补偿流,垂直补偿流又分为上升流和下沉流。

(4)潮流。指在月球和太阳引力作用下海水发生潮位升降时,水体的周期性水平运动现象。若以潮流流向变化分类,则外海和开阔海区,潮流流向在半日或一日内旋转360°的叫回转流。近岸海峡和海湾,潮流因受地形影响,流向主要在两个相反方向上变化的叫往复流。

3. 洋流的影响

冷、暖性质不同的洋流，对流经海面及沿岸地区影响很大。

（1）洋流对气候的影响。

洋流对气候有巨大的影响，暖流对流经地区的大气具有增温、增湿的作用，而冷流对流经地区的大气具有减温、减湿的作用。许多沿海地区的温度和降水状况都与附近的洋流有关。例如热带大陆西岸由于受加利福尼亚寒流、秘鲁寒流、加那利寒流和本格拉寒流的影响而形成热带西岸多雾干旱气候。又如西北欧，虽然地处寒带，但受湾流的影响，港口终年不冻，成就了一些高纬度地区的“不冻港”，降水量也特别充沛，沿途山坡和平原林木葱茏，花草茂盛，呈现出一派温带的自然风光。

（2）洋流对海洋生物资源和渔场的影响。

一般来说暖流多来源于低纬度的热带和亚热带海域，从低纬度流向高纬度，温度较高、盐度大、含氧量较低、浮游生物少、透明度大。寒流多来源于高纬度海域，从高纬度流向低纬度，温度低、盐度小、含氧量高、浮游生物多、透明度小。在寒暖流相遇的海域，由于双方物理性质的显著差异，可以形成类似气象上冷暖空气交织的锋面，在锋面附近海水要素变化激烈，是渔业上重要的渔场。如纽芬兰渔场、北海道渔场、北海渔场、舟山渔场等。另外，上升流区亦是海洋生物丰富的洋区，形成独特的上升流生态系统，如秘鲁渔场等。

（3）洋流对海洋航行的影响。

海轮顺洋流航行可以节约燃料，加快航行速度。同时，洋流也会挟带冰山，给海上航运造成较大威胁。例如二战时，英国在地中海和大西洋唯一的自然通道——直布罗陀海峡附近布置了大量的声呐、雷达等设备遏制德国的潜艇活动，企图将德国潜艇封锁在地中海内，但无济于事，帮助德国潜艇成功躲避英军探测的是一股神秘的自然力量——密度流。

（4）洋流对水体环境的影响。

洋流可以把近海的污染物质挟带到其他海域，有利于污染物的扩散，加快净化速度，但也扩大了污染范围。

4. 世界洋流分布

世界各大洋的洋流分布，都是指发生在大洋表面几百米深度内的洋流。以太平洋为例，在10° N ~ 25° N之间盛行东北信风，因而产生由东向西流动的北赤道流，北赤道流一直向西遇到大陆被大陆所阻，因而产生分流，一部分分流北上，形成著名的黑潮暖流，一部分向南折回形成赤道逆流和赤道潜流，属于补偿流性质，其位置与赤道无风带相一致。北上的黑潮暖流至40° N ~ 50° N纬度带，该带为盛行西风带地区，因之产生西风漂流，将海水由大洋西岸带到大洋东岸，在太平洋形成北太平洋暖流，其流速在15 ~ 30 cm/s。这股西风漂流在大洋东部亦分为两支，在太平洋东海岸向低纬度流动的分支为加利福尼亚寒流，向高纬度流动的分支则形成阿拉斯加暖流。上述洋流按顺时针方向由北赤道流、黑潮暖流、西风漂流及加利福尼亚寒流形成一个闭合环流。

在南太平洋，与北太平洋相对应也存在一个大洋环流，不过是逆时针方向的洋流。在赤道东南信风带内为自东向西的南赤道流，在大洋西部遇到大陆阻挡同样分为两支，北支向北转东加入赤道逆流，南支沿澳大利亚东海岸南下称东澳大利亚暖流，至45° S～50° S汇入西风漂流向东流至秘鲁西海岸，一部分沿秘鲁海岸北上，形成秘鲁寒流，至赤道又汇入南赤道流，这样也形成一个南半球的闭合环流。南半球因陆地少，西风漂流不受陆地阻挡形成一支围绕全球的西风漂流。在南极因受极地东风影响，形成一支环绕极地的东风海流。在北大西洋上首先是部分进入加勒比海位于10° N～20° N的北赤道流，其后转为湾流系统，包括佛罗里达流、墨西哥暖流和北大西洋暖流，后者又转为加那利寒流，进入北赤道流。（图6-14）

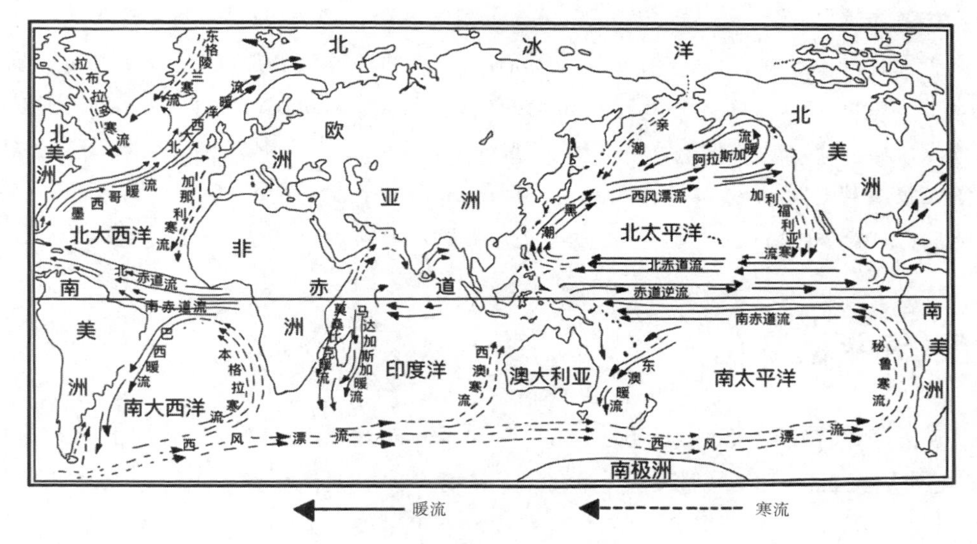

图6-14　世界洋流分布图（以北半球夏季为例）

洋流存在地域差异，索马里洋流属于印度洋赤道环流系统的一部分，受亚欧大陆和非洲大陆季风影响，其海水温度、盐度和流向均会发生改变，夏季为寒流，冬季为暖流。热带大西洋海域没有形成赤道环流，则是因为非洲和南美洲距离较近，没足够的海域让洋流发育成环流。

知识拓展

直布罗陀和密度流的故事①

由于海水的密度分布不均而引起的海水流动叫作密度流。海洋各处的温度、盐度不尽相同，造成海水密度分布不均匀：温度高，海水膨胀，则密度小；温度低，则密度大。盐度高，密度大；盐度低，则密度小。

直布罗陀位于伊比利亚半岛南端地中海沿岸的一个狭长半岛上，其北部与西班牙的直布罗陀区相接，东、西、南三面濒临地中海。二战期间，直布罗陀一直是英国海、空军的重要港口

① 王洪洲.谈通过直布罗陀海峡的洋流[J].中学地理教学参考，2007(10).

和机场。战争后期，盟军在北非的摩洛哥和阿尔及利亚成功登陆，直布罗陀发挥了重要的作用。如"德国幽灵"事件，二战时，地中海海域是德国、意大利军队的控制区域，而进出地中海的咽喉要道，同时也是沟通地中海与大西洋的一个十分重要的国际海峡——直布罗陀海峡却被英国军队所控制。为了控制德国潜艇出入地中海给英军造成巨大的损失，英军在直布罗陀海峡附近布设了雷达、声呐设备对海峡进行监控。但十分奇怪的是，监测站并未发现德国潜艇穿过直布罗陀海峡，而德国潜艇却像幽灵一样突然出现在盟军舰船面前，大肆攻击盟军布设在地中海的战舰，使得盟军损失惨重，这就是"德国幽灵"名字的由来。德国研究海洋学的科学家发现，由于地中海地区为地中海气候，夏季受副热带高气压带的控制，炎热干燥，降水量小而蒸发量大，再加上流入地中海的河流较少，导致地中海的海水密度偏高。而大西洋地区由于大西洋年平均气温较地中海的年平均气温要低，海水的蒸发量小，因此大西洋的年平均盐度也比地中海的年平均盐度要低，从而使得地中海海面偏低，在直布罗陀海峡形成了密度流，在水面以下至四百米，海水向东流，四百米以下，海水向西流，即上层海水由大西洋流向地中海，下层海水由地中海流向大西洋。掌握了这个奥秘，德国的潜水艇在潜出地中海时，关闭发动机，降至海面以下比较深的地方，顺着洋流流出地中海到大西洋，而在回来的时候，又将潜水艇升到比较浅的地区，关闭发动机，顺着表层洋流再流回到地中海，这样就躲过了盟军的侦察。

四、海平面变化

世界海平面高度取决于海洋盆地的容积与海洋水体总量。海洋盆地的容积是可变的，如地质历史上的中生代晚期，世界大洋洋中脊增生，海洋盆地普遍变浅，导致世界海面比今天高一百多米甚至更多。海洋水体总量也是可变的，如果目前的南极冰盖都融化，那么可导致全球海平面上升58 m。

海平面变化与人类生活息息相关，海平面持续上升将会影响人类社会的诸多方面，例如使沿岸地区风暴潮加剧、海岸侵蚀强化、盐水入侵河口，海平面变化应引起重视，及早关注海平面变化方能够及早防治其不良影响。

不同时间尺度，海平面变化特征及其升降规律也不同，引起海平面变化的主要因素也不一致（表6-5），不同因素引起的海平面变化的形式也不完全相同（表6-6）。引起海平面变化的原因主要有如下几方面。

一是海洋水体积变化。在海洋容积不变的情况下，海洋水体积的变化会引起海平面变化。海洋水体积变化的影响因素有冰川的消长、密度体积效应、地幔水的排出和海水进入地幔等。其中冰川消长影响最大，如第四纪冰期与间冰期的海平面升降差达100～200 m。

二是海盆容积变化。在海水体积不变的情况下，海盆容积变化，也可引起海平面变化。海盆容积变化原因有沉积物充填、洋底扩张和俯冲速率变化、地壳均衡补偿和区域性构造运动。

三是大地水准面变化。地球运动轨道参数、地球自转速率与地球大地水准面是处于相对平衡的。它们的变化必然会打破原有的平衡，从而调整大地水准面的形状来适应新的轨道参数和地球自转速率。此外，地球轨道参数、地球自转速率的变化引起地球固体形态改变、质量的重新分配和磁场的变化，可以导致海洋体积的变化，从而导致海平面波动。

表6-5 不同时间尺度的海平面变化与海平面变化主要因素

时间尺度	海平面变化主要因素
小时	气象(风)
周日	潮汐、地震、气压
周年	气象(气温、降水、蒸发)、水文
10^2年	气候(冷暖周期)、大地水准面变化、水温变化
10^3~10^4年	冰川均衡、大地水准面变化
10^5~10^6年	海底扩张、海盆干涸、造山运动
大于10^6年	原生水、孔隙水、地球膨胀

表6-6 海平面变化原因及变化形式

几种主要的影响因素	海平面变化形式	变化速率/(cm/a)	持续时间/a	变化幅度(均衡调整后)/m
原生水补给增加	+	<1/1000	持续	154
地球膨胀	−	<18/1000	持续	275
洋脊系统体积变化	±	<0.97/1000	持续	350
造山运动	−	<0.22/1000	10^7~10^8	42
海洋盐度变化	±	<10/1000	$<2\times10^7$	7
沉积物置换海洋水	+	<2.6/1000	10^6	300
冰川消长	±	<1000/1000	$<10^4$	100

注:a表示年。

如果不考虑因地球构造和地壳均衡运动，因世界海洋盆地容积的变化或世界海洋水体总量的变化所引起的世界海平面变化，世界海洋范围内海平面基本上具有同步一致性。但是，世界各沿海地区，参差不齐的构造运动或均衡运动，必定会导致这些地区有各不相同的海平面变化过程。由地球自转运动所引起的世界海平面变化，在世界海洋范围内不同纬度地带有涨有落，具有可比性或对应性。

气候变暖背景下，海平面上升已经成为全球沿海国家普遍面临的重大环境问题之一。全球海平面上升主要是由气候变暖导致的海水增温膨胀、陆源冰川和极地冰盖融化等因素造成的。1901—2018年，海洋增温膨胀对全球海平面上升的贡献为29%；冰川和冰盖质量损失对全球海平面上升的贡献分别为41%和29%。观测数据表明，1870—2004年全球平均海平面累计上升了195 mm，20世纪全球平均每年海平面上升1.7±0.3 mm。IPCC第

6次评估报告显示，2006—2018年间，全球平均每年海平面上升3.7 mm。

海平面上升对人类社会的影响是深刻的。海平面上升是一个缓慢过程，但长期的积累使得上升幅度相当可观，足以给沿海经济建设、城市市政建设、人民的生产和生活带来多方面的影响，这种影响比任何一种自然灾害都更加广泛和深入。

海平面变化对人类的影响主要有：

一是淹没沿海城市，导致经济损失。冰川融化，海平面上升，海平面的上升会不断地蚕食陆地，逐渐淹没沿海的洼地，这样在洼地的城市也就会被淹没。由于沿海地区交通便利，世界上大多数的大中城市都在沿海，淹没这些大城市必将严重影响世界经济的发展，甚至造成重大的经济损失。

二是严重影响人类的生产和生活。海平面上升，沿海城市被淹没，人类失去赖以生存的家园和土地；海水内灌，加剧沿海土壤的盐碱化，粮食减产，人们的正常生活将受到严重的影响。海平面上升还会导致全球气候生态平衡被破坏，海上风暴、洪水等自然灾害更容易发生。

三是全球危机加剧。海平面上升会加剧地区和国家之间的冲突。由于资源紧张和社会矛盾的加剧，国家和国家之间、地区之间的冲突和矛盾会频繁地发生，为了争夺有限的资源，甚至可能发生战争。地区之间的不稳定因素大大增加，社会矛盾日益加剧，全球可能面临新的危机。

目前，世界上50%以上的人口生活在距海50 km以内的海岸地区，海岸地区的平均人口密度较内陆高10倍。中国大陆海岸线长约18 000 km，沿海地区是改革开放的前沿，经济发展的重心，为避免海平面上升的危害，人类应当及早谋求对策。

本章小结

本章从水循环、陆地水、海水三方面简要介绍水圈。首先介绍地球上水的分布，地球上的水是如何循环的，以及水量平衡原理。其次介绍陆地水有多种存在形式：河流、湖泊、沼泽、地下水、冰川等。水的三态变化，使得水在不同水体之间、不同空间之间循环运动，促进了地球上的物质迁移和能量转换，对自然环境和人类活动具有深刻的影响。地球上约有97%的水储存在海洋中。在海水一节中主要讲解了海水的性质、海水是如何运动的等等，这些都与我们的生产生活密切相关。

思维导图

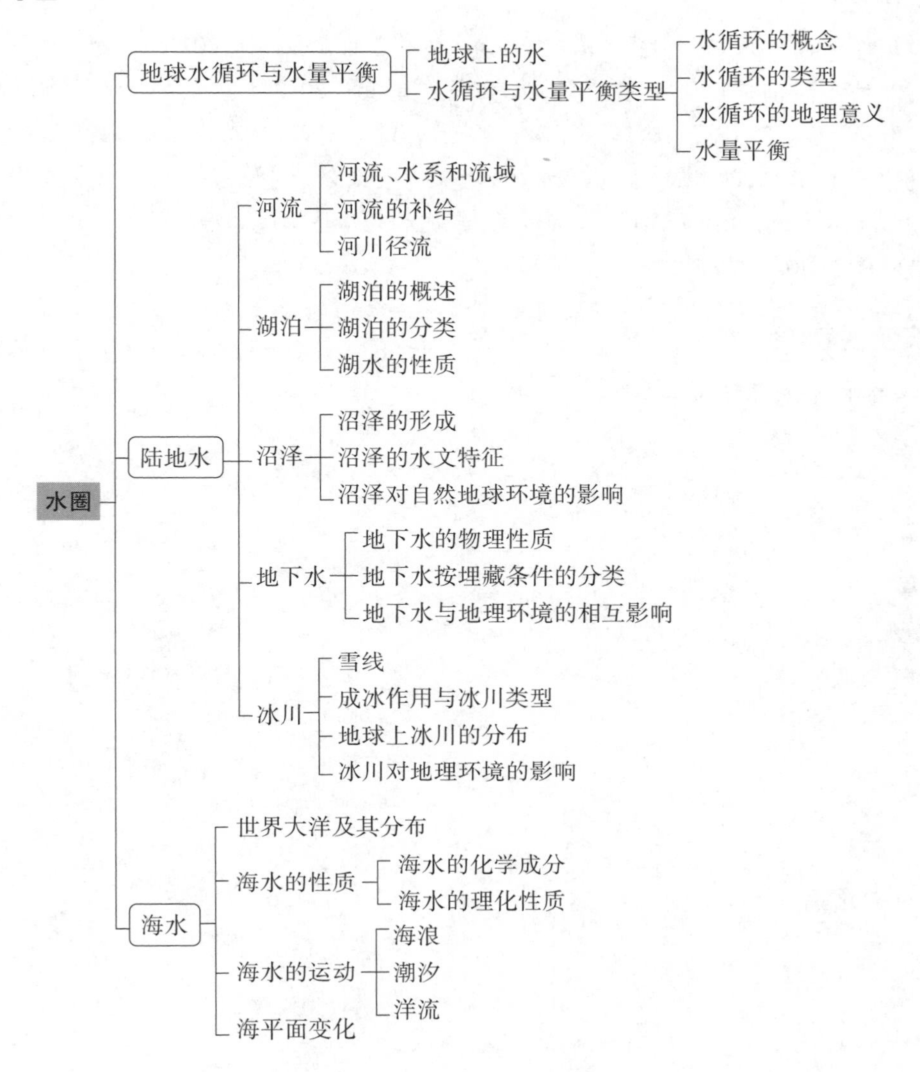

思维与实践

1. 在人类活动强度加剧背景下，水循环发生了什么变化？

2. 全球气候变化对中国淡水资源的影响有哪些？

3. 谈谈汛期与洪水的关系以及影响洪水状态的因素。

4. 已知一波浪的波高为 4 m，波长为 100 m，周期为 2 s，求波速。

5. 居住在海边的人们，根据潮涨潮落的规律，赶在潮落的时候到海岸的滩涂和礁石上打捞或采集海产品的过程，称为赶海。讨论赶海时应该怎样利用潮汐规律。

6. 以某地区/某城市为例，调查水资源承载力及水污染现状，提出人水协调发展策略。

推荐阅读

[1]许有鹏.水文学与水资源基础[M].北京:高等教育出版社,2022.

[2]杨达源.自然地理学[M].2版.北京:科学出版社,2012.

[3]伍光和,王乃昂,故双熙,等.自然地理学[M].4版.北京:高等教育出版社,2008.

[4]王浩,王佳,刘家宏,等.城市水循环演变及对策分析[J].水利学报,2021,52(1).

[5]贺缠生,L.Allan JAMES.流域科学:连接水文学与流域可持续管理的枢纽[J].中国科学:地球科学,2021,51(5).

实验内容

实验十五、水循环模拟实验。

第七章 土壤圈和生物圈

“土”者，地之吐生万物者也。

——《说文解字》

☆ 学习目标

土壤圈

1. 了解土壤形态、性质、肥力及其与环境的关系，初步形成土壤圈科学观念。

2. 理解土壤物质成分、形成过程、分类及分布规律，能够解释土壤圈的现象，具有初步的推理与论证能力。

3. 应用土壤形成原理和规律，加强土壤资源保护、改良和利用；具有初步的科学探究能力，树立保护土壤资源的意识。

生物圈

1. 了解生物群落、生态系统相关概念，初步形成生物圈科学观念。

2. 理解各类生态系统、生态因子之间作用关系，能够解释生物圈的现象，具有初步的推理与论证能力。

3. 应用生态系统反馈调节原理，加强生物多样性与生态环境保护；具有初步的科学探究能力，树立保护生物多样性的意识。

第一节　土壤圈的物质组成及特性

土壤以不连续的状态分布于陆地表面，称为土壤圈。土壤圈的概念由马特松(S. Matson)于1938年提出，后来土壤圈概念获得了极大的关注，特别是1990年Arnold对其进行了全面阐述。土壤圈是地球表层与大气圈、生物圈、水圈、岩石圈相交的并进行物质循环和能量转换的圈层。土壤圈具有为陆生植物提供水分、热量、二氧化碳、氮素等多种养分的功能，是植物进行光合作用合成有机质的重要基础。土壤圈影响地球上众多生命繁衍生息，被视为地球表层系统中最活跃、最富有生命力的圈层。土壤是独立的历史自然体，是地理环境的重要组成部分。土壤像生命体一样在自然界中时而进化、时而退化，记录了自然环境的演变，是储存自然环境变化信息的重要系统之一。

一、土壤及土壤肥力的概念

土壤是人类赖以生存的物质基础。它是具有生物活性和孔隙结构，用于进行物质循环和能量流动的疏松表层。(图7-1)国际标准化组织(ISO)把土壤定义为经物理、化学和生物过程改造的地壳表层。它由矿质颗粒、有机质、水分、空气和生物体构成，它们共同存在于土层中。土壤作为一种有限的自然资源，是一个动态开放的系统，能为植物生长提供水分、养分、空气和支撑，对地球上生命的形成和发展至关重要。

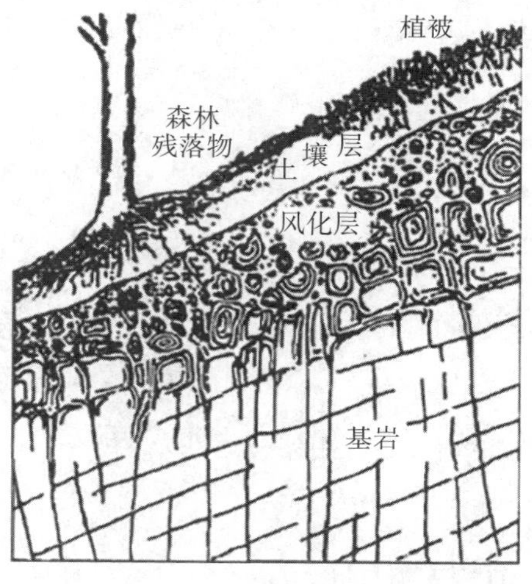

图7-1　土壤疏松物质层

人类对土壤的利用方式不同，对其概念理解也不同。水利、土建、交通运输建设者把土壤作为建筑材料和承压的基础物体。在地球化学过程中，土壤被认为是岩石圈表层次生环境中发生元素迁移和形成次生矿物的近期堆积物。环境学者认为土壤具有容纳、降解、过滤、缓冲和固定无机物、有机物等污染物的功能。在农、林、牧业生产中，土壤被视为天然或栽培植物的立地条件。

土壤的基本属性和本质特征是具有肥力。土壤肥力指土壤供应与协调植物正常生长发育所需的养分、水分、空气、热量、支撑条件及无毒害物质的能力。这种能力是由土壤一系列物理、化学、生物过程所引起的，因而也反映出土壤的物理、化学、生物性质。土壤中养分、水分、空气和热量4大肥力因素是相互联系的，它们循环于生物圈与土体之间，维系着生命的延续和发展。

人类为了从土壤中获取更多的生存必需品，将具有肥力的自然土壤经开发、改造、施肥、播种，使其产生量和质的变化，进而形成农业土壤。农业土壤不仅受自然因素影响，更受耕作、灌溉和施肥影响，是具有人工肥力的灌淤、堆垫、肥熟和水耕表层。实际上，人工肥力是在自然肥力的基础上发展而来的。耕种土壤中自然肥力与人工肥力的综合效应即土壤的有效肥力，而农作物产量是衡量有效肥力的指标。有效肥力的大小取决于对土壤的投入。农业科技投入愈高，土壤的生产潜力相应愈大，耕地的单位面积产量会相应提高。在合理经营管理之下，土壤肥力不会因农业利用而耗损，反而会提高。故在合理利用的前提下，土壤亦被视为可永续利用的自然资源。

土壤质量指土壤在一定生态系统内的生产能力、净化能力、促进动植物及人体健康的能力。土壤质量评价首先要确定合理的指标，再建立全面评价框架体系。土壤指标一般包括物理指标：土壤质地、土层厚度、田间持水量、容重、紧实度、孔隙度、温湿度等；化学指标：有机质含量、pH值、大量元素、中微量元素等；土壤生物学指标：土壤微生物、动植物等；土壤环境指标：重金属、有毒物等。土壤质量评价方法可分为定性评价和定量评价。

例如联合国粮食及农业组织(FAO)根据李比希的最小因子律提出一套评价大纲,属于定性评价法;而运用数学方法,根据量化的土壤属性计算出土壤的质量分数,则为定量评价法。

二、土壤形态

土壤形态指土壤和土壤剖面外部形态特征,如颜色、孔隙度、剖面构造、质地结构等。这种外部特征可通过视觉和触觉来辨识。成土过程的外部表现就是土壤形态,可据此区分不同土壤类型。因此,土壤形态学研究对土壤形成与发展、土壤分类与特性、土壤资源评价与利用均有重要意义。

(一)土壤剖面与土壤发生层次

土壤剖面指从地面垂直向下的土壤纵剖面。土壤的垂直结构不均匀,是不同成土环境影响土体内部物质淋溶、淀积、迁移和转化过程而产生差异的结果。土壤由形态和性质各异的土层重叠构成,一般将这些土层称为土壤发生层,每一种成土类型都由其特征性的发生层组合形成不同的土壤剖面。

19世纪末,俄国土壤学家道库恰耶夫走遍欧亚大陆黑钙土分布区域,将土壤剖面总结为3个发生层(图7-2),即腐殖质聚积层(A)、过渡层(B)和母质层(C)。1967年国际土壤学会把土壤剖面划分为有机层(O)、腐殖质层(A)、淋溶层(E)、淀积层(B)、母质层(C)和母岩层(R)等6个主要发生层(图7-3),该方案反映垂直土层序列的一般规律和基本特点,而实际的土壤剖面各有不同的具体内容。

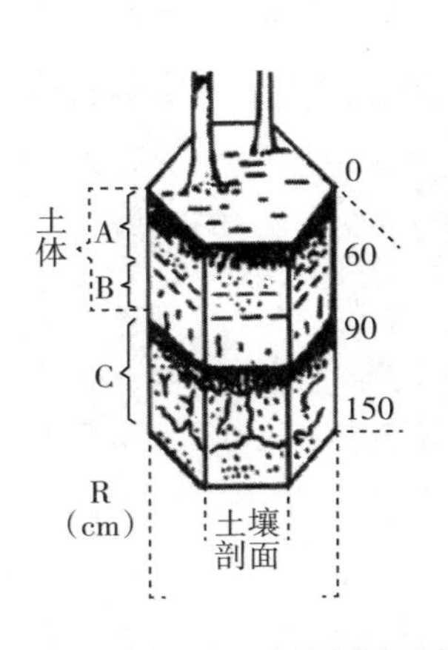

图7-2　土壤剖面示意图

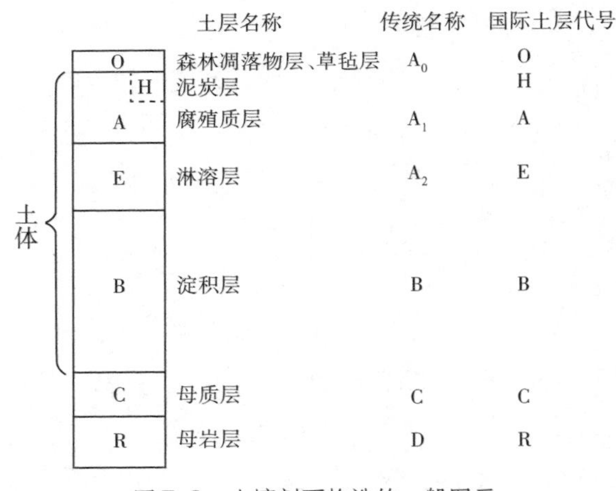

图7-3　土壤剖面构造的一般图示

一般将兼有两种主要发生层特性的土层称为过渡层,如AB层、BA层等,前一字母代表优势土层。与天然土壤划分方案不同,耕作土壤一般划分为4层——耕作层、犁底层、心土层、底土层。

(二)土壤的一般形态特征

土壤的形态除剖面构造外,还包括颜色、质地、结构、孔隙度、松紧度、干湿度、新生体和侵入体等。

1. 土壤颜色

土壤通常表现为以某种色调为主的过渡色或混合色。颜色越黑表示腐殖质含量越高;颜色越白表示石英、高岭石、长石、石膏、碳酸盐和可溶性盐等含量越高;红色土壤中赤铁矿含量较高;黄色是水化氧化铁造成的;游离氧化锰含量高时,土壤呈紫色;当土壤含大量亚铁氧化物时呈绿色或蓝灰色。因此颜色变化可作为判断和研究成土条件、成土过程、肥力特征和演变的参考,也是土壤分类和命名的重要依据,如红壤、黄壤、棕壤、黑土、黑钙土、栗钙土、灰钙土等。

2. 土壤质地

土壤质地指土壤颗粒大小、粗细及其匹配状况,也是土壤中各粒级占土壤质量的比例组合。一般土壤质地分为砂质土、壤质土和黏质土等,它们影响土壤中水、空气、热量和养分的转换。肥力不同的土壤质地往往具有不同的农业生产性状,了解土壤质地类型,对农业生产具有指导价值。

3. 土壤结构

土壤颗粒通过相互作用形成大小、形状各异的团聚体。土壤结构就是土壤颗粒之间的胶结、接触关系。土壤结构包括团粒、块状、核状、片状、柱状、棱柱状等。土壤结构和土壤质地关系密切,质地过沙或者过黏的土壤,其结构往往不良。土壤质地是土壤比较稳定的物理性质,但是土壤结构可以通过培育进行改良。

知识拓展

团粒结构:土壤物质被胶结在一起形成0.25~10 mm大小的团粒。因为它具有适宜的孔径分布,能够调节土壤中的水、肥、气、热等因素,利于作物的生长,所以又叫"肥力调节器"。有团粒结构的土壤才能较好地完成基本农作任务,供给作物以最大量的水和养分。因此,有团粒结构的土壤栽培性良好,并能更好地吸收雨水,使土壤表层免受侵蚀和冲刷。[1]

4. 土壤孔隙度

土壤孔隙是土壤颗粒之间存在的空间,它是土壤水分、空气的通道和仓库。土壤孔隙度即土壤总容积内所有大小孔隙容积所占的比例,决定着土壤的通水性、透气性,并影响土壤养分的转化和温度状况。

---

① 吕贻忠,李保国.土壤学[M].2版.北京:中国农业出版社,2020.

5. 土壤松紧度

土壤松紧度常分为很松、疏松、稍紧实、紧实、坚实等级别。

6. 土壤干湿度

野外考察时常将土壤分为干、润、潮、湿等级别。

7. 新生体

土壤发育过程中物质重新淋溶、淀积和聚积的生成物。

8. 侵入体

由外界进入土壤的特殊物质。

三、土壤的物质组成

土壤由固、液、气三相物质组成，它们之间是相互联系、相互转化和相互作用的有机整体。土壤的组成比较复杂，固体物质是土壤最基本的成分，可以说是整个土体的骨髓和躯体。固体物质中占绝大多数的通常是矿物质颗粒，有机质也有一定的比例。在土壤的固体颗粒之间有大量的孔隙，充填于孔隙中的是空气和水分(确切地说是溶液)。孔隙中气、液两者的比例并非固定不变，经常随外界天气和其他因素的改变而变化。

(一)土壤矿物质

土壤中的矿物质(无机物)源于岩石的风化，从起源来说，土壤中的矿物质包括岩石碎屑、原生矿物和次生矿物三部分。岩屑是大块岩石分解、破坏后的残屑，但仍然是一种矿物质的集合体。在土壤中它们是最粗大的成分，通常以砾石和粗砂的形式出现。原生矿物是岩屑进一步分解，矿物集合体分散后的产物，在形态上它们是单独的矿物晶体，但在成分和结构上与原始母岩中的矿物一致，没有产生性质的变化。原生矿物多是一些抗风化能力较强的矿物，如石英。原生矿物的晶体相对较大，在土壤中多以砂粒和粉砂的形式出现。次生矿物是原生矿物化学风化或蚀变后的新型矿物，是在疏松母质发育和土壤形成时，由不稳定的原生矿物风化形成的，多属于黏粒一级，如铝硅酸盐黏粒(高岭石、蒙脱石等)和铁、铝的氧化物等。

(二)土壤有机质

土壤有机质指进入土壤中的有机物质，在土壤微生物作用下形成的一系列有机化合物的总称，又称土壤有机碳。它是土壤固相组成的一部分。土壤中的有机质含量不多，在矿质土壤的表层一般仅占1%~5%，但其对土壤理化性质的影响等远远超过其重量的比例。

有机质对土壤肥力的作用包括它本身不仅含有营养元素，还能吸收和储存植物养分；它能提高无机磷酸盐的溶解性，有活化土壤微量元素的作用；它有很强的缓冲酸碱化能力，能使土壤颗粒形成良好的团粒结构，改善土壤耕性；它可增加土壤的吸热能力，且其导热性小，有利于保温。

（三）土壤水

土壤水是作物吸水的主要来源。它不仅是植物生活必需的生态因子，也是土壤生态系统中物质和能量的流动介质。大气降水是土壤水分的主要来源，其余来源于地下水和灌溉用水等，水汽凝结也会使极少量土壤水分增加。土壤水分损耗主要有土壤蒸发、植物吸收利用和蒸腾、水分的渗漏和径流等，尤其是地面蒸发和水分渗漏。

水分是由于土壤固体颗粒对它有强大的吸力而保持在土壤中。根据土壤水分所受吸力的大小，把土壤水分划分为吸湿水、毛管水和重力水三种类型。吸湿水是被土壤固体牢牢束缚住，最靠近颗粒表面的几层水分子，受土粒的吸持力很大，吸持力为1 013 250 kpa—3 100 kpa。吸湿水基本上是非液态的，与大气中的水汽相平衡。毛管水即吸持在毛管孔隙中的水分，它是液态的可以流动的。土壤对毛管水的吸力范围是3 100kpa—10 kpa。在大孔隙中，土壤对水分的吸力小于10 kpa，水分则受重力影响发生运动，这部分水称为重力水。重力水仅为土中的过客，难以长久存在。

如果从植物生长需要来分析，15个标准大气压是土壤吸水力的一个重要的临界点，因为植物根的吸水力约为15个标准大气压，受土壤吸力大于1 500 kpa的那部分水分，包括植物难以吸收的全部吸湿水和内层毛管水，属于无效水的范围。重力水的存在时间短，而且占据空气通道，限制根的呼吸作用，也是植物难以利用的。只有处在田间持水量与凋萎点之间的部分毛管水，才是真正对植物有用的水分。土壤水分类型如图7-4所示。

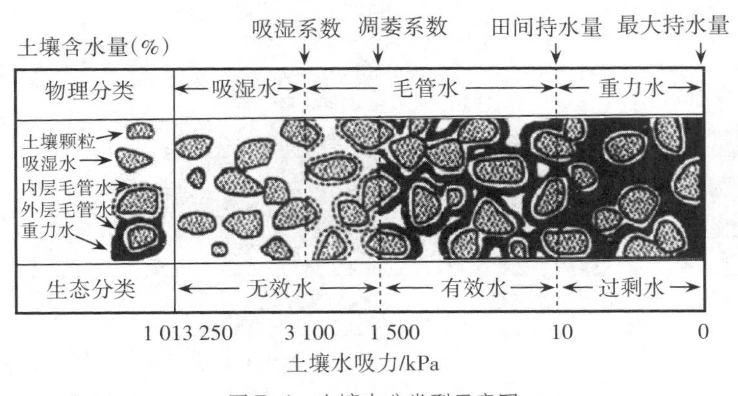

图7-4　土壤水分类型示意图

（据D.斯蒂拉，1983，并加修改）

(四)土壤气体

土壤气体是指土壤孔隙中存在的气体混合物。土壤空气主要来自大气,以O_2、N_2、CO_2及H_2O为主要成分,但在质和量上与大气成分不同。对于通气良好的土壤,其气体组成接近于大气,一般越接近地表的土壤气体与大气组成越相近。但土壤气体中CO_2和H_2O的含量通常比大气中高,而O_2含量则相反。

(五)土壤机械组成

土壤颗粒大小不同,其成分和性质往往也不相同。按土壤颗粒大小和其特性将土壤颗粒分为若干组,称为土壤粒级。土壤质地分类以土壤中各粒级含量的相对百分比作为标准。国际制和美国制采用三级分类法,即按砂粒、粉粒、黏粒三种粒级的百分数将土壤质地划分为砂土、壤土及黏土等三类十二级。(表7-1)

表7-1　国际制和美国制土壤机械组成分类标准

土壤质地		粗细百分数范围/%					
类别	名称	砂粒		粉粒		黏粒	
		国际制	美国制	国际制	美国制	国际制	美国制
砂土	砂土及壤砂土	85—100	80—100	0—15	0—20	0—15	0—20
	砂壤土	55—85	50—80	0—45	0—50	0—15	0—20
	壤土	40—55	30—50	35—45	30—50	0—15	0—20
	粉砂壤土	0—55	0—30	45—100	50—100	0—15	0—20
壤土	砂黏壤土	55—85	50—80	0—30	0—30	15—25	20—30
	黏壤土	30—55	20—50	20—45	20—50	15—25	20—30
	粉砂质黏壤土	0—40	0—30	45—85	50—80	15—25	20—30
黏土	砂黏土	55—75	50—70	0—20	0—20	25—45	30—50
	粉砂黏土	0—30	0—20	45—75	50—70	25—45	30—50
	壤黏土	10—55	0—50	0—45	0—50	25—45	30—50
	黏土	0—55	0—50	0—35	0—50	45—65	50—70
	重黏土	0—55	0—30	0—35	0—30	65—100	70—100

要确定土壤质地类型,首先要测定出土壤中各粒级的含量。土壤质地根据机械组成分析数据来确定,故有人把土壤机械组成也称为土壤质地。实际上二者有区别,每种土壤都有自己特定的机械组成,根据质地分类可确定质地类型,但质地名称相同的土壤,其机

械组成数据可以不同。每种质地的土壤各颗粒含量都有一定变化范围。土壤机械组成数据是研究土壤的最基本资料之一，尤其在土壤模型研究和土工学试验等方面应用广泛。

（六）土壤胶体

土壤胶体一般指直径为1～100 nm的颗粒，它是土壤中最细微的部分。按其成分和性质可分为无机、有机及有机无机复合胶体三类：土壤无机胶体包括层状铝硅酸盐黏土矿物、土壤氧化物等；有机胶体指土壤中具有明显胶体性质的高分子有机化合物，主要成分是腐殖质、有机酸、蛋白质及其衍生物等；有机无机复合胶体指土壤中有机胶体与无机胶体通过表面分子缩聚、阳离子桥接及氢键等作用联结在一起的复合体。

1. 土壤胶体的性质

土壤胶体具有巨大的比表面积和表面能。物体分割得越细小，单体数越多，比表面积越大，表面能越大，吸收性能就越强。土壤胶体的内、外表面带有大量负、正电荷，这是土壤胶体化学性质活跃的重要原因。土壤胶体呈溶胶和凝胶两种形态存在，两者可以相互转化，由溶胶转为凝胶称凝聚作用，由凝胶分散为溶胶称消散作用。胶体的凝聚与消散主要取决于胶体颗粒之间吸引力和静电斥力的大小。土壤胶体的凝聚和消散作用与土壤中物质的累积和淋移、土壤结构的形成和破坏、土壤肥力的变化有密切的关系。

2. 土壤胶体对离子交换的作用

土壤胶体表面吸附的离子与溶液中离子相互交换空间位置，胶体上被吸附的离子解吸后进入溶液，而溶液中的某离子则被吸附到土壤胶体表面，这个过程称为土壤胶体的离子交换过程。如果阳离子发生交换，这个过程称为土壤阳离子交换；如果阴离子发生交换，这个过程称为土壤阴离子交换。土壤胶体是土壤代换吸收作用重要的物质基础，对土壤养分的保存和调节起重要作用。

（七）土壤溶液

土壤水溶解土壤中的可溶性物质，便成为土壤溶液。土壤溶液的组成主要有自然降水中所带的可溶物，如O_2、CO_2等，以及土壤中存在的其他可溶性物质，如钾盐、钠盐、硝酸盐、氯化物、硫化物等。由于环境污染，土壤溶液中也含有一些污染物质。土壤溶液的成分和浓度常处于变化之中，取决于土壤水分、固体物质、微生物三者之间的相互作用。

第二节　土壤形成与地理环境的关系

土壤是由岩石经过漫长的历史岁月及复杂的风化与成土过程而形成的。在岩石—母质—土壤的演变过程中，岩石首先在地质大循环过程中形成土壤母质，进一步在生物小循环过程中形成土壤。作为一种历史自然体，土壤与其他自然体一样，具有特定的发生和发展规律及属性。

一、成土因素对土壤形成的作用

19世纪末，俄国土壤学家道库恰耶夫观察到土壤存在梯度性的地带性变化，这促使他摆脱“土壤是岩石的一部分”的观点，认为“土壤是特殊的历史自然体，主要受成土因素影响”。影响成土过程的因素有六种，即母质、气候、生物、地形、人类活动和时间，六种因素各具特点，但从各自不同的侧面共同控制着土壤发育和特性的形成。

(一)母质因素

岩石风化后形成的疏松碎屑物称为成土母质，简称母质。母质是土壤形成的物质基础，母质的一些性质如机械组成、矿物组成及其化学性质均直接影响成土过程的速度、方向及自然肥力。岩石风化后的疏松物质，可停留在原处很长时间，也可由外力移至他处，进而形成两类矿质母质：残积母质和运积母质。

对于原位风化形成的残积母质，土壤特性深受下伏岩石影响，这种影响在土壤发育的初期尤其明显。原始岩石对土壤的影响主要由其所含矿物成分和性质决定。对于搬运沉积的母质，土壤继承的主要是由其不同搬运方式和沉积环境所形成的特性，有时甚至直接用母质类型来命名土壤，如冲积土。总的来说，母质因素在土壤形成过程中起着重要作用，它不仅影响土壤的化学和机械组成，也影响土壤形成的速度。

(二)气候因素

气候因素直接为土壤提供水分和能量。水分和能量是土壤中一切过程，包括物质迁移、转化和生命活动的基础。气候因素影响土壤水热状况，而水热状况又直接或间接影响岩石风化过程、高等植物和低等植物及微生物的活动、土壤溶液和土壤空气的迁移过程。因此，土壤的水热状况决定了土壤中物理、化学和生物的作用过程，影响土壤形成的方向和强度。具体影响包括：

气候影响岩石风化作用的类型和强度。例如，温度升高通常会加强物理作用和化学反应。因此，热带地区岩石风化和土壤形成速度以及风化壳和土壤厚度均比温带和寒带地区大，降水量增加和土温增高，会促进风化作用，使土壤黏粒含量增多。因此，不同气候带常具有不同的次生黏土矿物。例如，高湿热地区土壤含较多的铁铝氧化物等。

气候对土壤有机物质的积累和分解也有重要作用。潮湿积水和长期冰冻地区有利于有机质积累，而干旱、高温、微生物活跃地区有机质矿化速度快、积累少。因此，从气候冷湿地区到暖湿气候区域，土壤往往从黑土分布转为棕壤、黄棕壤，以至红壤、砖红壤分布；而半干旱地区分布着干燥度较大的栗钙土，有机质含量较低。

（三）生物因素

生物在土壤形成中起主导作用，母质中出现生物以后，才开始具有真正意义的土壤形成过程。一方面，生物可以对母质中的矿物质产生破坏和分解作用；另一方面，生物又推动矿物质养分进行生物小循环，并能合成有机质，因而对岩石的风化和土壤形成均具有重大影响。土壤形成的生物因素包括植物、土壤微生物和土壤动物，其中绿色植物在土壤的形成过程中起主导作用。

地带性土壤有特定的植被类型，如寒温带针叶林和以真菌为主的微生物相结合的群系下发育的土壤为灰化土；温带干草原植被和以好气细菌为主的微生物相结合的群系下发育的土壤为栗钙土。（图7-5）不同植物群系决定着土壤形成的发展方向，植被类型的演替又导致土壤类型的演变。

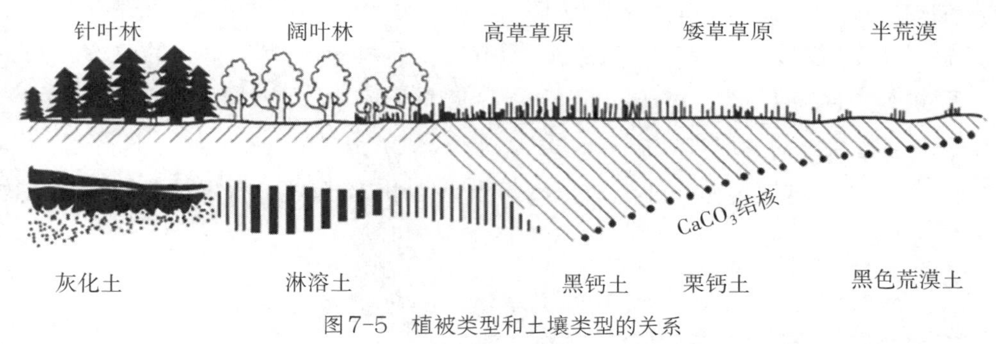

图7-5　植被类型和土壤类型的关系

（四）地形因素

地形可以控制母质、气候及生物因素，表现在地形引起地表物质与能量的再分配，对土壤发育和特性产生强烈的间接作用。地形的影响可以分三个方面来分析，即高度、坡向和坡度对土壤发育的作用。

随着海拔的增加，温度下降、湿度减小、风速加大，相应的植被也出现分异，母质的风化、侵蚀强度、颗粒组成也随高度而有所不同。坡向主要影响太阳辐射，向阳坡面比背阴坡面能接收更多的太阳辐射能，土壤温度较高，植物也因此出现分异，进而导致土壤有机质含量的差异。对于局部地形来说，坡度对土壤的影响是最明显的。坡度的陡缓，控制着水分的运动、物质的淋溶、侵蚀的强弱和母质层的厚度、颗粒的大小、养分的丰缺等。

（五）人类生产活动

农业生产活动有意识、有目的影响土壤形成，是在认识土壤客观性质的基础上对土壤进行利用、改造、定向培肥。改变土基热、水、光、气、养分的相互关系，克服不利于作物生长的条件，可使土壤肥力得到提高。人类对风沙土壤进行生物固定或工程固定后，可减缓或阻滞流沙的移动，使之向固定风沙土演变。

（六）时间因素

时间是一切事物运动变化的充要条件。土壤的形成和变化与其他事物运动变化形式一样，是在时间中进行的。土壤是在母质、气候、生物、地形、人类活动等土壤形成因素的综合作用下，随着时间的推移而不断运动和变化的产物，时间愈长，土壤性质和肥力的变化愈大。

二、土壤形成的基本规律

土壤形成是一个综合性过程，是地质大循环与生物小循环过程统一的结果。地质大循环是指地面岩石的风化产物，经过淋溶与搬运，到海、湖中沉积下来，并进行成岩作用形成次生岩，再随着地壳的上升，回到陆地上来。生物小循环是指植物营养元素在生物体与土壤之间的循环，植物从土壤中吸收养分，形成植物有机体，一部分作为营养物质供动物食用，而动植物死亡后的有机残体又回归土壤，在微生物的作用下转化为矿质养分供植物吸收，促进土壤肥力的形成和发展。地质大循环仅有养分的释放，可养分不能有效积累；而生物小循环能促进植物养分元素的积累和循环使用，使土壤中有限的养分元素发挥无限的作用。

三、若干主要成土过程简介

土壤学家发现在不同的环境条件下，土壤都表现出某种独特的成土过程。

（一）原始成土过程

原始成土过程是绝大多数土壤很久以前曾经过的初始阶段，现代成土过程仅发生在高山地区。在这个阶段，岩石风化物上首先着生菌类微生物，进而生长藻类，再后生长地衣、苔藓，开始积累有机物，为高等植物的生长准备基质和条件。

（二）淋溶、淀积过程

淋溶作用是指土壤物质以悬浮态或溶液态由土壤中的一层移动到另一层的作用。下行水滞留或停止移动的土层，溶液中的物质淀积下来，产生淀积作用。淋洗与淋溶是两个不同的概念。淋洗是指物质被下行水携带迁移出土体，是许多土壤胶体及其絮凝剂的盐基离子的迁移，和有机螯合物被淋洗的过程，因此比淋溶的强度更大。

（三）黏化过程

黏化过程是指土体中黏土矿物生成和聚积的过程。在温带、暖温带、半湿润和半干旱地区，土体中水热条件比较稳定，发生强烈的原生矿物分解和次生黏土矿物的形成，或表层黏粒向下机械淋洗，并在土体中下部明显聚积，形成较黏重层次。

（四）富铝化过程

富铝化过程是土体中脱硅、富铝铁的过程，常发生在热带、亚热带高温多雨气候条件下。由于风化产物和土体中的硅酸盐类矿物被强烈水解，释放出盐基物质，使风化液呈中性或碱性。可溶性盐类、碱金属、碱土金属盐基及硅酸大量淋失，而铁、铝等元素却在碱性溶液中沉淀、滞留，形成铁、铝氧化物富集，土体呈红色。

（五）钙化过程

钙化过程指碳酸盐在土体中淋溶、淀积的过程。在干旱、半干旱气候条件下，季节性淋溶使矿物风化过程中释放的易溶性盐类大部分淋失，硅铁铝氧化物在土体中基本上未发生移动，而最活跃的钙镁元素发生淋溶和淀积，并在土体中下部形成钙积层。

（六）盐化与碱化过程

盐化与碱化过程指地表季节性积盐和脱盐两个方向相反的过程，主要发生在干旱、半干旱地区和滨海地区。盐化指地表水、地下水和母质中的易溶性盐分，在强烈蒸发作用下，通过土体中毛管水的垂直和水平移动，逐渐向地表积聚的过程。碱化指土壤溶液中钠离子的浓度较高，交换性钠不断进入土壤胶体的过程，它使土壤呈强碱性，并形成性质恶化的碱化层。

（七）潜育化、潴育化过程

潜育化是土体中发生的还原过程。在长期渍水的条件下，土体中空气缺乏，有机质在嫌气分解过程中产生还原物质，高价铁、锰转化为亚铁和亚锰，形成蓝灰色或青灰色的还原层，称为潜育层。潴育化指土壤形成中的氧化还原过程，主要发生在直接收地下水浸润的土层中。地下水由于在雨季升高，旱季下降，土层干湿交替，引起土壤中铁锰物质处于还原和氧化的交替状态。土壤渍水时铁锰被还原迁移,土体水位下降时铁锰氧化淀积,形成有锈纹锈斑、黑色铁锰结核的土层。

(八)白浆化过程

白浆化过程是在季节性还原淋溶条件下,黏粒与铁锰的淋溶过程。它的实质是潴育淋溶,也称之为假灰化过程。在季节性还原条件下,土壤表层的铁锰和黏粒随水侧向或向下移动,在腐殖质层下形成粉砂含量高、铁锰贫乏的白色淋溶层,在剖面中下部形成铁锰和黏粒富集的淀积层。该过程的发生与地形条件有关,多发生在白浆土中。

(九)腐殖质化过程

腐殖质化过程指在生物因素作用下,土体中尤其是土体表层进行的腐殖质累积过程,它是最普遍的一种成土过程。腐殖质化过程使土体发生分化,在土体上部形成暗色的腐殖质层。

(十)泥炭化过程

泥炭化过程指有机质以植物残体形式在土壤上层不断累积的过程,主要发生在地下水位接近地表或地表积水的沼泽地段,湿生植物因厌氧环境不能彻底分解而累积于地表,形成泥炭,有时可保留有机体的组织原状。

(十一)熟化过程

土壤熟化过程即在合理耕作制度下,采用各项农业技术措施和土壤改良措施改善土壤的理化特性和生物特性,定向培育土壤肥力的过程。因此,土壤熟化过程主要是指土壤在人类定向培育影响下由生土变成熟土、熟土变为肥土等一系列土壤变化过程。

第三节　土壤分类及空间分布规律

一、土壤分类

由于成土因素和成土过程不同,自然界的土壤具有多种多样的土体构型、内在性质和肥力水平。土壤分类是指根据土壤自身的发生、发展规律系统地认识土壤,通过比较土壤之间的相似性和差异性,对客观存在的形形色色土壤进行区分和归类。土壤并不像植物或动物那样具有明确的个体界线和固有的基因差异。因此，从本质上说，土壤的分类是"人择体系"。认识土壤的角度不同、利用土壤的目的不同，就会有不同的土壤分类原则、标准和系统。

土壤分类学是研究和描述土壤及其不同类型的差别，探讨这种差别的因果关系，并运用所掌握的资料去建立某个土壤分类系统的学科。目前世界各国对土壤的研究还不够系统和深入，研究方法不尽一致，因而也没有统一的土壤分类原则、分类系统和命名方法。土壤分类应以土壤发生学理论为基础，依据土壤特性进行划分。土壤是由无数的单个土体组成的复杂庞大的群体系统，土壤个体之间存在着许多共性，同时也存在着相当大的差异。一个土壤类型就是作为分类标准的土壤性质上相似的一组土壤个体，并且依据这些性质区别于其他土壤类型。

研究土壤分类，需要明确土壤发生层、诊断层、诊断特性等关键概念。土壤发生层是指在土壤发生与发育过程中，由特定土壤形成作用形成的具有发生学特征的土壤层次，是进行土壤分类和判断的重要依据。土壤诊断层是指用于识别土壤分类单元，在性质上有一系列定量说明的土层。土壤诊断层有别于传统意义上的只有定性说明的发生层，主要用于高级分类单元的划分。土壤诊断特性是指具有定量说明的土壤特性。

土壤分类的依据可归纳为三方面：分析土壤形成因素对土壤形成的影响和作用；研究土壤形成过程的特征；研究土壤属性的差别，土壤属性是土壤分类的最终依据。

目前，传统的发生学分类和诊断学分类是被广泛采用的两大类土壤分类方案。发生学分类强调土壤与其形成环境和地理景观之间的相互关系，以成土因素及其对土壤的影响作为土壤分类的理论基础，同时也结合成土过程和土壤属性作为分类的依据。诊断学分类则以土壤可直接感知和量测分析的具体指标为分类的依据。在地球与宇宙科学中，土壤被视作地球表层系统中的一个圈层和自然地理环境中的一个要素。土壤发生学分类强调土壤与自然因素的相互关系，划分的土壤类型与气候、植被等自然景观有一定的内在联系。因此，本节中的土壤类型介绍侧重于传统的发生学土壤分类。

经典的发生学分类通常将地球陆地上土壤划分为三大类，即地带性土壤、隐地带性土壤和非地带性土壤。地带性土壤是指受气候和生物等因素强烈影响的土壤。隐地带性土壤是受局部条件如特殊岩性、排水不良或盐碱化等因素影响而发育形成的土壤。非地带性土壤是指土壤发育极弱、剖面层次分异不明显、土壤特性主要仍受母质影响的未成熟土壤。

二、土壤分布规律和世界土壤分布

(一)土壤的分布规律

1. 土壤的纬度地带性分布规律

土壤的纬度地带性,是因太阳辐射从赤道向极地递减,气候、生物等成土因子也按纬度方向呈有规律的变化,地带性土壤相应地呈大致平行于纬线的带状变化的特性。呈纬度地带性分布的土壤带,并非严格地完全按东西方向延伸,因受其他分异因素的干扰和影响,有些土壤带出现间断、偏斜等情况(见二维码)。纬度地带性又可分两种形式:一种是环绕全球延续于各大陆的世界性土壤地带,如寒带的冰沼土、寒温带的灰化土和热带的砖红壤,它们大致与纬线平行,土带的分界线也基本上与纬度气候带相吻合;另一种是区域性土壤地带,土壤带并不是延续于所有大陆。

世界土壤分布的纬度地带性

2. 土壤的经度地带性分布规律

土壤的经度地带性分布规律指地带性土类(亚类)大致沿经线(南北)方向延伸,而按经度(东西)方向由沿海向内陆变化的规律。因海陆分布的势态,以及由此产生的大气环流造成不同的地理位置所受海洋影响程度不同,水分条件和生物等因素从沿海至内陆发生有规律的变化,土壤相应地呈大致平行于经线的带状变化的特性。一般在中纬度地区表现最典型,从沿海到内陆依次出现湿润的森林土类、半湿润的森林草原土类、半干旱的草原土类和干旱的荒漠土类。例如,我国由东往西土壤地带为:淋溶土(暗棕壤)—湿成土(黑土)—钙积土(黑钙土、栗钙土、棕钙土)—荒漠土(灰漠土、灰棕漠土)。

土壤水平地带的界线大都与大山地分水岭、大河谷等地理界线相一致。这样的地理界线通常最大程度地引起气候、生物、人文景观和土壤地带的分异。例如,秦岭—淮河界线,是暖温带和北亚热带的分界,该线以北是棕壤和褐土,以南是黄棕壤。太行山脉西面的黄土高原气候明显变干,出现黑垆土、褐土。青藏高原的隆升,影响亚热带、暖温带等土壤水平地带向西延伸。所以,广域的土壤水平分布格局主要受经纬度地带性以及大地形(山地、高原、大江大河)的共同控制。

3. 土壤的垂直分布规律

土壤分布的垂直带性是指随山体海拔的升高,热量、降水、植被等成土因素发生有规律的变化,土壤类型相应地出现垂直分带和有规律的更替特性。

(二)世界土壤分布

1. 亚欧大陆

亚、欧大陆地带性土壤沿纬度水平分布总体上由北至南依次为:冰沼土—灰化土—灰色森林土—黑钙土—栗钙土—棕钙土—荒漠土—高寒土—红壤—砖红壤。但在东、西两岸略有差异:大陆西岸从北至南依次为:冰沼土—灰化土—棕壤—褐土—荒漠土;大陆东岸自北而南依次为:冰沼土—灰化土—棕壤—红(黄)壤—砖红壤。

2. 非洲大陆

非洲土壤以荒漠土和砖红壤、红壤居多。由于赤道横贯非洲中部,土壤由中部低纬度地区向南北两侧呈对称纬度地带性分布,其顺序是砖红壤—红壤—红棕壤和红褐土—荒漠土。但在东非高原因受地形的影响而稍有改变,在砖红壤带中分布有沼泽土;在沙漠化的热带草原、半荒漠和荒漠带中分布有盐渍土。

3. 美洲大陆

由于西部科迪勒拉山系呈南北走向伸延,从而加深了水热条件的东西差异,因此,北美洲西半部土壤表现出明显的经度地带性分布,由东而西的土壤类型依次为湿草原土—黑钙土—栗钙土—荒漠土。而在东部因南北走向的山体不高,土壤又表现出纬度地带性分布,由北至南依次为冰沼土—灰化土—棕壤—红(黄)壤。北美灰化土带中有沼泽土,栗钙土带中有碱土,荒漠土带中有盐土。

南美洲砖红壤、砖红壤性土的分布面积最大,几乎占全洲面积的一半,主要分布于南回归线以北地区,呈东西延伸。在南回归线以南地区,土壤类型逐渐转为南北延伸,自东而西依次大致为:红(黄)壤—变性土—灰褐土(灰钙土)—棕色荒漠土。安第斯山脉以西地区土壤类型是南北向排列和延伸的,自北向南依次为:砖红壤—红褐土—荒漠土—褐土—棕壤。

4. 澳洲大陆

土壤分布呈半环状,自北、东、南三面向内陆和西部依次分布热灰化土—红壤和砖红壤—变性土—红棕壤—红褐土—灰钙土—荒漠土。

第四节　土壤资源的合理利用和保护

人类与土壤的相互关系是长期而复杂的。史前原始渔猎时期，土壤只不过是人类生存环境中并不十分重要的一部分。随着农业文明的出现，土壤在人类的生活中起着愈来愈重要的作用。农业基本自然资源是气候和土壤，前者为作物输入必要的能量和水分，后者提供作物生长的基底。土壤资源指地球陆地表面供从事农、林、牧业等的所有土壤的类型、数量和质量。它具有自然属性和地域性，同时具有可更新性、有限性、稳定性和可变性。

一、土壤资源概述

土壤资源有时空差异。空间上，土壤类型呈现地域性分布规律；时间上，土壤性质及其生产特征不仅有季节的变化，还可能因生态环境条件变化或人类活动发生突变或长期变化。人类可基于土壤的发展变化规律，促使其肥力不断提高；但若不恰当地利用土壤，其肥力和生产力将随之下降。由此可见，土壤资源具有可更新性和可培育性。土壤和土地资源的概念既有联系又有区别。土壤资源是土地资源的组成部分，土地资源除土壤外，还包括土壤层上下的岩石及其风化物、生物、地形等自然体。土地资源和土壤资源一样具有生产性能，但土地的涵盖范围更广。例如，除涵盖一般土壤的功能外，土地还被水利、土建、矿业、陶瓷、交通运输等领域视为生产材料或承压基础等。尽管如此，从农业和地球生态系统的角度看，土壤是土地资源的基础和最重要的组成部分。

联合国粮农组织（FAO）政府间土壤技术小组编制的《世界土壤资源状况》报告，于2015年"世界土壤日"前夕发布。源于对世界土壤资源状况的多视角分析，该报告提出近1/3面积的世界土壤资源部分或严重受损，强调了世界土壤资源对于全社会的价值，突出了全面监测、调控和管理全球土壤资源的重大任务，以及教育、研究和技术发展支撑全球土壤可持续管理的社会责任。报告表明，全球土壤学研究焦点是土壤变化与自然和人类活动驱动力、土壤退化及其导致的土壤质量、功能和服务的变化；热点是以碳（氮）-水-生物储库及分布为代表的生物地球化学与全球系统气候变化、生态系统功能及人类健康生活的关系，以及以大数据为基础的集成研究。

除冰川、常年积雪、裸岩、水域外，我国土壤资源总面积为8.77×108 km^2。其中半数为沃野肥土，是农、林、牧业优质用地。半数土壤类型尚待改造和提高肥力水平。目前，我国的中低产农田正在加强改造（如"旱改水"项目），这将会对我国农业现代化做出更大贡献。我国土壤资源总量虽然位列世界前茅，但人均占有量严重偏低。例如，我国耕地面积占世界耕地面积的9%，但人均耕地面积却为世界人均耕地面积的1/3。总体上我国土壤资源具有如下几个特点:土壤资源极其丰富,土壤类型复杂多样;山地土壤资源比重大;土壤资源分布不均衡;土壤肥力差异显著。概括地说,我国土壤资源面积大而耕地面积少,分布不均衡且优质资源少,人均水平低且后备资源少。

二、土壤资源开发利用中存在的问题

土壤资源是人类生存不可缺少的自然资源,可我们的土壤资源正不断地丧失和退化。其中比较严重的问题是土壤侵蚀、土地荒漠化、土壤退化、土壤污染及建设占用等。

(一)土壤侵蚀

土壤侵蚀是土壤在风力、水力、冰川、重力等外力作用下,被分散、剥离、搬运、沉积的过程。土壤的侵蚀按营力的不同分为风蚀和水蚀两类。风蚀主要出现在比较干旱的地区,是土地荒漠化的一种现象。在湿润地区,土壤侵蚀则主要表现为水土流失。

(二)土壤荒漠化

荒漠化是指包括气候变化和人类活动在内的各种因素作用,使干旱、半干旱地区的土地退化。自然荒漠化主要是气候趋于干燥、雨水稀少造成的,而人为荒漠化主要是过度放牧、不合理开垦和不适当地利用水资源导致的。

(三)土壤退化

土壤退化指在自然因素和人为因素影响下,土壤物理、化学性质改变,导致土壤质量及其可持续性下降的现象。如土壤受侵蚀变浅,土壤板结、结构破坏,土壤盐渍化、酸化、沙化,土壤有机质含量减少和营养元素亏缺等。

(四)土壤污染

土壤污染指由于管理不善,工业废水、废气、固体废物、农药、化肥进入土壤的数量逐年增多,导致有毒有害物质在土壤中的含量危及植物正常生长,进而影响人类健康,造成巨大损失。土壤的污染有许多渠道,污染物的类型也较多,但比较突出和典型的是重金属污染、农药污染和化肥的过度使用。

(五)建设占用

人口增长、工业生产规模扩大及交通运输需求的增长,均要占用一定的地表空间,这对有限的土壤资源构成相当大的压力。居住用地和工业用地的显著特点是占地集中于城市和乡村居民点周围,而这些地方正是人类长期培肥经营,质量好、生产力高的土壤,一旦占用通常难以恢复。

三、土壤的改良与资源保护

土壤资源开发利用强调农林牧业综合管理、扩大耕地面积和提高农作物的单位面积产量；土壤资源保护则要求查明土壤资源存在的主要限制因素及农用地减少的原因，以便提出改造土壤资源对农林牧业生产的不利因素及保护耕地的具体措施。

（一）土壤改良的主要措施

土壤的改良工作即改善土壤性状、提高土壤肥力、为植物生长创造良好的土壤环境。土壤改良工作的实质，就是克服和改善土壤中的具体障碍因素，促使农作物获得更高的产量。土壤改良的主要措施可分为水利措施、农业技术措施和化学改良三类。水利措施包括灌溉、排水、洗盐、放淤等。农业技术措施包括深耕、压砂、轮作、增施有机肥等方法。化学改良主要通过施用特定的化学物质，达到改变土壤化学特性的效果。

（二）土壤资源的保护

保护土壤资源必须因地制宜：

（1）对于轻度侵蚀的坡地土壤，等高耕作是保护土壤免受流失的常用方法。植被对防止土壤侵蚀作用很大，所以在能够退耕还林的地区，应植树造林，建立以林地为基础的良性经营模式。在耕地难以退减的地区，应尽量在坡顶、沟头、陡坡、凸坡等敏感地段植树，进一步防止水土流失。在一些表土已经侵蚀殆尽，以选种某些耐旱的先锋草本植物为佳，以期逐渐改良恶劣的土壤环境，为后续治理奠定基础。

（2）对于荒漠化土壤，维护天然植被是保护土壤资源的最佳方法。在已经开垦和发生风蚀的地区，建设防风林、布设沙障、种植草方格、采取免耕法等措施可以有效抵御风蚀。

（3）对于次生盐渍化土壤，采用设计合理、施工优良、疏浚及时的农田排灌系统，能保障土壤的稳产、高产。

此外，在工业、交通及居住用地方面，要合理规划设计，减少占用耕地。并运用相应的法规、政策或经济手段，最大限度地保护有限而珍贵的耕地资源。

交流与讨论

试举5～10例我国土壤资源保护的典型案例。

第五节　生物圈概述

一、什么是生物圈

地球上全部有机体连同与之相互作用的环境构成生物圈。生物圈是由土壤圈、水圈和大气圈组成的“交集”。大部分生物都集中在地表以上100 m到水下100 m的大气圈、水圈、岩石圈、土壤圈等圈层的交界处，这里是生物圈的核心。

生物圈实际上是一个巨大的生态系统，可以称为全球生态系统，包括生物及其周边环境。从物质组成上讲，生物圈由有机物和无机物组成；从元素组成讲，主要有碳、氢、氧等；从生物组成讲，包括原核生物（细菌和蓝藻）、原生生物（藻类、真菌和原生动物）、后生植物（高等植物）、后生动物（异养的多细胞动物）。

生物圈从无到有，从简单到复杂，经过一系列演化过程，才形成今天的样子。生物圈的演化具有以下两点特征：首先，生物种类由少到多且生物圈结构由简单到复杂发展；其次，生物分布空间范围由小到大并由海洋向陆地扩展。

二、生物圈与其他圈层的关系

地球表层由大气圈、水圈、岩石圈、土壤圈构成，4圈中适于生物生存的范围就是生物圈。生物圈是一个复杂的、全球性的开放系统，是生命物质与非生命物质的自我调节系统。它的形成是生物界与水圈、大气圈、土壤圈长期相互作用的结果。生物圈存在的基本条件是：

第一，必须获得来自太阳的充足光能。

第二，要存在可被生物利用的大量液态水。

第三，要有适宜生命活动的温度条件。

第四，提供生命物质所需的营养元素。

生物圈包括大气圈底部（如可飞翔的鸟类、昆虫、细菌等的生存地），土壤圈的表面（是一切生物的“立足点”），水圈的绝大部分。

大部分生物都集中在大气圈、水圈和土壤圈的交界处。大气圈中生物主要集中于下层。鸟类能高飞数千米，花粉、昆虫以及一些小动物可被气流带至高空，甚至在22 000 m的平流层中还发现有细菌和真菌。在岩石圈中，生物分布的最深纪录是生存在地下3 000 m处石油中的石油细菌。但大多数生物生存于土壤上层几十厘米之内。水圈中几乎到处都有生物，世界大洋最深处超过11 000 m，这里还能发现深海生物，但海洋生物主要集中于表层和浅水层。由此可知，虽然生物可见于由赤道至两极之间的广大地区，但就厚度来讲，生物圈在地球上只占据薄薄一层。

三、生物圈的稳态

作为地球上最大的生态系统，生物圈的结构和功能长期维持相对稳定状态，这一现象称为生物圈的稳态。

第一，从能量角度来看，源源不断的太阳能是生物圈维持正常运转的动力。太阳能转变为生物能够利用的化学能是通过绿色植物光合作用实现的，这是生物圈赖以存在的能量基础。

第二，从物质方面来看，大气圈、水圈和土壤圈为生物生存提供了各种必需物质。生物圈内生产者、消费者和分解者所形成的三级结构，接通了无机物和有机物循环的完整回路，这是生物圈赖以存在的物质基础。

第三，生物圈具有多层次的自我调节能力。例如，大气中CO_2含量增加，会使植物加强光合作用，增加对CO_2的吸收；一种生物绝灭后，生物圈中起相同作用的其他生物就会取代它的位置；某种植食性动物数量增加时，有关植物种群和天敌种群的数量也随之变化，从而使这种动物种群的数量得到控制。

生物圈虽然具有自我维持稳态的能力，但这种能力是有限度的。人类活动在许多方面对生物圈造成的影响已经超过这种限度，对生物圈的稳态构成严重威胁。

第六节　生物与环境

生物与环境相互适应、相互影响，二者是不可分割的统一整体。生物的生存离不开良好的生存环境，保护生物，除了保护生物自身的健康外，最主要的就是保护其赖以生存的环境。同时生物也可以影响环境，比如微生物能将土壤中的有机物转化为无机物，植物又能通过光合作用将无机物转化为有机物。环境中的物质循环、能量流动均通过生物代谢得以实现。因此，生物与环境是相互依存的。

一、生态因子作用的一般特点

生态因子指影响生物的环境因子。它常直接作用于个体和群体，主要影响个体生存和繁殖、种群数量和分布、群落结构和功能等。各个生态因子不单独起作用，而是相互发生作用，既受周围其他因子的影响，反过来又影响其他因子。生物与环境间的关系非常复杂，在理解生态因子对生物的作用时必须注意以下几个特点。

（一）综合性

生态因子是相互制约、相互影响并共同作用于生物的。任何一个因子的变化都会不同程度地引起其他因子发生相应变化，例如，光照强度的变化必然会引起大气和土壤温湿度的改变。

（二）非等价性

对生物起作用的诸多因子是非等价的，其中必有1～2个是起主导作用的关键因子。例如光周期现象中的日照时间，以及植物春化阶段的低温因子就是主导因子。

（三）不可替代性和可调节性

生态因子虽非等价，都不可缺少，缺失的因子不能用另一个因子代替。但某一因子的强度不足，有时可以由其他因子来补偿。例如，在一定范围内光照不足所引起的光合作用的下降可由CO_2浓度的增加来补偿。

（四）阶段性和限制性

在生物生长发育的不同阶段往往需要不同强度的生态因子。例如，低温对冬小麦的春化是必不可少的，但在其后的生长阶段则是有害的。地球上每种生态因子的变幅非常大，而每种生物所能耐受的范围却有一定限度。那些对生物的生长、发育、繁殖和分布起限制作用的关键性因子叫限制因子。当一个或几个生态因子的质或量低于或高于生物生存的临界限度时，生物的生长发育和繁殖就会受到限制，甚至死亡。

二、生态因子与生物

光照、温度、水、空气、土壤、其他生物六大生态因子是综合作用于生物的，而为了解析生态因子对生物的作用，需要对其逐一分析。

(一)光

光，也就是太阳辐射，为生物的生存提供根本能量。光的波长、光照强度和光照时间对生物的生长、发育、形态结构、生殖、行为和地理分布都有明显影响。例如，红光和蓝紫光是光合作用中有效的生理辐射光，能被绿色植物吸收得最多。

根据生物对光强的适应性，可将植物分为阳性植物、阴性植物等，动物可分为夜行性动物、昼行性动物、晨昏性动物等；根据对日照长短反应不同，可将植物划分为长日照植物、短日照植物等。(图7-6)

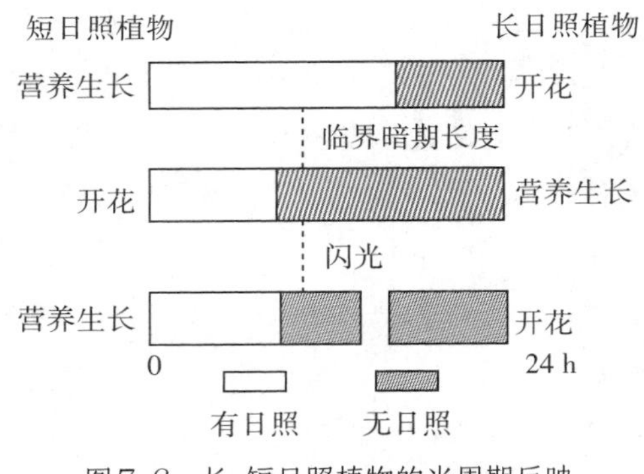

图7-6　长、短日照植物的光周期反映

(二)温度

每一生物对温度都有一定的适应范围，温度过高或过低，生物的生长发育就会受阻甚至死亡。植物一般在0～35 ℃的温度范围内可正常生长发育，但因种类不同而各异。动物能够生存的温度范围很大，从-2～50 ℃，但不同种类适应温度的范围有所变化。除此之外，温度还影响动、植物的分布。

(三)水

水不仅是生物有机体重要组成部分，也是生物一切代谢活动不可缺少的介质。此外，水体还为水生生物提供生存环境，水分蒸发帮助陆生生物进行热量调节和热能代谢等。

(四)空气

空气中O_2和CO_2对生物的影响最为显著。O_2是动植物通过呼吸作用取得维持生命活动的能量所必需的物质。CO_2为植物光合作用原料之一，其浓度高低直接影响光合作用的强度。但人类活动引起的空气污染则对生物有机体产生危害。

(五)土壤

土壤是陆生植物生长发育的营养库，具有供应并调节植物生活所需水分、空气和养料的功能，为土栖生物提供稳定的生活环境，其他动物也常在土壤中躲避高温、干燥、大风和阳光直射等不利因素的影响。

(六)其他生物

地球上没有一种生物单独生存于非生物环境中，一种生物总是不同程度地受到其他生物的影响。生物间的关系包括种内关系(互助和斗争等)和种间关系(竞争、捕食、寄生、互利共生等)，十分复杂。

三、生物对环境的适应和反作用

生物的适应是指生物的形态构造、生理机能、个体发育和行为等特征与其长期生存的环境条件相互统一、彼此适合的现象。生物适应环境，保证了生物的生长、发育与繁殖。然而由于环境条件经常变化，原来适应于某一特定环境的生物特征可能不适应新的环境。生物在受环境因素影响的同时，对环境也有相当明显的改造作用。从大的方面讲，绿色植物的光合作用促使二氧化碳不断减少和氧、氮的不断积累，推动大气演化进程；从小的方面讲，生物有机体特别是其群体对环境有明显改造作用，如针叶林往往使土壤酸度升高。

第七节　生物群落和生态系统

一、生物群落

在自然界，每一物种都拥有许多个体，占有一定空间，形成许多大小不一的个体群，人们把占有一定空间的某物种的个体群叫作种群。种群集合体就是群落，群落是生物经过对环境的适应和生物种群间相互适应而形成的比种群更复杂、更高级的生命组建层次。生物群落根据其组成的生物类别差异而分为不同类型，如植物群落、动物群落、微生物群落等。生物群落虽是存在于自然界的整体，但其中以植物群落最突出，在生态系统的结构和功能中所起作用也最大。

(一)种类组成

每个群落都由一定的生物种类组成，不同类型群落必然具有不同的生物种类，因此种类成分是区别不同群落类型的首要特征。一般来说，环境条件越优越、群落的发育时间越长、生物种的数目越多，群落结构也越复杂。一般把群落的物种数目(丰富度)和各物种的个体数目(均匀度)两个参数相结合来表征群落的物种多样性。物种多样性越丰富，群落中生物的营养选择性越高，群落因而越稳定。群落中每个生物种所占据的小生境（住所、空间）及其功能（作用）结合起来叫作生态位。同一群落中不同生物种的生态位常常不同，据此可把它们划分为不同的群落成员型。

（二）群落的结构

生物群落在垂直方向常呈分层结构。例如，大多数温带森林的最上层由高大乔木组成，其下有灌木层、草本层、地被层等。（图7-7）在水平方向，群落内也因地形、土壤性质、光照，以及动物活动的差异而不均一，散布形成众多小环境、小群落镶嵌而成的水平结构。

除了空间异构结构外，群落还有生态结构。层片是群落结构的基本单位之一，是由相同生活型的植物或具有相似生态要求的种群所组成。同一层片的植物，其生活型和生态学特性基本一致，这种生态结构不一定沿垂直或者水平方向展开。

图7-7　森林群落的垂直结构

（据徐凤翔，1982）

（三）群落环境及其时空变异

由于生物对环境的改造作用，如植物枝叶的遮阴和挡风、根系不断分泌有机化合物、枯枝落叶层覆盖地面和减弱地表径流、微生物对有机物质的分解及动物的活动等，群落内部的环境条件如温度、湿度、光照、土壤等，与群落外部有明显的不同，这就形成了群落环境。不同群落环境由于自身特点差异和外部环境时空变化，它们之间不仅有明显的空间差异，还呈现出动态特性，如日变化、季节变化、年际变化、生物演替等。

二、生态系统

生态系统是生物群落与其非生命环境，通过物质循环、能量流动和信息传递，相互作用、相互依存而形成的生态学功能单位。生态系统能通过各成分(或组分)间，及其与环境间的相互协调，形成自我组织调节、损害修复和对环境反馈的能力，从而获得较好的整体功能，并保持动态的相对稳定。包含有森林、灌丛、草地和溪流的山地地区是一个生态系统，包含农田、果园、草地、河流和村庄的平原地区也是一个生态系统。整个生物圈就是由各种生态系统镶嵌而成的地球上最大的生态系统。

(一)生态系统的组分

生态系统是指组成生态系统的物质，包括非生物部分和生物部分。

非生物部分主要是太阳辐射能、H_2O、CO_2、O_2、无机盐、蛋白质、脂肪、糖类、腐殖质等。它们是生物赖以生存的能量和物质源泉，并共同组成大气、水和土壤环境，成为生物活动场所和维系生存的生命支持系统。

生物部分主要是生产者、消费者和分解者。

生产者是生态系统中的自养成分，也是最基本、最关键的成分。主要是指绿色植物，包括一切能进行光合作用的高等植物、藻类和地衣，以及利用太阳能或化学能把无机物转化为有机物的光能自养微生物和化能自养微生物。

消费者是生态系统中的异养成分，它们只能以其他生物为食来获取能量和维持生存。根据取食地位不同，消费者又可分为：一级消费者——直接以植物为食的植食性动物，如马、牛、羊、植食性昆虫等；二级消费者——以动物为食的肉食动物，如狐狸、青蛙、蛇等；三级(及三级以上)消费者——弱肉强食的食物链中的更高级的动物。

分解者又称为还原者，主要包括富含于土壤和水体表层的细菌、真菌和一些原生动物。它们把动植物的排泄物和死亡有机残体等复杂有机物逐渐分解为简单无机物释放到环境中，被生产者重新吸收利用。

(二)生态系统的结构

任何一个生态系统都必须凭借一定结构实现其功能，结构影响功能的效果，所以结构是生态系统的重要特征。生态系统的结构包括形态结构和营养结构。形态结构主要指生态系统的生物种类、数量、分布等；营养结构指由食物或营养关系形成的结构，即食物链和食物网。

(三)生态系统的功能

生态系统基于四个组分和营养结构，形成了一系列重要功能，主要包括生物再生产、能量流动、物质循环、信息传递和自我调节等基本功能。

1. 生物再生产

生物有机体可将能量、物质重新组合,形成新的产物(碳水化合物、脂肪、蛋白质等),这就是生产功能。绿色植物通过光合作用生产有机物质并固定太阳能为生产者本身和系统的其他成分所利用,以维持生态系统的正常运转,这被称为生态系统的初级生产或第一性生产。各级消费者直接或间接利用初级生产的物质进行同化作用,把植物性物质转化为动物性物质,使自身得到生长、繁殖及物质与能量的储存,这被称为次级生产者或第二性生产者。

2. 能量流动

一切生命活动都伴随着能量变化。没有能量输入,也就没有生命和生态系统。地球上几乎所有的生态系统所需要的能量都来自太阳。生态系统中能量的输入、传递、转化和散失的过程,称为生态系统的能量流动。(图7-8)生态系统的能量流动具有两个明显特点:一是能量流动是单向的;二是能量在流动过程中逐级递减。在生态系统中,能量流动只能从第一营养级流向第二营养级,再依次流向后面的营养级,不可逆转,也不能循环流动。能量在相邻两个营养级间的传递效率是10%~20%。一个生态系统的营养级越多,能量流动过程中消耗得就越多。生态系统中流动一般不超过4~5个营养级。任何生态系统都需要不断得到来自系统外的能量补充,以便维持生态系统的正常功能。如果一个生态系统在一段较长时期内没有能量(太阳能或现成有机物质)输入,这个生态系统就会崩溃。

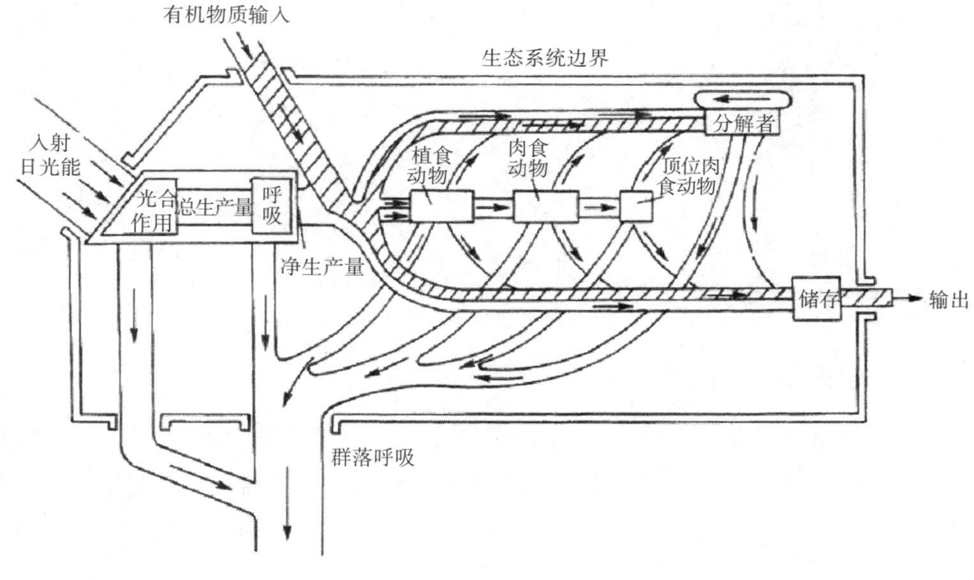

图7-8　一个普通的生态系统能量流动模型
(据E.P. Odum,1959)

3. 物质循环

与能量单向流动不同,生态系统中的物质是可以被反复利用的,所以生态系统中的物质传递称为物质循环。生物有机体维持生命所必需的化学元素有30～40种。这些无机元素及其化合物首先被植物从大气、水和土壤中吸收，制造成有机物质，然后有机物从一个营养级传递到下一个营养级。动植物有机体死亡后被微生物分解，它们又以无机元素回归到环境中，再次被植物吸收利用。物质循环根据其范围、途径和周期不同，分为生态系统内的小循环和生态系统间或全球性的生物地球化学大循环两类。前者局限于一个具体的生态系统内，循环速度快、周期短，而后者则具有范围大、周期长、影响面广等特点。

4. 信息传递

生物，尤其是动物可以利用感官，通过化学和物理两种途径来相互传递信息。嗅觉和味觉可感知生物代谢所产生的物质和激素并传递化学信息。例如，动物间普遍以释放化学物质来传递信息。植物所产生的挥发性物质同样可以传递化学信息，使自身趋利避害、引诱天敌等。生物系统的信息传递，是当前一个比较新的研究热点，尽管有待进一步深入研究，但也已形成共识，即生态系统信息传递功能的重要性绝不亚于其他功能。

交流与讨论

农田生态系统如何进行物质循环和能量流动？农田生态系统与土壤圈和生物圈的关系有哪些？怎样保护农田生态系统？

5. 自我调节

生态系统物质成分常发生某些变化，还有一些外来干扰。生态系统能够保持其相对稳定与平衡是由于它是一种控制系统，具有自我调节能力，特别是负反馈能够使生态系统在受到一定干扰后恢复和保持其稳定平衡状态。生态系统的物种越多、结构越复杂便越稳定，其根本原因就在于此时系统内的反馈机制更复杂，因而自我调节能力也更强。生态系统中的反馈现象既表现在生物组分与环境之间，也出现于生物各组分之间和结构与功能之间。正反馈的作用刚好与负反馈相反，即生态系统受内部或外界某种因素的干扰而发生了一些变化（系统的输出），这些变化不是抑制而是加强该因素干扰和引起的变化，导致生态系统远离平衡稳定状态。

生态系统虽然具有反馈功能，但平衡和自我调节能力有一定限度，当外界干扰压力使系统的变化超过自我调节能力即"生态阈限"时，其自我调节功能将受限制甚至消失。当然维护生态平衡不只是保持其原初稳定状态，生态系统在人为有益影响下可以建立新的平衡，达到更合理的结构、更高效的功能和更好的生态效益。

三、生态系统的主要类型

地球表面由于动、植物区系和自然地理环境的差异，分别形成了许多不同类型的生态系统。按人类对系统的影响程度不同生态系统可划分为人工生态系统和自然生态系统两大类。前者可划分为农业生态系统和城市生态系统;后者可根据其环境特征和生物的生态特征不同,划分为陆地生态系统与水域生态系统。陆地生态系统包括热带雨林、热带稀树草原、亚热带常绿阔叶林、温带落叶阔叶林、北方针叶林、温带草原、荒漠、冻原等生态系统。水域生态系统包括海洋生态系统、淡水生态系统。淡水生态系统又包括流水生态系统和静水生态系统。

第八节　生物多样性及其保护

人类活动已使大量物种濒临灭绝,甚至消失,严重威胁着生物圈的稳定。1992年全球150多个国家签署《生物多样性公约》,共同保护生物多样性,维护生物圈安全,促进人类可持续发展。

一、生物多样性概念

生物多样性指一定时间和一定地区内所有生物(动物、植物、微生物)物种及其遗传变异和生态系统的复杂性,包括主要遗传多样性、物种多样性和生态系统多样性三个层次。

(一)遗传多样性

遗传多样性是指存在于生物个体内、单个物种内及物种之间遗传变异的总和,又称基因多样性。基因由于受外界或自身因素影响可能发生突变,导致遗传变异现象。遗传变异是物种分化、生命进化的基础,也是物种多样性产生的根本原因。物种的遗传变异愈丰富,对环境变化的适应力愈强,其进化潜力也愈大。反之,遗传多样性贫乏的物种,适应性通常较弱。

(二)物种多样性

物种是生物进化链上的基本单元,它不断变异与发展,但同时也相对稳定,是发展连续性与间断性相统一的基本存在形式。物种多样性指地球上所有生物物种及其变化的总体,表示动物、植物及微生物种类的丰富性。我们可以从三方面理解物种多样性,即一定区域内的物种多样性,特定群落及生态系统的物种多样性,一定进化阶段或进化支系的物种多样性。生态系统中的物质循环、能量流动和信息传递与其组成物种密切相关。生态系统物种多样性降低可能导致系统功能失调,出现不稳定现象,甚至使整个系统瓦解。

(三)生态系统多样性

生态系统多样性指生物圈内生态环境、生物群落和生态学过程的多样化。生态系统多样性是建立在物种多样性基础上的,也正因为有了不同的生态系统,才有了支持动物、植物、微生物生存和繁衍的自然环境。由于生物圈内生态环境和生物群落表现出高度多样化,因此生态系统类型极其复杂多样,它们的形成和演替过程、生物间相互关系、物质循环、能量流动和信息传递等功能均差异很大。

二、生物多样性价值

生物多样性的价值是物种、基因和生态系统对人类生存的现实和潜在意义,包括直接使用价值、间接使用价值和潜在价值三方面。

生物除直接为人类提供食物外,许多野生生物的遗传资源(例如抗病性、抗旱性等)被用来改良农作物、家畜以提高农业生产水平。生物多样性丰富地区由于生物物种间相互克制,任何物种数量都不可能无限增长,一般不易发生灾难性病虫害现象,所以利用天敌既能防治害虫,又可以避免或减少施用农药污染环境,这也是一种直接使用价值。生物多样性在医疗卫生方面价值巨大,同时也为人类提供多种工业原料。

生物多样性的间接使用价值通常又称生态功能,对它难以用经济指标来衡量,但它们的价值可能大大超过直接使用价值。例如它们具有保持水土、涵养水源、调节气候、净化大气、改善环境、维持生态平衡的作用。

生物多样性的潜在价值即为人类后代在利用生物多样性方面提供选择机会的价值。如果现在的这些物种遭到破坏,后代就没有机会利用它们,因此需要保护。

三、生物多样性保护

自地球出现生命以来,由于自然原因已有难以计数的生物灭绝,现存生物仅为曾经生存过的数十亿个物种中的少数幸存者。随着人口逐渐增加、资源不合理开发、环境污染和生态破坏等,物种灭绝速度不断加快。在大自然中,每个物种都有其特殊的作用和地位,一种物种灭绝,会造成整个生态系统不稳定,最终很可能导致人类灭亡。也就是说,如果没有生物多样性,也将没有人类存在。保护生物多样性有助于维护地球家园,促进人类可持续发展。

物种和生态系统的灭绝及因之造成的遗传多样性损失是不可逆的。长期以来由于人类对生境的破坏、掠夺式地过度利用自然资源、环境污染和法制不健全等,生物多样性遭受重大损失。据估计,当今地球上每小时就有3种生物消失,每年物种灭绝的速率还在不断加快。这给遗传多样性和生态系统多样性带来了不可估量的损失。因此,保护生物多样性的工作迫在眉睫。

生物多样性保护是一项复杂的系统工程，除了要对公众进行宣传教育外，还须制定或完善有关法律法规来保护生物多样性。例如，加强对外来物种引入的评估和审批，实现统一监督管理等。2021年10月，中共中央办公厅、国务院办公厅印发《关于进一步加强生物多样性保护的意见》，并要求各地区、各部门结合实际认真贯彻落实。

生物多样性具体保护措施主要有就地保护、迁地保护和离体保存。

(一)就地保护

就地保护是在原地将有价值的自然生态系统、野生生物物种及其生境划出一定面积，建立保护点或自然保护区，借此保护生态系统内生物的繁衍与进化，维持生态系统的结构、物质循环、能量流动与其他生态学过程的正常进行。自然保护区是有代表性的自然系统，珍稀濒危野生动植物物种的天然分布区，具备科学研究、科普宣传、生态旅游等重要功能。

(二)迁地保护

某些动、植物物种受到威胁处于严重濒危状态，必须紧急拯救时，可将保护对象的部分种群迁离原地，在动物园、植物园、水族馆、畜牧场、引种繁育中心等人工保护中心进行驯养和繁育，使其种群数量有所扩大。迁地保护只是使即将灭绝的物种找到暂时生存的空间，待其具备自然生存能力时，还是要让其重新回到自然生态系统中。

(三)离体保存

离体保存就是利用现代技术特别是低温技术，将农作物、家畜、家禽及其野生亲缘种等生物体的一部分进行长期储存以保存物种的种质资源。常用方法是建立植物种子库、动物细胞库、基因库等。

应当说明，保护生物多样性主要是针对地球原生的自然生态系统和野生生物物种，是人类保护生物圈工作的重要组成部分。人类的努力还包括开发现代生态农业和维护生态平衡。事实上，人类活动可能损害生态平衡，也可能促进生态平衡。维护生态平衡不只是保持其原初稳定性状态。生态系统在人为有益影响下可建立新的平衡，达到更合理的结构，实现更高效的功能和更好的生态效益。

本章小结

本章从土壤的组成、形成、分类以及分布规律几方面介绍土壤圈。首先介绍地球上土壤、土壤肥力、土壤质量的概念，阐述成土过程的基本规律；进而介绍土壤的分类和分布规律；最后介绍土壤资源的合理利用和保护。对于生物圈，主要从群落和生态系统两方面介绍生物与环境间的相互关系，以及生态环境的利用和保护。

思维导图

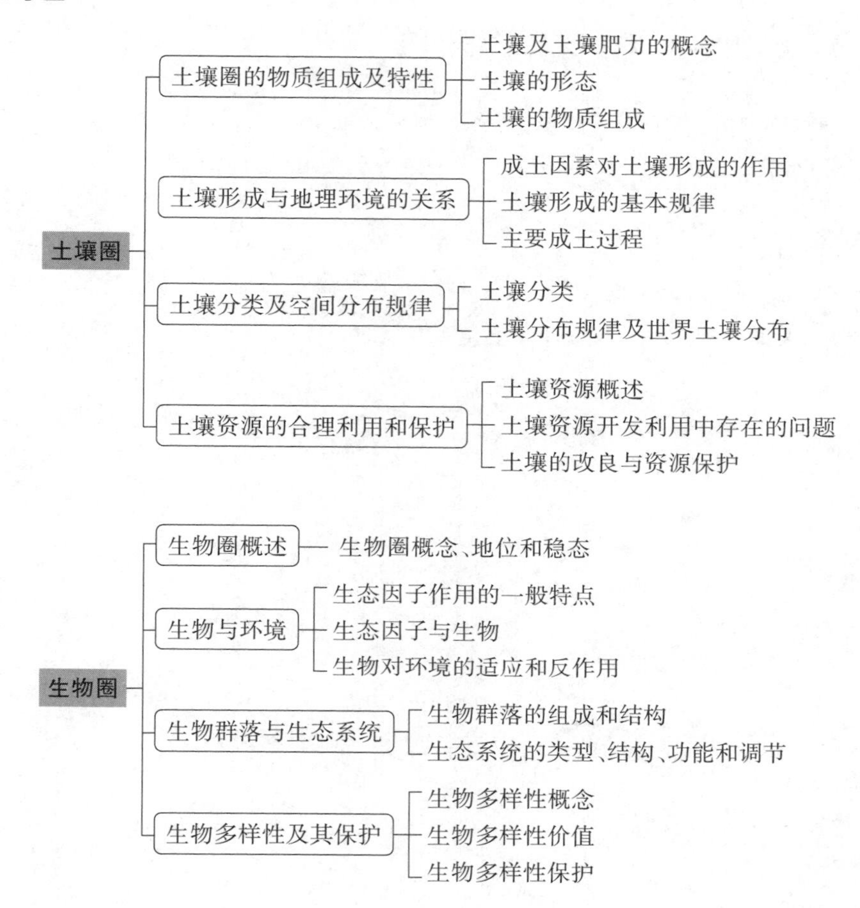

思维与实践

1. 什么是土壤，土壤是由哪些物质组成的，它们之间是怎样相互联系、相互作用的？
2. 什么是土壤圈，土壤圈在地理环境中的地位和作用是什么？
3. 如何理解地表环境对土壤形成的作用及土壤对独特自然环境的影响？
4. 生物种群与生物群落两个概念有什么不同？
5. 试述生态系统的组成、结构和功能。
6. 为什么要保护生物多样性？

推荐阅读

[1]吕贻忠，李保国．土壤学[M].2版．北京：中国农业出版社，2020.
[2]衣华鹏，张连兵，张鹏宴，等．生物地理学[M]．北京：科学出版社，2012.
[3]刘南威．自然地理学[M].3版．北京：科学出版社，2014.
[4]陆树刚．植物分类学[M].2版．北京：科学出版社，2019.
[5]牛翠娟，娄安如，孙儒泳，等．基础生态学[M].3版．北京：高等教育出版社，2015.

[6]徐建明.土壤学[M].4版.北京:中国农业出版社,2019.

[7]张维理,徐爱国,张认连,等.土壤分类研究回顾与中国土壤分类系统的修编[J].中国农业科学,2014,47(16).

[8]张旭辉,邵前前,丁元君,等.从《世界土壤资源状况报告》解读全球土壤学社会责任和发展特点及对中国土壤学研究的启示[J].地球科学进展,2016,31(10).

实验内容

实验十六、土壤pH值的测定。

实验十七、认识当地土壤和植被的主要类型及特征。

第八章

资源环境与生态文明

竭泽而渔，岂不获得？而明年无鱼；焚薮而田，岂不获得？而明年无兽。

——《吕氏春秋·孝行览·义赏》

☆ 学习目标

1. 能够说出地球为人类生存所提供的主要自然资源，能灵活运用分析与综合、比较与分类等基本思维方法，树立合理利用自然资源的意识。

2. 能够列举人类生活所需要的不同形式的能源，具有初步探究节约能源与开发利用新能源技术路径的实践能力。

3. 能够识别各种自然灾害对人类的影响，树立自我保护和防灾减灾的意识。

4. 能结合实例，采用基本的科学方法，分析人类活动对环境的影响及人类面临的主要环境问题，具有推动生态文明建设的意识和责任感，树立人与自然和谐共生的生态文明理念。

地球是目前宇宙中唯一适合人类生存的星球，是我们共同的家园。人类的生存和发展需要开发和利用自然资源，同时也面临着各种自然灾害的威胁。人类活动会对环境产生影响，良好的生态环境是重要的公共资源。协调人与地球的关系、实现可持续发展，践行生态文明、建设美丽家园，是人类社会永续发展的必然选择。

第一节　自然资源

地球为人类生存提供了各种自然资源。由于人口的增长及资源的不合理利用，资源需求与资源供给的矛盾日益突出。为缓解矛盾，也为实现人类社会的永续发展，必须促进自然资源的可持续利用。

一、地球上的自然资源

（一）自然资源的含义

人类可以利用的自然生成的物质与能量被定义为自然资源，它是人类生存的物质基础。联合国环境规划署（UNEP）将自然资源定义为：所谓资源特别是自然资源，是指在一定的时间、地点、条件下，能够产生经济价值，以提高人类当前和未来福利的自然环境因素和条件。由此可见，自然资源必须是自然过程所产生的天然生成物，而且对人类有利用价值。换句话说，自然资源即自然环境中能够满足人类生活和生产需要的任何组成成分。自然资源的概念具有动态性，即随着获取和利用资源技术的进步和经济的发展，资源的概念范围也在不断扩大，原先无用的物质或能量现在可能变为有用的资源，现在无用的物质或能量未来也可能变成有用的资源。

(二)自然资源的分类

自然资源可从不同角度进行分类,分类方法无定式,各种分类系统之间可交叉。根据地理特征不同,自然资源分为矿产资源(地壳)、气候资源(大气圈)、水资源(水圈)、土地资源(地表)、生物资源(生物圈)等;根据利用目的不同,自然资源分为农业资源、药物资源、工业资源、能源资源、旅游资源等;根据能否再生或恢复的特性不同,自然资源分为可再生资源和不可再生资源;根据固有属性不同,自然资源分为耗竭性资源与非耗竭性资源。

1. 可再生资源

可再生资源是指被人类合理开发利用后,在较短时间内能够通过自然力以某一增长率保持或增加蕴藏量的自然资源。如生物资源、太阳能、风能、潮汐能等。

2. 不可再生资源

不可再生资源又称不可更新资源,是指那些被人类开发利用后,会逐渐减少以至枯竭而在相当长的时间内不能再生的自然资源。如矿产资源,包括能源矿产、金属矿产和非金属矿产等。

3. 耗竭性资源

耗竭性资源是指在一定时期、一定条件下,人们一次或多次利用就会用尽的资源。如矿产资源等不可再生资源、生物资源等可再生资源都属于耗竭性资源。其中,各种生物资源及生物与非生物因素组成的生态系统,开发利用的程度在一定范围内或阈值内,其数量和质量能够再生和恢复;如果被利用的速度超过再生速度,它们也可能耗竭或转化为不可再生资源,故通常被纳入耗竭性资源。此外,一些金属(如金、铂、铜、铁、锡、锌等)是可以重复利用的,但其重复利用率永远不可能达到100%,终将有一天会枯竭,所以尽管有人主张将其纳入非耗竭性资源,但主流观点还是认为其属于耗竭性资源。

4. 非耗竭性资源

非耗竭性资源是指在目前的生产条件和技术水平下,不会在利用过程中导致明显消耗的资源。如太阳能、风能、潮汐能等,这些资源在本质上是连续不断地供应的,它们的更新过程不受人类影响,既不会因人类利用而减少,也不会因人类不利用而增多。

二、主要自然资源问题

自然资源是人类赖以生存的环境条件和社会经济发展的物质基础,在对自然资源进行开发和利用的过程中,产生了资源短缺、供需失衡等诸多问题。

(一)水资源问题

1. 淡水资源短缺

地球上的总储水量约为13.86×10^8 km^3,淡水储存量仅为0.35×10^8 km^3,约占水资源总量的2.5%。淡水资源中的绝大部分是难以开发利用的两极冰盖、高山冰川和永冻地带的冰雪,在无人区和人烟稀少地区,降水所形成的地面流水也未能被人们利用,而可供人类利用的江河湖泊和浅层地下水仅占全球淡水总量的0.32%。

我国淡水资源总量丰富,全国多年平均淡水资源量为2 812 km^3,位于世界第6位。人均水资源量略高于2 000 km^3。所以,中国水资源总量虽然较多,但人均量并不丰富。

2. 水资源分布不均

淡水资源分布图

受气候等地理条件的影响,巴西、俄罗斯、加拿大、美国等国水资源丰富,每年总水量可达2 400～5 200 km^3,年人均水量在10 000 m^{3}以上。北非和中东很多国家降雨量少,蒸发量大,每年总水量和人均水量都低。例如,埃及的年总水量仅有56 km^3,年人均水量仅1 200 m^3;利比亚年总水量仅0.7 km^3,年人均水量仅190 m^3。详见二维码。

中国水资源的地区分布也不均衡,总的说来,是由东南向西北递减。长江及其以南地区水资源丰富,但在部分人口稠密地区,由于河流水污染及湖泊富营养化等原因,水质不符合利用要求,也存在淡水资源短缺问题,这属于水质型缺水。长江以北外流河区的广大地区,水资源相对较少,加上人为水污染严重,黄河、淮河、海河流域是我国水资源最为紧缺的地区;内流河区多分布在西北内陆,地广人稀、经济欠发达,生态环境脆弱,单位土地面积水资源占有量少,经济用水大量挤占生态环境用水,造成该区域生态环境问题。从1956—2020年全国水资源总量变化图(图8-1)可以看出:北方6区(松花江区、辽河区、海河区、黄河区、淮河区、西北诸河区)水资源总量显著低于南方4区(长江区、东南诸河区、珠江区、西南诸河区)。

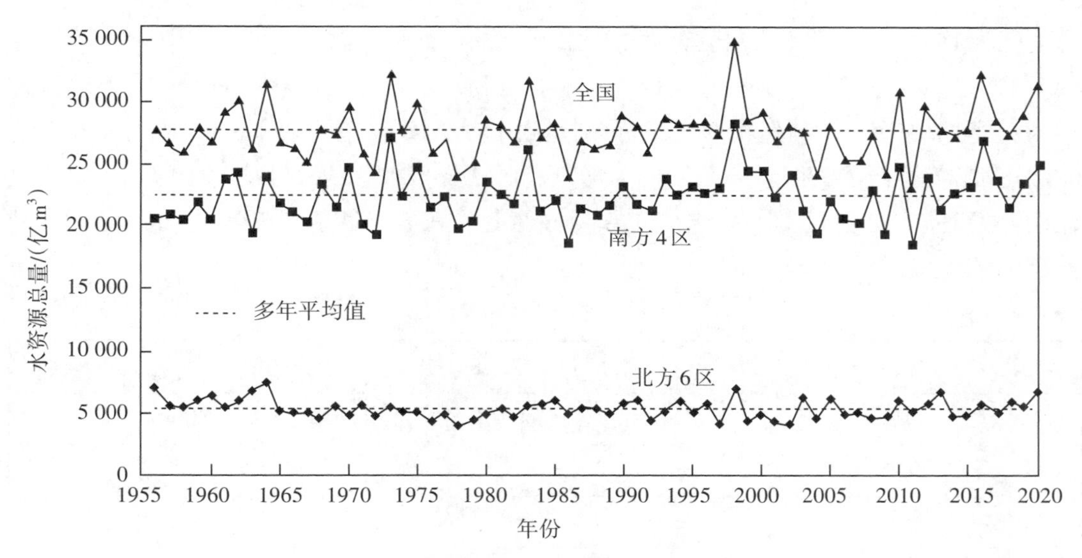

图8-1　1956—2020年全国水资源总量变化图

资料来源：中华人民共和国水利部《2020年中国水资源公报》。

3. 水污染严重

《2017年联合国世界水资源发展报告》显示，在全球范围内，有将近80%的污水没有经过处理就直接排放。尤其是一些中低收入国家，废水处理的基础设施缺乏，处理技术及融资平台等各方面条件仍处于落后阶段，当地平均只有8%的工业废水得到处理。

数据显示，2020年全国地表水Ⅰ～Ⅲ类水质断面比例提高到83.4%（“碧水保卫战”的目标是70%以上），劣Ⅴ类水质断面比例下降到0.6%（目标为5%以内）。河流水质状况明显好转，西北诸河、浙闽片河流、长江流域、西南诸河和珠江流域水质均为优，黄河流域、松花江流域和淮河流域水质良好，只有辽河流域和海河流域为轻度污染。

全球和中国不同区域面临的水资源问题具有不同的特点，其原因也存在地区差异。总体而言，人口迅速增加和经济加速发展是导致水资源危机的基本因素。水资源在时间和空间上的分布不均，是导致水资源危机的客观因素。由于不合理利用导致水资源的浪费和污染，以及流域植被和湿地毁坏等，是对水资源及其再生功能造成破坏的主要因素。

（二）土地资源问题

全球陆地总面积1.49×10^8 km^3。考虑土地质量属性，陆地总面积中有约70%处于极地和高寒地区、干旱地区、山地陡坡、岩石裸露区域等，属于不宜利用的区域，可称之为“限制性环境”；其余30%才属于“适居地”。随着人口增长，土地资源日趋紧张。除人均农、林、牧用地日益减少外，还突出表现在耕地资源短缺和土地退化两方面。

1. 耕地资源短缺

全世界可耕地总面积为29.5亿公顷，其中容易开垦的部分已被耕种，2018年全球耕地总面积为15.68亿公顷。其余虽有潜在的被开垦的可能性，但由于土壤肥力水平不高，或由于通达性受到限制，必须有较大投入才能有效利用。世界人均耕地面积0.21公顷。大洋洲、欧洲和美洲人均耕地相对充裕，分别达到0.81公顷、0.39公顷和0.38公顷；非洲人均0.22公顷，略高于全球平均水平；亚洲人均只有0.13公顷。世界上有近30个国家人均耕地在联合国确定的0.05公顷的警戒线以下，意味着这些国家无法达到粮食自给的标准，难以养活自己，它们大多分布在亚洲和非洲。（表8-1）

表8-1　世界耕地资源及其分布（2018年）

区域	耕地面积/(亿公顷)	人均耕地面积/(公顷/人)
世界	15.68	0.21
非洲	2.79	0.22
美洲	3.78	0.38
亚洲	5.89	0.13
欧洲	2.88	0.39
大洋洲	0.34	0.81

在我国，耕地面积呈现动态减少态势，后备资源也很有限。2021年8月国务院第三次全国国土调查领导小组办公室、自然资源部、国家统计局发布的《第三次全国国土调查主要数据公报》显示，2019年末全国耕地面积为1.28亿公顷（19.18亿亩），人均不到0.1公顷，“二调”以来的10年间我国耕地共减少了约753公顷（1.13亿亩[①]），在非农建设占用耕地严格落实了占补平衡的情况下，耕地地类减少的主要原因是农业结构调整和国土绿化。过去10年的地类转换中，既有耕地流向林地、园地的情况，也有林地、园地流向耕地的情况，结果是，耕地净流向林地约747万公顷（1.12亿亩），净流向园地约420万公顷（0.63亿亩）。

2. 土地退化

土地退化指在自然和人为因素驱动下，土地质量变劣、土地生产力下降或丧失的过程。土地退化程度可分为轻度、中度、重度和极度。联合国环境规划署（UNEP）主持的一份研究报告指出，从20世纪中期到21世纪初的几十年中，由于农业活动、砍伐森林、过度放牧而造成中度以上退化的土地达12亿公顷，约占地球上有植被地表面积的11%。全世界12亿公顷中度以上退化的土壤中，亚洲面积第一位，占全世界的37.8%，其次为非洲（占26%），第三位是欧洲（占13%）。从本区域的相对危害程度来看，中度以上退化率最高的是中美洲和墨西哥，退化率为24%，其后为欧洲（17%）、非洲（14%）和亚洲（12%）。

土地退化通常表现在水土流失、沙漠化、草地退化、盐渍化、土壤肥力下降和土壤污染等几个方面。据UNEP统计，世界旱地面积32.7亿公顷，受沙漠化影响的就有20亿公顷，占61%之多。世界每年有600万公顷土地变成沙漠，另有2 100万公顷土地因为受荒漠化

① 1亩约等于666.67平方米。

影响而丧失经济价值。沙漠化威胁着世界100多个国家和8亿多人口。世界上大部分地区都存在土壤侵蚀问题，每年流失土壤达250多亿吨，高出土壤再造速度数倍。全世界每年由于水土流失损失土地600万～700万公顷，受土壤侵蚀影响的人口80%集中在发展中国家。

我国耕地质量近年来有所提高，但整体质量不容乐观，水土流失、土地荒漠化、土壤次生盐渍化、潜育化以及环境污染等因素导致土地资源退化的情况将长期存在。农业农村部发布的《2019年全国耕地质量等级情况公报》显示，全国耕地质量平均等级为4.76等，较2014年提升了0.35个等级。质量等级较高的一至三等耕地面积为6.32亿亩，占耕地总面积的31.24%；质量等级居中的四至六等耕地面积为9.47亿亩，占耕地总面积的46.81%；质量等级较低的七至十等耕地面积为4.44亿亩，占耕地总面积的21.95%。（表8-2）

表8-2　全国耕地质量等级面积比例及主要分布区域

耕地质量等级	面积/亿亩	比例/%	主要分布区域
一等地	1.38	6.82	东北区、长江中下游区、西南区、黄淮海区
二等地	2.01	9.94	东北区、黄淮海区、长江中下游区、西南区
三等地	2.93	14.48	东北区、黄淮海区、长江中下游区、西南区
四等地	3.50	17.30	东北区、黄淮海区、长江中下游区、西南区
五等地	3.41	16.86	长江中下游区、东北区、西南区、黄淮海区
六等地	2.56	12.65	长江中下游区、西南区、东北区、黄淮海区、内蒙古及长城沿线区
七等地	1.82	9.00	西南区、长江中下游区、黄土高原区、内蒙古及长城沿线区、华南区、甘新区
八等地	1.31	6.48	黄土高原区、长江中下游区、内蒙古及长城沿线区、西南区、华南区
九等地	0.70	3.46	黄土高原区、内蒙古及长城沿线区、长江中下游区、西南区、华南区
十等地	0.61	3.01	黄土高原区、黄淮海区、内蒙古及长城沿线区、华南区、西南区

资料来源：农业农村部《2019年全国耕地质量等级情况公报》。

（三）矿产资源问题

1. 矿产资源分布不平衡

矿产资源是人类生产资料与生活资料的重要来源。世界矿产资源的分布很不平衡，这与各国各地区的地质构造、成矿条件、经济技术开发能力等密切相关。矿产资源最丰富的国家有美国、俄罗斯、中国、加拿大、澳大利亚、南非等，较丰富的国家有巴西、印度、墨西哥、秘鲁、智利、赞比亚、刚果（金）、摩洛哥等。特别是非洲，拥有丰富的矿产资源，有“世界原料库”之称。

中国矿产资源总量大，仅次于美国和俄罗斯，居世界第三位。但人均占有量低于世界平均水平，石油、天然气人均储量分别相当于世界人均储量的6.1%和7.9%，铝土矿、铜矿、铁矿相当于14.9%、22.7%和70.5%，镍矿、金矿相当于19.5%、19.4%，煤炭相当于70.9%。中国矿产资源富矿少，贫矿多，加之开采中仍存在采富弃贫的现象，使矿产品位下降。中国矿产资源的地区分布不平衡，矿产资源主要富集在中部和西部地区，而矿产品的加工消费区集中在东南沿海地区。

2. 全球矿产资源供需结构和矿业格局正在发生重大变化

矿产资源的特性之一是不可再生性，但全世界消费矿产资源的数量却呈现快速增长的趋势，随着矿产资源消费量的急剧增长，有些矿种发生短缺甚至耗竭。长期以来，全球矿产资源消费的地域分布不均衡，占世界人口1/5的发达国家消费了世界3/4的矿产资源，广大的发展中国家的矿产消费量只占世界的1/4。伴随着中国等新兴工业化国家的迅速崛起，全球矿产资源供需结构和矿业格局正发生着重大变化。欧美日韩等发达经济体矿产资源消费占比逐步下降，中国、印度、东盟等亚洲新兴经济体的消费占比已超过发达经济体，亚洲已成为全球资源消费中心。（图8–2）

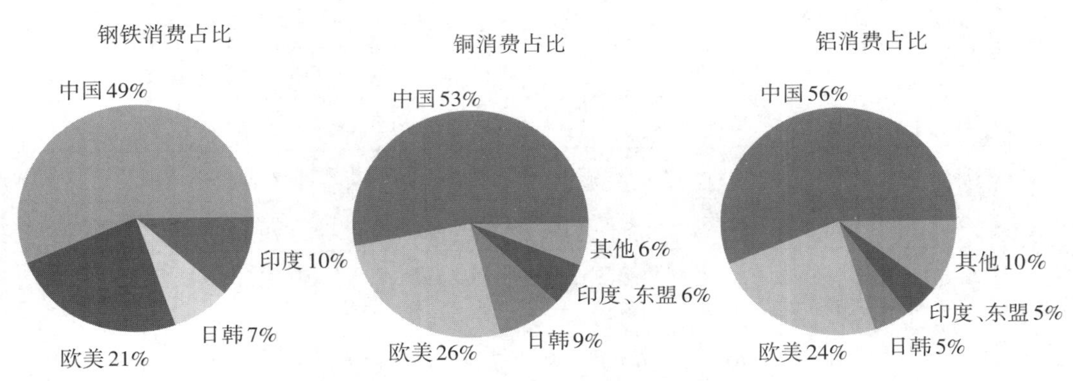

图8–2　2018年全球部分矿产资源消费占比

资料来源：中国地质科学院矿产资源研究所、中国地质调查局发展研究中心《全球矿业发展报告2019》。

自然资源部中国地质调查局国际矿业研究中心发布的《全球矿业发展报告（2020—2021）》显示，受新冠疫情及气候变化推动人类生产生活方式向低碳转型的影响，全球能源资源需求总体萎缩、结构分化，能源和大宗矿产消费下降，全球矿产资源供应能力遭到破坏，资源供应链脆弱性凸显。在此大背景下，中国迅速控制疫情，经济快速复苏，发挥世界经济引擎作用，有效拉动了全球能源资源消费需求，矿产资源需求逆势增长。2020年，石油、铁、铜、铝消费量同比分别增长2.0%、9.1%、17.1%和6.4%，进口量分别增长7.3%、9.5%、33%和10.9%，为稳定全球矿业市场发挥了重要作用。

三、自然资源保护

（一）可再生资源的利用与保护

水资源、土地资源、生物资源等都属于可再生资源，它们在人类的生产和生活中具有重要作用，应该对它们科学地开发利用与保护。

1. 水资源的合理利用与保护

世界淡水紧缺解决对策：为保护人群健康、提高环境质量、实现经济社会可持续发展，有必要通过开源和节流逐步解决缺水问题。在开源方面，可以采取修筑水库、开渠引水、合理开发与提取地下水等措施，还可以采取废水处理再利用、海水淡化、人工降雨等措施。在节流方面，由于农业用水占世界用水总量的70%左右，因此应重视引进先进灌溉技术，降低灌水定额；在工业生产中，提高用水效率、提高水的重复利用率、实行污水资源化，均为有效措施。

解决我国水资源问题，逐步达到水资源供需平衡目标，需采取如下有力措施：一是开发水源，科学地修坝蓄水，修渠调水，在保持地下水位不下降的前提下，合理开发与利用地下水。二是进行生态环境建设，为实现生态系统的良性循环，提高环境对水的蓄存能力，因地制宜地退田还湖、退耕还林、退牧还草，全面改变江河断流、湖泊萎缩、湿地干涸的现象。三是采取全面节水措施，推行生态农业，降低灌水定额；推行清洁生产，调整产业结构，提高用水效率；倡导公民遵守《中华人民共和国水法》，保护水资源；提高全社会的水忧患意识，在社区、学校、家庭中倡导改变日常消费方式，节约生活用水。

2. 土地资源的合理利用与保护

耕地是土地资源的精华，是人类的衣食之源，世界各国都十分重视耕地保护。美国、以色列、荷兰、日本、英国等国，综合运用法律法规、政策制度、经济手段、技术手段和教育宣传等措施，使耕地资源得到有效保护。这些国家的成功经验，对我国的耕地保护工作具有很强的借鉴意义。

中国依靠占世界8.6%的耕地养活了世界22%的人口，是一项具有世界意义的伟大成就。这一现实也表明我国耕地资源面临严峻形势。必须坚持最严格的耕地保护制度和最严格的节约用地制度，落实“藏粮于地、藏粮于技”战略，以确保国家粮食安全和农产品质量安全为目标，加强耕地数量、质量、生态“三位一体”保护，构建保护有力、集约高效、监管严格的永久基本农田特殊保护新格局，牢牢守住18亿亩耕地红线。为此应采取如下具体措施：

第一，严格控制建设占用耕地。加强土地规划管控和用途管制，严格进行永久基本农田划定和保护，以节约集约用地，缓解建设占用耕地压力。

第二，改进耕地占补平衡管理。科学地分析土地现状与粮食需求不断增加的矛盾，严格落实耕地占补平衡责任，大力实施土地整治，落实补充耕地任务，探索补充耕地国家统筹，力争使土地供求关系向良性循环转变。

第三，推进耕地质量提升和保护。大规模建设高标准农田，实施耕地质量保护与提升行动，统筹推进耕地休养生息，加强耕地质量调查评价与监测。

第四，健全耕地保护补偿机制。加强对耕地保护责任主体的补偿激励，实行跨地区补充耕地的利益调节，调动农村集体经济组织和农民保护耕地的积极性。

（二）不可再生资源的利用与保护

世界各国十分关注不可再生资源的合理开发与利用，重视解决其开发与消费中所产生的多种环境问题。矿产资源属于不可再生资源，其在地球上分布不均。全世界每年要消耗大量的矿产资源，矿产资源的开采、运输、存放、加工和利用过程，会对环境产生明显的不利影响。矿产资源的合理利用对当代社会经济发展具重要意义。

在我国，经济的持续发展对矿产品等不可再生资源的需求大幅增长，国内供给紧张，对外依存度不断提高，矿产资源供给形势严峻。为提高我国矿产资源的利用率和利用水平，并且在开发使用过程中重视环境保护，应当采取的措施包括：

第一，采用科学方法开采矿产资源，提高资源的回收率，改变乱采滥挖、采富弃贫、破坏矿产资源的现象，减少生产过程中对资源的严重耗损。

第二，在矿产资源开发与使用中，环境保护措施要与主体工程同时设计、同时施工、同时投产使用。要防止各种有机、无机污染物在资源开发过程中进入大气、水体、土壤，引起环境污染问题。

第三，在矿区生产中应保护耕地，合理利用土地。因挖损、塌陷、压占等造成土地破坏的，用地单位和个人应当按照国家有关规定负责复垦；没有条件复垦或者复垦不符合要求的，应当缴纳土地复垦费，专项用于土地复垦。

第四，对矿产资源进行深加工和精加工，如推广洁净煤技术、粉末冶金技术、石墨深加工与石墨烯生产制造技术等，提高矿产资源的利用效率和保障能力，减少在利用过程中对环境的不良影响。

第五，加强矿产资源综合利用，实行能源结构改革，在化石燃料中尽可能使用天然气。

知识拓展

关于“资源诅咒”①

一般而言，无论何种国家类型或发展阶段，拥有丰富的自然资源都有助于形成发展优势。欧美发达国家率先工业化，莫不受益于此。然而，Sachs和Warner指出1960—1990年资源贫乏国家人均收入增长速度比资源丰裕国家快2～3倍。这种经济增长与自然资源丰裕度之间的负向关系，被称为“资源诅咒”。在过度依赖单一资源部门的极端情形下，不可再生资源丰裕的国家更易遭遇发展停滞。

① 康爱香，郝枫，宋旭阳．不可再生自然资源对经济增长的福祸之辨[J]．统计与信息论坛，2021，36(11)．

在我国,资源倚重型省份同样遭遇资源诅咒。不可再生自然资源对经济增长短期系数为正,构成资源倚重型省份谋求短期利益而损害长期发展的诱因。经济增长通过影响需求推升自然资源价格与开采强度,强化了资源倚重型省份的短视发展模式。为摆脱资源诅咒,应优化产业结构,并提升资源利用效率,抵制短视诱惑以获取长期利益。

第二节 能源

人类生存需要不同形式的能源,煤炭、石油和天然气等化石能源是目前人类利用规模最大的能源,由于化石能源存在不可再生及非清洁的特点,未来的能源消费将转向太阳能、风能、水能等清洁、可再生能源。

一、地球能源分类

能源是近代社会发展的最基本物质基础。它作为经济和社会发展的动力因素,是一国发展的最重要战略资源之一。能源工业对于经济与社会的可持续发展以及民生保障都极为重要。保障能源供应、确保经济安全以及解决能源消费中出现的环境问题,已受到世界各国的共同关注。

地球上有各种各样的能源,可以根据其成因、性质和使用状况等进行分类。如按使用状况分类,有常规能源(包括煤炭、石油、天然气等),新能源(包括核能、地热能、太阳能等);按能源成因分类,可分为一次能源(如原油、原煤、天然气、生物质能、水能、核能,以及太阳能、地热能、潮汐能等)和二次能源(如煤气、焦炭、汽油、煤油、电能、热水、氢能等);按可否再生,可以分为可再生能源与不可再生能源;按对环境影响程度,可分为清洁能源与非清洁能源。

(一)可再生能源

可再生能源指在自然界中可以不断产生,并有规律地得到补充、循环再生的能源,是取之不尽、用之不竭的能源。可再生能源包括太阳能、水能、风能、生物质能、潮汐能、海洋温差能、地热能等。

(二)不可再生能源

不可再生能源指在自然界中经过亿万年形成,短期内无法恢复,且随着大规模开发利用，储量越来越少终将枯竭的能源。不可再生能源包括煤炭、石油、天然气、油页岩（一种高矿物质含量的固体可燃有机沉积岩）、核能等。

（三）清洁能源

清洁能源，即绿色能源，是指使用能源过程中不产生二氧化碳、二氧化硫等污染物，能够直接用于生产生活的能源，包括核能和可再生能源。

（四）非清洁能源

非清洁能源是指在使用中对环境污染较大的能源，如煤炭、石油、天然气等。煤炭的使用对环境污染十分严重；石油的使用对环境污染虽然比煤炭小，但也产生氧化硫、氧化氮等有害物质，对环境的污染也很严重；天然气属于低污染的化石能源。

二、地球能源利用

（一）世界能源消费

国际能源署《2018年全球能源和二氧化碳现状报告》显示，2018年，世界一次能源消费总量为143.01亿吨油当量。世界一次能源消费中，石油位列第一，占比31%；位列第二的是煤炭，占比26%；位列第三的是天然气，占比23%。三种传统化石能源消费量合计占世界一次能源消费总量的80%。（图8-3）可见，当今世界的能源消费仍处于传统的化石能源时代。更为重要的是，与2000年相比，石油、煤炭和天然气在世界一次能源消费构成中的比重基本没有变化，18年后所占比例仍保持在80%，其中仅石油的比重下降了5个百分点，但煤炭的比重上升了3个百分点，天然气的比重上升了2个百分点。

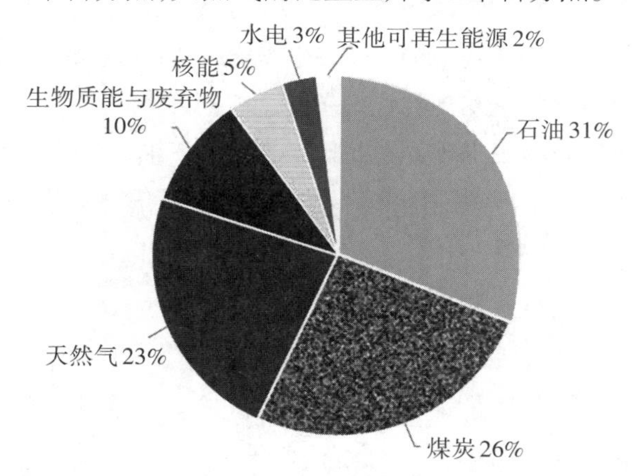

图8-3　世界一次能源消费构成（2018年）

资料来源：国际能源署《2018年全球能源和二氧化碳现状报告》。

(二)中国能源消费

2000—2020年,中国能源消费大致经历了工业高耗能粗放发展(2000—2010年)、粗放向高质量发展(2010—2020)两个阶段,之后逐渐步入新常态下高质量平稳发展阶段。

中国的能源需求长期保持强劲势头,2000—2019年,中国能源总消费量由14.70亿吨标准煤,上升到48.60亿吨标准煤,增长了2.31倍。天然气涨幅最大,增长了11.63倍。一次电力及其他能源(指核电、水电、风电、太阳能等)增长了5.66倍。煤炭、石油都增长了近2倍。2019年的能源消费结构仍以煤炭为主,占能源总消费量的57.7%,化石能源合计占85.3%,但与2010年相比,煤炭消费占比减少了11.50%,化石能源占比减少了5.30%,消费结构趋向好转。能源消费强度总体呈现先升后降态势,2019年能源消费弹性系数为0.54,与处于后工业化时期的世界发达国家还有一定的差距。这说明,在中国经济发展逐渐步入新常态的背景下,产业结构的优化调整助推了能源消费向更清洁、更高效、更集约、更低碳、更多元化的方向发展。

三、节约能源与开发利用新能源

(一)碳中和背景

全球升温已经导致气候风险越来越高,气候变化是人类面临的全球性问题。如果继续以目前的速率升温,全球气温上升幅度可能在2030年至2052年达到1.5 ℃。2015年,在第二十一届联合国气候变化大会上通过了《巴黎协定》,制定的长期目标是将全球平均气温较前工业化时期上升幅度控制在2 ℃以内,并努力将温度上升幅度限制在1.5 ℃以内。报告称,要把全球暖化控制在1.5 ℃以内,全球净二氧化碳排放量必须在2030年之前,较2010年的水平减少45%,同时在21世纪中叶达到“净零”水平(即实现“碳中和”)。

习近平主席在第七十五届联合国大会一般性辩论上的讲话中指出:“中国将提高国家自主贡献力度,采取更加有力的政策和措施,二氧化碳排放力争于2030年前达到峰值,努力争取2060年前实现碳中和。”作为全球排放量最大的发展中国家,要在2030年前达峰后用30年左右的时间很快地实现碳中和愿景,任务异常艰巨,但总体上排放必然经历尽早达峰、稳中有降、快速降低、趋稳中和的过程。

(二)碳中和的技术路径

1. 高能效循环利用技术

高能效循环利用技术指节能和提高能效技术,具有减排成效显著、减排成本较低,甚至可以带来显著减排收益等特点的技术。高能效循环利用技术主要包括在生产侧采用工业通用节能设备、进行能源梯次利用、实现循环经济等,在消费侧使用节能家电、进行垃圾分类、选择低碳出行方式等。根据已有研究测算,目前我国各应用领域的能源效率仍有较大提升空间，例如交通部门能效仍有可能提高50%，工业部门能效提高潜力可达到10%~20%。

2. 零碳能源技术

能源系统的快速零碳化是实现碳中和愿景的必要条件之一，这需要以全面电气化为基础，所有经济部门普遍使用零碳能源技术与工艺流程，完成从碳密集型化石燃料向清洁能源的重要转变。零碳能源主要包括成本有望持续下降的可再生能源（如光伏、风能、水力）、核能、可持续生物能，以及零碳能源综合利用服务（智能电网、储能）等，从而完成能源利用方式的零碳化。

3. 负排放技术

负排放技术可为以可再生能源为主的电力系统增加灵活性，这类技术主要包括农林碳汇，碳捕集、利用与封存应用（Carbon Capture, Utilization and Storage，简称CCUS），生物质能碳捕集与封存（Bio-Energy with Carbon Capture and Storage，简称BECCS），以及直接空气碳捕集与封存（DACCS）等，其经济性将取决于各地区可行且安全的碳封存有效容量的大小。

CCUS技术是有效减少化石能源燃烧及工业过程碳排放的重要手段，可有效降低碳减排的经济、社会和环境成本，是实现碳中和目标的重要技术支撑。广义的CCUS技术是指将CO_2从工业过程、能源利用或大气中分离出来，直接加以利用或注入地层以实现CO_2永久减排的一系列技术的总和。CCUS的过程可分为四个环节：CO_2捕集与压缩、CO_2运输、CO_2利用和CO_2封存。根据减排效应的不同，可将CCUS分为减排技术（传统CCUS技术）和负碳技术。负碳技术又包括生物质能碳捕集与封存（BECCS）和直接空气碳捕集与封存（DACCS）。尽管传统CCUS技术可以减少化石燃料燃烧等过程中的CO_2排放，但从全生命周期的角度来看，排放量依旧大于零，而负碳技术使排放量为负，因此它对于碳中和意义更大。

BECCS是把碳收集及储存设备安装在生物加工行业或生物燃料发电厂，使得生产过程不仅不会排放CO_2，还会吸收CO_2。而DACCS则直接从空气中捕获CO_2并封存，由于其碳源最为普遍，因此相比传统CCUS和BECCS，DACCS工厂位置的设置更为灵活。

知识拓展

什么是“蓝碳”①

绿色植物通过光合作用能够固定空气中的二氧化碳，称为“绿碳”。全球每年产生的绿碳中，一半以上（55%）由海洋生物捕获，这部分称为“蓝碳”。那些能够固碳、储碳的滨海生态系统称为“滨海蓝碳生态系统”，它们中的代表有红树林、海草床和滨海盐沼，并称“三大滨海蓝碳生态系统”。这三类生态系统的覆盖面积不到海床的0.5%，植物生物量也只占陆地植物生物量的0.05%，但其碳储量却占海洋碳储量的50%以上，甚至可能高达71%。中国滨海湿地面积约

① 赵鹏，胡学东．国际蓝碳合作发展与中国的选择[J]．海洋通报，2019，38(6).

为670万公顷，是世界上为数不多的同时具有海草床、红树林、滨海沼泽三大蓝碳生态系统的国家。按全球平均值估算，我国三大滨海蓝碳生态系统的年碳汇量约为126.88—307.74万吨CO_2，具有巨大的固碳储碳潜能，是实现碳中和远景目标不可忽视的“中流砥柱”。

由于海岸带开发和土地利用方式的改变，红树林、滨海盐沼和海草床正面临着巨大的压力。为发展经济，红树林变成虾池，排干的潮汐盐沼变为农业用地，海草床被清淤等，这是全世界海岸带的普遍现状。沉积物暴露在大气或水体中，储存在沉积物中的碳和大气中的氧气结合形成二氧化碳和其他温室气体，释放到大气和海洋中。由此可见，被严重破坏的滨海生态系统不仅失去了碳汇功能，甚至可能从碳汇变成碳源。加强保护滨海蓝碳生态系统势在必行。

第三节　自然灾害

人类所处的自然环境有时会发生异常变化，并对生命和财产安全构成危害，形成自然灾害。对于多数自然灾害，我们无法阻止其发生，但可以通过防灾减灾手段减轻影响。

一、气象灾害

气象灾害是指大气对人类的生命财产和国民经济建设及国防建设等造成的直接或间接的损害。一般包括天气、气候灾害和气象次生、衍生灾害。天气、气候灾害，是指因台风、暴雨（雪）、雷暴、冰雹、大风、沙尘、龙卷风、大（浓）雾、高温、低温、连阴雨、冻雨、霜冻、结（积）冰、寒潮、干旱、干热风、热浪、洪涝、积涝等因素直接造成的灾害。气象次生、衍生灾害，是指因气象因素引起的山体滑坡、泥石流、风暴潮、森林火灾、酸雨、空气污染等灾害。

（一）洪涝灾害

洪涝灾害是因连续性降水或短时强降水导致江河洪水泛滥，或积水淹没低洼土地，造成财产损失、人员伤亡的一种灾害。洪水常常淹没农田、聚落，破坏交通、通信、水利等基础设施，造成人员伤亡、农作物减产、交通受阻、人畜饮水困难等。洪涝灾害的分布主要受气候因素和地形因素的影响。从气候因素看，洪涝灾害主要分布于亚热带季风区、亚热带湿润气候区、温带季风气候区、温带海洋性气候区。从地形因素看，沿河、沿海地势低洼地区常受洪涝威胁。

世界洪涝灾害多发地分布图

我国处在欧亚大陆的东岸和太平洋的西岸，季风气候特征明显，雨量的季节性变化也极其明显。洪涝灾害频发，是对我国社会经济影响最为严重的自然灾害之一。据统计，2001—2020年，我国洪涝灾害造成的年均受灾人口超过1亿人次，直接经济损失达1 678.6亿元。2008—2013年，平均每年出现暴雨过程39次。2021年7月，河南省郑州市等地连遭暴雨袭击，引发洪涝灾害，造成1 478.6万人受灾，398人死亡（含失踪），直接经济损失高达1 200.6亿元。

（二）干旱灾害

干旱灾害是指因气候炎热或干旱持续时间较长而形成的气象灾害，简称旱灾。旱灾不单纯是气象干旱或水文干旱的问题，而是涉及气象、水文、土壤、作物以及灌溉条件等诸多因素的问题。即使降水少，发生了气象干旱，假如能及时为农作物提供灌溉，补充其所需水量，或采取其他农业措施保持土壤水分，满足了作物需要，也不会形成旱灾；反过来，在通常认为水量丰富的地区，也会因一时的气候异常而出现旱灾。非洲、亚洲和大洋洲的内陆地区是世界上旱灾频繁发生的地区，其中非洲的旱灾最严重。发生旱灾时，因土壤水分不足，农作物水分平衡遭到破坏，造成减产或歉收，从而带来粮食问题，甚至引发饥荒。同时，旱灾亦可令人类及动物因缺乏足够的饮用水而死亡。此外，旱灾后容易发生蝗灾，进而引发更严重的饥荒，甚至导致社会动荡。

我国旱灾的发生范围广泛。东部季风区由于降水季节和年际变化大，易发生旱灾。华北、华南、西南和江淮地区是旱灾多发区。华北地区春季锋面雨带尚未到达，降水少，气温回升快，蒸发旺盛，人口多，工农业发达，需水量大，春旱严重，是我国旱灾发生最频繁、影响最严重的地区；华南地区夏秋季节雨带推移到北方后，受高温天气影响，易形成夏秋旱；西南地区地处喀斯特地貌区，地表水容易渗漏，一年四季都可发生旱灾；江淮地区7—8月份雨带北移，受副热带高压控制，盛行下沉气流，降水少，伏旱严重。

（三）台风灾害

台风指形成于热带或副热带26 ℃以上广阔海面上的热带气旋。世界气象组织定义：中心持续风速在12级至13级的热带气旋称为台风或飓风。北太平洋西部地区通常称其为台风，而北大西洋及东太平洋地区则普遍称之为飓风。台风的直接灾害通常由狂风、暴雨、风暴潮三方面造成，另外台风极易诱发城市内涝、房屋倒塌、交通受阻、通信中断、停水停电、农业灾害、山洪泥石流等次生灾害。

我国在地理位置上处于欧亚大陆东部、太平洋的西岸，是西北太平洋台风活动最为活跃的地区，每年有大量的西北太平洋台风登陆我国东南沿海地区，是全世界受台风灾害影响最为严重的国家之一。夏季和秋季发生的台风占全年总数的85%左右，秋季的台风强度最大，其最大平均风速可达37 m/s。

从1977年到2018年，42年来登陆我国的台风共计314个，年均约7.5个，其频数和强度由沿海地区向内陆地区逐渐递减。（图8-4）因同一个台风登陆可能同时影响不同地区，故地区台风频数之和大于314个。从我国各沿海地区的台风登陆频数来看，广东省台风登陆最为频繁，共有145个，其次为福建和广西；海南、浙江以及台湾也有较多台风登陆。这几个地区为中国近海台风影响的主要区域，受台风的影响最多。登陆江苏省和上海市的台风较少；山东、河北以及辽宁等地区也有少数台风登陆。从各内陆地区的台风登陆频数来看，江西省台风登陆较为频繁，共有60个；其次为安徽、湖南、湖北以及云南；黑龙江、辽宁、河南以及贵州等地区也有少数台风登陆，数量均在15个及以下。

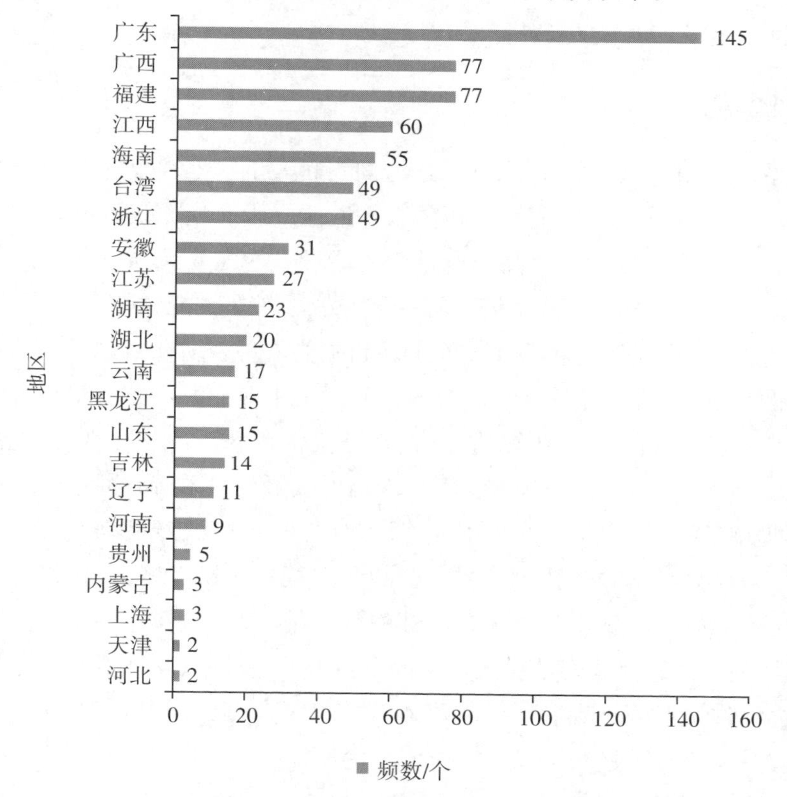

图8-4　1977—2018年中国各地区台风登陆频数统计

资料来源：王杰，王洁，代金圆，等.1977—2018年中国台风统计特征分析[J].海洋湖沼通报，2021，43(6)：28-33.

2021年，西北太平洋和南海有22个台风生成，其中，有5个台风在我国登陆。其中，2021年7月25日、26日，台风“烟花”先后在浙江舟山和平湖登陆，风力强，雨量大，持续时间长，影响范围广，造成浙江、上海、江苏等8省(区、市)482万人受灾，直接经济损失达132亿元。

(四)寒潮灾害

寒潮指来自高纬度地区的寒冷空气，在特定的天气条件下迅速加强并向中低纬度地区侵入，造成沿途地区大范围剧烈降温、大风和雨雪现象的天气过程。寒潮是冬半年来自极地或寒带的寒冷空气，像潮水一样大规模地向中、低纬度的侵袭活动。寒潮袭击时会造成气温急剧下降，并伴有大风和雨雪天气。对工农业生产、群众生活和人体健康等都有较为严重的影响。

侵入我国的寒潮，主要是在北极地带、俄罗斯的西伯利亚以及蒙古国等地暴发南下的冷高压。这些地区冬季光照不足，冰雪较多，气温很低，停留在这些地区的空气团越来越冷、越来越干，当这股冷气团积累到一定程度，气压增大到远高于南方时，它们就像贮存在高山上的洪水一样，一有机会就会向气压较低的南方倾泻，势力强大的寒潮会自北向南影响我国大部分地区。仅2021年，就有10次寒潮天气过程影响我国，造成327.4万人受灾，农作物受灾面积38万公顷，直接经济损失133.1亿元。

(五)沙尘暴

沙尘暴是沙暴和尘暴的总称，指强风从地面卷起大量沙尘，使水平能见度小于1 km的天气现象。其中沙暴是指大风把大量沙粒吹入近地层所形成的挟沙风暴；尘暴则是大风把大量尘埃及其他细颗粒物卷入高空所形成的风暴。沙尘暴天气主要发生在冬春季节，这是由于冬春季干旱区降水甚少，地表异常干燥松散，抗风蚀能力很弱，有大风刮过时，大量沙尘被卷入空中，形成沙尘暴天气。沙尘暴的主要危害表现在：强风、沙埋、土壤风蚀和大气污染等四个方面。世界上有四大沙尘暴多发区：中亚的温带沙漠气候区周围、北美加利福尼亚热带沙漠气候区、非洲撒哈拉热带沙漠气候区和澳大利亚中西部的热带沙漠气候区。这些沙源地不仅影响其周围地区，而且沙尘也被行星风系带到很远的地方，如撒哈拉沙漠的沙尘被西南风带到瑞士形成泥雨，中亚的沙尘被西北风带到我国等。

受地质环境和大气环流的影响，在中国的北方从东北到西北主要分布有八大沙漠和四大沙地，几乎形成了一条横贯中国东西部的沙漠走廊。这条沙漠走廊就是影响我国沙尘天气最主要的沙源地。我国沙尘天气主要发生在北方地区，又以西北地区最多，集中分布在南疆盆地、甘肃河西走廊和阿拉善高地沙漠区。监测数据显示，20世纪60代我国沙尘天气过程比较频繁，以强沙尘暴天气这一沙尘天气的“狠角色”为例，发生频次达48次。进入21世纪以来，我国沙尘天气过程的频度和强度均呈减弱趋势。2000—2009年，强沙尘暴天气的发生频次已减至21次；2010—2019年，仅发生了11次。这是人为治理和气候因素共同作用的结果。

知识拓展

扫荡美国的黑风暴——1934年震惊世界的沙尘暴①

1934年5月12日，在美国西部草原上空卷起了一阵阵黑色狂飙。强劲的狂风挟带着泥沙，自西向东呼啸而去，并向周围迅速蔓延。风暴前后持续了3天3夜，横扫了美国2/3的大陆。在高空气流的作用下，尘粒沙土被卷起，随风向东越过北达科他、宾夕法尼亚和纽约等10多个州。风暴所经之处，耀眼的丽日顿时消失，原来蔚蓝色的天空瞬间遮天蔽日，尘土飞扬，沙土像瓢泼大雨般从空中倾泻而下。一座座城市，一个个庄园，一块块田地，转瞬间失掉了原有的风采，变成了昏天黑地的凄荒景象。据纽约气象局测定，当时白天的光度只有平常的50%，大气

① 赵同进.气象灾害[M].西安：未来出版社，2005.

中的沙土尘埃比平时多2.7倍,每立方英里[①]至少含有40吨尘土。一位亲身经历过这次风暴袭击的老人,在回想起当时的情景时说:“那个时候,居民们个个惊恐万状,觉得好像到了世界末日。”这就是震惊世界的“黑风暴”事件。连刮3天的黑风暴,将美国西部的表土层刮走了5~13 cm,从而毁掉耕地4 500多万亩,造成西部平原的水井、溪流干涸,农作物枯萎,牛羊大批死亡。“黑风暴”即沙尘暴,在美国发生过若干起,主要是由于美国拓荒时期开垦土地造成植被破坏引起的。

可悲的是,人类的拓荒并没有因为沙尘暴的发生而偃旗息鼓,沙尘暴也没有因此而销声匿迹。继美国黑风暴之后,苏联未能吸取美国的教训,历史两次重演,1960年3月和4月,苏联新开垦地区先后再次遭到黑风暴的侵袭,经营多年的农庄几天之间全部被毁,颗粒无收。大自然对人类的报复就是这样无情,黑风暴灾难的发生,向世人揭示:人类在向自然界索取的同时,还要自觉地做好人类生存环境的保护,否则将会自食恶果。

二、地质灾害

地质灾害是指在自然或者人为因素的作用下形成的,对人类生命财产造成损失、对环境造成破坏的地质作用或地质现象。如崩塌、滑坡、泥石流、地裂缝、地面沉降、地面塌陷、岩爆、坑道突水突泥突瓦斯、煤层自燃、黄土湿陷、岩土膨胀、砂土液化、土地冻融、水土流失、土地沙漠化及沼泽化、土壤盐碱化,以及地震、火山、地热害等。

(一)地震

地震是地壳快速释放能量过程中造成振动,其间会产生地震波的一种自然现象。地震能引起火灾、水灾、有毒气体泄漏、细菌及放射性物质扩散,还可能造成海啸、滑坡、崩塌、地裂缝等次生灾害,常常造成严重的人员伤亡。地球上板块与板块之间相互挤压碰撞,造成板块边沿及板块内部产生错动和破裂,是引起地震的主要原因。从世界范围看,地震带集中分布在环太平洋和地中海—喜马拉雅地带。

我国地跨世界两大地震带,地震灾害发生范围广、频度高、强度大,是世界上地震灾情最严重的国家之一。我国地震灾害发生频繁的地区有台湾、新疆、青海、云南、四川等。仅2021年,我国大陆地区就发生5级以上地震20次,地震灾害共造成14省(区、市)58.5万人受灾,9人死亡,6.4万间房屋倒塌或严重损坏,直接经济损失106.5亿元。

(二)滑坡和泥石流

滑坡是指斜坡上的土体或者岩体,受河流冲刷、地下水活动、雨水浸泡、地震及人工切坡等因素影响,在重力作用下,沿着一定的软弱面或者软弱带,整体地或者分散地顺坡向下滑动的自然现象。滑坡是某一滑移面上剪应力超过了该面的抗剪强度所致。滑坡常常

① 1立方英里约等于4.168 2立方千米。

给工农业生产以及人民生命财产造成巨大损失，甚至毁灭性灾难。滑坡对乡村最主要的危害是摧毁农田、房舍，伤害人畜，毁坏森林、道路以及农业机械设施和水利水电设施等。位于城镇的滑坡常常砸埋房屋，毁坏各种基础设施，造成停电、停水、停工。发生在工矿区的滑坡，可摧毁矿山设施，毁坏厂房，使矿山停工停产，造成重大损失。

泥石流是指在山区或者其他沟谷深壑地形险峻的地区，因为暴雨、暴雪或其他自然灾害引发的山体滑坡并携带有大量泥沙以及石块的特殊洪流。典型的泥石流由悬浮着的固体碎屑物并富含粉砂及黏土的黏稠泥浆组成。泥石流具有突然、流速快、流量大、物质容量大和破坏力强等特点。泥石流大多伴随山区洪水而发生，与一般洪水的区别是洪流中含有足够数量的泥沙石等固体碎屑物，其体积含量最少为15%，最高为80%左右，因此比洪水更具有破坏力。泥石流的主要危害是冲毁城镇、工厂、矿山、乡村等，造成人畜伤亡，破坏房屋及其他工程设施，破坏农作物、林木及耕地。此外，泥石流有时也会淤塞河道，不但阻断航运，还可能引起水灾。

我国山区面积大，滑坡和泥石流分布广泛，发生频繁，尤以西南地区最为多发。

知识拓展

舟曲特大泥石流

2010年8月7日22时许，甘肃省甘南藏族自治州舟曲县突发强降雨，降雨量达97 mm，持续40多分钟，引发三眼峪、罗家峪等四条沟系特大山洪地质灾害。泥石流长约5 km，平均宽度300 m，平均厚度5 m，总体积750万m^3，由北向南冲向县城，造成沿河房屋被冲毁，泥石流阻断白龙江，形成堰塞湖。截至2010年9月7日，舟曲8·7特大泥石流灾害中遇难1 557人，失踪284人。舟曲县城里最靠近北山的村子月圆村（受灾最为严重的村庄）基本上找不到完整的房屋。而在排洪沟的两侧，大部分的房屋要么被冲毁，要么被泡在水中。舟曲县城关第一小学在经过泥石流之后，只剩下了一栋教学楼，其余的教室和操场全部被冲毁，城关镇政府的办公楼完全被夷为平地。

第四节　人类与地理环境的协调发展

人类自诞生以来，就开始了对自然环境和自然资源的开发利用。随着人口的增长和社会生产力的发展，人类对自然资源开发利用的深度和广度越来越大，由此也引发了一系列的环境问题。人类不合理的生产活动（尤其是近现代工业生产活动）对环境造成重大负面影响，人口增加对资源环境造成巨大压力。这就要求人类在与地球家园相处的过程中，牢固树立可持续发展理念，积极推进生态文明建设。

一、人类活动对环境的影响

大多数环境问题是由人为因素引起的，是由经济、社会发展与环境的关系不协调所导致的。

（一）工业生产对自然环境的影响

工业生产大大提高了社会生产力和城市化水平，也增强了人类对环境的改造和控制能力，但是，同时向自然环境索取的资源也日益增多，排放到环境中的“三废”（废水、废气、废渣）迅速增加，超过了环境的自净能力，从而造成了部分资源枯竭和生态环境恶化。工业生产对自然环境的影响主要表现在：

第一，对资源的大量开发利用，特别是对森林、矿产和土地资源的开发利用，不仅打破了自然环境长期保持的原始平衡，而且对自然生态也造成了严重破坏。

第二，工业生产中产生的众多化学物质进入地球表层，全球的大气、水体、土壤乃至生物都受到了不同程度的污染和毒害。

第三，伴随工业生产所产生的废弃物进入环境，这些废弃物以固体的形式存在，不能被环境消化和吸纳，占用大量土地并造成环境污染，使人类的生存环境日趋恶化。

（二）人口增加对资源环境的压力

工业革命之前，世界人口的增长比较缓慢。随着18世纪中叶英国工业革命的出现，欧美一些工业革命起步较早的国家首先出现了人口持续增长的局面。1830年，世界人口达到10亿。随后用了整整一个世纪，在1930年突破20亿。1960年世界人口达到30亿，1975年达到40亿，1987年达到50亿，1999年达到60亿，2011年达到70亿，到2019年大约为75亿。可见，自20世纪下半叶开始，随着世界和平局面的出现、经济的发展和科学技术的进步，世界人口的增长速度达到了人类历史的最高峰。回顾世界人口发展的整个过程，不难发现每增长10亿人所用的时间在逐渐缩短。人口急剧增长对环境的冲击主要表现在：

第一，生态系统的良性循环受到干扰和破坏。人既是生产者，又是消费者。任何生产都需要消耗大量自然资源。如农业生产需要耕地、水资源等，工业生产需要矿产资源、生物资源等。随着人口增加和人们生活水平的提高，人类对工农业产品的需求量急剧增加，生态系统的良性循环不断受到冲击，水资源问题、土地资源问题、矿产资源问题等日趋严重。

第二，环境污染加剧。随着人口的增加，生产规模和消费规模不断扩大，生产和消费过程中排放的废弃物不断增多，但环境的承载量有限，大自然的承受能力正日益遭遇挑战。

第三，科学技术这把“双刃剑”带来了新的环境问题。科学技术是人类伟大的创造性发明，科学技术的进步在为人类文明发展做出巨大贡献的同时，也给人类带来了许多新的环境问题。火药的发明和核能的开发，增强了军事武器的杀伤力，对人类及其生存环境的破坏力大幅度提高；猎捕工具的改进，导致许多动物濒临灭绝，生态平衡遭到严重破坏；淘汰的电子产品形成电子垃圾，正威胁着人类的健康。

二、人类面临的主要环境问题

环境问题是指由于人类活动或自然原因使环境条件发生了变化，并对人类及其他生物的生存和发展造成影响和破坏的问题。工业革命以来，科学技术赋予了人类改造自然的强大力量。由于人类不加限制地使用这种力量，已经在全球范围内造成了深重的资源危机、生态危机和环境危机。资源危机主要表现为化石能源和矿物资源的衰竭；生态危机主要表现为由生物多样性锐减导致的生态失衡；环境危机主要表现为全球性气候变化和多形态的环境污染。这三类危机并非相互独立的，而是相互联系、相互影响的。

(一)部分资源趋于枯竭，人均资源拥有量减少

资源枯竭是指由于人类长期大规模地开采与破坏，地球上某些自然资源数量锐减和质量下降，以至不敷人类资源需求的现象。

人类面临着严重的资源和能源危机，这一方面是人口增长和经济发展的压力造成的，另一方面，环境污染也使这一危机进一步加剧。人口增长导致粮食需求激增，也使得水资源供需矛盾更加紧张。同时，要保持粮食生产量就需要保障耕地面积，而大量适宜耕种的土地又被城镇化和交通建设占用，但通过毁林或填湖造田等方式新开发的耕地，不但利用效率低，还会侵占本已岌岌可危的野生动物栖息地。矿产资源是农业和工业发展的重要支撑，然而矿产具有不可再生性和可耗竭性。不可再生的化石能源也面临着类似的耗竭性危机，目前已探明可供开采的石油储量仅可供人类使用45~50年，天然气可使用50~60年，煤炭可使用200~300年。与此同时，环境污染和气候变化等因素降低了水、森林、草原等可再生资源的再生能力，使得资源和能源危机雪上加霜。

知识拓展

矿产资源取之不尽，用之不竭吗[1]

人类空前的繁荣，使许多头脑清醒者担忧：地球上的矿产资源究竟能维持多久？这种担忧并非杞人忧天，因为沉睡地下的约200种矿产，绝大多数都是不可再生的“非再生资源”，尤其是不能原地再生。

随着人口的剧增、生产的发展，出露地表或埋藏于地壳浅层的矿产资源已日益减少。因此，人们常说的“地大物博，矿产丰富”这句话是有时间性的，随着岁月推移，地质历史上形成的

① 于永玉.万物之美：大自然的馈赠[M].延吉：延边大学出版社，2011.

各种矿产资源也有开采尽的一天，至于这一天什么时候到来，要看矿产资源和社会发展的具体情况而定。

人们有时也以种种理由来论证自然界的矿产资源是“取之不尽，用之不竭”的。如有人说，随着科学技术的不断发展，会有新的矿产资源出现。的确，在人类历史长河中，新的矿种和矿产资源曾是陆续被发现的，今后还会如此。但“新”的矿种或矿产资源也有变旧之时，更何况它们也是“非再生资源”。加之地球本身是一个早已形成的星球，虽然它时刻都在同其他天体进行物质交换，但它本身的基本物质组成却是固定不变的。无论是老矿种还是新矿种，只要它们是非再生资源，总有采完用尽之时。也有人说，自然界的成矿作用至今仍在进行，有许多新的矿藏正在形成。这种说法有一定道理，但一个矿藏的形成所需的时间是漫长的，少则几千年至几万年，多则十几万年至几十万年。特别应该注意的是，今天人类生产的发展对矿产资源消耗的速度，已经大大超过自然界新矿形成和增加的速度，当地质历史上形成的矿产消耗殆尽之时，即使有新矿藏补充，恐怕也只是杯水车薪。

（二）生态破坏，生物多样性受损

由于人们长时间地砍伐森林和开垦草原，生态系统被严重破坏，生物链被割断，导致生态失衡，加剧了水土流失、土地荒漠化和生态恶化。相当一部分生物失去了赖以生存的环境条件，许多动物和植物从地球上永远地消失了。

保持生物多样性是当前全球面临的重大挑战。野生生物物种正在以惊人的速度消失，一些科学家甚至认为，我们目前正在经历全新世生物灭绝或第六次生物大灭绝。根据世界自然保护联盟（IUCN）的估计，至2016年，近25%的哺乳动物和42%的两栖类动物濒临灭绝。从2006年至2016年十年间，被列入红色名录的濒危物种数量就增加了51%，达到24 307种。与此相关的是生物整体数量的下降，世界自然基金会（WWF）研究显示，从1970年至2012年，全球脊椎动物种群整体数量下降了58%，海洋物种种群整体数量下降了36%，而淡水物种种群整体数量更是下降了81%。

在生物进化历程中，由于物种间竞争、捕食、疾病或随机的灾难性事件，物种存在自然灭绝的情况。但是在短时间内造成生物多样性锐减主要是人为原因，至少包括三个方面：首先是人类的捕猎和捕捞数量大大超过某些野生动物的繁殖速率，如近代渡渡鸟、旅鸽和大海雀的灭绝，就是由于商业捕杀造成的；其次是人类的居住点和交通网对生物栖息地和栖息条件的严重破坏，碎片化的栖息地大大降低了其所能够承载物种的数量；最后，人类的跨区域活动为入侵物种提供了便利。

人类作为生态系统中的一员，其生存和繁荣依赖于生态系统的持续稳定。其中气温、氧气和二氧化碳浓度、氮磷循环、水循环、粮食生产等诸多条件的稳定直接取决于全球生物多样性的维持。一旦生物多样性遭到根本性破坏，生态平衡就会被打破，人类也必将遭受灭顶之灾。

(三)环境污染,人类生存环境质量下降

环境污染是指由于人类生产、生活过程中产生有害物质,引起环境质量下降,危害人类健康,影响生物正常生存发展的现象。

从环境要素来分,环境污染主要包括大气污染、水体污染和土壤污染。主要的大气污染物包括硫氧化物、氮氧化物、挥发性有机物、重金属和其他固态粉尘。1943年发生在美国洛杉矶的光化学烟雾事件和1952年发生在英国伦敦的烟雾事件是典型的大气污染事件。而前些年发生在我国华北和东北地区的持续雾霾,也引发政府和人民群众广泛关注环境问题。水体污染物主要包括重金属、氮磷化合物、有毒有机化合物、悬浮颗粒物等。其中氮磷化合物造成了水体的富营养化污染,直接威胁到水体中的鱼类和其他生物。而有毒有机化合物会对人体和其他生物造成毒害影响,并会随着水循环在全球范围产生更大的影响。近年来,时有发生的大型油轮和海上勘探平台的原油泄漏对局部的海洋生态造成了毁灭性的破坏。土壤污染则严重威胁到人类的粮食安全,其主要污染物包括重金属、有毒有机物、放射性元素和病原微生物等。

环境污染是全人类必须共同面对的问题。最近几十年间,发展中国家的环境迅速恶化,这当然与其延续发达国家"大量生产、大量消费、大量废弃"的生产生活方式有关,也与发达国家将高污染高耗能产业向发展中国家转移有关。除此之外,发达国家还向落后地区直接出口有毒有害废弃物。1988年美国费城政府将15 000吨有毒灰渣运到几内亚的卡萨岛进行填埋,导致该岛上动植物大批死亡。

知识拓展

中国拒绝"洋垃圾"

三、保护地球家园

(一)协调人地关系,实现可持续发展

20世纪,人类社会在科学技术上的巨大进步,带来空前的经济发展和繁荣,随之而来的是地球环境问题日益凸显。面对严峻的资源和环境问题,我们必须转变人类认识自然的价值观,走出人类中心论,构建开放的环境伦理观。伦理是一种社会意识形态,是调整人与人、人与社会、人与自然之间相互关系规范的总和。伦理对象从人类逐渐扩展到自然界,就产生了环境伦理观。今天的环境伦理观正在逐步演变为可持续发展伦理观,既规范

了人与自然的关系,又提出了在人与自然关系中处理人与人关系的行为规范,还指明了人类对于后代应负有的道德义务。

1. 尊重与善待自然

尊重与善待自然,就是要处理好人类与自然的关系。具体要做到以下几点:

第一,尊重地球上一切生命物种。地球生态系统中的所有生命物种都参与了生态进化的过程,并且具有适合环境的优越性和追求自己生存的目的性,它们在生态价值方面是平等的。因此,人类应该平等地对待它们,尊重它们的自然生存权利。

第二,尊重生态的和谐与稳定。地球生态系统是一个相互交融、彼此依存的系统。在整个自然界中,动物、植物、微生物乃至各种无机物,均为地球这一"整体生命"不可分割的一部分。作为自组织系统,地球虽然有其遭受破坏后自我修复的能力,但对外来破坏力的忍受终究是有限的。对地球生态系统中任何部分的破坏一旦超出其忍受值,便会环环相扣,危及整个地球生态,并最终祸及包括人类在内的所有生命体的生存和发展。因此,在生态价值的保存中首要的是维持生态的稳定性、整体性和平衡性。

第三,顺应自然地生活。在自然生态系统中,由于人类和自然环境的关系是对立统一的,因此,即便是人类认识到要爱护自然环境,但在实践过程中亦会遇到人类自身利益与生态利益相冲突、人类价值与生态价值不一致的情形。所谓顺应自然地生活,就是要从自然生态的角度出发,协调好人类的生存利益与生态利益之间的关系。

2. 关心个人并关心人类

关心个人并关心人类,就是要处理好人与自然关系中的人与人的关系问题。在实践中应遵循如下几条行为规则:

第一,正义与公正原则。在人类的经济活动中,任何向自然界排放污染物以及肆意破坏自然环境的行为,都是非正义的。当某个企业采取简单粗放的工艺生产产品,导致环境污染,这种行为不仅侵犯了社会公众的利益,而且对于其他采取先进环保技术而避免或减少环境污染的企业来说是不公正的。遵循正义与公正原则,就是要弘扬任何有利于环境保护与生态价值维护的正义和公正的行为。

第二,权利平等原则。由于地球上的环境资源是有限的,对于有限的资源,一些人消费多了,另一些人就消费少了。因此,在环境资源的使用和消耗上要讲究权利的平等。权利平等原则不仅适用于人与人之间、企业与企业之间,而且适用于地区与地区、国与国之间。根据权利平等原则,富国不仅应该限制自己对自然资源的大量消耗,节制自己的奢侈和浪费行为,而且应该帮助穷国发展经济,摆脱贫困,更好地保护环境。

第三,合作原则。在环境问题上,全球是一个整体,休戚与共。一旦全球性的生态破坏出现,任何地区和国家都将蒙受其害。而且全球性环境问题具有扩散性、持续性的特点,因此,在环境的保护和治理问题上,国与国之间、地区与地区之间,要进行充分合作,防止"污染输出"。

3. 着眼当前并关怀未来

着眼当前并关怀未来，就是要处理好人与自然关系中的当代人与后代人的关系问题。具体应遵循如下原则：

第一，责任原则。1972年发表的《联合国人类环境会议宣言》宣称“我们不是继承父辈的地球，而是借用了儿孙的地球”。这句话表明地球与其说属于过去的人类，不如说属于未来的人类。当代人对地球资源与环境的不适当使用和开发，事实上是侵占了后代人的利益。因此，确保子孙后代有一个合适的生存环境与空间，是当代人的义务和责任。

第二，节约原则。从子孙后代的利益考虑，人类不仅要保护和维持自然生态的平衡，而且要节约使用地球上的自然资源。不可再生资源只有一次性的使用价值，当代人使用了，后代人就无法再使用；可再生资源尽管可以再生，但它的再生也需要时间的积累。节约原则体现在两方面：其一是节约的生产方式，要求我们改进和改革生产工艺，节约能源和资源，尽可能采取循环再利用的生产工艺；其二是节约的生活方式，避免使用会给环境带来污染的物品，尽量使用环保产品。

第三，慎行原则。人类改变和利用自然行为的后果有时不是显而易见的，它可能对当代人有利，却会给后代人造成长远的不利影响。这样，就要求我们在与自然打交道时采取慎行原则。当我们采取一项改变自然的计划时，一定要顾及它的长远后果，防止给后代人造成损害。慎行原则要求我们克服科学技术只是“中立”手段的传统看法。科学、技术其实是一把“双刃剑”，一刃对着自然，一刃对着人类自己。人类要对使用科学技术可能出现的后果进行充分评估，防止科学技术的负效应。

（二）践行生态文明，建设美丽家园

面对资源约束趋紧、环境污染严重、生态系统退化的严峻形势，必须树立尊重自然、顺应自然、保护自然的生态文明理念，走可持续发展道路。生态文明建设的实质就是把可持续发展提升到绿色发展高度，为后人“乘凉”而“种树”，给后人留下更多的生态资产。生态文明建设是中国特色社会主义事业的重要内容，关系人民福祉，关乎民族未来，事关“两个一百年”奋斗目标和中华民族伟大复兴中国梦的实现。我国建设生态文明的主要内容包括：

一是要推进绿色发展。加快建立绿色生产和消费的法律制度和政策导向，建立健全绿色低碳循环发展的经济体系。构建市场导向的绿色技术创新体系，发展绿色金融，壮大节能环保产业、清洁生产产业、清洁能源产业。推进能源生产和消费革命，构建清洁低碳、安全高效的能源体系。推进资源全面节约和循环利用，实施国家节水行动，降低能耗、物耗，实现生产系统和生活系统循环链接。倡导简约适度、绿色低碳的生活方式，反对奢侈浪费和不合理消费，开展创建节约型机关、绿色家庭、绿色学校、绿色社区等行动。

二是要着力解决突出环境问题。坚持全民共治、源头防治，持续实施大气污染防治行动，打赢“蓝天保卫战”。加快水污染防治，实施流域环境和近岸海域综合治理。强化土壤污染管控和修复，加强农业面源污染防治，开展农村人居环境整治行动。加强固体废弃物和垃圾处置。提高污染排放标准，强化排污者责任，健全环保信用评价、信息强制性披露、严惩重罚等制度。构建政府为主导、企业为主体、社会组织和公众共同参与的环境治理体系。积极参与全球环境治理，落实减排承诺。

三是要加大生态系统保护力度。实施重要生态系统保护和修复重大工程，优化生态安全屏障体系，构建生态廊道和生物多样性保护网络，提升生态系统质量和稳定性。统筹划定落实生态保护红线、永久基本农田、城镇开发边界三条控制线。开展国土绿化行动，推进荒漠化、石漠化、水土流失综合治理，强化湿地保护和恢复，加强地质灾害防治。完善天然林保护制度，扩大退耕还林还草。严格保护耕地，扩大轮作休耕试点，健全耕地草原森林河流湖泊休养生息制度，建立市场化、多元化生态补偿机制。

四是要改革生态环境监管体制。加强对生态文明建设的总体设计和组织领导，设立国有自然资源资产管理和自然生态监管机构，完善生态环境管理制度，统一行使全民所有自然资源资产所有者职责，统一行使所有国土空间用途管制和生态保护修复职责，统一行使监管城乡各类污染排放和行政执法职责。构建国土空间开发保护制度，完善主体功能区配套政策，建立以国家公园为主体的自然保护地体系。

知识拓展

中国生态文明建设的世界意义①

生态文明建设既是关系中华民族永续发展的千年大计，也是关乎人类未来和文明发展的全球大计，不仅具有中国意义，而且具有世界意义。

全球视野展现了崇高的责任担当。习近平总书记指出：“人类只有一个地球，各国共处一个世界。”推进生态文明建设，既要立足中国，又要放眼世界；既要坚持中国立场，又要树立全球视野；既要凝聚中国智慧和中国力量，又要融入开放理念和世界眼光。以全球视野推进生态文明建设，正是体现了中国和中国人民对世界的生态责任担当。

中国方案展示了博大的世界胸怀。人类是命运共同体，保护生态环境、应对气候变化、维护能源资源安全，是全球面临的共同挑战和共同责任，需要世界各国同舟共济、共同努力，任何一国都无法置身事外、独善其身。以生态文明建设作为人类命运共同体重要基石和主要支撑的中国主张、大力推进绿色“一带一路”建设的中国倡议、积极推动全球生态科学治理的中国创意，向世界展示了具有世界胸怀的中国方案。

中国贡献产生了深远的世界影响。中国大力推进生态文明建设，不仅为共谋全球生态文明建设贡献了中国方略、中国方案，而且为共建清洁美丽世界和人类美丽家园贡献了中国角色、中国绿色，彰显了“各美其美、美人之美、美美与共、天下大同”的中国情怀。中国已经成为全球生态文明建设的重要参与者、贡献者、引领者，中国生态文明建设的世界意义已经充分彰显，并将更全面、更深刻、更广阔地持续彰显。

---

① 王传发.中国生态文明建设的世界意义[J].社会主义论坛，2021(10).

本章小结

本章从自然资源、能源、自然灾害、人类与地理环境协调发展四方面介绍了地球的资源环境状况。第一节介绍地球上的自然资源,从自然资源的含义及分类入手,分析了人类面临的主要自然资源问题,提出了自然资源保护对策。第二节介绍能源开发与利用,在明确地球能源分类的基础上,从世界和中国两个维度分析了能源消费结构及存在的问题,并提供了节约能源与开发利用新能源的技术路径。自然灾害一节介绍了洪涝、干旱、台风、沙尘暴、泥石流等气象及地质灾害及其影响,旨在使学生树立自我保护和防灾减灾意识。人类与地理环境的协调发展一节,在介绍人类活动对环境的影响、人类面临的主要环境问题的基础上,分析了可持续发展伦理观和生态文明建设的内涵,并为如何保护好地球家园指明了道路,即协调人地关系,实现可持续发展;践行生态文明,建设美丽家园。

思维导图

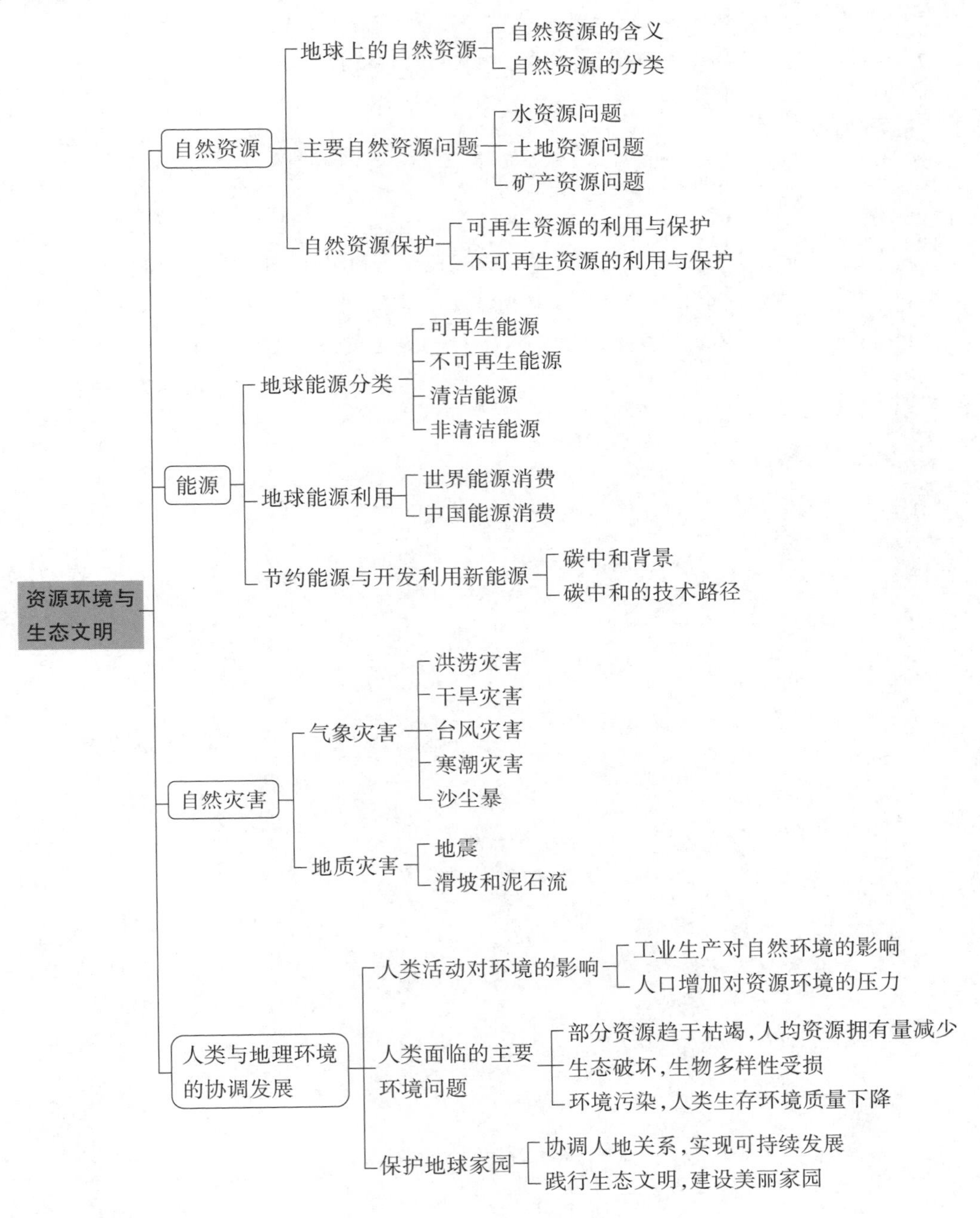

思维与实践

1. 简述自然资源的含义及其分类。
2. 简述中国存在的主要水资源问题及解决对策。
3. 简述世界能源的消费结构特点。
4. 简述节约能源与开发利用新能源的主要技术路径。

5. 结合实例阐述我国面临哪些主要气象灾害和地质灾害。

6. 工业生产对自然环境的影响主要表现在哪几个方面?

7. 理解可持续发展伦理观的组成,探究如何实现区域可持续发展。

推荐阅读

[1]梁靓,代涛,王高尚.基于供需视角的中国矿产资源国际贸易格局分析[J].中国矿业,2017,26(9).

[2]李洪兵,张吉军.中国能源消费结构及天然气需求预测[J].生态经济,2021,37(8).

[3]王灿,张雅欣.碳中和愿景的实现路径与政策体系[J].中国环境管理,2020,12(6).

[4]王传发.中国生态文明建设的世界意义[J].社会主义论坛,2021(10).

实验内容

实验十八、参观生物质发电厂。

实验十九、地理野外综合实习。